国家精品课程配套教材

21世纪高等学校计算机规划教材
21st Century University Planned Textbooks of Computer Science

微课版

单片机原理及接口技术（C51编程）（第3版）

Microcontroller Principle and Interface Technology (C51 Programming)

张毅刚◎主编

刘连胜　崔秀海◎副主编

名家系列

人民邮电出版社
北京

图书在版编目（CIP）数据

单片机原理及接口技术：C51编程：微课版 / 张毅
刚主编. -- 3版. -- 北京：人民邮电出版社，2020.1（2024.6重印）
21世纪高等学校计算机规划教材. 名家系列
ISBN 978-7-115-52380-8

Ⅰ. ①单… Ⅱ. ①张… Ⅲ. ①单片微型计算机－基础
理论－高等学校－教材②单片微型计算机－接口技术－高
等学校－教材 Ⅳ. ①TP368.1

中国版本图书馆CIP数据核字(2019)第248550号

内 容 提 要

本书详细介绍了美国 ATMEL 公司的 AT89S51/52 单片机片内硬件资源及工作原理，重点介绍了单片机应用的各种技术实现，如信息的显示与输入、中断、定时/计数、串行通信、模/数与数/模转换、并行与串行扩展的接口设计等，以及相应的 C51 语言编程。此外，还简要介绍了软件开发工具 Keil C51以及虚拟仿真平台 Proteus 的基本特性。结合各种应用，书中给出较多的设计案例，可为读者在各种硬件接口设计与用 C51 语言编程时提供参考与借鉴。

本书可作为各类工科院校、职业技术学院的电气工程、电子电气信息技术、智能仪器仪表、机电一体化、计算机、工业自动化及自动控制等专业单片机技术课程的教材，还可供从事单片机应用设计的工程技术人员阅读参考。

◆ 主 编 张毅刚
  副主编 刘连胜 崔秀海
  责任编辑 武恩玉
  责任印制 周昇亮

◆ 人民邮电出版社出版发行　　北京市丰台区成寿寺路 11 号
  邮编 100164　电子邮件 315@ptpress.com.cn
  网址 http://www.ptpress.com.cn
  山东百润本色印刷有限公司印刷

◆ 开本：787×1092　1/16
  印张：24.75　　　　　　　　2020 年 1 月第 3 版
  字数：652 千字　　　　　　　2024 年 6 月山东第 12 次印刷

定价：54.00 元

读者服务热线：(010)81055256　印装质量热线：(010)81055316
反盗版热线：(010)81055315
广告经营许可证：京东市监广登字 20170147 号

本书为《单片机原理及接口技术（C51 编程）》的第 3 版。自 2008 年第 1 版、2016 年第 2 版出版以来，共印刷 27 次，已被全国几百所院校选作"单片机原理"课程的教材。

第 3 版对第 2 版的内容作了增补，对第 2 版中的疏漏之处加以修订。

由于 8051 内核的单片机结构简单、清晰、易学，是单片机初学者最容易掌握的机型，因此，目前 8051 内核单片机仍是我国多所高校讲授时首选的机型。

本书详细介绍了美国 ATMEL 公司 8051 内核的 AT89S51/52 单片机工作原理及应用设计，且融入了目前在教学中已经广泛使用的虚拟仿真开发工具 Proteus 的内容介绍，并给出较多的、经过验证的仿真案例。本书也展示了作者的"单片机原理"国家精品课程的教学模式与教学方法改革的部分成果。另外，本书全面贯彻落实党的二十大精神，对课程体系结构的改进也体现在本书之中。

本书在编写时重点考虑了如下问题。

（1）将虚拟仿真工具 Proteus 应用在单片机课程教学中，使课程的教学模式及传统的设计开发模式发生了革命性的变化。Proteus 平台为学习者提供了一个功能强大的、流动的单片机系统设计的虚拟实验室。

（2）传统教学模式存在的弊病是，学生听完课堂讲授的内容后往往得不到软、硬件设计的训练，使得教学与实际设计脱节。本书采用 Proteus 与 Keil C51 作为工具，将软、硬件设计与案例设计有机地结合为一体，使学生真正从概念出发，设计出一个能够虚拟运行的应用系统，得到软、硬件设计与调试的完整训练，从而达到课程教学的最终目的。把 Proteus 融入课程教学各环节中，是课程深入改革的必然趋势。

（3）本书的编程语言采用 C51。为提高读者的编程调试能力，作者还对 C51 的开发调试工具 Keil C51 以及 Proteus 的使用进行了介绍，以使读者尽快地掌握这两个软件平台的使用。

本书共 14 章，涵盖了单片机应用技术的基本内容。第 1 章介绍了有关单片机的基本知识，对目前流行的各类单片机及嵌入式处理器进行了简单介绍。第 2 章对片内的基本硬件结构及硬件资源进行了阐述。第 3 章对 C51 语言的编程基础进行了介绍。第 4 章对 Keil C51 软件开发平台以及 Proteus 虚拟仿真平台的基本功能与使用进行了叙述。第 5 章介绍了单片机系统的显示与开关和键盘检测的实现，为后续各章的案例仿真、观察系统运行的结果打下基础。第 6 章～第 8 章分别对片内硬件资源，即中断系统、定时器和串行口的工作原理及应用案例进行了较为详细的介绍。第 9 章介绍了系统的并行扩展技术。第 10 章介绍了目前流行的串行扩展技术，如 I^2C 总线系统、单总线、SPI 串行系统以及相应的应用案例。第 11 章介绍了数/模与模/数转换接口的设计。第 12 章介绍了目前应用较多的几种扩展接口设计及应用编程。第 13 章介绍了单片机应用系统设计的可靠性及抗干扰设计。第 14 章对应用系统设计以及调试的基本方法进行了介绍。

　　附录 A 与附录 B 给出了紧密结合课程内容用于实验教学环节和课程设计环节的基础实验题目与课程设计题目。附录 C 与附录 D 分别给出了经过验证的用于液晶显示器 LCD 1602 和时钟日历芯片 DS1302 的头文件。

　　全书参考学时为 40～60 学时，教师可根据实际情况，对讲授内容进行取舍或补充。

　　本书由张毅刚担任主编，并完成了第 1 章、第 2 章、第 9 章与第 14 章的编写以及全书统稿。副主编由刘连胜（完成了第 3 章、第 5 章、第 8 章、第 10 章、第 12 章以及附录 A、附录 B 的编写）与崔秀海（完成了第 4 章、第 6 章、第 7 章、第 11 章和第 13 章的编写）担任。

　　在本书出版之际，特别感谢广州风标电子有限公司总经理匡载华先生对本书编写出版给予的大力支持和帮助，非常感谢广州风标电子有限公司提供的有关技术资料、网络版的 Proteus 仿真实验平台以及配套的 F 型模块化实验装置。

　　对书中存在的错误及疏漏之处敬请读者批评指正，并与作者联系（作者邮箱：zyg@hit.edu.cn）。

作　者

下表为《单片机原理及接口技术（C51 编程）（微课版 第 3 版）（ISBN 978-7-115-52380-8）》的配套微课视频，详细说明如下。

章　节	时　长	内 容 简 介
第 1 章　单片机概述	1 小时 4 分钟	重点介绍了单片机的基础知识、发展历史、发展趋势及应用领域，除了对 AT89S51 单片机进行简单介绍外，还对嵌入式处理器家族中其他成员，如 DSP、嵌入式微处理器也进行概括性介绍，以使读者对其有初步了解，为后续学习 DSP、嵌入式微处理器打下基础
第 2 章　AT89S51 单片机片内硬件结构	1 小时 29 分钟	通过本章的视频学习，读者应牢记 AT89S51 单片机的片内硬件结构，以及片内硬件资源；了解片内外设的基本功能，重点掌握 AT89S51 单片机的存储器结构、常见的特殊功能寄存器的功能，以及复位电路与时钟电路的设计。此外还介绍了低功耗节电模式以及看门狗的工作原理。本章内容是为单片机应用的硬件系统设计打下基础
第 3 章　C51 编程语言基础	1 小时 23 分钟	本章介绍有关 C51 语言编程的基础知识，对 C51 语言的数据类型与存储类型，C51 语言的基本运算，分支与循环结构，数组、指针、函数等进行详细的介绍。同时通过讲解一个案例使读者了解如何运用 Keil 软件进行 C51 的程序调试
第 4 章　开发与仿真工具	53 分钟	通过本章学习，读者应通过本章介绍的案例，掌握使用 Proteus 来进行硬件线路搭建以及单片机系统虚拟仿真的基本方法

续表

章　节	时　长	内　容　简　介
第 5 章　单片机与开关、键盘以及显示器件的接口设计	1 小时 24 分钟	本章介绍单片机与常见显示器件：发光二极管、LED 数码管和字符型、点阵式 LCD 液晶显示器，以及常见的输入器件：开关、键盘的接口设计与软件编程，并给出较多的应用实例
第 6 章　中断系统的工作原理及应用	30 分钟	应重点掌握与中断系统有关的特殊功能寄存器、如何来对中断系统进行初始化编程、中断响应的条件、如何撤销中断请求，以及如何进行中断系统应用的编程
第 7 章　定时器/计数器的工作原理及应用	30 分钟	本章介绍 AT89S51 片内两个可编程的定时器/计数器 T1、T0 的结构、功能、工作原理、有关的特殊功能寄存器、工作模式和工作方式的选择、定时器/计数器的 C51 编程以及应用案例
第 8 章　串行口的工作原理及应用	1 小时 3 分钟	本章介绍 AT89S51 单片机片内全双工通用异步收发（UART）串行口的基本结构与工作原理和相关的特殊功能寄存器，以及串行口的 4 种工作方式。还介绍了如何利用串行口实现多机通信、与 PC 的串行通信以及串行通信的各种应用编程案例。此外，并对各种常见的标准串行通信接口 RS232、RS422 以及 RS485 进行简要介绍

第 **1** 章 单片机概述

【内容概要】Intel 的 8051 单片机已成为国内外公认的 8 位单片机标准体系结构，美国 ATMEL 公司的 AT89S51/AT89S52 是 8051 单片机目前应用较为广泛的机型，也是单片机初学者首选的入门机型。本章介绍单片机的基础知识、发展历史、发展趋势及应用领域，除了对 AT89S51 单片机进行简单介绍外，还对嵌入式处理器家族中其他成员，如 DSP、嵌入式微处理器做了概括性介绍，使读者对其有初步了解，为后续学习 DSP、嵌入式微处理器打下基础。

单片机自 20 世纪 70 年代问世以来，已广泛应用在工业自动化、自动控制与检测、智能仪器仪表、机电一体化设备、汽车电子、家用电器等各个方面。那么，什么是单片机呢？

1.1 什么是单片机

单片机就是在一片半导体硅片上，集成了中央处理单元（CPU）、存储器（RAM、ROM）、并行 I/O、串行 I/O、定时器/计数器、中断系统、系统时钟电路及系统总线的，用于测控领域的单片微型计算机。

由于单片机在使用时，通常处于测控系统的核心地位并嵌入其中，因而，国际上通常把单片机称为嵌入式控制器（Embedded MicroController Unit，EMCU）或微控制器（MicroController Unit，MCU）。而在我国，大部分工程技术人员则习惯使用"单片机"这一名称。

单片机的问世，是计算机技术发展史上的一个重要里程碑，它标志着计算机正式形成了通用计算机和嵌入式计算机两大分支。单片机芯片体积小、成本低，可广泛地嵌入工业控制单元、机器人、智能仪器仪表、武器系统、家用电器、办公自动化设备、金融电子系统、汽车电子系统、玩具、个人信息终端以及通信产品中。

单片机按照其用途可分为通用型和专用型两大类。

（1）通用型单片机就是其内部可开发的资源（如存储器、I/O 等各种片内外围功能部件等）全部提供给用户。用户可根据实际需要，设计一个以通用单片机芯片为核心，再配以外围接口电路及其他外围设备（简称外设），并编写相应的程序来控制功能，以满足各种不同测控系统的功能需求。我们通常所说的和本书所介绍的单片机都是指通用型单片机。

（2）专用型单片机是专门针对某些产品的特定用途制作的，如各种家用电器中的控制器等。由于是用于特定用途，单片机芯片制造商常与产品厂家合作，设计和生产"专用"的单片机芯片。

在设计中，已经对专用型单片机的系统结构最简化、可靠性和成本的最佳化等方面都做了全面综合考虑，所以专用型单片机具有十分明显的综合优势。但是，无论专用型单片机在用途上有多么"专"，其基本结构和工作原理都是以通用型单片机为基础的。

1.2　单片机的发展历史

单片机根据其基本操作处理的二进制位数主要分为 8 位单片机、16 位单片机以及 32 位单片机。单片机的发展历史可大致分为 4 个阶段。

第一阶段（1974 年—1976 年）：单片机初级阶段。因工艺限制，单片机采用双片的形式，而且功能比较简单。1974 年 12 月，仙童公司推出了 8 位的 F8 单片机，实际上只包括了 8 位 CPU、64B RAM 和 2 个并行口。

第二阶段（1976 年—1978 年）：低性能单片机阶段。1976 年英特尔公司推出的 MCS-48 单片机（8 位），极大地促进了单片机的变革和发展。1977 年 GI 公司推出了 PIC1650，但这个阶段的单片机仍然处于低性能阶段。

第三阶段（1978 年—1983 年）：高性能单片机阶段。高性能单片机使应用跃上了一个新的台阶。这个阶段推出的单片机普遍带有串行 I/O 口、多级中断系统、16 位定时器/计数器，片内 ROM、RAM 容量加大，且寻址范围可达 64KB，有的片内还带有 A/D 转换器。由于这类单片机性价比高，因而得到了广泛应用。其典型代表产品为英特尔公司的 MCS-51 系列、摩托罗拉公司的 6801 单片机。此后，各公司的与 MCS-51 系列兼容的 8 位单片机得到迅速发展，新机型不断涌现。

第四阶段（1983 年至今）：8 位单片机巩固发展及 16 位、32 位单片机推出阶段。20 世纪 90 年代是单片机制造业大发展时期，这个时期的摩托罗拉、英特尔、微芯科技公司、ATMEL、德州仪器（TI）、三菱、日立、飞利浦、LG 等公司也开发了一大批性能优越的单片机，它们极大地推动了单片机的推广与应用。近年来，新型的高集成度的单片机不断涌现，出现了单片机产品百花齐放、丰富多彩的局面。目前，不仅 8 位单片机得到广泛应用，16 位、32 位单片机也得到了广大用户的青睐。

1.3　单片机的特点

单片机是集成电路技术与微型计算机技术高速发展的产物。单片机体积小、价格低、应用方便、稳定可靠，因此，单片机的发展与普及给工业自动化等领域带来了一场重大革命和技术进步。由于单片机很容易嵌入系统之中，因而便于实现各种方式的检测或控制，这是一般微型计算机根本做不到的。单片机只要在其外部适当增加一些必要的外围扩展电路，就可以灵活地构成各种应用系统，如工业自动控制系统、自动检测监视系统、数据采集系统、智能仪器仪表等。

为什么单片机应用如此广泛？其主要原因如下。

（1）简单方便，易于掌握和普及。由于单片机技术是较容易掌握的普及技术，单片机应用系统设计、组装、调试已经是一件容易的事情，广大工程技术人员通过学习可很快地掌握其应用设计与调试技术。

（2）功能齐全，应用可靠，抗干扰能力强。

（3）发展迅速，前景广阔。在短短几十年的时间里，单片机就经过了 4 位机、8 位机、16 位机、32 位机等几大发展阶段。尤其是形式多样、集成度高、功能日臻完善的单片机不断问世，更使得单片机在工业控制及自动化领域获得了长足发展和大量应用。近几年，单片机内部结构越来越完美，配套的片内外围功能部件越来越完善，一片芯片就是一个应用系统，为应用系统向更高层次和更大规模的发展奠定了坚实基础。

（4）嵌入容易，用途广泛。单片机体积小、性价比高、灵活性强等特点在嵌入式微控制系统中具有十分重要的地位。在单片机问世前，人们要想制作一套测控系统，往往采用大量的模拟电路、数字电路、分立器件来完成，它不但系统体积庞大，且因为线路复杂，连接点太多，极易出现故障。单片机问世后，电路组成和控制方式都发生了很大变化。在单片机应用系统中，各种测控功能的实现绝大部分都已经由单片机的程序来完成，其他电子线路则由片内的外围功能部件来替代。

1.4 单片机的应用

单片机具有软硬件结合、体积小，很容易嵌入到各种应用系统中的优点。因此，以单片机为核心的嵌入式控制系统在下述各个领域中得到了广泛的应用。

1. 工业控制与检测

在工业领域，单片机的主要应用有：工业过程控制、智能控制、设备控制、数据采集和传输、测试、测量、监控等。在工业自动化的领域中，机电一体化技术将发挥越来越重要的作用。在这种集机械、微电子和计算机技术于一体的综合技术（如机器人技术）中，单片机扮演着非常重要的角色。

2. 智能仪器仪表

目前用户对仪器仪表的自动化和智能化要求越来越高。在智能仪器仪表中使用单片机不但有助于提高仪器仪表的精度和准确度、简化结构、减小体积且易于携带和使用，而且能够加速仪器仪表向数字化、智能化、多功能化方向发展。

3. 消费类电子产品

单片机在家用电器中的应用已经非常普及，例如，洗衣机、电冰箱、微波炉、空调、电风扇、电视机、加湿机、消毒柜等。在这些消费类电子产品中嵌入了单片机后，其功能与性能都大大提高，并实现了智能化、最优化控制。

4. 通信设备

在调制解调器、各类手机、传真机、程控电话交换机、信息网络以及各种通信设备中，单片机也已经得到了广泛应用。

5. 武器装备

在现代化的武器装备中，如飞机、军舰、坦克、导弹、鱼雷制导、智能武器装备、航天飞机导航系统等，都有单片机的嵌入。

6. 各种终端及计算机外部设备

计算机网络终端设备（如银行终端）以及计算机外部设备（如打印机、硬盘驱动器、绘图机、传真机、复印机等）中都使用了单片机作为控制器。

7．汽车电子设备

单片机已经广泛地应用在各种汽车电子设备中，如汽车安全系统、汽车信息系统、智能自动驾驶系统、汽车卫星导航系统、汽车紧急请求服务系统、汽车防撞监控系统、汽车自动诊断系统以及汽车黑匣子等。

8．分布式多机系统

在比较复杂的多节点测控系统中，常采用分布式多机系统。多机系统一般由若干台功能各异的单片机组成，各自完成特定的任务，它们通过串行通信相互联系，协调工作。在这种系统中，单片机往往作为一个终端机，安装在系统的某些节点上，对现场信息进行实时的测量和控制。

综上所述，从工业自动化、自动控制、智能仪器仪表、消费类电子产品等方面，到国防尖端技术领域，单片机都发挥着十分重要的作用。

1.5 单片机的发展趋势

单片机将向大容量、高性能、外围电路内装化等方面发展。

1．CPU 的改进

（1）增加数据总线的宽度。例如，各种 16 位单片机和 32 位单片机，其数据处理能力要优于 8 位单片机。另外，8 位单片机内部采用 16 位数据总线，其数据处理能力明显优于一般 8 位单片机。

（2）采用双 CPU 结构，以提高数据处理能力。

2．存储器的发展

（1）片内程序存储器普遍采用闪烁（Flash）存储器。闪烁存储器能在+5V 下读写，既可以实现静态 RAM 的读写操作，又可以保证在掉电时数据不会丢失。单片机可不用扩展外部程序存储器，这大大简化了系统的硬件结构，有的单片机片内程序存储器容量可达 128KB，甚至更多。

（2）加大片内数据存储器存储容量，如 8 位单片机 PIC18F452 片内集成了 4KB 的 RAM，以满足动态数据存储的需要。

3．片内 I/O 的改进

（1）增加并行口的驱动能力，以减少外部驱动芯片。有的单片机可以直接输出大电流和高电压，以便能直接驱动 LED 和 VFD（荧光显示器）。

（2）有些单片机设置了一些特殊的串行 I/O 功能，为构成分布式、网络化系统提供了条件。

（3）引入了数字交叉开关，改变了以往片内外设与外部 I/O 引脚的固定对应关系。交叉开关是一个大的数字开关网络，可通过编程设置交叉开关控制寄存器，将片内的计数器/定时器、串行口、中断系统、A/D 转换器等片内外设灵活配置在端口 I/O 引脚，允许用户根据自己的特定应用，将内部外设资源分配给端口 I/O 引脚。

4．低功耗

目前单片机产品均为 CMOS 化芯片，具有功耗小的优点。这类单片机普遍配置有等待状态、睡眠状态、关闭状态等工作方式。在这些状态下，低电压工作的单片机消耗的电流仅在 μA 或 nA 量级，非常适合于电池供电的便携式、手持式的仪器仪表以及其他消费类电子产品。

5．外围电路内装化

随着集成电路技术及工艺的不断发展，把所需的众多外围电路全部装入单片机内，即系统的单片化是目前单片机发展趋势之一，一片芯片就是一个"测控"系统。

6．编程及仿真的简单化

目前大多数的单片机都支持程序的在线编程，也称在系统可编程（In System Programming，ISP），编程时只需一条与 PC 相连的 ISP 下载线（多为 USB 口或串口），就可以把仿真调试通过的程序代码从 PC 在线写入单片机的 Flash 存储器内，省去了编程器。某些机型还支持在应用可编程（In Application Programming，IAP），可在线升级或销毁单片机的应用程序，省去了仿真器。

综上所述，单片机正在向多功能、高性能、高速度、低电压、低功耗、低价格（几元钱）、外围电路内装化以及片内程序存储器、数据存储器容量不断增大的方向发展。

1.6 MCS-51 系列与 AT89S5x 系列单片机

20 世纪 80 年代以来，单片机的发展非常迅速，其中 Intel 公司的 MCS-51 系列单片机是一款设计成功、易于掌握并在世界范围得到广泛应用的机型。

1.6.1 MCS-51 系列单片机

MCS 是 Intel 公司生产的单片机的系列符号，MCS-51 系列单片机是 Intel 公司在 MCS-48 系列单片机的基础上，于 20 世纪 80 年代初发展起来的，是最早进入我国并在我国得到广泛应用的机型。

MCS-51 的基本型产品主要包括 8031、8051、8751（对应的低功耗型 80C31、80C51、87C51）和增强型产品 8032、8052、8752。

1．基本型

基本型的典型产品有 8031、8051、8751。8031 内部包括 1 个 8 位 CPU、128B RAM、21 个特殊功能寄存器（SFR）、4 个 8 位并行 I/O 口、1 个全双工串行口、2 个 16 位定时器/计数器、5 个中断源，但片内无程序存储器，因此需外部扩展程序存储器芯片。

8051 是在 8031 的基础上，片内又集成有 4KB ROM 作为程序存储器。所以，8051 是一个程序不超过 4KB 的小系统。ROM 内的程序是芯片厂商制作芯片时代为用户烧制的，主要用在程序已定且批量大的单片机产品中。

8751 与 8051 相比，片内集成的 4KB 的 EPROM 取代了 8051 的 4KB ROM，从而构成了一个程序不大于 4KB 的小系统。用户可以将程序固化在 EPROM 中，EPROM 中的内容可反复擦写、修改。一片 8031 外部扩展一片 4KB 的 EPROM 就相当于一片 8751。

2. 增强型

Intel 公司在 MCS-51 系列基本型产品基础上，又推出了增强型系列产品，即 52 子系列，其典型产品为 8032、8052、8752。它们的内部 RAM 增至了 256B，8052、8752 的片内程序存储器扩展到 8KB，16 位定时器/计数器增至 3 个，共有 6 个中断源。

表 1-1 列出了基本型和增强型的 MCS-51 系列单片机片内的基本硬件资源。

表 1-1   MCS-51 系列单片机的片内硬件资源

	型号	片内程序存储器	片内数据存储器（B）	I/O 口线（位）	定时器/计数器（个）	中断源个数（个）
基本型	8031	无	128	32	2	5
	8051	4KB ROM	128	32	2	5
	8751	4KB EPROM	128	32	2	5
增强型	8032	无	256	32	3	6
	8052	8KB ROM	256	32	3	6
	8752	8KB EPROM	256	32	3	6

1.6.2　8051 内核单片机与 AT89S5x 系列单片机

MCS-51 系列单片机的代表产品为 8051，目前世界上其他公司推出的兼容扩展型单片机都是在 8051 内核的基础上进行了功能的增减。20 世纪 80 年代中期以后，Intel 公司已把精力集中在高档 CPU 芯片的研发上，逐渐淡出单片机的开发和生产。MCS-51 单片机由于其设计上的成功以及较高的市场占有率，得到了世界众多公司的青睐。Intel 公司以专利转让或技术交换的形式把 8051 的内核技术转让给了许多芯片生产厂家，如 ATMEL、Philips、Cygnal、ANALOG、LG、ADI、Maxim、DEVICES、DALLAS 等。这些厂家生产的兼容机型均采用 8051 的内核结构，指令系统相同，且采用 CMOS 工艺；有的公司还在 8051 内核的基础上又增加了一些片内外设模块，使其集成度更高，功能和市场竞争力更强。人们常用 8051（80C51，"C"表示采用 CMOS 工艺）来称呼所有具有 8051 内核、且使用 8051 指令系统的单片机，人们习惯把这些兼容扩展型的衍生品统称为 8051 单片机。

在众多的兼容扩展型的衍生机型中，美国 ATMEL 公司的 AT89 系列，尤其是该系列中的 AT89C5x/AT89S5x 子系列单片机在世界 8 位单片机市场中占有较大的份额。

ATMEL 公司是美国 20 世纪 80 年代中期成立并发展起来的半导体公司。该公司于 1994 年以 E^{2}PROM 技术与 Intel 公司的 80C51 内核的使用权进行了交换。ATMEL 公司的技术优势是其闪烁（Flash）存储器技术，它将 Flash 技术与 80C51 内核相结合，形成了片内带有 Flash 存储器的 AT89C5x/AT89S5x 系列单片机。AT89C5x/AT89S5x 系列单片机与 MCS-51 系列单片机在原有功能、引脚以及指令系统方面完全兼容，系列中的某些品种又增加了一些新的功能，如看门狗定时器 WDT、ISP 及 SPI 串行接口等，片内 Flash 存储器可直接在线重复编程。此外，AT89C5x/AT89S5x 还支持两种节电工作方式，非常适于电池供电或其他低功耗场合。

AT89S51 片内 4KB Flash 存储器可在线编程或使用编程器重复编程，且价格较低，因此 AT89S5x 单片机是目前 8051 单片机的典型芯片之一。本书以 AT89S51 单片机为典型机型，介绍其工作原理与应用设计。

AT89S5x 的 "S" 档系列是 ATMEL 公司继 AT89C5x 系列之后推出的新机型，"S" 表示含有串行下载的 Flash 存储器，代表产品为 AT89S51 和 AT89S52。AT89C51 单片机已不再生产，可用 AT89S51 直接代替。与 AT89C5x 系列相比，AT89S5x 系列的时钟频率以及运算速度都有了较大的提高。例如，AT89C51 工作频率的上限为 24MHz，而 AT89S51 则为 33MHz。AT89S51 片内集成有双数据指针 DPTR、看门狗定时器、具有低功耗空闲工作方式和掉电工作方式，另外还增加了 5 个特殊功能寄存器。

从表 1-1 可看出 AT89S51 与 AT89S52 单片机的差别。AT89S51 片内有 4KB 的 Flash 存储器、128B 的 RAM、5 个中断源，以及 2 个定时器/计数器。而 AT89S52 片内有 8KB 的 Flash 存储器、256B 的 RAM、6 个中断源和 3 个定时器（比 AT89S51 多出的 1 个定时器，具有捕捉功能）。

尽管 AT89S5x 系列有多种机型，但是掌握好基本型 AT89S51 是十分重要的，因为它是各种 8051 内核的单片机的基础，最具代表性，同时也是各种 8051 内核的增强扩展型等衍生品种的基础。

本书中经常用到 "8051"，它是泛指世界各芯片厂商生产的具有 8051 内核的各种增强型、扩展型的单片机。而 "AT89S51" 仅是指 ATMEL 公司的 AT89S51 单片机。

除了 8 位单片机得到广泛应用外，一些厂家的 16 位单片机也得到了用户的青睐，如美国 TI（Texas Instruments）公司的 16 位的 MSP430 系列、Microchip 公司的 PIC24×× 系列单片机。这些单片机本身都带有 A/D 转换器，增加了各种串行口以及各种数字控制部件，一片芯片就构成了一个测控系统，使用非常方便。除了 16 位单片机外，各公司还推出了 32 位单片机，尽管如此，8 位单片机的应用还是非常普及的，这是因为目前在大多数应用场合中，8 位单片机的性能能满足大部分实际需求，况且 8 位单片机的性价比也较好。

1.7　各种衍生品种的 8051 单片机

除了 AT89S5x 系列单片机，世界各半导体器件厂家也推出了 8051 内核、各种集成度高、功能强的增强扩展型单片机，并得到了广泛应用。

1.7.1　STC 系列单片机

STC 系列单片机是我国具有独立自主知识产权，其功能与抗干扰性强的增强型 8051 单片机一样。STC 系列单片机中有多种子系列、几百个品种，以满足不同应用的需要。其中的 STC12C5410/STC12C2052 系列的主要性能及特点如下。

（1）高速：普通的 8051 单片机是每个机器周期为 12 个时钟，而 STC 单片机可以是每个机器周期 1 个时钟，这样一来指令执行速度大大提高，速度是普通的 8051 速度的 9～13 倍。

（2）宽工作电压：5.5～3.8V，2.4～3.8V（STC12LE5410AD 系列）。

（3）12KB/10KB/8KB/6KB/4KB 片内 Flash 程序存储器，擦写次数达 10 万次以上。

（4）512B 片内的 RAM 数据存储器。

（5）在系统可编程（ISP）/在应用可编程（IAP），无需编程器/仿真器，可远程升级。

（6）8 通道的 10 位 ADC，4 路 PWM 输出。

（7）4 通道捕捉/比较单元，也可用来再实现 4 个定时器或 4 个外部中断（支持上升沿/下降沿中断）。

（8）2 个硬件 16 位定时器，兼容普通 8051 的定时器。4 路可编程计数/定时器阵列（PCA）还可再实现 4 个定时器。

（9）硬件看门狗（WDT）。

（10）高速 SPI 串口。

（11）全双工异步串行口（UART），兼容普通 8051 的串口。

（12）通用 I/O 口（27/23/15 个）中的每个 I/O 口驱动能力均可达到 20mA，但整个芯片最大不可超过 55mA。

（13）超强抗干扰能力与高可靠性：

● 高抗静电；

● 通过 2kV/4kV 快速脉冲干扰的测试（EFT 测试）；

● 宽电压，不怕电源抖动；

● 宽温度范围：−40℃～+85℃；

● I/O 口经过特殊处理；

● 片内的电源供电系统、时钟电路、复位电路、看门狗电路均经过特殊处理。

（14）采取降低单片机时钟对外部电磁辐射的措施：如选每个机器周期为 6 个时钟，外部时钟频率可降一半；

（15）超低功耗设计：

● 掉电模式：典型功耗<0.1μA；

● 空闲模式：典型功耗为 2mA；

● 正常工作模式：典型功耗为 4～7mA；

● 掉电模式可由外部中断唤醒，适用于电池供电系统，如水表、气表、便携设备等。

STC 单片机可直接替换 ATMEL、Philips、Winbond（华邦）等公司的 8051 机型。

由上述可知，这是一款高性能、高可靠性的机型，尤其是其较高的抗干扰特性，用户应给予足够的重视。

1.7.2　C8051F×××系列单片机

美国 Cygnal 公司的 C8051F×××系列单片机，是一款集成度高，并采用 8051 内核的 8 位单片机，它的代表产品为 C8051F020。

C8051F020 内部采用流水线结构，大部分指令的完成时间为 1 或 2 个时钟周期，峰值处理能力为 25MIPS，与经典的 8051 单片机相比，它的可靠性和速度有很大提高。

C8051F020 片内集成了 1 个 8 位 ADC、1 个 12 位 ADC、1 个双 12 位 DAC、64KB 片内 Flash 程序存储器、256B RAM、128B SFR、8 个 I/O 端口共 64 根 I/O 口线、5 个 16 位通用定时器、5 个捕捉/比较模块的可编程计数/定时器阵列、1 个 UART 串行口、1 个 SMBus/I^{2}C 串口、1 个 SPI 串行口、2 路电压比较器、电源监测器、内置温度传感器。

C8051F×××系列单片机最突出的改进是引入了数字交叉开关（C8051F2××除外），它改变了以往内部功能与外部引脚的固定对应关系。用户可通过可编程的交叉开关控制寄存器将片内的计数器/定时器、串行总线、硬件中断、ADC 转换器输入、比较器输出以及单片机内部的其他硬件外设配置端口 I/O 引脚。用户可根据特定应用，选择通用 I/O 端口与片内硬件资源的灵活组合。

1.7.3　ADμC812 单片机

ADμC812 是美国 ADI（Analog DeviceInc）公司生产的高性能单片机，其内部包含高精度自校准的 8 通道 12 位模数转换器（ADC）、2 通道 12 位数模转换器（DAC）以及 8051 内核，指令系统与 MCS-51 系列兼容。片内有 8KB Flash 程序存储器、640B Flash 数据存储器、256B 数据 SRAM（支持可编程）。

ADμC812 片内集成有看门狗定时器、电源监视器以及 ADC DMA 功能。它为多处理器接口和 I/O 扩展提供了 32 条可编程的 I/O 线，以及包含有与 I²C 兼容的串行接口、SPI 串行接口和标准的 UART 串口。

ADμC812 的 MCU 内核和模数转换器均设置有正常、空闲和掉电工作模式，通过软件可控制芯片从正常模式切换到空闲模式，也可切换到更为省电的掉电模式。在掉电模式下，ADμC812 消耗的总电流约为 5μA。

1.7.4 华邦 W77 系列、W78 系列单片机

华邦公司（Winbond）的产品 W77 系列、W78 系列单片机与 8051 单片机完全兼容。

华邦单片机对 8051 的时序做了改进：每个指令周期只需要 4 个时钟周期，速度提高了 3 倍，工作频率最高可达 40MHz。

W77 系列为增强型，片内增加了看门狗 WatchDog、两组 UART 串口、两组 DPTR 数据指针（编写应用程序非常便利）、ISP（在系统可编程）等功能。片内集成了 USB 接口，以及语音处理等功能，它具有 6 组外部中断源。

华邦公司的 W741 系列的 4 位单片机具有液晶驱动、在线写入、保密性高、低工作电压（1.2～1.8V）等优点。

1.8 PIC 系列单片机与 AVR 系列单片机

除了 8051 单片机，各种非 8051 机型的 8 位单片机也得到了广泛的应用。其中，使用较为广泛的是 PIC 系列与 AVR 系列单片机，这两种类型的单片机博采众长，又具独特技术，已占有较大的市场份额。

1.8.1 PIC 系列单片机

PIC 系列单片机是美国 Microchip 公司的产品，主要特性如下。

（1）PIC 系列单片机最大特点是从实际出发，从低到高有几十个型号，可满足不同的需要。例如，一辆摩托车的点火器需要一个 I/O 较少、RAM 及程序存储空间不大、可靠性较高的小型单片机，如采用 PIC12C508 单片机，仅有 8 个引脚。该型号单片机有 512B ROM、25B RAM、1 个 8 位定时器、1 根输入线、5 根 I/O 线，而且价格非常便宜，应用在摩托车点火器这样的场合非常适合。此时，如果采用 40 引脚的单片机就可能是"大马拉小车"了。

目前，世界上最小的单片机为 Microchip 推出的 6 引脚单片机 PIC10F322，该单片机带有 4 个 I/O。它的最大特色是外设增加了可配置逻辑单元 CLC、数控振荡器 NCO、互补波形发生器 CWG，另外还有 3 个通道的 8 位 ADC、2 个 10 位的 PWM、2 个 8 位定时器；64B 的静态 RAM、512B 的程序空间，支持高性能的精简指令集（RISC）的 CPU。

PIC 的高档型单片机，如 PIC16C74（尚不是最高档次型号）有 40 个引脚，其内部有 4KB 的 ROM、192B RAM、8 路 A/D、3 个 8 位定时器、2 个 CCP 模块、3 个串行口、1 个并行口、11 个中断源、33 个 I/O 引脚。这种型号几乎可以和其他品牌的高档型号相媲美。

（2）PIC 系列单片机采用精简指令集（RISC），指令执行效率大为提高。数据总线和指令总

线分离的哈佛总线（Harvard）结构，使指令具有单字长的特性，且允许指令代码的位数可多于 8 位的数据位数，这与传统的采用复杂指令结构（CISC）的 8 位单片机相比，可达到 2:1 的代码压缩，并且速度提高 4 倍。

（3）具有优越开发环境。普通 8051 单片机的开发系统大都采用高档型号仿真低档型号，其实时性不太理想。PIC 每推出一款新型号单片机的同时，便推出相应的仿真芯片，所有的开发系统由专用的仿真芯片支持，因此实时性非常好。

（4）引脚通过限流电阻可接至 220V 交流电源，直接与继电器控制电路相连，无需光电耦合器隔离，这给使用带来了极大方便。

PIC 的 8 位单片机型号繁多，分为低档、中档和高档型。

中档产品是 Microchip 公司重点发展的系列产品，因此品种最为丰富。尤其是 PIC18 系列，其程序存储器最大可达 64KB，通用数据存储器为 3968B；有 8 位和 16 位定时器、比较器；8 级硬件堆栈、10 位 A/D 转换器、捕捉输入、PWM 输出；配置了 I^2C、SPI、UART 串口、CAN、USB 接口，模拟电压比较器及 LCD 驱动电路等，其封装从 14 引脚到 64 引脚，价格适中，性价比高。它已广泛应用在高、中、低档的各类电子产品中。

高档产品 PIC17Cxx 是在中档产品的基础上增加了硬件乘法器，指令周期可达 160ns。它是目前世界上 8 位单片机中性价比最高的机型，可用于高、中档产品的开发，如电机控制等。

此外，Microchip 公司还推出了高性能的 16 位的 PIC24×× 系列和 32 位的 PIC33×× 系列单片机，它们也很受用户欢迎，并得到了较为广泛的应用。

1.8.2 AVR 系列单片机

AVR 系列单片机是 1997 年由 ATMEL 公司研发出的精简指令集（Reduced Instruction Set Computing，RISC）的高速 8 位单片机，其特点如下。

（1）废除了机器周期，抛弃复杂指令计算机（CISC）追求指令完备的做法。它采用精简指令集，以字作为指令长度单位，将操作数与操作码安排在一字之中，指令长度固定，指令格式与种类相对较少，寻址方式也相对较少，绝大部分指令都为单周期指令。取指周期短，又可预取指令，实现流水作业，故可高速执行指令。当然，这种“高速度”是以高可靠性来保障的。

（2）新工艺 AVR 器件的 Flash 程序存储器擦写可达 10 000 次以上。片内较大容量的 RAM，不仅能满足一般场合的使用，还能更有效地支持使用高级语言开发系统程序，并可像 8051 单片机那样很容易地扩展外部 RAM。

（3）丰富的外设。AVR 单片机有定时器/计数器、看门狗电路、低电压检测电路 BOD，并有多个复位源（自动上下电复位、外部复位、看门狗复位、BOD 复位），可设置的启动后延时运行程序，从而增强了单片机系统的可靠性。片内有通用的异步串行口（UART），面向字节的高速硬件串口 TWI（与 I^2C 兼容）、SPI 串口。此外，还有 ADC、PWM 等片内外设。

（4）I/O 口功能强、驱动能力大。工业级产品具有大电流（最大可达 40mA），可省去功率驱动器件，直接驱动晶闸管 SSR 或继电器。I/O 口的输入可设定为三态高阻抗输入或带上拉电阻输入，便于满足各种多功能 I/O 口应用的需要，具备 10～20mA 灌电流的能力。

（5）低功耗。具有省电功能（Power Down）及休眠功能（Idle）的低功耗的工作方式。一般耗电在 1～2.5 mA；对于典型功耗情况，WDT 关闭时为 100nA，更适用于电池供电的应用设备，有的器件最低 1.8 V 即可工作。

（6）支持程序的在线编程，只需一条 ISP 下载线，就可把程序写入 AVR 单片机，无需使用编程器。其中 MEGA 系列还支持在线应用编程 IAP（可在线升级或销毁应用程序），从而省去了仿真器。
AVR 单片机系列齐全，有 3 个档次，可满足不同场合的要求。

- 低档 Tiny 系列 AVR 单片机：主要有 Tiny11/12/13/15/26/28 等。
- 中档 AT90S 系列 AVR 单片机：主要有 AT90S1200/2313/8515/8535 等。
- 高档 ATmega 系列 AVR 单片机：主要有 ATmega8/16/32/64/128（存储容量为 8KB/16KB/32KB/64KB/128KB）以及 ATmega8515/8535 等。

1.9 其他嵌入式处理器简介

以各类嵌入式处理器为核心的嵌入式系统的应用，已经成为当今电子信息技术应用的一大热点。

具有不同体系结构的嵌入式处理器是嵌入式系统的核心部件。除了单片机，还有数字信号处理器（DSP）以及嵌入式微处理器。

1.9.1 数字信号处理器（DSP）

数字信号处理器（Digital signal processor，DSP）是非常擅长高速实现各种数字信号处理运算（如数字滤波、FFT、频谱分析等）的嵌入式处理器。由于 DSP 的硬件结构和指令进行了特殊设计，因而其能够高速完成各种数字信号处理算法。

1981 年，美国 TI（Texas Instruments）公司研制出了著名的 TMS320 系列的首片低成本、高性能的 DSP 处理器芯片——TMS320C10，它使 DSP 技术向前跨出了意义重大的一步。

20 世纪 90 年代，由于无线通信、各种网络通信、多媒体技术的普及和应用，高清晰度数字电视的研究，极大地刺激了 DSP 的推广应用，DSP 大量进入嵌入式领域。推动 DSP 快速发展的是嵌入式系统的智能化，如各种带有智能逻辑的消费类产品、生物信息识别终端、实时语音压缩解压系统、数字图像处理等。这类智能化算法一般运算量都较大，特别是向量运算、指针线性寻址等较多，而这些正是 DSP 的长处所在。但在一些实时性要求很高的场合，单片 DSP 的处理能力还是不能满足要求。因此，各大公司又研制出多总线、多流水线和并行处理的包含多个 DSP 处理器的芯片，从而大大提高了系统的性能。

DSP 所具有的实现高速运算的硬件结构与指令系统以及多总线结构，尤其，DSP 处理的是数字信号处理算法的复杂度和大的数据处理流量，这些都是单片机不可企及的。

DSP 的主要厂商有美国 TI、ADI、Motorola、Zilog 等公司，TI 公司位居榜首，占全球 DSP 市场约 60%。DSP 代表性的产品是 TI 公司的 TMS320 系列，其中包括用于控制领域的 2000 系列，用于移动通信的 5000 系列以及应用在网络、多媒体和图像处理领域的 6000 系列等。

今天，随着全球信息化和 Internet 的普及、多媒体技术的广泛应用，以及尖端技术向民用领域的迅速转移，DSP 也大范围地进入消费类电子产品领域。DSP 的不断更新换代，性能指标不断提高，价格不断下降，已成为新兴科技，如通信、多媒体系统、消费电子、医用电子等飞速发展的主要推动力。据国际著名市场调查研究公司 Forward Concepts 发布的一份统计和预测报告显示，目前世界 DSP 产品市场每年正以 30%的增幅增长，它是目前最有发展和应用前景的嵌入式处理器之一。

1.9.2 嵌入式微处理器

嵌入式微处理器（Embedded MicroProcessor Unit，EMPU）的基础是通用计算机中的 CPU，虽

然在功能上它和标准微处理器基本是一样的，但由于它只保留和嵌入式应用有关的功能，因此可大幅度减小系统体积和功耗，同时在工作温度、抗电磁干扰、可靠性等方面都做了各种增强处理。

嵌入式微处理器中比较有代表性的产品为 ARM 系列，主要有 5 个产品系列：ARM7、ARM9、ARM9E、ARM10 和 SecurCore。

以 ARM7 为例，它的地址线为 32 条，所扩展的存储器空间要比单片机存储器空间大得多，可配置实时多任务操作系统（Real Time multi-tasking Operation System，RTOS），它是嵌入式应用软件的基础和开发平台。

常用的 RTOS 为 Linux（数百 KB）、VxWorks（数 MB）和 μC-OS Ⅱ。由于嵌入式实时多任务操作系统具有高度灵活性，可很容易地对它进行定制或适当开发，即对它进行"裁剪""移植"和"编写"，从而可以设计出用户所需的程序，满足实际应用需要。

由于嵌入式微处理器能运行实时多任务操作系统，所以能够处理复杂的系统管理任务和处理工作。因此，在移动计算平台、媒体手机、工业控制和商业领域（例如，智能工控设备、ATM 机等）、电子商务平台、信息家电（机顶盒、数字电视）等方面，甚至军事上的应用，它都具有巨大的吸引力。因此，以嵌入式微处理器为核心的嵌入式系统的应用，已经成为继单片机、DSP 之后的电子信息技术应用的又一大热点。

这里要对"嵌入式系统"这个名称作以说明，从更广泛意义上来讲，凡是嵌入了"嵌入式处理器"（如单片机、DSP、嵌入式微处理器）的系统，都称其为"嵌入式系统"。但是目前较为流行的说法是把"嵌入"了嵌入式微处理器的系统，称为"嵌入式系统"。目前"嵌入式系统"还没有一个严格和权威的定义，但人们通常所说的"嵌入式系统"，多指后者。

思考题及习题

一、填空题

1．除了单片机这一名称，单片机还可称为_____或_____。

2．单片机与普通微型计算机的不同之处在于其将_____、_____和_____3 部分，通过内部_____连接在一起，集成于一块芯片上。

3．AT89S51 单片机工作频率上限为_____MHz。

4．专用型单片机已使系统结构最简化，软硬件资源利用最优化，从而大大降低_____和提高_____。

二、单选题

1．单片机内部数据之所以用二进制形式表示，主要是_____。
  A．为了编程方便   B．受器件的物理性能限制
  C．为了通用性   D．为了提高运算速度

2．在家用电器中使用单片机应属于微计算机的_____。
  A．辅助设计应用   B．测量、控制应用
  C．数值计算应用   D．数据处理应用

3．下面不属于单片机应用范围的是_____。
  A．工业控制   B．家用电器的控制

C．数据库管理　　　　　　　　D．汽车电子设备

三、判断题

1．STC 系列单片机是 8051 内核的单片机。

2．AT89S52 与 AT89S51 相比，片内多出了 4KB 的 Flash 程序存储器、128B 的 RAM、1 个中断源、1 个定时器（且具有捕捉功能）。

3．单片机是一种 CPU。

4．AT89S52 单片机是微处理器。

5．AT89S51 片内的 Flash 程序存储器可在线写入（ISP），而 AT89C52 则不能。

6．为 AT89C51 单片机设计的应用系统板，可将芯片 AT89C51 直接用芯片 AT89S51 替换。

7．为 AT89S51 单片机设计的应用系统板，可将芯片 AT89S51 直接用芯片 AT89S52 替换。

8．单片机的功能侧重于测量和控制，而复杂的数字信号处理运算及高速的测控功能则是 DSP 的长处。

四、简答题

1．微处理器、微计算机、微处理机、CPU、单片机、嵌入式处理器，它们之间有何区别？

2．AT89S51 单片机相当于 MCS-51 系列单片机中的哪一型号的产品？"S"的含义是什么？

3．单片机可分为商用、工业用、汽车用以及军用产品，它们的使用温度范围各为多少？

4．解释什么是单片机的在线系统编程（ISP）以及什么是在线应用编程（IAP）。

5．什么是"嵌入式系统"？系统中嵌入了单片机作为控制器，是否可称为"嵌入式系统"？

6．嵌入式处理器家族中的单片机、DSP、嵌入式微处理器各有何特点？它们的应用领域有何不同？

第2章 AT89S51单片机片内硬件结构

【内容概要】 本章内容是为单片机应用系统的设计打下基础。通过本章学习，读者应牢记 AT89S51 单片机的片内硬件结构和片内硬件资源；了解片内外设的基本功能，重点掌握 AT89S51 单片机的存储器结构、常见的特殊功能寄存器的功能，以及复位电路与时钟电路的设计。此外本章还介绍了低功耗节电模式以及看门狗的工作原理。

单片机应用的特点是通过编写程序来控制硬件电路，所以，读者应首先熟知并掌握 AT89S51 单片机片内硬件的基本结构和特点。

2.1 AT89S51 单片机的片内硬件结构

AT89S51 单片机片内硬件结构如图 2-1 所示，它把那些作为控制应用所必需的基本外设部件都集成在了一个集成电路芯片上。

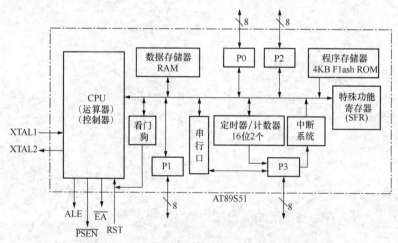

图 2-1 AT89S51 单片机的片内结构

AT89S51 片内的各部件通过片内单一总线连接而成（见图 2-1），其基本结构依旧是 CPU 加上外设芯片的传统微型计算机结构模式，但 CPU 对各种外设部件的控制是采用特殊功能寄存器（Special Function Register，SFR）的集中控制方式。

14

下面对图 2-1 中的片内各部件做简单介绍。

（1）中央处理器（CPU）：8 位的 CPU，包括了运算器和控制器两大部分，此外还有面向控制的位处理和位控功能。

（2）数据存储器（RAM）：片内为 128B（AT89S52 片内为 256B），片外最多还可外扩 64KB 的数据存储器。

（3）程序存储器（ROM）：用来存储程序。AT89S51 片内有 4KB 的 Flash 存储器（AT89S52 片内有 8KB 的 Flash 存储器；AT89S53/AT89S54/AT89S55 片内集成了 12KB/20KB/20KB 的 Flash 存储器），如果片内程序存储器容量不够，片外最多可外扩至 64KB 的程序存储器。

（4）中断系统：具有 5 个中断源，2 级中断优先权。

（5）定时器/计数器：片内有 2 个 16 位的定时器/计数器（AT89S52 有 3 个 16 位的定时器/计数器），具有 4 种工作方式。

（6）串行口：1 个全双工的异步串行口（UART），具有 4 种工作方式。可进行串行通信，扩展并行 I/O 口，还可与多个单片机相连构成多机串行通信系统。

（7）4 个 8 位的并行口：P0 口、P1 口、P2 口和 P3 口。

（8）特殊功能寄存器（SFR）：共有 26 个特殊功能寄存器，用于 CPU 对片内各外设部件进行管理、控制和监视。特殊功能寄存器实际上是片内各外设部件的控制寄存器和状态寄存器，这些特殊功能寄存器映射在片内 RAM 区的 80H～FFH 的地址区间内。

（9）1 个看门狗定时器（Watch Dog Timer，WDT）：当单片机受干扰而使程序陷入"死循环"或"跑飞"状态时，看门狗定时器可将单片机复位，从而使程序恢复正常运行。

AT89S51 完全兼容 AT89C51 单片机，使用 AT89C51 单片机的系统，在保留原来软硬件的条件下，可用 AT89S51 直接代换。

2.2　AT89S51 的引脚功能

要掌握 AT89S51 单片机，应首先熟悉各引脚的功能。AT89S51 与各种 8051 单片机的引脚是互相兼容的。目前，AT89S51 单片机多采用 40 只引脚的塑料双列直插封装（DIP）方式，如图 2-2（a）所示。此外，它还有 44 只引脚的 PLCC 和 TQFP 封装方式，如图 2-2（b）和图 2-2（c）所示。44 只引脚的 PLCC 和 TQFP 封装方式的芯片，有 4 只引脚是无用的，标为"NC"。

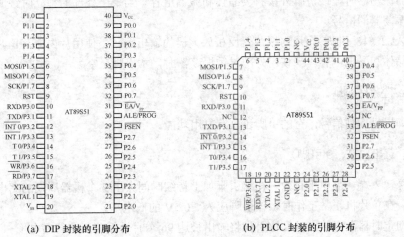

(a) DIP 封装的引脚分布　　　　　(b) PLCC 封装的引脚分布

图 2-2　AT89S51 单片机各种封装方式的引脚

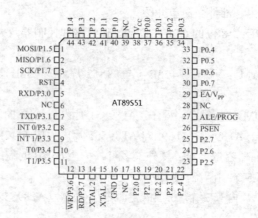

（c）TQFP 封装的引脚分布

图 2-2　AT89S51 单片机各种封装方式的引脚（续）

40 只引脚按功能可分为如下 3 类。

（1）电源及时钟引脚：V_{CC}、V_{SS}、XTAL1、XTAL2；

（2）控制引脚：$\overline{PSEN}$、ALE/$\overline{PROG}$、$\overline{EA}$/V_{PP}、RST（即 RESET）；

（3）I/O 口引脚：P0、P1、P2 与 P3，为 4 个 8 位并行 I/O 口的外部引脚。

下面结合图 2-2（a）介绍各引脚的功能。

2.2.1　电源及时钟引脚

1．电源引脚

（1）V_{CC}（40 引脚）：接+5V 电源。

（2）V_{SS}（20 引脚）：接数字地。

2．时钟引脚

（1）XTAL1（19 引脚）：片内振荡器的反相放大器和外部时钟发生器的输入端。使用 AT89S51 单片机片内的振荡器时，该引脚外接石英晶体和微调电容。当采用外部的独立时钟源时，本引脚接外部时钟振荡器的信号。

（2）XTAL2（18 引脚）：片内振荡器反相放大器的输出端。当使用片内振荡器时，该引脚连接外部石英晶体和微调电容。当使用外部时钟振荡器时，本引脚悬空。

2.2.2　控制引脚

控制引脚提供控制信号，有的引脚还具有复用功能。

1．RST（RESET，9 引脚）

复位信号输入端，高电平有效。在该引脚加上持续时间大于 2 个机器周期的高电平，就可使单片机复位。在单片机正常工作时，该引脚应为≤0.5V 的低电平。

当看门狗定时器溢出输出时，该引脚将输出长达 96 个时钟振荡周期的高电平。

2.$\overline{\text{EA}}$**/** V_{PP}（Enable Address/Voltage Pulse of Programing，31 引脚）

$\overline{\text{EA}}$ 为该引脚的第一功能：外部程序存储器访问允许控制端。

当 $\overline{\text{EA}}$ =1 时，在单片机片内的程序指针 PC 值不超出 0FFFH（即不超出片内 4KB Flash 存储器的最大地址范围）时，单片机读片内程序存储器（4KB）中的程序代码，但 PC 值超出 0FFFH（即超出片内 4KB Flash 存储器地址范围）时，将自动转向读取片外 60KB（1000H～FFFFH）程序存储器空间中的程序代码。

当 $\overline{\text{EA}}$ =0 时，只读取外部的程序存储器中的内容，读取的地址范围为 1000H～FFFFH，片内的 4KB Flash 程序存储器不起作用。

V_{PP} 为该引脚的第二功能，在对片内 Flash 进行编程时，V_{PP} 引脚接入编程电压。

3. ALE/$\overline{\text{PROG}}$（Address Latch Enable/Programming，30 引脚）

ALE 为该引脚的第一功能，为 CPU 访问外部程序存储器或外部数据存储器提供低 8 位地址

的锁存控制信号，将单片机 P0 口发出的低 8 位地址锁存在片外的地址锁存器中，如图 2-3 所示。

此外，单片机在正常运行时，ALE 端一直有正脉冲信号输出，此频率为时钟振荡器频率 f_{osc} 的 1/6。该正脉冲振荡信号可作外部定时或触发信号使用。但是要注意，每当 AT89S51 访问外部 RAM 或 I/O 时，要丢失一个 ALE 脉冲。所以 ALE 引脚的输出信号，在片外扩展有外部 RAM 或 I/O 时，频率并不是准确的 f_{osc} 1/6。

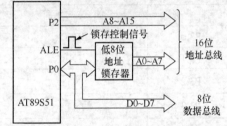

图 2-3　ALE 作为低 8 位地址的锁存控制信号

如果不需要 ALE 端输出脉冲信号，可将特殊功能寄存器 AUXR（地址为 8EH，将在本章后面介绍）的第 0 位（ALE 禁止位）置 1，来禁止 ALE 操作，但在执行访问外部程序存储器或外部数据存储器操作时，ALE 仍然有效。也就是说，ALE 的禁止位不影响单片机对外部存储器的访问。

$\overline{\text{PROG}}$ 为该引脚的第二功能，在对片内 Flash 存储器编程时，此引脚作为编程脉冲输入端。

4.$\overline{\text{PSEN}}$（Program Strobe ENable，29 引脚）

片内或片外程序存储器的读选通信号，低电平有效。

2.2.3　并行 I/O 口引脚

1. P0 口：P0.7～P0.0 引脚

漏极开路的双向 I/O 口。当 AT89S51 扩展外部存储器及 I/O 接口芯片时，P0 口作为地址总线（低 8 位）及数据总线的分时复用端口。

P0 口也可作为通用 I/O 口使用，但需加上拉电阻，这时为准双向口。P0 口可驱动 8 个 LS 型 TTL 负载。

2. P1 口：P1.7～ P1.0 引脚

准双向 I/O 口，具有内部上拉电阻，可驱动 4 个 LS 型 TTL 负载。

P1 口是完全可提供给用户使用的准双向 I/O 口。

P1.5/MOSI、P1.6/MISO 和 P1.7/SCK 也可用于对片内 Flash 存储器的串行编程和校验，它们分别是串行数据输入、串行数据输出和移位脉冲引脚。

3．P2 口：P2.7～P2.0 引脚

准双向 I/O 口，具有内部上拉电阻，可驱动 4 个 LS 型 TTL 负载。

当 AT89S51 扩展外部存储器及 I/O 口时，P2 口作为高 8 位地址总线用，输出高 8 位地址。P2 口也可作为通用的 I/O 口使用。

4．P3 口：P3.7～P3.0

准双向 I/O 口，具有内部上拉电阻。

P3 口可作为通用的 I/O 口使用，可驱动 4 个 LS 型 TTL 负载。

P3 口还可提供第二功能，其第二功能定义如表 2-1 所示，读者应熟记。

表 2-1　　　　　　　　　　　　P3 口的第二功能定义

引　脚	第 二 功 能	说　　明
P3.0	RXD	串行数据输入口
P3.1	TXD	串行数据输出口
P3.2	$\overline{INT0}$	外部中断 0 输入
P3.3	$\overline{INT1}$	外部中断 1 输入
P3.4	T0	定时器 0 外部计数输入
P3.5	T1	定时器 1 外部计数输入
P3.6	$\overline{WR}$	外部数据存储器的写选通控制信号
P3.7	$\overline{RD}$	外部数据存储器的读选通控制信号

综上所述，P0 口作为地址总线（低 8 位）及数据总线使用时，为双向口。作为通用的 I/O 口使用时，需加上拉电阻，这时为准双向口。而 P1 口、P2 口、P3 口均为准双向口。

双向口 P0 与 P1 口、P2 口、P3 口这 3 个准双向口相比，多了一个高阻输入的"悬浮"态。这是由于 P0 口作为数据总线使用时，多个数据源都挂在数据总线上，当 P0 口不需与其他数据源打交道时，需要与数据总线高阻"悬浮"隔离，而准双向 I/O 口则无高阻的"悬浮"状态。另外，准双向口作通用 I/O 的输入口使用时，一定要向该口先写入"1"。以上的准双向口与双向口的差别，读者在学习本章 2.5 节的 P0～P3 口的内部结构后，将会有更深入的理解。

至此，AT89S51 单片机的 40 只引脚已介绍完毕，读者应熟记每一个引脚的功能，这对于掌握 AT89S51 单片机应用系统的硬件电路设计十分重要。

2.3　AT89S51 的 CPU

AT89S51 的 CPU 是由运算器和控制器构成的（见图 2-1）。

2.3.1　运算器

运算器主要用来对操作数进行算术、逻辑和位操作运算，主要包括算术逻辑单元 ALU、累加

器 A、位处理器、程序状态字寄存器 PSW 等。

1. 算术逻辑单元（ALU）

算术逻辑单元（Arithmetic Logic Unit，ALU）的功能强，不仅可对 8 位变量进行逻辑与、或、异或以及循环、求补和清零等操作，还可以进行加、减、乘、除等基本算术运算。ALU 还具有位操作功能，可对位（bit）变量进行位处理，如置"1"、清零、求补、测试转移及逻辑"与""或"等操作。

2. 累加器 A

累加器 A 是 CPU 中使用最频繁的一个 8 位寄存器，它的作用如下。

（1）累加器 A 是 ALU 的输入数据源之一，同时又是 ALU 运算结果的存放单元。

（2）CPU 中的数据传送大多都通过累加器 A，故累加器 A 又相当于数据的中转站。为解决累加器结构所带来的"瓶颈堵塞"问题，AT89S51 单片机增加了一部分可以不经过累加器 A 的传送指令。

累加器 A 的进位位 Cy（位于程序状态字特殊功能寄存器 PSW 中）是特殊的，因为它同时又是位处理器的位累加器。

3. 程序状态字寄存器（PSW）

AT89S51 单片机的程序状态字寄存器（Program Status Word，PSW）位于单片机片内的特殊功能寄存器区，字节地址为 D0H。PSW 的不同位包含了程序运行状态的不同信息，其中 4 位保存当前指令执行后的状态，以供程序查询和判断。PSW 的格式如图 2-4 所示。

	D7	D6	D5	D4	D3	D2	D1	D0	
PSW	Cy	Ac	F0	RS1	RS0	OV	—	P	D0H

图 2-4　PSW 的格式

PSW 中各个位的功能如下。

（1）Cy（PSW.7）进位标志位：也可写为 C。在执行算术运算和逻辑运算指令时，若有进位/借位，则 Cy = 1；否则，Cy=0。在位处理器中，它是位累加器。

（2）Ac（PSW.6）辅助进位标志位：Ac 标志位用于在 BCD 码运算时进行十进位调整，即在运算时，当 D3 位向 D4 位产生进位或借位时，Ac=1；否则，Ac=0。

（3）F0（PSW.5）用户使用的标志位：可用指令来使它置"1"或清零，也可用指令来测试该标志位，根据测试结果控制程序的流向。编程时，用户应当充分利用该标志位。

（4）RS1、RS0（PSW.4、PSW.3）4 组工作寄存器区选择控制位 1 和位 0：这两位用来选择片内 RAM 区中的 4 组工作寄存器区中的某一组为当前工作寄存区，RS1、RS0 与所选择的 4 组工作寄存器区的对应关系如表 2-2 所示。

表 2-2　　　　　　　　　　RS1、RS0 与 4 组工作寄存器区的对应关系

RS1	RS0	所选的 4 组寄存器
0	0	0 区（片内 RAM 地址 00H～07H）
0	1	1 区（片内 RAM 地址 08H～0FH）
1	0	2 区（片内 RAM 地址 10H～17H）
1	1	3 区（片内 RAM 地址 18H～1FH）

（5）OV（PSW.2）溢出标志位：当执行算术指令时，OV 用来指示运算结果是否产生溢出。如果结果产生溢出，OV=1；否则，OV=0。

（6）PSW.1 位：保留位，未用。

（7）P（PSW.0）奇偶标志位：该标志位表示指令执行完时，累加器 A 中"1"的个数是奇数还是偶数。

- P=1，表示 A 中"1"的个数为奇数。
- P=0，表示 A 中"1"的个数为偶数。

该标志位对串行口通信中的数据传输有重要的意义。在串行通信中，常用奇偶检验的方法来检验数据串行传输的可靠性。

2.3.2 控制器

控制器的主要任务是识别指令，并根据指令的性质控制单片机各功能部件，从而保证单片机各部分能自动协调的工作。

控制器主要包括程序计数器 PC、指令寄存器、指令译码器、定时及控制电路等。其功能是控制指令的读入、译码和执行，从而对单片机的各功能部件进行定时和逻辑控制。

程序计数器 PC 是控制器中最基本的寄存器，它是一个独立的 16 位计数器，用户不能直接使用指令对 PC 进行读写。当单片机复位时，PC 中的内容为 0000H，即 CPU 从程序存储器 0000H 单元取指令，并开始执行程序。

PC 的基本工作过程是：CPU 读取指令时，PC 内容作为欲读取指令的地址发送给程序存储器，然后程序存储器按此地址输出指令字节，同时 PC 自动加 1，这也是为什么 PC 被称为程序计数器的原因。由于 PC 实质上是作为程序寄存器的地址指针，所以也称其为程序指针。

PC 内容的变化轨迹决定了程序的流程。由于 PC 是用户不可直接访问的，当顺序执行程序时自动加 1；当执行转移程序或子程序或中断子程序调用时，由运行的指令自动将其内容更改为所要转移的目的地址。

程序计数器的计数宽度决定了访问程序存储器的地址范围。AT89S51 单片机中的 PC 位数为 16 位，故可对 64KB（=2^{16}B）的程序存储器进行寻址。

2.4 AT89S51 单片机存储器的结构

AT89S51 单片机存储器结构为哈佛结构，即程序存储器空间和数据存储器空间是各自独立的。

AT89S51 单片机的存储器空间可划分为如下 4 类。

1. 程序存储器空间

单片机能够按照一定的次序工作，是由于程序存储器中存放了经调试正确的程序。程序存储器可以分为片内和片外两部分。

AT89S51 单片机的片内程序存储器为 4KB 的 Flash 存储器，它的编程和擦除完全是由电气实现，且速度快，可使用编程器对其编程，也可在线编程。

当 AT89S51 单片机片内的 4KB Flash 存储器不够用时，用户可在片外扩展程序存储器，最多可扩展至 64KB 的程序存储器。

2．数据存储器空间

数据存储器空间分为片内与片外两部分。

AT89S51 单片机内部有 128B 的 RAM，可用来存放可读/写的数据。

当 AT89S51 单片机的片内 RAM 不够用时，用户可在片外扩展最多 64KB 的 RAM，究竟扩展多少 RAM，由用户根据实际需要来定。

3．特殊功能寄存器

AT89S51 单片机片内共有 26 个特殊功能寄存器（Special Function Register，SFR）。SFR 实际上是各外围部件的控制寄存器和状态寄存器，它综合反映了整个单片机基本系统内部实际的工作状态和工作方式。

4．位地址空间

AT89S51 单片机内共有 211 个可寻址位，构成了位地址空间。它们位于片内 RAM 区地址 20H～2FH（共 128 位）和特殊功能寄存器区（片内 RAM 区字节地址 80H～FFH，共计 83 位）。

2.4.1　程序存储器空间

程序存储器是只读存储器（Read Only Memory，ROM），它用于存放程序和表格之类的固定常数。AT89S51 的片内程序存储器为 4KB 的 Flash 存储器，地址范围为 0000H～0FFFH。AT89S51 单片机有 16 位地址总线，可外扩的程序存储器空间最大为 64KB，地址范围为 0000H～FFFFH。用户在使用片内与片外扩展的程序存储器时应注意以下问题。

（1）整个程序存储器空间可分为片内和片外两部分，CPU 究竟是访问片内的还是片外的程序存储器，可由 $\overline{EA}$ 引脚上所接的电平来确定。

当 $\overline{EA}$ =1，PC 值没有超出 0FFFH（为片内 4KB Flash 存储器的最大地址）时，CPU 只读取片内的 Flash 程序存储器中的程序代码；当 PC 值>0FFFH 会自动转向读取片外程序存储器空间 1000H～FFFFH 内的程序代码。

当 $\overline{EA}$ =0，单片机只读取片外程序存储器（地址范围为 0000H～FFFFH）中的程序代码。CPU 不理会片内 4KB（地址范围 0000H～0FFFH）的 Flash 存储器。

（2）程序存储器的某些单元被固定用于各中断源的中断服务程序的入口地址。

64KB 程序存储器空间中有 5 个特殊单元分别对应 5 个中断源的中断服务子程序的中断入口，如表 2-3 所示。

表 2-3　　　　　　　　　　5 个中断源的中断入口地址

中　断　源	入　口　地　址
外部中断 0	0003H
定时器 T0	000BH
外部中断 1	0013H
定时器 T1	001BH
串行口	0023H

用汇编语言编程时，通常在这 5 个中断入口地址处都放 1 条跳转指令跳向对应的中断服务子

程序，而不是直接存放中断服务子程序。这是因为两个中断入口间隔仅有 8 个单元，如果这 8 个单元存放中断服务子程序，往往是不够用的。

AT89S51 复位后，程序存储器地址指针 PC 的内容为 0000H，程序从程序存储器地址 0000H 开始执行程序。由于外部中断 0 的中断服务程序入口地址为 0003H，为使主程序不与外部中断 0 的中断服务程序发生冲突，当用户用汇编语言编程时，一般在 0000H 单元存放一条跳转指令，转向主程序的入口地址。

上述问题，在使用 C51 语言编程时，完全由 C51 编译器自动处理，用户无需考虑。

2.4.2　数据存储器空间

数据存储器（Random Access Memory，RAM）空间分为片内与片外两部分。

1．片内数据存储器

AT89S51 单片机的片内数据存储器共有 128 个单元，字节地址为 00H～7FH。图 2-5 所示为 AT89S51 片内数据存储器的结构。

地址为 00H～1FH 的 32 个单元是 4 组通用工作寄存器区，每个区包含 8B 的工作寄存器，编号为 R7～R0。用户可以通过指令改变特殊功能寄存器 PSW 中的 RS1、RS0 这两位来切换选择当前的工作寄存器区，如表 2-2 所示。

地址为 20H～2FH 的 16 个单元的 128 位（8 位×16）可进行位寻址，也可以进行字节寻址。地址为 30H～7FH 的单元为用户 RAM 区，只能进行字节寻址，用作存放数据以及作为堆栈区使用。

2．片外数据存储器

当片内 128B 的 RAM 不够用时，需要外扩数据存储器，AT89S51 单片机最多可外扩 64KB 的 RAM。注意，虽然片内 RAM 与片外 RAM 的低 128B 的地址是相同的，但是由于是两个不同的数据存储区，访问时使用不同的指令，所以不会发生数据冲突。

图 2-5　AT89S51 片内 RAM 的结构

2.4.3　特殊功能寄存器

AT89S51 单片机中的特殊功能寄存器（SFR）的单元地址映射在片内 RAM 区的 80H～FFH 区域中，它共有 26 个，离散地分布在该区域中，表 2-4 所示为 SFR 的名称及其分布。其中有些 SFR 还可进行位寻址，其位地址已在表 2-4 中列出。

表 2-4　　　　　　　　　　　　　　　SFR 的名称及其分布

序号	特殊功能寄存器符号	名　　称	字节地址	位地址	复位值
1	P0	P0 口	80H	87H～80H	FFH
2	SP	堆栈指针	81H	—	07H

序号	特殊功能 寄存器符号	名　称	字节 地址	位地址	复位值
3	DP0L	数据指针 DPTR0 低字节	82H	—	00H
4	DP0H	数据指针 DPTR0 高字节	83H	—	00H
5	DP1L	数据指针 DPTR1 低字节	84H	—	00H
6	DP1H	数据指针 DPTR1 高字节	85H	—	00H
7	PCON	电源控制寄存器	87H	—	0×××0000B
8	TCON	定时器/计数器控制寄存器	88H	8FH～88H	00H
9	TMOD	定时器/计数器方式控制	89H	—	00H
10	TL0	定时器/计数器 0（低字节）	8AH	—	00H
11	TL1	定时器/计数器 1（低字节）	8BH	—	00H
12	TH0	定时器/计数器 0（高字节）	8CH	—	00H
13	TH1	定时器/计数器 1（高字节）	8DH	—	00H
14	AUXR	辅助寄存器	8EH	—	×××00××0B
15	P1	P1 口寄存器	90H	97H～90H	FFH
16	SCON	串行控制寄存器	98H	9FH～98H	00H
17	SBUF	串行发送数据缓冲器	99H	—	××××××××B
18	P2	P2 口寄存器	A0H	A7H～A0H	FFH
19	AUXR1	辅助寄存器	A2H	—	×××× ×××0 B
20	WDTRST	看门狗复位寄存器	A6H	—	×××× ××××B
21	IE	中断允许控制寄存器	A8H	AFH～A8H	0××0 0000B
22	P3	P3 口寄存器	B0H	B7H～B0H	FFH
23	IP	中断优先级控制寄存器	B8H	BFH～B8H	××00 0000B
24	PSW	程序状态字寄存器	D0H	D7H～D0H	00H
25	A（或 Acc）	累加器 A	E0H	E7H～E0H	00H
26	B	寄存器 B	F0H	F7H～F0H	00H

　　从表 2-4 中可以看出，凡是可以进行位寻址的 SFR，其字节地址的末位只能是 0H 或 8H。另外，若 CPU 读/写没有定义的单元，将得到一个不确定的随机数。

　　SFR 块中的累加器 A 和程序状态字寄存器 PSW 已在前面做过介绍，下面简单介绍 SFR 块中的某些 SFR，余下的 SFR 与片内外围部件密切相关，将在后续介绍片内外围部件时进行说明。

1. 堆栈指针（SP）

　　堆栈指针（SP）的内容指示出堆栈顶部在内部 RAM 块中的位置。它可指向内部 RAM 00H～7FH 的任何单元。AT89S51 的堆栈结构属于向上生长型的堆栈（即每向堆栈压入 1 字节数据时，SP 的内容自动增加 1）。单片机复位后，SP 中的内容为 07H，使得堆栈实际上从 08H 单元开始，考虑到 08H～1FH 单元分别是属于第 1～3 组的工作寄存器区，所以在程序设计中要用到这些工作寄存器区最好在复位后且运行程序前，把 SP 值改置为 60H 或更大的值，以避免堆栈区与工作寄存器区发生数据冲突。

　　堆栈主要是为子程序调用和中断操作而设立的，它的具体功能有两个：保护断点和现场保护。

（1）保护断点。因为无论是子程序调用操作还是中断服务子程序调用操作，主程序都会被"打断"，但最终都要返回到主程序继续执行程序。因此，应预先把主程序的断点在堆栈中保护起来，为程序的正确返回做准备。

（2）现场保护。在单片机执行子程序或中断服务子程序时，很可能要用到单片机中的一些寄存器单元，这就会破坏主程序运行时这些寄存器单元的原有内容。所以在执行子程序或中断服务程序之前，要把单片机中有关寄存器单元的内容保存起来，然后送入堆栈，这就是所谓的"现场保护"。

堆栈的操作有两种：一种是数据压入（PUSH）堆栈，另一种是数据弹出（POP）堆栈。当 1 字节数据压入堆栈时，SP 先自动加 1，再把 1 字节数据压入堆栈；1 字节数据弹出堆栈后，SP 自动减 1。例如，(SP)=60H，CPU 执行 1 条子程序调用指令或响应中断后，PC 内容（断点地址）进栈，PC 的低 8 位 PCL 的内容压入 61H 单元，PC 的高 8 位 PCH 的内容压入 62H，此时，(SP)=62H。

2．寄存器（B）

AT89S51 单片机在进行乘法和除法操作时要使用寄存器 B，在不执行乘、除法操作的情况下，可把它当作一个普通寄存器来使用。

乘法运算时，两个乘数分别在 A、B 中，执行乘法指令后，乘积存放在 BA 寄存器对中。B 中放乘积的高 8 位，A 中放乘积的低 8 位。

除法运算时，被除数取自 A，除数取自 B，商存放在 A 中，余数存放于 B 中。

3．AUXR 寄存器

AUXR 是辅助寄存器，其格式如图 2-6 所示。

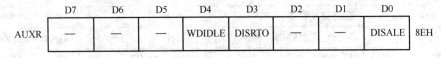

图 2-6　AUXR 寄存器的格式

其中：
（1）DISALE：ALE 的禁止/允许位。
- 0：ALE 有效，发出 ALE 脉冲；
- 1：ALE 仅在 CPU 访问外部存储器时有效，不访问外部存储器时，ALE 引脚不输出脉冲信号，这样可减少对外部电路的干扰。

（2）DISRTO：禁止/允许看门狗定时器（WDT）溢出时的复位输出。
- 0：WDT 溢出时，允许向 RST 引脚输出一个高电平脉冲，使单片机复位；
- 1：禁止 WDT 溢出时的复位输出。

（3）WDIDLE：WDT 在空闲模式下的禁止/允许位。
- 0：允许 WDT 在空闲模式下计数；
- 1：禁止 WDT 在空闲模式下计数。

4．数据指针 DPTR0 和 DPTR1

DPTR0 和 DPTR1 为数据指针寄存器，这是为了便于访问数据存储器而设置的。DPTR0 为 8051 单片机原有的数据指针，DPTR1 为新增加的数据指针。AUXR1 的 DPS 位用于选择这两个数据指针，如图 2-7 所示。当 DPS=0 时，选用 DPTR0；当 DPS=1 时，选用 DPTR1。AT89S51 复位时，默认选用 DPTR0。

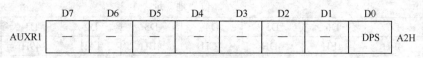

图 2-7 AUXR1 寄存器的格式

DPTR0（或 DPTR1）是一个 16 位的 SFR，其高位字节寄存器用 DP0H（或 DP1H）表示，低位字节寄存器用 DP0L（或 DP1L）表示。DPTR0（或 DPTR1）既可以作为一个 16 位寄存器来用，也可以作为两个独立的 8 位寄存器 DP0H（或 DP1H）和 DP0L（或 DP1L）来用。

5．AUXR1 寄存器

AUXR1 是辅助寄存器，其格式如图 2-7 所示。

其中：DPS：数据指针寄存器选择位。

- 0：选择数据指针寄存器 DPTR0；
- 1：选择数据指针寄存器 DPTR1。

6．看门狗定时器（WDT）

看门狗定时器 WDT 包含 1 个 14 位计数器和看门狗复位寄存器（WDTRST）。当 CPU 受到干扰，程序陷入"死循环"或"跑飞"状态时，看门狗定时器 WDT 提供了一种使程序恢复正常运行的有效手段。

有关 WDT 在抗干扰设计中的基本应用以及低功耗模式下运行的状态，将在 2.9 节和 2.10 节中介绍。

上面介绍的特殊功能寄存器，除了 SP 和 B，其余的均为 AT89S51 在 AT89C51 的基础上新增加的 SFR。

2.4.4 位地址空间

AT89S51 在 RAM 和 SFR 中共有 211 个寻址位的位地址，位地址范围为 00H～FFH，其中 00H～7FH 这 128 位处于片内 RAM 字节地址 20H～2FH 单元中，如表 2-5 所示。其余的 83 个可寻址位分布在特殊功能寄存器 SFR 中，如表 2-6 所示。可被位寻址的寄存器有 11 个，共有位地址 88 个，其中 5 个位未用，其余 83 个位的位地址离散地分布于片内数据存储器区字节地址为 80H～FFH 的范围内，其最低位的位地址与其字节地址相同，并且其字节地址的末位都为 0H 或 8H。

表 2-5 　　　　　　　　　AT89S51 片内 RAM 的可寻址位及其位地址

字节地址	位 地 址							
	D7	D6	D5	D4	D3	D2	D1	D0
2FH	7FH	7EH	7DH	7CH	7BH	7AH	79H	78H
2EH	77H	76H	75H	74H	73H	72H	71H	70H
2DH	6FH	6EH	6DH	6CH	6BH	6AH	69H	68H
2CH	67H	66H	65H	64H	63H	62H	61H	60H
2BH	5FH	5EH	5DH	5CH	5BH	5AH	59H	58H
2AH	57H	56H	55H	54H	53H	52H	51H	50H

续表

字节地址	位 地 址							
	D7	D6	D5	D4	D3	D2	D1	D0
29H	4FH	4EH	4DH	4CH	4BH	4AH	49H	48H
28H	47H	46H	45H	44H	43H	42H	41H	40H
27H	3FH	3EH	3DH	3CH	3BH	3AH	39H	38H
26H	37H	36H	35H	34H	33H	32H	31H	30H
25H	2FH	2EH	2DH	2CH	2BH	2AH	29H	28H
24H	27H	26H	25H	24H	23H	22H	21H	20H
23H	1FH	1EH	1DH	1CH	1BH	1AH	19H	18H
22H	17H	16H	15H	14H	13H	12H	11H	10H
21H	0FH	0EH	0DH	0CH	0BH	0AH	09H	08H
20H	07H	06H	05H	04H	03H	02H	01H	00H

表 2-6 SFR 中的位地址分布

特殊功能寄存器	位 地 址								字节地址
	D7	D6	D5	D4	D3	D2	D1	D0	
B	F7H	F6H	F5H	F4H	F3H	F2H	F1H	F0H	F0H
Acc	E7H	E6H	E5H	E4H	E3H	E2H	E1H	E0H	E0H
PSW	D7H	D6H	D5H	D4H	D3H	D2H	D1H	D0H	D0H
IP	—	—	—	BCH	BBH	BAH	B9H	B8H	B8H
P3	B7H	B6H	B5H	B4H	B3H	B2H	B1H	B0H	B0H
IE	AFH	—	—	ACH	ABH	AAH	A9H	A8H	A8H
P2	A7H	A6H	A5H	A4H	A3H	A2H	A1H	A0H	A0H
SCON	9FH	9EH	9DH	9CH	9BH	9AH	99H	98H	98H
P1	97H	96H	95H	94H	93H	92H	91H	90H	90H
TCON	8FH	8EH	8DH	8CH	8BH	8AH	89H	88H	88H
P0	87H	86H	85H	84H	83H	82H	81H	80H	80H

AT89S51 单片机中各类存储器的结构如图 2-8 所示，从图 2-8 中可清楚看出 AT89S51 单片机的各类存储器在存储器空间的位置。

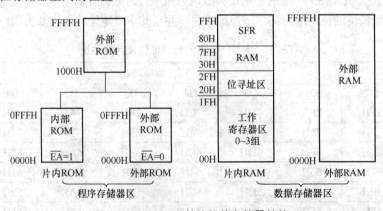

图 2-8 AT89S51 单片机的存储器结构

2.5　AT89S51 单片机的并行 I/O 端口

　　AT89S51 单片机共有 4 个双向的 8 位并行 I/O 端口，即 P0~P3，表 2-4 中的特殊功能寄存器 P0、P1、P2 和 P3 就是这 4 个端口的输出锁存器。4 个端口除了按字节输入/输出外，还可按位寻址，以便实现位控功能。

2.5.1　P0 口

　　P0 口是一个双功能的 8 位并行端口，字节地址为 80H，位地址为 80H~87H。P0 口的位电路结构如图 2-9 所示。

1．P0 口的工作原理

（1）P0 口用作系统的地址/数据总线

　　当 AT89S51 外扩存储器或 I/O 时，P0 口可作为单片机系统复用的地址/数据总线使用。此时，图 2-9 中的"控制"信号为 1，硬件自动使转接开关 MUX 打向上面，接通反相器的输出，同时使"与门"处于开启状态。当输出的"地址/数据"信息为 1 时，"与门"输出为 1，上方

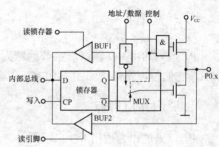

图 2-9　P0 口的位电路结构

的场效应管导通，下方的场效应管截止，P0.x 引脚输出为 1；当输出的"地址/数据"信息为 0 时，上方的场效应管截止，下方的场效应管导通，P0.x 引脚输出为 0。可见 P0.x 引脚的输出状态随"地址/数据"控制信号的状态变化而变化。上方的场效应管起到内部上拉电阻的作用。

　　当 P0 口作为数据线输入时，仅从外部存储器（或外部 I/O）读入信息，对应的"控制"信号为 0，MUX 接通锁存器的 $\overline{Q}$ 端。由于 P0 口作为"地址/数据"复用方式访问外部存储器时，CPU 自动向 P0 口写入 FFH，使下方的场效应管截止，由于"控制"信号为 0，上方的场效应管也截止，从而保证数据信息的高阻抗输入，从外部存储器或 I/O 输入的数据信息直接由 P0.x 引脚通过输入缓冲器 BUF2 进入内部总线。

　　由以上分析，P0 口具有高电平、低电平和高阻抗输入 3 种状态的端口，因此，P0 口作为地址/数据总线使用时，属于真正的双向端口，简称双向口。

（2）P0 口用作通用 I/O 口

　　P0 口也可作为通用的 I/O 口使用。此时，对应的"控制"信号为 0，MUX 打向下面，接通锁存器的 $\overline{Q}$ 端，从而"与门"输出为 0，上方的场效应管截止，形成的 P0 口输出电路为漏极开路输出。

　　P0 口用作通用 I/O 输出口时，来自 CPU 的"写"脉冲加在 D 锁存器的 CP 端，内部总线上的数据写入 D 锁存器，并由引脚 P0.x 输出。当 D 锁存器为 1 时，$\overline{Q}$ 端为 0，下方场效应管截止，输出为漏极开路，此时，必须外接上拉电阻才能有高电平输出；当 D 锁存器为 0 时，下方场效应管导通，P0 口输出为低电平。

　　P0 口作为通用 I/O 输入口时，有两种读入方式："读锁存器"和"读引脚"。当 CPU 发出"读锁存器"指令时，锁存器的状态由 Q 端经上方的三态缓冲器 BUF1 进入内部总线；当 CPU 发出"读引脚"指令时，锁存器的输出状态=1（即 $\overline{Q}$ 端为 0），从而使下方场效应管截止，引脚的状态经下方的三态缓冲器 BUF2 进入内部总线。

2．P0 口总结

综上所述，P0 口具有如下特点。

（1）当 P0 口用作地址/数据总线口使用时，它是一个真正的双向口，用作与外部扩展的存储器或 I/O 连接，输出低 8 位地址和输出/输入 8 位数据。

（2）当 P0 口用作通用 I/O 口使用时，P0 各引脚需要在片外接上拉电阻，此时端口不存在高阻抗的悬浮状态，因此它是一个准双向口。

如果单片机片外扩展了 RAM 和 I/O 接口芯片，P0 口此时应作为复用的地址/数据总线口使用。如果没有外扩 RAM 和 I/O 接口芯片，此时可作为通用 I/O 口使用。

2.5.2　P1 口

P1 口为通用 I/O 端口，字节地址为 90H，位地址为 90H～97H，它的位电路结构如图 2-10 所示。

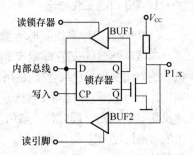

1．P1 口的工作原理

P1 口只能作为通用 I/O 口使用。

（1）P1 口作为输出口时，若 CPU 输出 1，则 Q=1，$\overline{Q}$=0，场效应管截止，P1 口引脚的输出为 1；若 CPU 输出 0，则 Q=0，$\overline{Q}$=1，场效应管导通，P1 口引脚的输出为 0。

图 2-10　P1 口的位电路结构

（2）P1 口作为输入口时，分为"读锁存器"和"读引脚"两种方式。"读锁存器"时，锁存器的输出端 Q 的状态经输入缓冲器 BUF1 进入内部总线；"读引脚"时，先向锁存器写入 1，使场效应管截止，P1.x 引脚上的电平经输入缓冲器 BUF2 进入内部总线。

2．P1 口总结

P1 口由于有内部上拉电阻，没有高阻抗输入状态，故为准双向口。作为输出口时，不需要在片外接上拉电阻。

P1 口"读引脚"输入时，必须先向锁存器写入 1。

2.5.3　P2 口

P2 口是一个双功能口，它的字节地址为 A0H，位地址为 A0H～A7H。P2 口的位电路结构如图 2-11 所示。

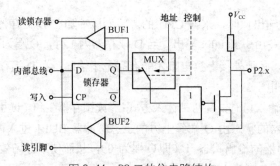

图 2-11　P2 口的位电路结构

1．P2 口的工作原理

（1）P2 口用作地址总线口。在内部控制信号作用下，MUX 与"地址"接通。当"地址"线为 0 时，场效应管导通，P2 口引脚输出 0；当"地址"线为 1 时，场效应管截止，P2 口引脚输出 1。

（2）P2 口用作通用 I/O 口。在内部控制信号作用下，MUX 与锁存器的 Q 端接通。CPU 输出 1 时，Q=1，场效应管截止，P2.x 引脚输出 1；CPU 输出 0 时，Q=0，场效应管导通，P2.x 引脚输出 0。

输入时，分为"读锁存器"和"读引脚"两种方式。"读锁存器"时，Q 端信号经输入缓冲器 BUF1 进入内部总线；"读引脚"时，先向锁存器写入 1，使场效应管截止，P2.x 引脚上的电平经输入缓冲器 BUF2 进入内部总线。

2．P2 口总结

（1）P2 口作为地址总线口使用时，可输出外部存储器的高 8 位地址，它与 P0 口输出的低 8 位地址一起构成 16 位地址，共可寻址 64KB 的片外地址空间。当 P2 口作为高 8 位地址输出口时，输出锁存器的内容保持不变。

（2）P2 口作为通用 I/O 口使用时，为准双向口，功能与 P1 口一样。

一般情况下，P2 口大多作为高 8 位地址总线口使用，这时它就不能再作为通用 I/O 口使用。如果不作为地址总线口使用，它可作为通用 I/O 口使用。

2.5.4 P3 口

由于 AT89S51 的引脚数目有限，因此在 P3 口电路中增加了引脚的第二功能（第二功能定义见表 2-1）。P3 口的每一位都可以分别定义为第二输入功能或第二输出功能。P3 口的字节地址为 B0H，位地址为 B0H～B7H。P3 口的位电路结构如图 2-12 所示。

1．P3 口的工作原理

（1）P3 口用作第二输入/输出功能。

当选择第二输出功能时，该位的锁存器需要置"1"，使"与非门"为开启状态。当第二输出为 1 时，场效应管截止，P3.x 引脚输出为 1；当第二输出为 0 时，场效应管导通，P3.x 引脚输出为 0。

当选择第二输入功能时，该位的锁存器和第二输

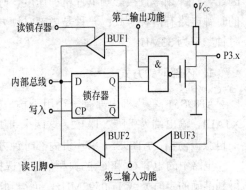

图 2-12 P3 口的位电路结构

出功能端均应置"1"，保证场效应管截止，P3.x 引脚的信息由输入缓冲器 BUF3 的输出获得。

（2）P3 口用作第一功能——通用 I/O 口。

当 P3 口用作通用 I/O 的输出时，"第二输出功能"端应保持高电平，"与非门"为开启状态。CPU 输出 1 时，Q=1，场效应管截止，P3.x 引脚输出为 1；CPU 输出 0 时，Q=0，场效应管导通，P3.x 引脚输出为 0。

当 P3 口用作通用 I/O 的输入时，P3.x 位的输出锁存器和"第二输出功能"端均应置"1"，场效应管截止，P3.x 引脚信息通过输入 BUF3 和 BUF2 进入内部总线，完成"读引脚"操作。

当 P3 口用作通用 I/O 的输入时，也可执行"读锁存器"操作，此时 Q 端信息经过缓冲器 BUF1

进入内部总线。

2．P3 口总结

P3 口内部有上拉电阻，不存在高阻抗输入状态，故为准双向口。

由于 P3 口每一引脚有第一功能与第二功能，究竟使用哪个功能，完全是由单片机执行的指令控制来自动切换的，用户不需要进行任何设置。

引脚输入部分有两个缓冲器，第二功能的输入信号取自缓冲器 BUF3 的输出端，第一功能的输入信号取自缓冲器 BUF2 的输出端。

2.6　时钟电路与时序

时钟电路用于产生 AT89S51 单片机工作时所必需的控制信号，AT89S51 单片机的内部电路正是在时钟信号的控制下，严格地按时序执行指令进行工作。

在执行指令时，CPU 首先到程序存储器中取出需要执行的指令操作码，然后译码，并由时序电路产生一系列控制信号完成指令所规定的操作。CPU 发出的时序信号有两类：一类用于对片内各个功能部件的控制，用户无需了解；另一类用于对片外存储器或 I/O 端口的控制，这部分时序对于分析、设计硬件接口电路至关重要，这也是单片机应用系统设计者普遍关心和重视的问题。

2.6.1　时钟电路设计

AT89S51 单片机各外围部件的运行都以时钟控制信号为基准，有条不紊、一拍一拍地工作。因此，时钟频率直接影响单片机的速度，时钟电路的质量也直接影响单片机系统的稳定性。常用的时钟电路有两种方式：一种是内部时钟方式，另一种是外部时钟方式。AT89S51 单片机的最高时钟频率为 33MHz。

1．内部时钟方式

AT89S51 单片机内部有一个用于构成振荡器的高增益反相放大器，它的输入端为芯片引脚 XTAL1，输出端为引脚 XTAL2。这两个引脚外部跨接石英晶体振荡器和微调电容，构成一个稳定的自激振荡器，AT89S51 单片机内部时钟方式的电路，如图 2-13 所示。

电路中的电容 C_1 和 C_2 的典型值通常选择为 30pF。晶体振荡频率通常选择 6MHz、12MHz（可得到准确的定时）或 11.0592MHz（可得到准确的串行通信波特率）的石英晶体。

2．外部时钟方式

外部时钟方式是使用现成的外部振荡器产生时钟脉冲信号，常用于多片 AT89S51 单片机同时工作，以便于多片 AT89S51 单片机之间的同步。

外部时钟源直接接到 XTAL1 端，XTAL2 端悬空，其电路如图 2-14 所示。

3．时钟信号的输出

当使用片内振荡器时，XTAL1、XTAL2 引脚还能为应用系统中的其他芯片提供时钟，但需增加驱动能力，其引出的方式有两种，如图 2-15 所示。

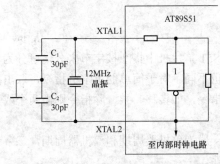
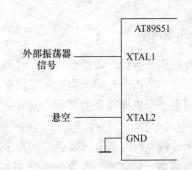

图 2-13　AT89S51 内部时钟方式的电路　　　　图 2-14　AT89S51 外部时钟方式的电路

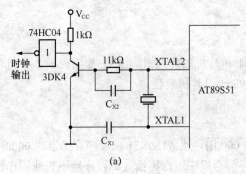
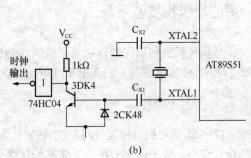

(a)　　　　　　　　　　　　　　(b)

图 2-15　时钟信号的两种引出方式

2.6.2　机器周期、指令周期与指令时序

单片机执行的指令，均是在 CPU 控制器的时序控制电路的控制下进行的，各种时序均与时钟周期有关。

1. 时钟周期

时钟周期是单片机时钟控制信号的基本时间单位。若时钟晶体的振荡频率为 f_{osc}，则时钟周期 $T_{osc}=1/f_{osc}$。例如，$f_{osc}=6MHz$，则 $T_{osc}=166.7ns$。

2. 机器周期

CPU 完成一个基本操作所需要的时间称为机器周期。单片机中常把执行一条指令的过程分为几个机器周期，每个机器周期完成一个基本操作，如取指令、读数据或写数据等。AT89S51 单片机的每 12 个时钟周期为一个机器周期，即 $T_{cy}=12/f_{osc}$。例如，若 $f_{osc}=6MHz$，则 $T_{cy}=2\mu s$；$f_{osc}=12MHz$，则 $T_{cy}=1\mu s$。

一个机器周期包括 12 个时钟周期，分为 6 个状态：S1～S6。每个状态又分为两拍：P1 和 P2。因此，一个机器周期中的 12 个时钟周期表示为 S1P1、S1P2、S2P1、S2P2、…、S6P2，如图 2-16 所示。

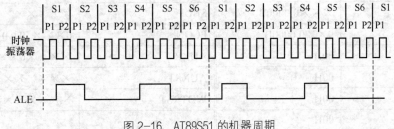

图 2-16　AT89S51 的机器周期

31

3．指令周期

指令周期是执行一条指令所需的时间。AT89S51 单片机中指令按字节来分，可分为单字节、双字节与三字节指令，因此执行一条指令的时间也不同。对于简单的单字节指令，取出指令立即执行，只需一个机器周期的时间。而有些复杂的指令，如转移、乘、除指令则需两个或多个机器周期。

从指令的执行时间看，单字节和双字节指令一般为单机器周期和双机器周期，三字节指令都是双机器周期，只有乘、除指令占用 4 个机器周期。

2.7　复位操作和复位电路

复位是单片机的初始化操作，只需给 AT89S51 单片机的复位引脚 RST 加上大于 2 个机器周期（即 24 个时钟振荡周期）的高电平就可使 AT89S51 单片机复位。

2.7.1　复位操作

当 AT89S51 单片机进行复位时，PC 初始化为 0000H，使 AT89S51 从程序存储器的 0000H 单元开始执行程序。除了进入系统的正常初始化之外，当程序运行出错（如程序跑飞）或操作错误使系统处于"死循环"或"跑飞"状态时，也需按复位键使 RST 引脚为高电平，使 AT89S51 单片机摆脱"死循环"或"跑飞"状态而重新启动程序。

除了 PC，复位操作还对其他一些寄存器有影响，这些寄存器复位时的状态如表 2-7 所示。由表 2-7 可以看出，复位时，SP=07H，而 4 个 I/O 端口 P0～P3 的引脚均为高电平。在某些控制应用中，要注意考虑 P0～P3 引脚的高电平对接在这些引脚上的外部电路的影响。例如，当 P1 口某个引脚外接一个继电器绕组，当复位时，该引脚为高电平，继电器绕组就会有电流通过，就会吸合继电器开关，从而使开关接通，这可能会引起意想不到的后果。

表 2-7　　　　　　复位时片内各寄存器的状态

寄 存 器	复 位 状 态	寄 存 器	复 位 状 态
PC	0000H	TMOD	00H
Acc	00H	TCON	00H
PSW	00H	TH0	00H
B	00H	TL0	00H
SP	07H	TH1	00H
DPTR	0000H	TL1	00H
P0～P3	FFH	SCON	00H
IP	×××0 0000B	SBUF	××××××××B
IE	0××0 0000B	PCON	0××× 0000B
DP0H	00H	AUXR	××××0××0B
DP0L	00H	AUXR1	×××××××0B
DP1H	00H	WDTRST	××××××××B
DP1L	00H		

2.7.2　复位电路设计

AT89S51 单片机的复位是由外部的复位电路实现的，典型的复位电路如图 2-17 所示。

上电时的自动复位，是通过 V_{CC}（+5V）电源给电容 C 充电，然后加给 RST 引脚一个短暂的高电平信号，此信号随着 V_{CC} 对电容 C 的充电过程而逐渐回落，即 RST 引脚上的高电平持续时间取决于电容 C 的充电时间。因此为保证系统能可靠复位，RST 引脚上的高电平必须大于复位所要求的高电平的时间。

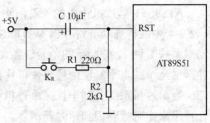

图 2-17　典型的复位电路

除了上电复位外，有时还需要人工按键复位。按键复位是通过 RST 端经两个电阻对电源 V_{CC} 接通分压产生的高电平来实现。当时钟频率选用 6MHz 时，C_R 的典型取值为 10μF，两个电阻 R1 和 R2 的典型值分别为 220Ω 和 2kΩ。

一般来说，单片机的复位速度比外围 I/O 接口电路快些。因此在实际应用设计中，为保证系统可靠复位，在单片机的初始化程序段应安排一定的复位延迟时间，以保证单片机与外围 I/O 接口电路都能可靠地复位。

2.8　AT89S51 单片机的最小应用系统

AT89S51 本身片内有 4KB Flash 存储器，128B 的 RAM 单元，4 个 I/O 口，再加上外接时钟电路和复位电路即构成了一个 AT89S51 单片机最小应用系统，如图 2-18 所示。

该最小应用系统只能作为小型的数字量的测控单元。

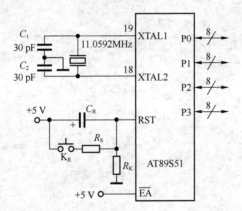

图 2-18　AT89S51 单片机的最小应用系统

2.9　看门狗定时器（WDT）的使用

单片机应用系统受到干扰可能会引起程序"跑飞"或"死循环"，造成系统失控。如果操作人员在场，可按人工复位按钮，强制系统复位。但操作人员不可能一直监视着系统，即使监视着系统，也往往是在引起不良后果之后才进行人工复位。能不能不要人来监视，就能使系统摆脱失控状态，重新执行正常的程序呢？这时可采用"看门狗"技术。

"看门狗"技术就是使用一个定时器来不断计数，监视程序的运行。当看门狗定时器启动运行后，为防止看门狗定时器的不必要溢出而引起非正常的复位，在程序正常运行过程中，应定期把看门狗定时器清零。

AT89S51 单片机片内的"看门狗"部件，包含 1 个 14 位看门狗定时器和看门狗复位寄存器（表 2-4 中的特殊功能寄存器 WDTRST，地址为 A6H）。开启看门狗定时器后，14 位定时器会自动对系统时钟 12 分频后的信号计数，即每 16 384（$=2^{14}$）（时钟为 12MHz）个机器周期溢出一次，并产生一个高电平复位信号，使单片机复位。

当单片机系统受到干扰，单片机程序"跑飞"或陷入"死循环"时，单片机也就不能正常运行程序来定时把看门狗定时器清零，看门狗定时器计满溢出时，将在 AT89S51 的 RST 引脚上输出一个正脉冲（宽度为 98 个时钟周期），使单片机复位，在系统的复位入口 0000H 处重新开始执行主程序，从而使程序摆脱"跑飞"或"死循环"状态，让单片机恢复到正常的工作状态。

看门狗的启动和清零的方法是一样的，用户只要向寄存器 WDTRST（地址为 A6H）先写入 1EH，接着写入 E1H，看门狗定时器便启动计数。为防止看门狗定时器启动后产生不必要的溢出，在执行程序的过程中，应在 16 384μs 内不断地复位看门狗，即向 WDTRST 寄存器写入数据 1EH 和 E1H。

在 C51 语言编程中，若使用看门狗功能，由于在头文件 reg51.h 中，并没有声明 WDTRST 寄存器，所以必须事先声明 WDTRST 寄存器，如：

```
sfr   WDTRST=0xa6
```

声明后可以用下面的命令启动或复位清零看门狗。

```
WDTRST=0x1e;
WDTRST=0xe1;
```

下面通过例子来说明看门狗的启动与清零。

【例 2-1】 看门狗的启动与清零。

```
#include<reg51.h>
sfr WDTRST=0xA6
......
void WDTclear(void)                //看门狗清零函数
{
    WDTRST=0x1E;                    //看门狗清零
    WDTRST=0xE1;
}
......
main()
{
    ......
    WDTRST=0x1E;                    //启动看门狗，一旦启动就无法关闭
    WDTRST=0xE1;
    ......
}
```

通过看门狗定时器可防止程序在执行过程中"跑飞"或"死循环"，因为只要程序一"跑飞"或"死循环"，便不执行复位看门狗的清零函数，这样看门狗定时器就会溢出使单片机复位，从而

使程序从 main( )处开始重新运行。所以使用看门狗时要注意，一定要在看门狗启动后的 16 384μs（系统时钟 12MHz）之内执行看门狗清零函数，将看门狗定时器及时清零，以防其溢出导致单片机复位。

2.10 低功耗节电模式

AT89S51 单片机有两种低功耗节电模式：空闲模式（idle mode）和掉电保持模式（power down mode），其目的是尽可能降低系统的功耗。在掉电保持模式下，V_{CC} 可由后备电源供电。这两种节电模式的内部控制电路如图 2-19 所示。

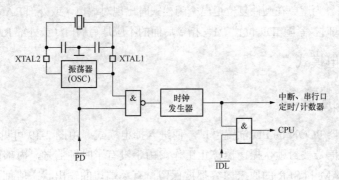

图 2-19 低功耗节电模式的控制电路

AT89S51 单片机的这两种节电模式，可通过指令对特殊功能寄存器 PCON 的位 IDL 和位 PD 的设置来实现。特殊功能寄存器 PCON 的格式如图 2-20 所示，字节地址为 87H。

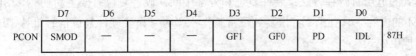

图 2-20 特殊功能寄存器 PCON 的格式

PCON 寄存器各位的定义如下。
（1）SMOD：串行通信的波特率选择位（该位的功能见第 8 章串行口的介绍）。
（2）—：保留位，未定义。
（3）GF1、GF0：通用标志位，用户使用，应充分利用。
（4）PD：掉电保持模式控制位，若 PD=1，则进入掉电保持模式。
（5）IDL：空闲模式控制位，若 IDL=1，则进入空闲运行模式。

2.10.1 空闲模式

1. 空闲模式的进入

由图 2-19 可见，如果用指令把寄存器 PCON 中的 IDL 位置 "1"，则把通往 CPU 的时钟信号关断，单片机便进入空闲模式，虽然振荡器仍然运行，但是 CPU 进入空闲状态。此时，片内所有外围电路（中断系统、串行口和定时器）仍继续工作，SP、PC、PSW、A、P0～P3 端口等所有其他寄存器，以及内部 RAM 和 SFR 中的内容均保持进入空闲模式前的状态。

2．空闲模式的退出

系统进入空闲模式后有两种方法退出，一种是响应中断方式，另一种是硬件复位方式。

在空闲模式下，若任何一个允许的中断请求被响应时，IDL 位被片内硬件自动清零，从而退出空闲模式。当执行完中断服务程序返回时，将从设置空闲模式指令的下一条指令（断点处）开始继续执行程序。

另一种退出空闲模式的方法是硬件复位方式。当使用硬件复位退出空闲模式时，在复位逻辑电路发挥控制作用前，有长达两个机器周期的时间，单片机要从断点处（IDL 位置"1"指令的下一条指令处）继续执行程序。在这期间，片内硬件阻止 CPU 对片内 RAM 的访问，但不阻止对外部端口（或外部 RAM）的访问。为避免在硬件复位退出空闲模式时出现对端口（或外部 RAM）不希望的写入，系统在进入空闲模式时，紧随 IDL 位置"1"指令后面的不应是写端口（或外部 RAM）的指令。

2.10.2　掉电模式

1．掉电模式的进入

用指令把寄存器 PCON 的 PD 位置"1"，便进入掉电模式。由图 2-19 可见，在掉电模式下，进入时钟振荡器的信号被封锁，振荡器停止工作。由于没有了时钟信号，内部的所有部件均停止工作，但片内的 RAM 和 SFR 的原来内容都被保留，有关端口的输出状态值都保存在对应的特殊功能寄存器中。

2．掉电模式的退出

掉电模式的退出有两种方法：硬件复位和外部中断。硬件复位时要重新初始化 SFR，但不改变片内 RAM 的内容。只有当 V_{CC} 恢复到正常工作水平时，只要硬件复位信号维持 10ms，便可使单片机退出掉电模式。

3．掉电和空闲模式下的 WDT

掉电模式下振荡器停止，意味着 WDT 也就停止计数。用户在掉电模式下不需要操作 WDT。

掉电模式的退出有两种方法：硬件复位和外部中断。当用硬件复位退出掉电模式时，对 WDT 的操作与正常情况一样。当用外部中断方式退出掉电模式时，应使中断输入保持足够长时间的低电平，以使振荡器达到稳定。当中断变为高电平之后，该中断被执行，在中断服务程序中复位寄存器 WDTRST。在外部中断引脚保持低电平时，为防止 WDT 溢出复位，在系统进入掉电模式之前先对寄存器 WDTRST 复位。

在进入空闲模式之前，应先设置特殊功能寄存器 AUXR 中的 WDIDLE 位，以确认 WDT 是否继续计数。当 WDIDLE=0 时，空闲模式下的 WDT 保持继续计数。为防止复位单片机，用户可设计一个定时器。该定时器使器件定时退出空闲模式，然后复位 WDTRST，再重新进入空闲模式。当 WDIDLE=1 时，WDT 在空闲模式下暂停计数，退出空闲模式后，方可恢复计数。

2.11　AT89S52 单片机与 AT89S51 单片机的差异

目前增强型的 AT89S52 单片机与基本型的 AT89S51 单片机在价格上已经没有什么差别。两款机型相比，增强型的 AT89S52 的片内数据存储器（片内 RAM）与片内程序存储器（片内 Flash 存储器）的容量分别增加了一倍，另外，它还增加了一个功能极强的定时器/计数器 T2。本节将介绍 AT89S52 单片机与 AT89S51 单片机在片内硬件资源上的差异。

2.11.1　AT89S52 单片机与 AT89S51 单片机片内硬件资源的差别

AT89S52 与 AT89S51 单片机的片内硬件资源相比，主要有以下差异。

（1）片内数据存储器（片内 RAM）由 128B 增加至 256B；

（2）片内程序存储器（片内 Flash ROM）由 4KB 增加至 8KB；

（3）增加了 1 个 16 位定时器/计数器 T2；

（4）增加了 6 个特殊功能寄存器。

2.11.2　AT89S52 的引脚

AT89S52 单片机的有效引脚为 40 只，共有 3 种封装，即常见的 40 只引脚的双列直插封装（DIP），44 只引脚的 PLCC 和 TQFP 封装。AT89S52 单片机的双列直插封装（DIP）的引脚如图 2-21 所示。

AT89S52 与 AT89S51 引脚（见图 2-2）的差别主要在 P1.0 和 P1.1 引脚上。AT89S52 单片机的这两只引脚增加了复用功能。

（1）P1.0（1 引脚）：定时器/计数器 T2 的外部计数输入 T2；

（2）P1.1（2 引脚）：定时器/计数器 T2 的捕捉/转入触发及方向控制 T2EX。

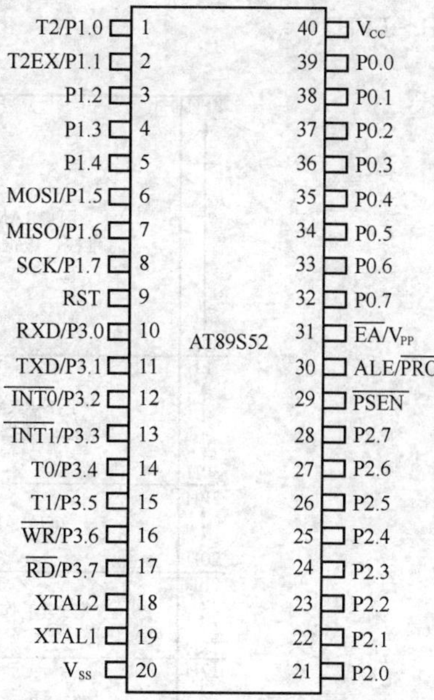

2.11.3　AT89S52 单片机的存储器结构

下面介绍 AT89S52 单片机与 AT89S51 单片机的存储器空间结构的差别。

1. 程序存储器空间

图 2-21　AT89S52 双列直插封装方式的引脚

AT89S52 单片机的程序存储器空间为 64KB，其中片内有 8KB 的 Flash 程序存储器，地址为 0000H～1FFFH。64KB 空间是统一的，$\overline{EA}$ =1，是从片内程序存储器 0000H 处开始执行程序；$\overline{EA}$ =0，程序是从片外程序存储器 0000H 处开始执行，片内程序存储器无效。

64KB 程序存储器空间中有 6 个特殊单元，它们分别对应 6 个中断源的中断服务子程序的中断入口，如表 2-8 所示。与 AT89S51 单片机相比，AT89S52 单片机多了一个定时器/计数器 T2 的中断入口，如表 2-8 中的最后一行所示。

表 2-8　　　　　　　　　　　　6 个中断源的中断入口地址

中　断　源	入　口　地　址
外部中断 0	0003H
定时器/计数器 T0	000BH

续表

中 断 源	入 口 地 址
外部中断 1	0013H
定时器/计数器 T1	001BH
串行口	0023H
定时器/计数器 T2	002BH

2. 数据存储器空间

数据存储器空间分为片内与片外两部分。

AT89S52 单片机片内有 256B 的 RAM，当 AT89S52 单片机的片内 RAM 不够用时，可在片外扩展最多 64KB 的 RAM。

AT89S52 片内数据存储器的结构如图 2-22 所示，片内数据存储器共有 256 个单元，字节地址为 00H～FFH。

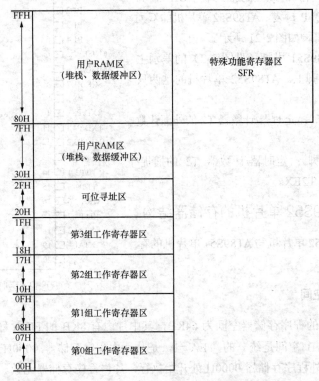

图 2-22 AT89S52 片内 RAM 的结构

AT89S52 与 AT89S51 片内数据存储器的差别是，前者的片内数据存储器比后者的多了 1 倍，即增加了 128B 的 RAM 单元，其字节地址为 80H～FFH。片内的特殊功能寄存器占据的字节地址与增加的 128B 的 RAM 单元的地址相同，但它们是两个不同的区域，一个是 RAM 区，一个是特殊功能寄存器区。

3. 特殊功能寄存器

AT89S52 在 AT89S51 单片机的基础上增加了 6 个特殊功能寄存器：T2CON、T2MOD、

RCAP2L、RCAP2H、TL2 和 TH2，它共有 32 个特殊功能寄存器（SFR），它们的名称及其分布如表 2-9 所示（新增加的 6 个 SFR 为表 2-9 中的序号 24～29 的寄存器，均与定时器/计数器 T2 有关）。

表 2-9　　　　　　　　　AT89S52 单片机片内 SFR 的名称及其分布

序号	特殊功能寄存器符号	名　称	字节地址	位地址	复位值
1	P0	P0 口	80H	87H～80H	FFH
2	SP	堆栈指针	81H	—	07H
3	DP0L	数据指针 DPTR0 低字节	82H	—	00H
4	DP0H	数据指针 DPTR0 高字节	83H	—	00H
5	DP1L	数据指针 DPTR1 低字节	84H	—	00H
6	DP1H	数据指针 DPTR1 高字节	85H	—	00H
7	PCON	电源控制寄存器	87H		0×××0000B
8	TCON	定时器/计数器 0、1 的控制寄存器	88H	8FH～88H	00H
9	TMOD	定时器/计数器 0、1 的方式控制寄存器	89H	—	00H
10	TL0	定时器/计数器 0（低字节）	8AH	—	00H
11	TL1	定时器/计数器 1（低字节）	8BH	—	00H
12	TH0	定时器/计数器 0（高字节）	8CH	—	00H
13	TH1	定时器/计数器 1（高字节）	8DH	—	00H
14	AUXR	辅助寄存器	8EH		×××0 0××0B
15	P1	P1 口寄存器	90H	97H～90H	FFH
16	SCON	串行控制寄存器	98H	9FH～98H	00H
17	SBUF	串行发送数据缓冲器	99H	—	××××××××B
18	P2	P2 口寄存器	A0H	A7H～A0H	FFH
19	AUXR1	辅助寄存器	A2H	—	×××××××0 B
20	WDTRST	看门狗复位寄存器	A6H	—	×××××××B
21	IE	中断允许控制寄存器	A8H	AFH～A8H	0××0 0000B
22	P3	P3 口寄存器	B0H	B7H～B0H	FFH
23	IP	中断优先级控制寄存器	B8H	BFH～B8H	××00 0000B
24	T2CON	定时器/计数器 2 控制寄存器	C8H	CFH～C8H	00H
25	T2MOD	定时器/计数器 2 方式控制	C9H		×××× ××00 B
26	RCAP2L	定时器/计数器 2 陷阱寄存器低字节	CAH		00H
27	RCAP2H	定时器/计数器 2 陷阱寄存器高字节	CBH		00H
28	TL2	定时器/计数器 2（低字节）	CCH		00H
29	TH2	定时器/计数器 2（高字节）	CDH		00H
30	PSW	程序状态字寄存器	D0H	D7H～D0H	00H
31	A（或 Acc）	累加器	E0H	E7H～E0H	00H
32	B	B 寄存器	F0H	F7H～F0H	00H

与 AT89S51 单片机相比，AT89S52 单片机的特殊功能寄存器中增加了 6 个可寻址位，即表 2-10 中字节地址为 C8H 的特殊功能寄存器 T2CON 中的位地址为 C8H～CDH 的 6 个位。

表 2-10　　　　　　　　　　　　　　　　SFR 中的位地址分布

特殊功能寄存器	位　地　址								字节地址
	D7	D6	D5	D4	D3	D2	D1	D0	
B	F7H	F6H	F5H	F4H	F3H	F2H	F1H	F0H	F0H
Acc	E7H	E6H	E5H	E4H	E3H	E2H	E1H	E0H	E0H
PSW	D7H	D6H	D5H	D4H	D3H	D2H	D1H	D0H	D0H
IP	—	—	—	BCH	BBH	BAH	B9H	B8H	B8H
P3	B7H	B6H	B5H	B4H	B3H	B2H	B1H	B0H	B0H
T2CON	—	—	CDH	CCH	CBH	CAH	C9H	C8H	C8H
IE	AFH	—	—	ACH	ABH	AAH	A9H	A8H	A8H
P2	A7H	A6H	A5H	A4H	A3H	A2H	A1H	A0H	A0H
SCON	9FH	9EH	9DH	9CH	9BH	9AH	99H	98H	98H
P1	97H	96H	95H	94H	93H	92H	91H	90H	90H
TCON	8FH	8EH	8DH	8CH	8BH	8AH	89H	88H	88H
P0	87H	86H	85H	84H	83H	82H	81H	80H	80H

AT89S52 单片机中各类存储器的结构如图 2-23 所示，从图 2-23 中可清楚地看出 AT89S52 单片机的各类存储器在存储器空间的位置。

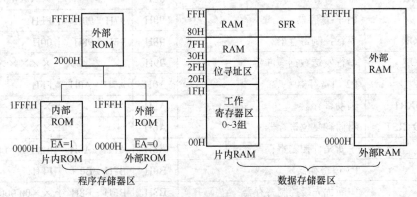

图 2-23　AT89S52 单片机的存储器结构

AT89S52 单片机新增加的定时器/计数器 T2 的逻辑结构与工作原理，将在第 7 章中介绍。

思考题及习题

一、填空题

1. 在 AT89S51 单片机中，如果采用 6MHz 晶体振荡器，一个机器周期为_____。

2. AT89S51 单片机的机器周期等于_____个时钟振荡周期。

3. 内部 RAM 中，位地址为 40H、88H 的位，该位所在字节的字节地址分别为_____和

_____。

4．片内字节地址为 2AH 单元最低位的位地址是_____；片内字节地址为 A8H 单元的最低位的位地址为_____。

5．若 A 中的内容为 63H，那么，P 标志位的值为_____。

6．AT89S51 单片机复位后，R4 所对应的存储单元的地址为_____，因上电时 PSW=_____。这时当前的工作寄存器区是_____组工作寄存器区。

7．内部 RAM 中，可作为工作寄存器区的单元地址为_____H～_____H。

8．通过堆栈操作实现子程序调用时，首先要把_____的内容入栈，以进行断点保护。调用子程序返回指令时，再进行出栈保护，把保护的断点送回_____，先弹出的是原来_____中的内容。

9．AT89S51 单片机程序存储器的寻址范围是由程序计数器 PC 的位数决定的，因为 AT89S51 单片机的 PC 是 16 位的，因此其寻址的范围为_____ KB。

10．AT89S51 单片机复位时，P0～P3 口的各引脚为_____电平。

11．AT89S51 单片机使用片外振荡器作为时钟信号时，引脚 XTAL1 接_____，引脚 XTAL2 的接法是_____。

12．AT89S51 单片机复位时，堆栈指针 SP 中的内容为_____，程序指针 PC 中的内容为_____。

二、单选题

1．程序在运行中，当前 PC 的值是_____。
　　A．当前正在执行指令的前一条指令的地址
　　B．当前正在执行指令的地址
　　C．当前正在执行指令的下一条指令的首地址
　　D．控制器中指令寄存器的地址

2．下列说法正确的是_____。
　　A．PC 是一个可寻址的寄存器
　　B．单片机的主频越高，其运算速度越快
　　C．AT89S51 单片机中的一个机器周期为 1μs
　　D．特殊功能寄存器 SP 内存放的是堆栈栈顶单元的内容

三、判断题

1．使用 AT89S51 单片机且引脚 $\overline{EA}$ =1 时，仍可外扩 64KB 的程序存储器。

2．区分片外程序存储器和片外数据存储器的最可靠的方法是看其位于地址范围的低端还是高端。

3．在 AT89S51 单片机中，为使准双向的 I/O 口工作在输入方式，必须事先预置为"1"。

4．PC 可以看成是程序存储器的地址指针。

5．AT89S51 单片机中特殊功能寄存器（SFR）使用片内 RAM 的部分字节地址。

6．片内 RAM 的位寻址区，只能供位寻址使用，而不能进行字节寻址。

7．AT89S51 单片机共有 26 个特殊功能寄存器，它们的位都是可以用软件设置的，因此，都是可以位寻址的。

8．堆栈区是单片机内部的一个特殊区域，与 RAM 无关。

9．AT89S51 单片机进入空闲模式，CPU 停止工作。片内的外围电路（如中断系统、串行口和定时器）仍将继续工作。

10．AT89S51 单片机不论是进入空闲模式还是掉电模式后，片内 RAM 和 SFR 中的内容均保持原来的状态。

11．AT89S51 单片机进入掉电模式，CPU 和片内的外围电路（如中断系统、串行口和定时器）均停止工作。

12．AT89S51 单片机的掉电模式可采用响应中断方式来退出。

四、简答题

1．AT89S51 单片机片内都集成了哪些外围功能部件？

2．AT89S51 的 64KB 程序存储器空间有 5 个单元地址对应 AT89S51 单片机 5 个中断源的中断入口地址，请写出这些单元的入口地址及对应的中断源。

3．说明 AT89S51 单片机的 $\overline{EA}$ 引脚接高电平和低电平的区别。

4．AT89S51 单片机有哪两种低功耗节电模式？说明这两种低功耗节电模式的异同。

5．AT89S51 单片机运行时程序出现"跑飞"或陷入"死循环"时，说明利用看门狗来摆脱困境的工作原理。

第 **3** 章　C51 编程语言基础

【内容概要】本章介绍有关 C51 语言编程的基础知识，对 C51 语言编程与 8051 汇编语言编程进行比较，了解 C51 语言与标准 C 语言的差别，并对 C51 语言的数据类型与存储类型，C51 语言的基本运算，分支与循环结构，数组、指针、函数等内容做了介绍。

随着单片机应用系统的日趋复杂，人们对单片机程序的可读性、升级与维护以及模块化的要求越来越高，对软件编程的要求也越来越高，这就要求编程人员在短时间内编写出执行效率高、运行可靠的程序代码；同时，也要方便多个编程人员来进行协同开发。

C51 语言是目前的 8051 单片机应用开发中普遍使用的程序设计语言。C51 语言能直接对 8051 单片机的硬件进行操作，它既有高级语言的优点，又有汇编语言的特点，因此在 8051 单片机程序设计中，C51 语言得到非常广泛的应用。

3.1　C51 编程语言简介

C51 语言是在标准 C 语言的基础上针对 8051 单片机的硬件特点进行了扩展，并向 8051 单片机上移植，经过多年努力，C51 语言已成为公认的高效、简洁的 8051 单片机的实用高级编程语言。与 8051 汇编语言相比，C51 语言在功能、结构性、可读性、可维护性上均有明显优势，且易学易用。

3.1.1　C51 语言与 8051 汇编语言的比较

与 8051 单片机汇编语言相比， C51 语言具有如下优点。

（1）可读性好。C51 语言程序比汇编语言程序的可读性好，编程效率高，程序便于修改、维护和升级。

（2）模块化开发与资源共享。用 C51 语言开发的程序模块可以不经修改，直接被其他工程所用，使得开发者可以很好地利用已有的大量标准 C 程序资源与丰富的库函数，从而减少重复劳动，同时也有利于多个程序设计者协同开发。

（3）可移植性好。为某种型号单片机开发的 C 语言程序，只需将与硬件相关的头文件和编译链接的参数进行适当修改，就可方便地移植到其他型号的单片机上。例如，为 8051 单片机编写的程序通过改写头文件以及少量的程序行，就可方便地移植到 PIC 单片机上。

（4）生成的代码效率较高。当前较好的 C51 语言编译系统编译出来的代码，效率只比直接使用汇编语言低 20%左右，如果使用优化编译选项，最高效率可达到汇编语言的 90%。

3.1.2 C51 语言与标准 C 语言的比较

C51 语言与标准 C 语言有许多相同之处，但也有其自身的一些特点。不同的嵌入式 C 语言编译系统之所以与标准 C 语言有不同的地方，主要是由于它们所针对的硬件系统不同。对于 8051 单片机，目前广泛使用的是 C51 语言。

C51 语言的基本语法与标准 C 语言相同，只是在标准 C 语言的基础上进行了适合于 8051 内核硬件的扩展。深入理解 C51 语言对标准 C 语言的扩展部分以及它们的不同之处，是掌握 C51 语言的关键之一。

C51 语言与标准 C 语言有如下一些差别。

（1）库函数的不同。标准 C 语言中的，不适合于嵌入式控制器系统的库函数，被排除在 C51 语言之外，如字符屏幕和图形函数，而有些库函数必须针对 8051 单片机的硬件特点来做出相应的开发。例如，库函数 printf 和 scanf，在标准 C 语言中，这两个函数通常用于屏幕打印和接收字符，而在 C51 语言中，主要用于串行口数据的收发。

（2）数据类型有一定区别。在 C51 语言中增加了几种针对 8051 单片机特有的数据类型，在标准 C 语言的基础上又扩展了 4 种类型。例如，8051 单片机包含位操作空间和丰富的位操作指令，因此，C51 语言与标准 C 语言相比增加了位类型。

（3）变量存储模式数据的不同。标准 C 语言最初是为通用计算机设计的，在通用计算机中只有一个程序和数据统一寻址的内存空间，而 C51 语言中变量的存储模式与 8051 单片机的各种存储区紧密相关。

（4）数据存储类型的不同。8051 单片机存储区可分为内部数据存储区、外部数据存储区和程序存储区。内部数据存储区可分为 3 个不同的 C51 存储类型：data、idata 和 bdata。外部数据存储区分为 2 个不同的 C51 存储类型：xdata 和 pdata。程序存储区只能读不能写，可能在 8051 单片机片内或在片外，C51 语言提供的 code 存储类型用来访问程序存储区。

（5）标准 C 语言没有处理单片机中断的定义，而 C51 语言中有专门的中断函数。

（6）头文件的不同。C51 语言与标准 C 语言头文件的差异是 C51 语言必须把 8051 单片机内部的外设硬件资源（如定时器、中断、I/O 等）相应的特殊功能寄存器写入到头文件内。

（7）程序结构的差异。由于 8051 单片机的硬件资源有限，它的编译系统不允许太多的程序嵌套。

但是从数据运算操作、程序控制语句以及函数的使用上来说，C51 语言与标准 C 语言几乎没有什么明显的差别。如果程序设计者具备了标准 C 语言的编程基础，只要注意 C51 语言与标准 C 语言的不同之处，并熟悉 8051 单片机的硬件结构，就能较快地掌握 C51 语言的编程。

3.2 C51 语言程序设计基础

本节在标准 C 语言的基础上，主要介绍 C51 语言的数据类型和存储类型、C51 语言的基本运算与流程控制语句、C51 语言构造数据类型、C51 函数以及 C51 程序设计的其他一些问题，为 C51 的程序开发打下基础。

3.2.1 C51 语言中的数据类型与存储类型

数据是单片机操作的对象，是具有一定格式的数字或数值，数据的不同格式就称为数据类型。

1．数据类型

Keil C51 支持的基本数据类型如表 3-1 所示。针对 8051 单片机的硬件特点，C51 语言在标准 C 语言的基础上，扩展了 4 种数据类型（表 3-1 中的最后 4 行）。注意，扩展的这 4 种数据类型，不能使用指针来对它们存取。

表 3-1　　　　　　　　　　　Keil C51 支持的基本数据类型

数据类型	位数	字节数	值　域
signed char	8	1	−128～+127，有符号字符变量
unsigned char	8	1	0～255，无符号字符变量
signed int	16	2	−32 768～+32 767，有符号整型数
unsigned int	16	2	0～65 535，无符号整型数
signed long	32	4	−2 147 483 648～+2 147 483 647，有符号长整型数
unsigned long	32	4	0～+4 294 967 295，无符号长整型数
float	32	4	±1.175494E-38～±3.402823E+38
double	32	4	±1.175494E-38～±3.402823E+38
*	8～24	1～3	对象指针
bit	1		0 或 1
sfr	8	1	0～255
sfr16	16	2	0～65 535
sbit	1		可进行位寻址的特殊功能寄存器的某位的绝对地址

2．C51 语言的扩展数据类型

下面对扩展的 4 种数据类型进行说明。

（1）位变量 bit。bit 的值可以是 1（true），也可以是 0（false）。

（2）特殊功能寄存器 sfr。8051 单片机的特殊功能寄存器分布在片内数据存储区的地址单元 80H～FFH 之间，"sfr" 数据类型占用一个内存单元。利用它可以访问 8051 单片机内部的所有特殊功能寄存器。例如，sfr P1=0x90 这一语句定义了 P1 端口在片内的寄存器，在程序后续的语句中可以用 "P1=0xff"，使 P1 的所有引脚输出为高电平的语句来操作特殊功能寄存器。

（3）特殊功能寄存器 sfr16。"sfr16" 数据类型占用两个内存单元。sfr16 和 sfr 一样用于操作特殊功能寄存器，不同的是，sfr16 用于操作占两个字节的特殊功能寄存器。例如，"sfr16 DPTR=0x82" 语句定义了片内 16 位数据指针寄存器 DPTR，其低 8 位字节地址为 82H，高 8 位字节地址为 83H，在程序的后续语句中就可对 DPTR 进行操作。

（4）特殊功能位 sbit。sbit 是指 AT89S51 片内特殊功能寄存器的可寻址位。例如，

```
sfr     PSW=0xd0;                    //定义 PSW 寄存器地址为 0xd0
sbit    OV=PSW^2;                    //定义 OV 位为 PSW.2
```

上述第一条指令定义了特殊功能寄存器 PSW，第二条指令定义了特殊功能寄存器 PSW 中的可寻址位，符号 "^" 前面是特殊功能寄存器的名字，"^" 后面的数字定义的可寻址位在特殊功能寄存器中的位置，取值必须是 0～7。

注意

不要把 bit 与 sbit 相混淆。bit 是用来定义普通的位变量，它的值只能是二进制的 0 或 1。而 sbit 定义的是特殊功能寄存器的可寻址位，它的值是可进行位寻址的特殊功能寄存器某位的绝对地址，例如 PSW 寄存器 OV 位的绝对地址 0xd2。

上面的例子还涉及 C51 语言注释的写法问题，C51 语言的注释写法有两种：

（1）//……，两个斜杠后面跟着的为注释语句，本写法只能注释一行，当换行时，必须在新行上重新写 "//"。

（2）/*……*/，一个斜杠与星号结合使用，本写法可注释任意行，即斜杠星号与星号斜杠之间的所有文字都作为注释，即注释有多行时，只需在注释的开始处，加 "/*"，在注释的结尾处，加上 "*/"。

加注释的目的是为了便于读懂程序，所有注释都不参与程序编译，编译器在编译过程中会自动删去注释。

3．数据存储类型

在讨论 C51 语言的数据类型时，必须同时提及它的存储类型，以及它与 8051 单片机存储器结构的关系，因为 C51 语言定义的任何数据类型必须以一定的方式，定位在 8051 单片机的某一存储区中，否则就没有任何实际意义。

8051 单片机的存储区分为片内、片外数据存储区和程序存储区。片内数据存储区是可读写的，8051 单片机的衍生系列最多可有 256 字节的内部数据存储区（例如 AT89S52 单片机），其中低 128 字节可直接寻址，高 128 字节（80H～FFH）只能间接寻址，从地址 20H 开始的 16 字节可进行位寻址。片内数据存储区可分为 3 个不同的数据存储类型：data、idata 和 bdata。

访问片外数据存储区比访问片内数据存储区慢，因为访问片外数据存储区需要通过数据指针加载地址来间接寻址访问。C51 语言提供了两种不同的数据存储类型——xdata 和 pdata，来访问片外数据存储区。

程序存储区只能读不能写。程序存储区可能在 8051 单片机内部或外部，或者外部和内部都有，这由 8051 单片机的硬件决定，C51 语言提供了 code 数据存储类型来访问程序存储区。

上述的 C51 语言的数据存储类型与 8051 单片机实际存储空间的对应关系如表 3-2 所示。

表 3-2　　　　　　　　C51 语言存储类型与 8051 存储空间的对应关系

存储区	存储类型	与存储空间的对应关系
DATA	data	片内 RAM 直接寻址区，位于片内 RAM 的低 128 字节
BDATA	bdata	片内 RAM 位寻址区，位于 20H～2FH 空间
IDATA	idata	片内 RAM 的 256 字节，必须间接寻址的存储区
XDATA	xdata	片外 64KB 的 RAM 空间，使用@DPTR 间接寻址
PDATA	pdata	片外 RAM 的 256 字节，使用@Ri 间接寻址
CODE	code	程序存储区，使用 DPTR 寻址

下面对表 3-2 中的各种存储区作以说明。

（1）DATA 区。DATA 区的寻址是最快的，应把经常使用的变量放在 DATA 区，但是 DATA 区的存储空间是有限的，DATA 区除了包含程序变量外，还包含了堆栈和寄存器组。DATA 区声明中的存储类型标识符为 data，通常指片内 RAM 的 128 字节的内部数据存储的变量，可直接寻址。

声明举例如下：

```
unsigned char data system_status=0;
unsigned int data unit_id[8];
char data inp_string[20];
```

标准变量和用户自声明变量都可存储在 DATA 区中，只要不超出 DATA 区的范围即可。由于 C51 语言使用默认的寄存器组来传递参数，这样 DATA 区至少失去了 8 字节的空间。另外，当内部堆栈溢出的时候，程序会莫名其妙地复位。这是因为 8051 单片机没有报错的机制，堆栈的溢出只能以这种方式表示，因此要留有较大的堆栈空间来防止堆栈溢出。

（2）BDATA 区。BDATA 区实质上是 DATA 中的位寻址区，在这个区中声明变量就可进行位寻址。BDATA 区声明中的存储类型标识符为 bdata，指的是片内 RAM 可位寻址的 16 字节存储区（字节地址为 20H～2FH）中的 128 位。

下面是在 BDATA 区中声明的位变量和使用位变量的例子：

```
unsigned char bdata status_byte;
unsigned int bdata status_word;
sbit stat_flag=status_byte^4;
if(status_word^15)
{ …… }
stat_flag=1;
```

C51 编译器不允许在 BDATA 区中声明 float 和 double 型的变量。

（3）IDATA 区。IDATA 区使用寄存器作为指针来进行间接寻址，常用来存放使用比较频繁的变量。与外部存储器寻址相比，它的指令执行周期和代码长度相对较短。IDATA 区声明中的存储类型标识符为 idata，指的是片内 RAM 的 256 字节的存储区，它只能间接寻址，速度比直接寻址慢。

声明举例如下：

```
unsigned char idata system_status=0;
unsigned int idata unit_id[8];
char idata inp_string[16];
float idata out_value;
```

（4）PDATA 区和 XDATA 区。PDATA 区和 XDATA 区位于片外数据存储区，PDATA 区和 XDATA 区声明中的数据存储类型标识符分别为 pdata 和 xdata。PDATA 区只有 256 字节，仅指定 256 字节的外部数据存储区。但 XDATA 区最多可达 64KB，它对应的存储类型标识符 xdata 可以指定外部数据存储区 64KB 内的任何地址。

对 PDATA 区寻址要比对 XDATA 区寻址快，因为对 PDATA 区寻址，只需装入 8 位地址，而对 XDATA 区寻址要装入 16 位地址，所以要尽量把外部数据存储在 PDATA 区中。

对 PDATA 区和 XDATA 区的声明举例如下：

```
unsigned char xdata system_status=0;
unsigned int pdata unit_id[8];
char xdata inp_string[16];
float pdata out_value;
```

由于外部数据存储器与外部 I/O 口是统一编址的，因此外部数据存储器地址段中除了包含数据存储器地址外，还包含外部 I/O 口的地址。对外部数据存储器及外部 I/O 口的寻址将在本章的绝对地址寻址中详细介绍。

（5）CODE 区。CODE 区为程序存储区。程序存储区 CODE 声明的标识符为 code，储存的数据是不可改变的。在 C51 编译器中可以用存储类型标识符 code 来访问程序存储区。

声明举例如下：

```
unsigned char code a[  ]={0x00,0x01,0x02,0x03,0x04,0x05,0x06,0x07,0x08};
```

上面介绍了 C51 语言的数据存储类型，C51 语言数据存储类型、大小和值域如表 3-3 所示。

表 3-3   C51 语言的数据存储类型、大小和值域

存储类型	长度/bit	长度/byte	值域
data	8	1	0～255
idata	8	1	0～255
bdata	1		0 或 1
pdata	8	1	0～255
xdata	16	2	0～65 535
code	16	2	0～65 535

单片机读写片内 RAM 比读写片外 RAM 的速度相对快一些，所以应当尽量把频繁使用的变量置于片内 RAM，即采用 data、bdata 或 idata 存储类型，而将那些容量较大的或使用不太频繁的变量置于片外 RAM，即采用 pdata 或 xdata 存储类型。常量只能采用 code 存储类型。

变量存储类型定义举例：

（1）char data a1;   //字符变量 a1 被定义为 data 型，分配在片内 RAM 低 128 字节中。
（2）float idata x,y;   //浮点变量 x 和 y 被定义为 idata 型，定位在片内 RAM 中，只能用
                               //间接寻址方式寻址。
（3）bit bdata p;   //位变量 p 被定义为 bdata 型，定位在片内 RAM 中的位寻址区。
（4）unsigned int pdata var1;   //无符号整型变量 var1 被定义为 pdata 型，定位在片外 RAM 中，
                               //相当于使用 @Ri 间接寻址。
（5）unsigned char xdata a[2][4]; //无符号字符型二维数组变量 a[2][4] 被定义为 xdata 存储类型，
                               //定位在片外 RAM 中，占据 2*4=8 字节，相当于使用 @DPTR 间接寻址。

4．数据存储模式

如果在变量定义时略去存储类型标识符，编译器会自动默认存储类型。默认的存储类型进一步由 SMALL、COMPACT 和 LARGE 存储模式指令限制。例如，若声明 char var1，则在使用 SMALL 存储模式下，var1 被定位在 data 存储区，在使用 COMPACT 模式下，var1 被定位在 idata 存储区；在 LARGE 模式下，var1 被定位在 xdata 存储区中。

下面对存储模式作进一步的说明。

（1）SMALL 模式。在该模式下，所有变量都默认位于 8051 单片机的片内数据存储器内，这与使用 data 指定存储器类型的方式一样。在此模式下，变量访问的效率高，但是所有数据对象和堆栈必须使用内部 RAM。

（2）COMPACT 模式。本模式下的所有变量都默认在片外数据存储器的 1 页（256 字节）内，这与使用 pdata 指定存储器类型是一样的。该存储器类型适用于变量不超过 256 字节的情况，此

限制是由寻址方式决定的，相当于使用数据指针@Ri 进行寻址。与 SMALL 模式相比，该存储模式的效率比较低，对变量访问的速度也慢一些，但比 LARGE 模式快。

（3）LARGE 模式。在 LARGE 模式下，所有变量都默认位于片外数据存储器，相当于使用数据指针@DPTR 进行寻址。通过数据指针访问片外数据存储器的效率较低，特别是当变量为 2 字节或更多字节时，该模式要比 SMALL 模式和 COMPACT 模式产生更多的代码。

在固定的存储器地址上进行变量的传递，是 C51 的标准特征之一。在 SMALL 模式下，参数传递是在片内数据存储区中完成的。LARGE 和 COMPACT 模式允许参数在片外数据存储器中传递。C51 也支持混合模式，例如，在 LARGE 模式下，生成的程序可以将一些函数放入 SMALL 模式中，从而加快执行速度。

3.2.2　C51 语言的特殊功能寄存器及位变量定义

下面介绍 C51 语言如何对 8051 的特殊功能寄存器和位变量进行定义并访问。

1. 特殊功能寄存器的 C51 语言定义

C51 语言允许通过使用关键字 sfr、sbit 或直接引用编译器提供的头文件来对特殊功能寄存器（SFR）进行访问，8051 单片机的特殊功能寄存器分布在片内 RAM 的高 128 字节中，对 SFR 的访问只能采用直接寻址方式。

（1）使用关键字定义 sfr。为了能直接访问特殊功能寄存器 SFR，C51 语言提供了一种定义方法，即引入关键字 sfr，语法如下：

sfr 特殊功能寄存器名字=特殊功能寄存器地址；

例如：

```
sfr IE=0xA8;              //中断允许寄存器地址 A8H
sfr TCON=0x88;           //定时器/计数器控制寄存器地址 88H
sfr SCON=0x98;           //串行口控制寄存器地址 98H
```

在 8051 单片机中，如要访问 16 位 SFR，可使用关键字 sfr16，16 位 SFR 的低字节地址必须作为"sfr16"的定义地址，例如：

```
sfr16  DPTR=0x82         //数据指针 DPTR 的低 8 位地址为 82H，高 8 位地址为 83H
```

（2）通过头文件访问 SFR。各种衍生型的 8051 单片机的特殊功能寄存器的数量与类型有时是不相同的，对单片机特殊功能寄存器的访问可通过对头文件的访问来进行。

为了用户处理方便，C51 语言把 8051 单片机（或 8052 单片机）常用的特殊功能寄存器和其中的可寻址位进行了定义，放在一个 reg51.h（或 reg52.h）的头文件中。当用户要使用时，只需在使用之前用一条预处理命令#include<reg51.h>把头文件"reg51.h"包含到程序中，就可以使用特殊功能寄存器名和其中的可寻址位名称了。用户可在 Keil 环境下打开该头文件查看其内容，也可通过文本编辑器对头文件进行增减。

 　　在程序中加入头文件有两种书写方法，分别为#include<reg51.h>和#include"reg51.h"，包含头文件时不需要在后面加分号。

① 当使用< >包含头文件时，编译器先进入到软件安装文件夹处开始搜索该头文件，也就是Keil/C51/INC 这个文件夹下，如果这个文件夹下没有引用的头文件，编译器将会报错。

② 当使用" "包含头文件时，编译器先进入到当前工程所在文件夹处开始搜索该头文件，如果当前工程所在文件夹下没有该头文件，编译器将继续回到软件安装文件夹处搜索该头文件，若找不到该头文件，编译器将报错。reg51.h 在软件安装文件夹处存在，所以一般写成#include<reg51.h>。

头文件引用举例如下：

```
#include<reg51.h>               //包含 8051 单片机的头文件
void  main(void)
{
    TL0=0xf0;                   //给定时器 T0 低字节 TL0 设置时间常数，已在 reg51.h 中定义
    TH0=0x3f;                   //给定时器 T0 高字节 TH0 设置时间常数，已在 reg51.h 中定义
    TR0=1;                      //启动定时器 0
    ……
}
```

（3）特殊功能寄存器中的位定义。对 SFR 中的可寻址位的访问，要使用关键字来定义可寻址位，定义方法共有以下 3 种。

① sbit 位名=特殊功能寄存器^位置；

例如：

```
sfr PSW=0xd0;                   //定义 PSW 寄存器的字节地址 0xd0
sbit CY= PSW^7;                 //定义 CY 位为 PSW.7，地址为 0xd7
sbit OV= PSW^2;                 //定义 OV 位为 PSW.2，地址为 0xd2
```

② sbit 位名=字节地址^位置；

例如：

```
sbit CY= 0xd0^7;                // CY 位地址为 0xd7
sbit OV= 0xd0^2;                // OV 位地址为 0xd2
```

③ sbit 位名=位地址；

这种方法将位的绝对地址赋给变量，位地址必须在 0x80～0xff。

例如：

```
sbit CY= 0xd7;                  // CY 位地址为 0xd7
sbit OV= 0xd2;                  // OV 位地址为 0xd2
```

【例 3-1】 AT89S51 单片机片内 P1 口的各寻址位的定义如下：

```
sfr P1=0x90;
sbit P1_7= P1^7;
sbit P1_6= P1^6;
sbit P1_5= P1^5;
sbit P1_4= P1^4;
sbit P1_3= P1^3;
sbit P1_2= P1^2;
sbit P1_1= P1^1;
sbit P1_0= P1^0;
```

2．位变量的 C51 语言定义

（1）C51 语言的位变量定义。由于 8051 单片机能够进行位操作，因此 C51 语言扩展的"bit"

数据类型可用来定义位变量，这是 C51 语言与标准 C 语言的不同之处。

C51 采用关键字"bit"来定义位变量，一般格式为：

```
bit   bit_name;
```

例如：

```
bit ov_flag;                        //将 ov_flag 定义为位变量
bit lock_pointer;                   //将 lock_pointer 定义为位变量
```

（2）C51 的函数可包含数据类型为"bit"的参数，也可将其作为返回值。例如：

```
bit   func(bit b0, bit b1);     //位变量 b0 与 b1 作为函数 func 的参数
{
    ......
    return(b1);                 //位变量 b1 作为 return 函数的返回值
}
```

（3）位变量定义的限制。位变量不能用来定义指针和数组。例如：

```
bit   *ptr;                         // 错误，不能用位变量来定义指针
bit   array[ ] ;                    // 错误，不能用位变量来定义数组 array[ ]
```

在定义位变量时，允许定义存储类型，位变量都被放入一个位段，该段总是位于 8051 单片机的片内 RAM 中，因此其存储类型限制为 data 或 idata，如果将位变量定义成其他类型都会导致编译时出错。

3.2.3　C51 语言的绝对地址访问

如何对 8051 单片机的片内 RAM、片外 RAM 和 I/O 空间进行访问，C51 提供了两种常用的访问绝对地址的方法。

1. 绝对宏

C51 语言编译器提供了一组宏定义来对 code、data、pdata 和 xdata 空间进行绝对寻址。在程序中，用"#include<absacc.h>"对 absacc.h 中声明的宏来访问绝对地址，包括 CBYTE、CWORD、DBYTE、DWORD、XBYTE、XWORD、PBYTE、PWORD，具体使用方法参考 absacc.h 头文件。其中：

- CBYTE 以字节形式对 CODE 区寻址；
- CWORD 以字形式对 CODE 区寻址；
- DBYTE 以字节形式对 DATA 区寻址；
- DWORD 以字形式对 DATA 区寻址；
- XBYTE 以字节形式对 XDATA 区寻址；
- XWORD 以字形式对 XDATA 区寻址；
- PBYTE 以字节形式对 PDATA 区寻址；
- PWORD 以字形式对 PDATA 区寻址。

例如：

```
#include <absacc.h>
#define PORTA   XBYTE[0xffc0]       //将 PORTA 定义为外部 I/O 口，地址为 0xffc0，长度 8 位
#define NRAM    DBYTE[0x50]         //将 NRAM 定义为片内 RAM，地址为 0x50，长度 8 位
```

【例 3-2】 片内 RAM、片外 RAM 及 I/O 的定义的程序如下。

```
#include <absacc.h>
#define PORTA XBYTE[0xffc0]        //将 PORTA 定义为外部 I/O 口，地址为 0xffc0
#define NRAM DBYTE[0x40]           //将 NRAM 定义为片内 RAM，地址为 0x40
main( )
{
    PORTA=0x3d;                    //将数据 3DH 写入地址为 0xffc0 的外部 I/O 端口 PORTA
    NRAM=0x01;                     //将数据 01H 写入片内 RAM 的 0x40 单元
}
```

2. _at_ 关键字

使用关键字 _at_ 可对指定的存储器空间的绝对地址进行访问，格式如下：

[存储器类型] 数据类型说明符 变量名 _at_ 地址常数

其中，存储器类型为 C51 语言能识别的数据类型；数据类型为 C51 语言支持的数据类型；地址常数用于指定变量的绝对地址，必须位于有效的存储器空间之内；使用 _at_ 定义的变量必须为全局变量。

【例 3-3】 使用关键字 _at_ 实现绝对地址的访问，程序如下：

```
void main(void)
{
    data unsigned char y1 _at_ 0x50;      //在 DATA 区定义字节变量 y1，它的地址为 50H
    xdata unsigned int y2 _at_ 0x4000;    //在 XDATA 区定义字变量 y2，地址为 4000H
    y1=0xff;
    y2=0x1234;
    ......
    while(1);
}
```

【例 3-4】 将片外 RAM 2000H 开始的连续 20 字节单元清零，程序如下：

```
xdata unsigned char buffer[20] _at_ 0x2000;
void main(void)
{
    unsigned char i;
    for(i=0; i<20; i++)
    {
        buffer[i]=0
    }
}
```

如果把片内 RAM 40H 单元开始的 8 个单元内容清零，则程序如下：

```
data unsigned char buffer[8] _at_ 0x40;
void  main(void)
{
    unsigned char j ;
    for(j=0;j<8;j++)
    {
```

```
        buffer[j]=0
    }
}
```

3.2.4　C51 语言的基本运算

C51 语言的基本运算与标准 C 语言类似，主要包括算术运算、逻辑运算、关系运算、位运算、指针和取地址运算等。

1. 算术运算

算术运算符及其说明如表 3-4 所示。

表 3-4　　　　　　　　　　　算术运算符及其说明

符　号	说　　明	举例（设 x=10, y=3）
+	加法运算	z=x+y;　　//z=13
-	减法运算	z=x-y;　　//z=7
*	乘法运算	z=x*y;　　//z=30
/	除法运算	z=x/y;　　//z=3
%	取余数运算	z=x%y;　　//z=1
++	自增 1	
--	自减 1	

在 C51 语言中表示加 1 和减 1 时可采用自增运算符和自减运算符，分别使变量自动加 1 或减 1。自增运算符和自减运算符放在变量前和变量后的含义是不同的，如表 3-5 所示。

表 3-5　　　　　　　　　　　自增、自减运算符及其说明

符号	说　　明	举例（设 x 初值为 4）
x++	先用 x 的值，再让 x 加 1	y=x++;　　// y 为 4, x 为 5
++x	先让 x 加 1，再用 x 的值	y=++x;　　// y 为 5, x 为 5
x—	先用 x 的值，再让 x 减 1	y=x—;　　// y 为 4, x 为 3
—x	先让 x 减 1，再用 x 的值	y=—x;　　// y 为 3, x 为 3

2. 逻辑运算

逻辑运算的结果只有"真"和"假"两种，"1"表示真，"0"表示假。逻辑运算符及其说明如表 3-6 所示。

表 3-6　　　　　　　　　　　逻辑运算符及其说明

符号	说　　明	举例（设 a=2,b=3）
&&	逻辑与	a&&b;　　//返回值为 1
‖	逻辑或	a‖b;　　//返回值为 1
!	逻辑非（求反）	! a;　　//返回值为 0

例如条件"10>20"为假，"2<6"为真，则逻辑与运算(10>20)&&(2<6)=0&&1=0。

3．关系运算

关系运算就是判断两个数之间的关系。关系运算符及其说明如表 3-7 所示。

表 3-7   关系运算符及其说明

符 号	说 明	举例（设 a=2,b=3）
>	大于	a> b; //返回值为 0
<	小于	a< b; //返回值为 1
>=	大于等于	a>=b; //返回值为 0
<=	小于等于	a<=b; //返回值为 1
==	等于	a==b; //返回值为 0
!=	不等于	a!=b; //返回值为 1

4．位运算

位运算符及其说明如表 3-8 所示。

表 3-8   位运算符及其说明

符 号	说 明	举例
&	按位逻辑与	0x19&0x4d=0x09
|	按位逻辑或	0x19｜0x4d =0x5d
^	按位异或	0x19^0x4d =0x54
~	按位取反	x=0x0f，则～x=0xf0
<<	按位左移（高位丢弃，低位补 0）	y=0x3a，若 y<<2，则 y=0xe8
>>	按位右移（高位补 0，低位丢弃）	w=0x0f，若 w>>2，则 w=0x03

在实际的控制应用中，人们常常想要改变 I/O 口中的某一位的值，而不影响其他位，如果 I/O 口是可按位寻址的，那么这个问题就很简单。但有时外扩的 I/O 口只能进行字节操作，因此要想在这种场合下实现单独的位控，就要采用位操作。

【例 3-5】 编写程序将扩展的某 I/O 口 PORTA（只能字节操作）的 PORTA.5 清零，PORTA.1 置为 "1"，程序如下：

```
#define <absacc.h>              //定义片外 I/O 口变量 PORTA 要用到头文件 absacc.h
#define PORTA XBYTE[0xffc0]     //定义了一个片外 I/O 口变量 PORTA
void main( )
{
    ……
    PORTA=( PORTA&0xdf)｜0x02;
    ……
}
```

上面程序段中，第 2 行定义了一个片外 I/O 口变量 PORTA，其地址为片外数据存储区的 0xffc0。在 main( )函数中，"PORTA=(PORTA&0xdf)｜0x02" 的作用是先用运算符 "&" 将 PORTA.5 置为 "0"，然后再用运算符 "｜" 将 PORTA.1 置为 "1"。

5. 指针和取地址运算

指针是 C51 语言中一个十分重要的概念，将在本章后面介绍。C51 语言中的指针变量，用于存储某个变量的地址，C51 语言用"*"和"&"运算符分别来提取变量的内容和变量的地址，如表 3-9 所示。

表 3-9　　　　　　　　　　　　指针和取地址运算符及其说明

符　号	说　明
*	提取变量的内容
&	提取变量的地址

提取变量的内容和变量的地址的一般形式分别为：

```
目标变量=*指针变量        //将指针变量所指的存储单元内容赋值给目标变量
指针变量=&目标变量        //将目标变量的地址赋值给指针变量
```

例如：

```
a=&b;                   //取 b 变量的地址赋值给变量 a
c=*b;                   //把以指针变量 b 为地址的存储单元内容赋值给变量 c
```

指针变量中只能存放地址（即指针型数据），不能将非指针型的数据赋值给指针变量。例如：

```
int i ;                 //定义整型变量 i
int *b;                 //定义指向整数的指针变量 b
b=&i;                   //将变量 i 的地址赋值给指针变量 b
b=i;                    //错误，指针变量 b 只能存放指针变量（变量的地址），不能存放变量 i 的值
```

3.2.5　C51 语言的分支结构与循环结构

C51 语言的程序按结构可分为 3 类，即顺序、分支和循环。顺序结构是程序自上而下，从 main( ) 的函数开始一直到程序运行结束，程序只有一条路可走，无其他路径可选择。顺序结构比较简单、便于理解，这里仅介绍分支结构和循环结构。

1. 分支控制语句

实现分支控制的语句有：if 语句和 switch 语句。

（1）if 语句。if 语句是用来判定所给定的条件是否满足，根据判定结果决定执行哪种操作。

if 语句的基本结构如下：

```
if (表达式) {语句}
```

括号中的表达式成立时，程序执行大括号内的语句；否则，程序将跳过大括号中的语句部分，而直接执行下面的其他语句。

C51 语言提供以下 3 种形式的 if 语句。

形式 1：

```
if (表达式) {语句}
```

例如：

```
if (x>y)  {max=x; min=y;}
```

即如果 x>y，则 x 赋给 max，y 赋给 min。如果 x>y 不成立，则不执行大括号中的赋值运算。

形式 2：

```
if (表达式)  {语句1;}  else {语句2;}
```

例如：

```
if (x>y)
{max=x; }
else {min=y;}
```

本形式相当于双分支选择结构。

形式 3：

```
if (表达式1) {语句1;}
else  if (表达式2) {语句2;}
else  if (表达式3) {语句3;}
......
else  {语句n;}
```

例如：

```
if (x>100) {y=1;}
else  if (x>50) {y=2;}
else  if (x>30) {y=3;}
else  if (x>20) {y=4;}
else  {y=5;}
```

本形式相当于串行多分支选择结构。

在 if 语句中又含有一个或多个 if 语句，这称为 if 语句的嵌套。应当注意 if 与 else 的对应关系，else 总是与它前面最近的一个 if 语句相对应。

（2）switch 语句。switch 语句是多分支选择语句。switch 语句的一般形式如下。

```
switch  (表达式1)
{
    case  常量表达式1:{语句1;}break;
    case  常量表达式2:{语句2;}break;
    ......
    case  常量表达式n:{语句n;}break;
    default:{语句n+1;}
}
```

上述 switch 语句的说明如下。

① 每一个 case 的常量表达式必须是互不相同的，否则将出现混乱。

② 各个 case 和 default 出现的次序，不影响程序执行的结果。

③ switch 括号内表达式的值与某 case 后面的常量表达式的值相同时，就执行它后面的语句，遇到 break 语句则退出 switch 语句。若所有的 case 后的常量表达式的值都没有与 switch 括号内表

达式的值相匹配时，就执行 default 后的语句。

④ 如果在 case 语句中遗忘了 break 语句，则程序执行了本行之后，不会按规定退出 switch 语句，而是继续执行后续的 case 语句。在执行 1 个 case 分支后，若想使流程跳出 switch 结构，即中止 switch 语句的执行，可以用 1 条 break 语句完成。switch 语句的最后一个分支可不加 break 语句，结束后直接退出 switch 结构。

【例 3-6】 在单片机程序设计中，常用 switch 语句作为键盘中按键按下的判别，并根据按下键的键值跳向各自的分支处理程序。

```
input:  keynum=keyscan( )
switch(keynum)
{
    case 1:    key1( ); break;          //如果按下键的键值为 1，则执行函数 key1( )
    case 2:    key2( ); break;          //如果按下键的键值为 2，则执行函数 key2( )
    case 3:    key3( ); break;          //如果按下键的键值为 3，则执行函数 key3( )
    case 4:    key4( ); break;          //如果按下键的键值为 4，则执行函数 key4( )
    ......
    default:goto input
}
```

例 3-6 中的 keyscan( ) 为键盘扫描函数，如果有键按下，该函数就会得到按下按键的键值，将键值赋予变量 keynum。如果键值为 2，则执行键值处理函数 key2( ) 后返回；如果键值为 4，则执行 key4( ) 函数后返回。执行完 1 个键值处理函数后，则跳出 switch 语句，从而达到根据按下的不同按键，来进行不同键值处理的目的。

2．循环控制语句

许多实用程序都包含循环结构，熟练掌握和运用循环结构的程序设计是 C51 语言程序设计的基本要求。

实现循环结构的语句有：while 语句、do-while 语句和 for 语句。

（1）while 语句。while 语句的语法形式为：

```
while(表达式)
{
    循环体语句；
}
```

表达式是 while 循环能否继续的条件，如果表达式为真，就重复执行循环体语句；反之，则终止循环体内的语句。

while 循环结构的特点在于，循环条件的测试在循环体的开头，要想执行重复操作，首先必须对循环条件测试，如果条件不成立，则不执行循环体内的操作。

例如：

```
while((P1&0x80)==0)
{    }
```

while 中的条件语句对 AT89S51 单片机的 P1 口 P1.7 进行测试，如果 P1.7 为低电平（0），则由于循环体无实际操作语句，故继续测试下去（等待），一旦 P1.7 的电平变高（1），则循环终止。

（2）do-while 语句。do-while 语句的语法形式为：

```
do
{
    循环体语句;
}
while(表达式);
```

do-while 语句的特点是先执行内嵌的循环体语句，再计算表达式，如果表达式的值为非 0，则继续执行循环体语句，直到表达式的值为 0 时结束循环。

由 do-while 构成的循环与 while 循环十分相似，它们之间的重要区别是：while 循环的控制出现在循环体之前，只有当 while 后面表达式的值非 0 时，才可能执行循环体；而在 do-while 构成的循环中，总是先执行一次循环体，然后再求表达式的值，因此无论表达式的值是 0 还是非 0，循环体至少要被执行一次。

与 while 循环一样，在 do-while 循环体中，要有能使 while 后表达式的值变为 0 的操作，否则，循环会无限制地进行下去。根据经验，do-while 循环用的并不多，大多数的循环用 while 来实现会更直观。

【例 3-7】 实型数组 sample 存有 10 个采样值，编写程序段，要求返回其平均值（平均值滤波）。程序如下：

```
float avg(float *sample)
{
    float sum=0;
    char n=0;
    do
    {
        sum+=sample[n];
        n++;
    } while(n<10);
    return(sum/10);
}
```

（3）for 语句。在 3 种循环结构中，我们经常使用的是 for 语句构成的循环，它不仅可用于循环次数已知的情况，也可用于循环次数不确定而只给出循环条件的情况，完全可以替代 while 语句。

for 语句的语法形式为：

```
for(表达式 1;表达式 2;表达式 3)
{
    循环体语句;
}
```

for 是 C51 语言的关键字，其后的括号中通常含有 3 个表达式，各表达式之间用 ";" 隔开。这 3 个表达式可以是任意形式的表达式，通常主要用于 for 循环的控制。紧跟在 for() 之后的循环体，在语法上要求是 1 条语句；若在循环体内需要多条语句，应该用大括号将其括起来，组成复合语句。

for 的执行过程如下：

① 计算 "表达式 1"，表达式 1 通常称为 "初值设定表达式"。

② 计算 "表达式 2"，表达式 2 通常称为 "终值条件表达式"，若满足条件，转步骤③；若不满足条件，则转步骤⑤。

③ 执行 1 次 for 循环体。

④ 计算 "表达式 3"，"表达式 3" 通常称为 "更新表达式"，执行完成后，转向步骤②。

⑤ 结束循环，执行 for 循环之后的语句。

下面对 for 语句的几个特例进行说明。

① for 语句中的小括号内的 3 个表达式全部为空。

例如：

```
for(;;)
{
    循环体语句;
}
```

在小括号内只有两个分号，无表达式，这意味着没有设初值，无判断条件，循环变量为增值，它的作用相当于 while(1)，这将导致一个无限循环。一般在编程过程中，需要无限循环时，可采用这种形式的 for 循环语句。

② for 语句的 3 个表达式中，表达式 1 缺省。

例如：

```
for(;i<=100;i++)sum=sum+i;
```

即不对 i 设初值。

③ for 语句的 3 个表达式中，表达式 2 缺省。

例如：

```
for(i=1;;i++)sum=sum+i;
```

即不判断循环条件，认为表达式始终为真，循环将无休止地进行下去。

④ for 语句的 3 个表达式中，表达式 1 和表达式 3 缺省。

例如：

```
for(;i<=100;)
{
    sum=sum+i;
    i++;
}
```

⑤ 没有循环体的 for 语句。

例如：

```
int a=1000;
for(t=0;t<a;t++)
{;}
```

本例的一个典型应用就是软件延时。

在程序设计中，常用到时间延时，此时就可用循环结构来实现，即循环执行指令，消磨一段已知的时间。8051 单片机指令的执行是靠一定数量的时钟周期来计时的，如果使用 12MHz 晶体振荡器，则 12 个时钟周期花费的时间为 1μs。

【例 3-8】 编写一个延时 1ms 的程序。

```
void delayms( unsigned int j)
{
    unsigned char i;
    while(j--)
    {
        for(i=0;i<125;i++)
        {;}
    }
}
```

如果把上述程序段编译成汇编语言代码进行分析，用 for 进行的内部循环大约延时 8μs，但不是特别精确。不同的编译器会产生不同的延时，因此 i 的上限值 125 应根据实际情况进行补偿调整。

【例 3-9】 求 1+2+3···+100 的累加和。

用 for 语句编写的程序如下：

```
#include <reg51.h>
#include <stdio.h>
main( )
{
    int   nvar1, nsum;
    for(nvar1=0,nsum=1;nsum<=100;nsum++)
    nvar1+=nsum;                              //累加求和
    while(1);
}
```

【例 3-10】 无限循环结构的实现。

编写无限循环程序段，可使用以下 3 种结构。

① 使用 while(1)的结构：

```
while(1)
{
    代码段;
}
```

② 使用 for（;;）的结构：

```
for(;;)
{
    代码段;
}
```

③ 使用 do-while(1)的结构：

```
do
{
    代码段;
} while(1);
```

3．break 语句、continue 语句和 goto 语句

在循环体语句执行过程中，如果要在满足循环判定条件的情况下跳出代码段，可使用 break 语句或 continue 语句；如果要从任意地方跳转到代码的某个地方，可以使用 goto 语句。

（1）break 语句。

前面已经介绍过用 break 语句可以跳出 switch 循环体。在循环结构中，可使用 break 语句跳出整个循环体，从而马上结束整个循环。

【例 3-11】 执行如下程序段。

```
void  main(void )                        //主函数 main( )
{
    int i, sum;
    sum=0;
    for(i=1;i<=10;i++)
    {
        sum=sum+i;
        if(sum>5) break;
        printf("sum=%d\n", sum);         //通过串口向计算机屏幕输出显示 sum 值
    }
}
```

本例中，如果没有 break 语句，程序将进行 10 次循环；当 i=3 时，sum 的值为 6，此时，if 语句的表达式 "sum>5" 的值为 1，于是执行 break 语句，跳出 for 循环结构，从而提前终止循环。因此在一个循环程序中，既可通过循环语句中的表达式来控制循环是否结束，还可直接通过 break 语句强行退出循环结构。

（2）continue 语句。

continue 语句的作用和用法与 break 语句类似，它们之间的区别在于：当前循环遇到 break，是直接结束整个循环；若遇上 continue，则是停止当前这一层循环，然后直接尝试下一层循环。可见，continue 并不结束整个循环，而仅仅是中断当前这一层循环，然后跳到循环条件处，继续下一层的循环。当然，如果跳到循环条件处，发现条件已不成立，那么循环也会结束。

【例 3-12】 输出整数 1～100 的累加值，但要求跳过所有个位为 3 的数。

为完成题目要求，在循环中加一个判断，如果该数个位是 3，就跳过该数不加。如何来判断 1～100 的数中哪些数的个位是 3 呢？用求余数的运算符 "%"，将一个两位以内的正整数，除以 10 后，余数是 3，就说明这个数的个位是 3。例如对于数 73，除以 10 后，余数是 3。根据以上分析，参考程序如下。

```
void  main(void )
{
    int i, sum=0;
    sum=0;
    for(i=1;i<=100;i++)
    {
        if(i%10==3)
        continue;
        sum=sum+i;
    }
```

```
        printf("sum=%d\n", sum);              //在计算机屏幕显示 sum 值
    }
```

（3）goto 语句。

goto 语句是一个无条件转移语句，当执行 goto 语句时，将程序指针跳转到 goto 给出的下一条代码。基本格式如下：

```
goto    标号
```

【例 3-13】 计算整数 1～100 的累加值，存放到 sum 中。

```
void  main(void )
{
    unsigned char i
    int sum;
    sumadd:
    sum=sum+i;
    i++;
    if(i<101)
    {
        goto sumadd;
    }
}
```

goto 语句在 C51 语言中经常用于无条件跳转某条必须执行的语句或在死循环程序中退出循环。为方便阅读，也为了避免跳转时引发错误，在程序设计中要慎重使用 goto 语句。

3.2.6 C51 语言的数组

在 C51 语言程序设计中，数组的使用较为广泛。

1. 数组简介

数组是同类型数据的一个有序集合，用数组名来标识。整型变量的有序集合称为整型数组，字符型变量的有序集合称为字符型数组。数组中的数据，称为数组元素。

数组中各元素的顺序用下标表示，下标为 n 的元素可表示为数组名[n]。改变[ ]中的下标就可以访问数组中的所有元素。

数组有一维、二维、三维和多维之分，C51 语言中常用的有一维数组、二维数组和字符数组。

（1）一维数组。

具有一个下标的数组元素组成的数组称为一维数组，一维数组的形式如下：

```
类型说明符    数组名[元素个数];
```

其中，数组名是一个标识符，元素个数是一个常量表达式，不能是含有变量的表达式。例如：

```
int array1[8]
```

定义了一个名为 array1 的数组，数组包含 8 个整型元素。在定义数组时，可对数组进行整体

初始化，若定义后对数组赋值，则只能对每个元素分别赋值。例如：

```
int a[3]={2,4,6};              //给全部元素赋值,a[0]=2, a[1]=4, a[2]=6
int b[4]={5,4,3,2};            //给全部元素赋值,b[0]=5, b[1]=4, b[2]=3, b[3]=2
```

（2）二维数组或多维数组。

具有两个或两个以上下标的数组称为二维数组或多维数组。定义二维数组的一般形式如下：

类型说明符　数组名[行数] [列数];

其中，数组名是一个标识符，行数和列数都是常量表达式。例如：

```
float  array2 [4] [3]          //array2 数组，有 4 行 3 列共 12 个浮点型元素
```

二维数组可以在定义时进行整体初始化，也可在定义后对单个元素进行赋值。例如：

```
int a[3] [4]={1,2,3,4},{5,6,7,8},{9,10,11,12};//a 数组全部初始化
int b[3] [4]={1,3,5,7},{2,4,6,8},{ };          //b 数组部分初始化，未初始化的元素为 0
```

（3）字符数组。

若一个数组的元素是字符型的，则该数组就是一个字符数组。例如：

```
char a[10]= {'B', 'E', 'I', ' ', 'J', 'I','N','G','\0'}; //字符数组
```

定义了一个字符数组 a[ ]，它有 10 个数组元素，并且将 9 个字符（其中包括 1 个字符串结束符 '\0'）分别赋给了 a[0]～a[8]，剩余的 a[9]被系统自动赋予空格字符。C51 还允许用字符串直接给字符数组置初值，例如：

```
char a[10]= {"BEI JING"};
```

用双引号括起来的一串字符称为字符串常量，C51 编译器会自动地在字符串末尾加上字符串结束符'\0'。

用单引号括起来的字符为字符的 ASCII 码值，而不是字符串。例如，'a'表示 a 的 ASCII 码值 61H，而 "a" 表示一个字符串，由两个字符 "a" 和 "\0" 组成。

一个字符串可用一维数组来装入，但数组元素的数目一定要比字符的数目多一个，以便 C51 编译器自动在其后面加入字符串结束符'\0'。

2．数组的应用

在 C51 编程中，数组的查表功能非常有用，如数学运算，编程者更愿意采用查表计算而不是公式计算。例如，对于传感器的非线性转换需要进行补偿，使用查表法就要有效得多。再如，LED 显示程序中根据要显示的数值，找到对应的显示段码送到 LED 显示器显示。表可以事先计算好后装入程序存储器中。

【例 3-14】　使用查表法，计算数 0～9 的平方。

```
#define uchar unsigned char
uchar code square[ ]={ 0,1,4,9,16,25,36,49,64,81}; //0～9 的平方表，存储在程序存储器中
uchar fuction(uchar number)
{
    return square[number]          // 返回平方数
};
```

```
main( )
{
    result=fuction(7);    // 函数 fuction( )的实际参数为 7，其平方 49 存入 result 单元
}
```

在程序的开始处，"uchar code square[ ]={ 0,1,4,9,16,25,36,49,64,81};"定义了一个无符号字符型数组 square[ ]，并对其进行了初始化，将数 0～9 的平方值赋予了数组 square[ ]，类型代码 code 指定编译器将平方表定位在程序存储器中。

主函数调用函数 fuction( )，假设得到实际参数为 7；从 square[ ]数组中查表获得相应的平方数为 49。执行 result= fuction(7)后，result 的结果为相应的平方数 49。

3．数组与存储空间

当程序中设定了一个数组时，C51 编译器就会在系统的存储空间中开辟一个区域，用于存放数组的内容。数组就包含在这个由连续存储单元组成的模块的存储体内。对字符数组而言，它占据了内存中一连串的字节位置。对整型（int）数组而言，将在存储区中占据一连串连续的字节对的位置。对长整型（long）数组或浮点型（float）数组，一个成员将占有 4 字节的存储空间。

当一维数组被创建时，C51 编译器就会根据数组的类型在内存中开辟一块大小等于数组长度乘以数据类型长度（即类型占有的字节数）的区域。

对于二维数组 a[m] [n]而言，其存储顺序是按行存储，先存第 0 行元素的第 0 列、第 1 列、第 2 列，直至第 *n*-1 列，然后返回到存第 1 行元素的第 0 列、第 1 列、第 2 列，直至第 *n*-1 列……如此顺序存储，直到第 *m*-1 行的第 *n*-1 列。

当数组特别是多维数组中大多数元素没有被有效地利用时，就会浪费大量的存储空间。而 8051 单片机的存储资源极为有限，因此在进行 C51 编程开发时，要仔细地根据需要来选择数组的大小。

3.2.7　C51 语言的指针

C51 语言支持两种不同类型的指针：通用指针和存储器指针。

1．通用指针

C51 语言提供一个 3 字节的通用指针，通用指针声明和使用与标准 C 语言完全一样。通用指针的形式如下：

数据类型 *指针变量;

例如：

uchar *pz

例中 pz 就是通用指针，用 3 字节来存储指针，第一字节表示存储器类型，第二、三字节分别表示指针所指向数据地址的高字节和低字节，这种定义很方便但速度较慢，在所指向的目标存储器空间不明确时普遍使用。

2．存储器指针

存储器指针在定义时指明了存储器类型，并且指针总是指向特定的存储器空间（片内数据

RAM、片外数据 RAM 或程序 ROM）。例如：

```
char xdata *str;                        // str 指向 xdata 区中的 char 型数据
int xdata *pd;                          // pd 指向外部 RAM 区中的 int 型整数
```

由于定义中已经指明了存储器类型，因此，相对于通用指针而言，指针第一个字节省略，对于 data、bdata、idata 与 pdata 存储器类型，指针仅需要 1B，因为它们的寻址空间都在 256B 以内，而 code 和 xdata 存储器类型则需要 2B 指针，因为它们的寻址空间最大为 64KB。

使用存储器指针的好处是节省了存储空间，编译器不用为存储器选择和决定正确的存储器操作指令来产生代码，这使代码更加简短，但必须保证指针不指向所声明的存储区以外的地方，否则会产生错误。通用指针产生的代码执行速度比存储器指针的执行速度要慢，因为通用指针的存储区在运行前是未知的，编译器不能优化存储区访问，必须产生可以访问任何存储区的通用代码。

由上述可知，使用存储器指针比使用通用指针效率高、存储器指针所占空间小、速度更快，在存储器空间明确时，建议使用存储器指针，如果存储器空间不明确，则使用通用指针。

3.3 C51 语言的函数

函数是一个完成一定相关功能的执行代码段。在高级语言中，函数与另外两个名词"子程序"和"过程"用来描述同样的事情，在 C51 中使用的术语是"函数"。

C51 程序中函数数目是不受限制的，但是一个 C51 程序必须有至少 1 个函数，即主函数，名称为 main。主函数是唯一的，整个程序必须从主函数开始执行。

C51 还可以建立和使用库函数，可由用户根据需求调用。

3.3.1 函数的分类

从结构上分，C51 中函数可分为主函数 main( )和普通函数两种。而从编程者的角度，普通函数又可以划分为两种：标准库函数和用户编写的自定义函数。

1. 标准库函数

标准库函数由 C51 编译器提供，编程者在进行程序设计时，应该善于充分利用这些功能强大、资源丰富的标准库函数资源，以提高编程效率。

用户可以直接调用 C51 语言的标准库函数而不需要为这个函数写任何代码，只需要包含具有该函数说明的头文件即可。例如调用输出函数 printf()时，要求程序在调用输出库函数前包含以下的 include 命令：

```
#include <stdio.h>
```

2. 用户自定义函数

用户自定义函数是用户根据自己的需要所编写的函数。从函数定义的形式上来划分，用户自定义函数可分为：无参函数、有参函数和空函数。

（1）无参函数。

此种函数在被调用时，既无参数输入，也不返回结果给调用函数，它只是为完成某种操作而编写的函数。

无参函数的定义形式为：

```
返回值类型标识符    函数名( )
{
    函数体；
}
```

无参函数一般不带返回值，因此函数的返回值类型的标识符可以省略。

例如，主函数 main( )，该函数为无参函数，返回值类型的标识符可以省略，默认值是 int 类型。

（2）有参函数。

调用此种函数时，必须提供实际的输入函数。有参函数的定义形式为：

```
返回值类型标识符    函数名（形式参数列表）
形式参数说明
{
    函数体；
}
```

【例 3-15】 定义一个函数 max( )，用于求两个数中较大的数。

```
int a,b
int max(a, b)
{
    if(a>b)return(a);
    else   return(b);
}
```

上面的程序段中，a、b 为形式参数。return( )为返回语句。

（3）空函数。

函数体内无语句，调用空函数时，什么工作也不做，也不起任何作用。定义空函数的目的，并不是为了执行某种操作，而是为了以后程序功能的扩充。例如，先将一些基本模块的功能函数定义成空函数，占好位置，并写好注释，以后再用一个编写好的函数替换它。这样整个程序的结构清晰、可读性好，为以后扩充新功能提供方便。

空函数的定义形式为：

```
返回值类型标识符    函数名( )
{   }
```

例如：

```
float min(   )
{   }                              //空函数，占好位置
```

3.3.2 函数的参数与返回值

1. 函数的参数

C 语言采用函数之间的参数传递方式，使一个函数能对不同的变量进行功能相同的处理，从而大大提高了函数的通用性与灵活性。

函数之间的参数传递，是由调用函数的实际参数与被调用函数的形式参数之间进行的数据传递来实现。被调用函数的最后结果由被调用函数的 return 语句返回给调用函数。

函数的参数包括形式参数和实际参数。

（1）形式参数：函数名后面括号中的变量名称为形式参数，简称形参。

（2）实际参数：在函数调用时，主调函数名后面括号中的表达式称为实际参数，简称实参。

在 C 语言的函数调用中，实际参数与形式参数之间的数据传递是单向进行的，只能由实际参数传递给形式参数，而不能由形式参数传递给实际参数。

实际参数与形式参数的类型必须一致，否则会发生类型不匹配的错误。被调用函数的形式参数在函数未调用之前，并不占用实际内存单元。只有当函数调用发生时，被调用函数的形式参数才会被分配内存单元，此时内存中调用函数的实际参数和被调用函数的形式参数位于不同的单元。在调用结束后，形式参数所占有的内存被系统释放，而实际参数所占有的内存单元仍保留并维持原值。

2．函数的返回值

函数的返回值是通过函数中的 return 语句获得的。1 个函数可以有 1 个以上的 return 语句，但是多于 1 个的 return 语句必须在选择结构（if 或 do/case）中使用（如前面例 3-15 中求两个数中的较大数函数 max( )的例子），因为被调用函数一定只能返回 1 个变量。

函数返回值的类型一般在定义函数时，由返回值的标识符来指定。如在函数名之前的 int 指定函数的返回值的类型为整型（int）。若没有指定函数的返回值类型，默认返回值为整型类型。

当函数没有返回值时，则使用标识符 void 进行说明。

3.3.3　函数的调用

在一个函数中需要用到某个函数的功能时，就调用该函数。调用者称为主调函数，被调用者称为被调函数。

1．函数调用的一般形式

函数调用的一般形式为：

```
函数名　{实际参数列表};
```

若被调函数是有参函数，则主调函数必须把被调函数所需的参数传递给被调函数。传递给被调函数的参数称为实际参数（简称实参），实参必须与形参在数量、数据类型和顺序上都一致。实参可以是常量、变量和表达式。

2．函数调用的方式

主调函数对被调函数的调用有以下 3 种方式。

（1）函数调用语句把被调函数的函数名作为主调函数的一个语句，例如：

```
print_message( );
```

此时，并不要求函数返回结果数值，只要求函数完成某种操作。

（2）函数结果作为表达式的一个运算对象，例如：

```
result=2*gcd(a,b);
```

被调函数以一个运算对象出现在表达式中。这要求被调函数带有 return 语句，以便返回一个明确的数值参加表达式的运算。例中，被调函数 gcd()为表达式的一部分，它的返回值乘 2 再赋值给变量 result。

（3）函数参数，即被调函数作为另一个函数的实际参数，例如：

```
m=max(a,gcd(u,v));
```

其中，gcd(u,v)是一次函数调用，它的值作为另一个函数 max( )的实际参数之一。

3. 对调用函数的说明

在一个函数调用另一个函数时，必须具备以下条件。

（1）被调函数必须是已经存在的函数（标准库函数或用户自定义函数）。

（2）如果程序中使用了库函数，或使用了不在同一文件中的另外自定义函数，则应该在程序的开头处使用#include 包含语句，将所有的函数信息包含到程序中来。

例如"#include<stdio.h>"，是将标准的输入、输出头文件 stdio.h（在函数库中）包含到程序中来。在程序编译时，系统会自动将库函数中的有关函数调入程序中去，编译出完整的程序代码。

（3）如果程序中使用了用户自定义函数，且该函数与调用它的函数同在一个文件中，则应根据主调函数与被调函数在文件中的位置，决定是否对被调函数的返回值类型做出说明。

① 如果被调函数在主调函数之后，一般应在主调函数中，在被调函数调用之前，对被调函数的返回值类型做出说明。

② 如果被调函数出现在主调函数之前，不用对被调函数的返回值类型进行说明。

③ 如果在所有函数定义之前，在文件的开头处，在函数的外部已经说明了函数的类型，则在主调函数中不必对被调函数再做返回值类型说明。

3.3.4 中断服务函数

由于标准 C 语言中没有处理单片机中断的定义，为了能进行 8051 单片机的中断处理，C51 编译器对函数的定义进行了扩展，增加了一个扩展关键字 interrupt。使用 interrupt 可以将一个函数定义成中断服务函数。由于 C51 编译器在编译时对声明为中断服务程序的函数自动添加了相应的现场保护、阻断其他中断、返回时自动恢复现场等处理的程序段，因而在编写中断服务函数时可不必考虑这些问题，这就为用户编写中断服务程序提供了极大方便。

中断服务函数的一般形式为：

*函数类型 函数名（形式参数表）*interrupt n using n

关键字 interrupt 后的 n 是中断号，对于 8051 单片机，n 的取值为 0～4。

关键字 using 后面的 n 是所选择的寄存器组，using 是一个选项，可省略。如果没有使用 using 关键字指明寄存器组，中断服务函数中所有工作寄存器的内容将被保存到堆栈中。

有关中断服务函数的具体使用注意事项，将在第 6 章中断系统的工作原理及应用中进行介绍。

3.3.5 变量及存储方式

1. 变量

变量可分为局部变量和全局变量。

（1）局部变量。局部变量是某一个函数中存在的变量，它只在该函数内部有效。

（2）全局变量。在整个源文件中都存在的变量称为全局变量。全局变量的有效区间是从定义点开始到源文件结束，其中的所有函数都可直接访问该变量。如果定义前的函数需要访问该变量，则需要使用 extern 关键字对该变量进行声明，如果全局变量声明文件之外的源文件需要访问该变量，也需要使用 extern 关键字进行声明。

由于全局变量一直存在，占用了大量的内存单元，且加大了程序的耦合性，所以不利于程序的移植或复用。

全局变量可使用 static 关键字进行定义，该变量只能在变量定义的源文件内使用，不能被其他源文件引用，这种全局变量称为静态全局变量。如果一个其他文件的非静态全局变量需要被某文件引用，则需要在该文件调用前使用 extern 关键字对该变量进行声明。

2．变量的存储方式

单片机的存储区间可以分为程序存储区、静态存储区和动态存储区 3 部分，数据存放在静态存储区或动态存储区。其中，全局变量存放在静态存储区，在程序开始运行时，给全局变量分配存储空间；局部变量存放在动态存储区，在运行拥有该变量的函数时，给这些变量分配存储空间。

3.3.6　宏定义

在 C51 程序设计中要经常用到宏定义。

宏定义语句属于 C51 语言的预处理指令，使用宏可简化变量书写，增加程序的可读性、可维护性和可移植性。宏定义分为简单的宏定义和带参数的宏定义。在 C51 的程序编写中，经常使用简单的宏定义。简单的宏定义格式如下：

```
#define 宏替换名 宏替换体
```

#define 是宏定义指令的关键词，宏替换名一般用大写字母来表示，而宏替换体可以是数值常数、算术表达式、字符和字符串等。宏定义可以出现在程序的任何地方，例如宏定义：

```
#define uchar unsigned char
```

在编译时可由 C51 编译器把"unsigned char"用"uchar"来替代。

例如，在某程序的开头处，进行了 3 个宏定义：

```
#define uchar unsigned char          //宏定义无符号字符型变量方便书写
#define uint unsigned int            //宏定义无符号整型变量方便书写
#define gain 4                       //宏定义增益
......
```

由上述的 3 个宏定义可见，宏定义不仅可以方便无符号字符型变量和无符号整型变量的书写（前 2 个宏定义），而且当增益需要变化时，只需要修改增益 gain 的宏替换体 4 即可（第 3 个宏定义），而不必在程序的每处修改，这便大大增加了程序的可读性和可维护性。

思考题及习题

一、填空题

1．与汇编语言相比，C51 语言具有＿＿＿＿、＿＿＿＿、＿＿＿＿和＿＿＿＿等优点。

2．C51 语言头文件包括的内容有 8051 单片机＿＿＿＿＿＿＿＿＿＿，以及＿＿＿＿＿＿＿＿＿＿＿＿的说明。

3．C51 提供了两种不同的数据存储类型＿＿＿＿＿＿和＿＿＿＿＿＿来访问片外数据存储区。

4．C51 提供了 code 存储类型来访问＿＿＿＿＿＿。

5．对于 SMALL 存储模式，所有变量都默认位于 8051 单片机＿＿＿＿＿＿。

6．C51 用"*"和"&"运算符来提取指针变量的＿＿＿＿＿＿和指针变量的＿＿＿＿＿＿。

二、判断题

1．C51 语言处理单片机的中断是由专门的中断函数来处理的。

2．在 C51 语言中，函数是一个完成一定相关功能的执行代码段，它与另外两个名词"子程序"和"过程"用来描述同样的事情。

3．在 C51 语言编程中，编写中断服务函数时需要考虑如何进行现场保护、阻断其他中断、返回时自动恢复现场等处理的程序段的编写。

4．全局变量是在某一函数中存在的变量，它只在该函数内部有效。

5．全局变量可使用 static 关键字进行定义，由于全局变量一直存在，占用了大量的内存单元，且加大了程序的耦合性，不利于程序的移植或复用。

6．绝对地址包含头文件 absacc.h 定义了几个宏，用来确定各类存储空间的绝对地址。

三、简答题

1．C51 在标准 C 语言的基础上，扩展了哪几种数据类型？

2．C51 有哪几种数据存储类型？其中数据类型"idata，code，xdata，pdata"各对应 AT89S51 单片机的哪些存储空间

3．bit 与 sbit 定义的位变量有什么区别？

4．说明 3 种数据存储模式 SMALL 模式、COMPACT 模式和 LARGE 模式之间的差别。

5．do-while 构成的循环与 while 循环的区别是什么？

四、编程题

1．编写程序，将单片机片外 2000H 为首地址的连续 10 个单元的内容，读入到片内 RAM 的 40H～49H 单元中。

2．编写将单片机片内一组 RAM 单元清零的函数，函数内不包括这组 RAM 单元的起始地址和单元个数，起始地址和单元个数参数应在执行函数前由主函数赋值。

第 **4** 章　开发与仿真工具

【内容概要】本章介绍软件开发工具 Keil C51 与虚拟仿真工具 Proteus 的基本特性与使用方法。通过本章学习，读者应初步了解如何运用 Keil 软件进行软件调试，掌握使用 Proteus 来进行硬件线路搭建和单片机系统虚拟仿真的基本方法。

Keil C51 是用于 8051 单片机的 C51 语言编程的集成开发环境，它是目前 8051 单片机应用开发中的最优秀的软件开发工具之一，是使用 C51 语言开发编程所必须掌握的软件开发工具。

4.1　Keil C51 的使用

4.1.1　Keil C51 简介

Keil C51 由德国 Keil software 公司（已被 ARM 公司收购）开发，它集编辑、编译、仿真等功能于一体，具有强大的软件调试功能，生成的程序代码运行速度快，所需的存储器空间小，完全可与汇编语言相媲美，是目前 8051 单片机应用开发中的最优秀的软件开发工具之一。Keil C51 集成了文件编辑处理、编译链接、项目（Project）管理窗口、工具引用、仿真软件模拟器以及 Monitor51 硬件目标调试器等多种功能，可在 Keil C51 开发环境中极为简便地进行操作。

4.1.2　基本操作

1. 软件安装与启动

Keil C51 的安装，同大多数软件的安装一样，根据提示进行。安装完毕后，在桌面上会出现 Keil C51 软件的快捷图标。单击该快捷图标，则启动该软件，出现如图 4-1 所示的 Keil C51 界面，图 4-1 中标出了 Keil C51 界面各窗口的名称。

2. 创建项目

编写一个新的应用程序前，首先要建立项目（Project）。Keil C51 用项目管理的方法把一个程序设计中所需要用到的、互相关联的程序链接到同一项目中。这样，打开一个项目时，所需要的关联程序也都跟着进入了调试窗口，从而方便用户对项目中各个程序的编写、调试和存储。项目管理便于区分不同项目中用到的程序文件和库文件，非常容易管理。因此，编写程序前，需要首先创建一个新的项目，操作如下。

（1）在图 4-1 所示的编辑界面下，单击菜单栏中的【Project】，出现下拉菜单，再单击选中的"New Project…"，如图 4-2 所示。

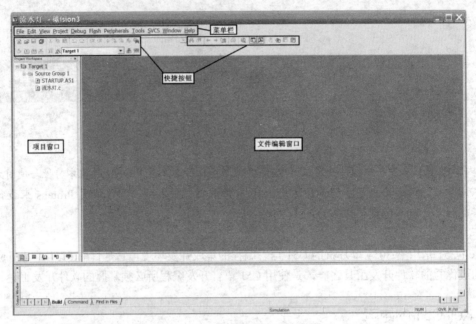

图 4-1　Keil 软件开发环境界面

（2）单击"New Project…"选项后，就会弹出"Create New Project"对话框，如图 4-3 所示。在"文件名（N）"中输入一个项目的名称，保存后的文件扩展名为".uv2"，即项目文件的扩展名，以后直接单击此文件就可打开先前建立的项目。

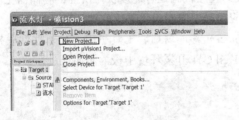

图 4-2　新建项目菜单

图 4-3　"Create New Project"对话框

在"文件名（N）"窗口中输入新建项目文件的名字后，单击"保存（S）"按钮即可。

（3）选择单片机，单击"保存（S）"按钮后，会弹出图 4-4 所示"Select Device for Target 'Target 1'"（选择单片机）窗口，按照提示选择相应的单片机。这里选择的是"Atmel"目录下的"AT89C51"（对于 AT89S51，也是选择 AT89C51）。

（4）单击"确定"按钮后，会出现如图 4-5 所示的对话框。如果需要复制启动代码到新建的项目，选择单击"是"按钮，会出现图 4-6 所示的界面，如选择单击"否"按钮，图 4-6 中的启动代码项"SARTUP.A51"不会出现，这时新的项目已经创建完毕。

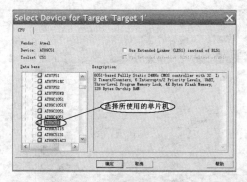

图 4-4 "Select Device for Target 'Target 1'"窗口　图 4-5　是否复制启动代码到项目的对话框

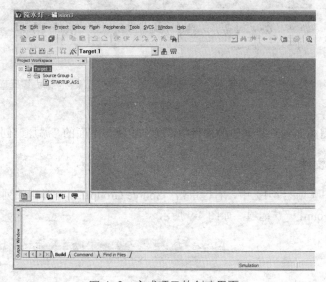

图 4-6　完成项目的创建界面

4.1.3　添加用户源程序文件

新的项目文件创建完成后，就需要将用户源程序文件添加到这个项目中。添加用户源程序文件通常有两种方式：一种是新建文件，另一种是添加到已创建的文件中。

1．新建文件

（1）单击图 4-1 中快捷按钮 ，这时会出现新建文件的窗口，如图 4-7 所示。在这个窗口中会出现一个空白的文件编辑画面，用户可在这里输入编写的程序源代码。

（2）单击图 4-1 中快捷按钮 ，保存用户程序文件，这时会弹出"Save As"对话框，如图 4-8 所示。

（3）在图 4-8 所示的"Save As"对话框中，在"保存在（I）"下拉框中选择新文件的保存目录，这样就将这个新文件与刚才建立的项目保存在同一个文件夹下，然后在"文件名（N）"窗口中输入新建文件的名字"流水灯"。如果使用 C51 语言编程，则文件名的扩展名应为".c"。如果用汇编语言编程，文件扩展名应为".asm"。完成上述步骤后单击"保存（S）"按钮，此时新文件就创建完成了。

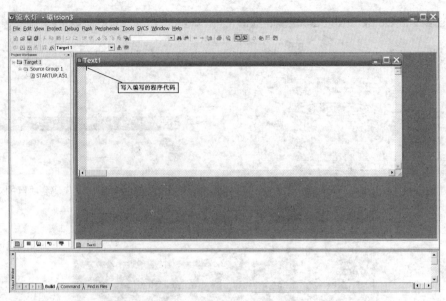

图 4-7　创建新文件界面

这个新文件还需添加到刚才创建的项目中，操作步骤与下面的"添加已创建文件"步骤相同。

2．添加已创建文件

（1）在项目窗口（见图 4-1）中，右键单击"Source Group1"，在弹出的列表中选择"Add File to Group'Source Group1'"选项，如图 4-9 所示。

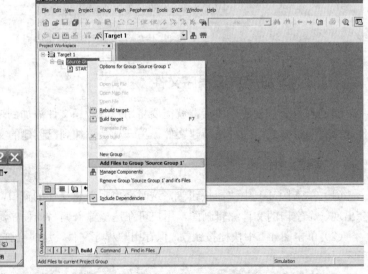

图 4-8　"Save As"对话框　　　　　　　　图 4-9　添加文件界面

（2）完成上述操作后会出现如图 4-10 "Add File to Group'Source Group1'"所示的对话框。在该窗口中选择要添加的文件，这里只有刚刚建立的文件"流水灯.c"，选中这个文件后，单击"Add"按钮，再单击"Close"按钮，文件就添加完成了，这时的项目窗口如图 4-11 所示，用户程序文件"流水灯.c"已经出现在"Source Group1"目录下了。

图 4-10 "Add File to Group 'Source Group1'"对话框

图 4-11 文件已添加到项目中

4.1.4 程序的编译与调试

上文中在文件编辑窗口中建立了文件"流水灯.c"（或"流水灯.asm"），并且将该文件添加到了项目中，此时还需对程序进行编译和调试，最终生成可执行的.hex 文件，具体步骤如下。

1. 程序编译

单击快捷按钮中的 ，对当前文件进行编译，这里以"流水灯.c"文件为例，在图 4-12 中的输出窗口会出现提示信息。

从输出窗口中的提示信息可以看到，程序中有 2 个错误，认真检查程序找到错误并改正，改正后再次单击 按钮进行编译，直至提示信息显示没有错误为止，如图 4-13 所示。

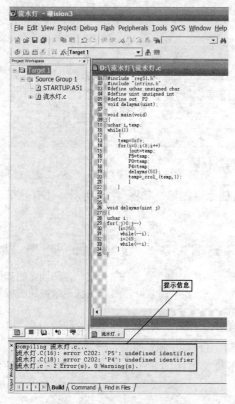

图 4-12 文件编译信息

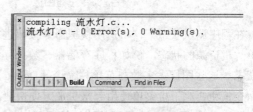

图 4-13 提示信息显示没有错误

2．程序调试

程序编译没有错误后，就可进行调试与仿真。单击"开始/停止"调试的快捷按钮 @ （或在主界面单击【Debug】菜单中的"Start/Stop Debug Session"选项），进入程序调试状态，如图 4-14 所示。

图 4-14 左面的项目窗口给出了常用的寄存器 r0～r7 和 A、B、SP、DPTR、PC、PSW 等特殊功能寄存器的值，这些值会随着程序的执行发生相应的变化。

在图 4-14 存储器窗口（右下角）的地址栏处输入 "0000" 后回车，则可以查看单片机片内程序存储器的内容，单元地址前有 "C："，它表示程序存储器。如要查看单片机片内数据存储器的内容，就在存储器窗口的地址栏处输入 "d：00" 后回车，这样就可以看到数据存储器的内容了。

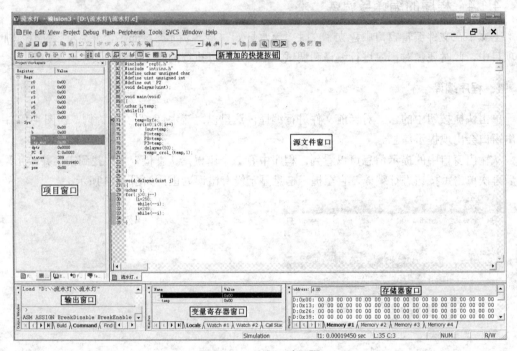

图 4-14　程序调试界面

在图 4-14 中出现了一行新增加的用于调试的快捷命令图标，如图 4-15 所示。还有几个原来就有的用于调试的快捷图标，如图 4-16 所示。

图 4-15　调试状态下的新增加的　　　　　　　　图 4-16　用于调试的其他
快捷命令按钮图标　　　　　　　　　　　　　几个快捷命令按钮图标

在程序调试状态下，可运用快捷命令按钮进行单步、跟踪、断点、全速运行等调试，也可观察单片机资源的状态，例如程序存储器、数据存储器、特殊功能寄存器、变量寄存器及 I/O 端口的状态。这些图标大多数与菜单栏命令【Debug】下拉菜单中的各子命令是一一对应的，只是快捷命令按钮要比下拉菜单使用起来更加方便快捷。

图 4-15 与图 4-16 中常用的快捷按钮图标的功能介绍如下。

（1）各调试窗口显示的开关按钮。

下面的图标控制图 4-14 中各个窗口的开与关。

▣：项目窗口的开与关。

▣：特殊功能寄存器显示窗口的开与关。

▣：输出窗口的开与关。

▣：存储器窗口的开与关。

▣：变量寄存器窗口的开与关。

（2）各调试功能的快捷按钮。

▣：调试状态的进入/退出。

▣：复位 CPU。在程序不改变的情况下，若想使程序重新开始运行，单击本命令图标即可。执行此命令后程序指针返回到 0000H 地址单元。另外，一些内部特殊功能寄存器在复位期间也将重新赋值。例如，A 将变为 00H，SP 变为 07H，DPTR 变为 0000H，P3～P0 口变为 FFH。

▣：全速运行。单击本命令图标，即可实现全速运行程序。当然若程序中已经设置断点，程序将执行到断点处，并等待调试指令。

▣：单步跟踪。可以单步跟踪程序，每执行一次此命令，程序将运行一条指令。当前的指令用黄色箭头标出，每执行一步箭头都会移动，已执行过的语句呈绿色。

▣：单步运行。本命令实现单步运行，它将把函数和函数调用当作一个实体来看待，因此单步运行是以语句（该语句不管是单一命令行还是函数调用）为基本执行单元。

▣：执行返回。在用单步跟踪命令跟踪到子函数或子程序内部时，使用本快捷命令，即可将程序的 PC 指针返回到调用此子程序或子函数的下一条语句。

▣：运行到光标行。

▣：停止程序运行。

程序调试中，上述的几种运行方式都要用到，灵活地运用这些手段，可大大提高查找差错的效率。

（3）断点操作的快捷按钮。

在程序调试中常常要设置断点，一旦执行到该断点所在程序行即停止程序，可在断点处观察有关变量值，以确定程序的差错或问题所在。图 4-16 中有关断点操作的命令快捷按钮的功能如下。

▣：插入/清除断点。

▣：清除所有的断点设置。

▣：使能/禁止断点，可以开启或暂停光标所在行的断点功能。

▣：禁止所有断点，可以暂停所有断点。

插入或清除断点最简单的方法，即将鼠标移至需要插入或清除断点的行首然后双击鼠标左键。上述有关断点操作的 4 个快捷图标命令，也可从菜单命令【Debug】的下拉子菜单中找到。

4.1.5 项目的设置

项目创建完毕后，还需对项目进行进一步的设置，以满足要求。右键单击项目窗口的 "Target 1"，选择 "Options for Target 'Target1'"，如图 4-17 所示，再单击右键即出现项目设置对话框，如图 4-18 所示。该对话框下有多个子页面，通常需要设置的页面有两个，一个是 Target 页面，另一个是 Output 页面，其余页面设置取默认值即可。

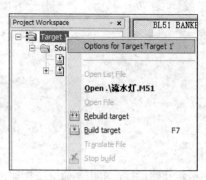

图 4-17　项目调试的选择

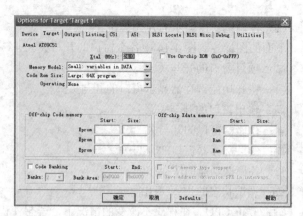

图 4-18　"Options for Target 'Target1'"窗口

1. Target 页面

（1）Xtal(MHz)：设置晶体振荡器频率，默认值是所选目标 CPU 的最高可用频率值，可根据需要重新设置。该设置与最终产生的目标代码无关，仅用于软件模拟调试时显示程序执行时间。正确设置该数值，可使得显示时间与实际所用时间一致，一般将其值设置成与目标样机所用的频率相同的值。如果没必要了解程序执行的时间，也可不设置。

（2）Memory Model 下拉列表：设置 RAM 的存储器模式，有 3 个选项。

① Small：所有变量都在单片机的内部 RAM 中。

② Compact：可以使用 1 个外部 RAM。

③ Large：可以使用全部外部的扩展 RAM。

（3）Code Rom Size 下拉列表：设置程序空间的使用模式，有 3 个选项。

① Small：只使用低于 2KB 的程序空间。

② Compact：单个函数的代码量不超过 2KB，整个程序可以使用 64KB 程序空间。

③ Large：可以使用全部 64KB 程序空间。

（4）Use on-chip ROM 复选框：是否仅使用片内 ROM 选项。注意，选中该复选框并不会影响最终生成的目标代码量。

（5）Operating 下拉列表：操作系统选项。Keil 提供了两种操作系统：Rtx tiny 和 Rtx full。因此通常不用选择操作系统，选用默认项 None。

（6）Off-chip Code memory 栏：用以确定系统扩展的程序存储器的地址范围。

（7）Off-chip Xdata memory 栏：用以确定系统扩展的数据存储器的地址范围。

上述选项必须根据所用硬件来决定，如果是最小应用系统，则不进行任何扩展，按默认值设置。

2. Output 页面

单击"Options for Target'Target1'"窗口中的"Output"选项，就会出现 Output 页面，如图 4-19 所示。

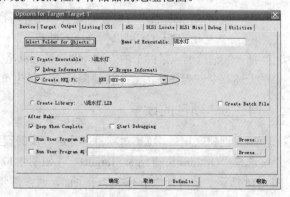

图 4-19　Output 页面

（1）Create HEX File：生成可执行代码文件。选中此项后即可生成单片机可运行的二进制文件（.hex 格式文件），扩展名为.hex。

（2）Select Folder for objects 按钮：选择最终的目标文件所在的文件夹，默认与项目文件在同一文件夹中，通常选默认。

（3）Name of Executable 文本框：用于设定最终生成的目标文件的名字，默认与项目文件名相同，通常选默认。

（4）Debug Information 复选框：选中该项后，将会产生调试信息，如果需要对程序进行调试，应选中该项。

其他选项选默认即可。

完成上述设置后，就可以在程序编译时，单击快捷按钮，此时会弹出如图 4-20 所示的提示信息。该信息中说明程序占用片内 RAM 共 11 字节，片外 RAM 共 0 字节，占用程序存储器共 89 字节。最后生成的.hex 文件名为"流水灯.hex"。至此。整个程序编译过程就结束了，生成的.hex 文件可在后面介绍的 Proteus 环境下虚拟仿真时，装入单片机运行。

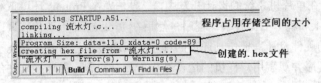

图 4-20 .hex 文件生成的提示信息

下面对用于编译、链接时的 3 个快捷按钮、与做简要说明。

（1）按钮：用于编译正在操作的文件。

（2）按钮：用于编译修改过的文件，并生成相应的目标程序（.hex 文件），供单片机直接下载。

（3）按钮：用于重新编译当前项目中的所有文件，并生成相应的目标程序（.hex 文件），供单片机直接下载。主要用在当项目文件有改动时，来重建整个项目。因为一个项目不止一个文件，当有多个文件时，可用本按钮进行编译。

上述介绍的对 C51 语言源程序的操作方法与操作过程，也同样适用于汇编语言源程序。

 如果使用 Proteus 虚拟仿真，无论使用 C51 语言编写还是汇编语言编写的源程序都不能直接来用，一定要对该源程序先进行编译，生成可执行的目标代码.hex 文件，并加载到 Proteus 环境下的虚拟单片机中，才能进行虚拟仿真。

4.2 Proteus 虚拟仿真工具介绍

Proteus 是英国 Lab center Electronics 公司在 1989 年推出的完全使用软件手段来对单片机应用系统进行虚拟仿真的软件工具。

4.2.1 Proteus 功能简介

Proteus 是目前世界上唯一的支持嵌入式处理器的虚拟仿真平台，它除了可仿真模拟电路、数字电路外，还可仿真 8051、PIC12/16/18、AVR、MSP430 等各主流系列单片机，以及各种外围可编程接口芯片。此外，它还支持 ARM7、ARM9 等型号的嵌入式微处理器的仿真。

有了 Proteus 的虚拟仿真平台，此用户不需要用户硬件样机，就可直接在 PC 上对单片机系统进行虚拟仿真，将系统的功能及运行过程形象化，可以像焊接好的电路板一样看到单片机系统的执行效果。

Proteus 器件库中有几万种器件模型，因此它可直接对单片机的各种外围器件及电路进行仿真，如 RAM、ROM、总线驱动器、各种可编程外围接口芯片、LED 数码管显示器、LCD 显示模块、矩阵式键盘、多种 D/A 和 A/D 转换器等。此外还可对 RS232 总线、I²C 总线、SPI 总线进行动态仿真。

Proteus 提供了各种信号源、虚拟仿真仪器，并能对电路原理图的关键点进行虚拟测试。

Proteus 提供了丰富的调试功能。在虚拟仿真中具有全速、单步、设置断点等调试功能，同时，它还可观察各变量、各寄存器的当前状态。

目前，Proteus 已在包括剑桥大学、斯坦福大学、牛津大学、加州大学在内的全球数千所高校和世界各大研发公司中得到广泛应用。

Proteus 虽然具有开发效率高、不需要附加的硬件开发装置成本等优点，但是不能进行用户硬件样机的诊断。所以在单片机系统的设计开发中，一般是先在 Proteus 环境下绘出系统的硬件原理电路图，在 Keil C51 环境下书写并编译程序，然后在 Proteus 环境下仿真调试通过。再依照仿真结果，来完成实际的硬件设计，把仿真通过的程序代码通过编程器或在线烧录到单片机的程序存储器中，最后运行程序并观察用户样机的运行结果，如有问题，再连接硬件仿真器或直接在线修改程序去分析、调试。

4.2.2 Proteus ISIS 的虚拟仿真

Proteus ISIS（智能原理图输入）界面用来绘制单片机系统的电路原理图，它还可直接实现单片机系统的虚拟仿真，可产生声、光和各种动作等逼真的效果。当电路连接无误后，单击单片机芯片载入经调试编译后生成的.hex 文件，单击仿真运行按钮，即可检验电路硬件和软件的设计是否正确。

Proteus 软件在 PC 上安装完后，单击桌面的 ISIS 运行界面图标，就会出现 Proteus ISIS 原理电路图绘制界面（以汉化 7.5 版本为例），如图 4-21 所示。

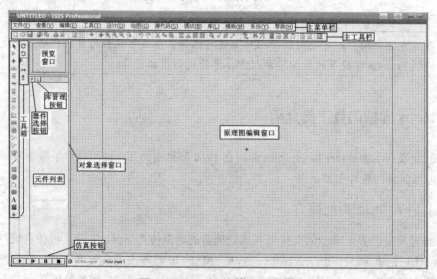

图 4-21 Proteus 的 ISIS 界面

整个 ISIS 界面由原理图编辑窗口、预览窗口、对象选择窗口、工具箱、主菜单栏、主工具栏等区域组成。

1．ISIS 界面的窗口简介

ISIS 界面有 3 个窗口：原理图编辑窗口、预览窗口和对象选择窗口。

（1）原理图编辑窗口。

原理图编辑窗口是用来绘制电路原理图、设计电路、设计各种符号模型的区域，图 4-21 所示的方框内为可编辑区，器件放置、电路设置都在此框中完成。

（2）预览窗口。

预览窗口用来对选中的器件对象进行预览，同时可实现对原理图编辑窗口的预览，如图 4-22 所示。它可显示两部分内容。

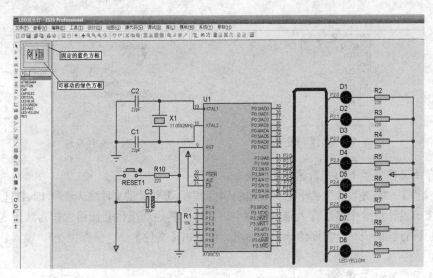

图 4-22　预览窗口调整原理图的可视范围界面

① 如果单击器件列表中的某个器件，预览窗口会显示该器件的符号。

② 当鼠标指针落在原理图窗口时（即放置器件到原理图编辑窗口后或在原理图编辑窗口中单击鼠标后），它会显示整张原理图的缩略图，并会显示一个绿色的方框，方框里面的内容就是当前原理图窗口中显示的内容。单击绿色方框中的某一点，就可拖动鼠标来改变绿色方框的位置，从而改变原理图的可视范围，最后在绿色方框内单击鼠标，绿色方框就不再移动，从而将原理图的可视范围固定。

（3）对象选择窗口。

对象选择窗口用来选择器件、终端等对象。该窗口中的器件列表区域用来表明当前所处模式和其中的对象列表，如图 4-23 所示。窗口中有两个按钮："P" 为器件选择按钮，"L" 为库管理按钮。在图 4-23 中，可以看到器件列表，即已经选择的 AT89C51 单片机、电容电阻、晶体振荡器、发光二极管等各种器件列表。

2．主菜单栏

图 4-21 所示界面中最上面一行为主菜单栏，它包含的命令有文件、查看、编辑、工具、设计、

绘图、源代码、调试、库、模板、系统和帮助。单击任意命令后，都将显示其下拉的子菜单命令列表。下面简要介绍主菜单栏中的几个常用命令。

（1）文件（File）菜单。

文件菜单包括项目的新建设计、打开设计和打印等操作，如图 4-24 所示。ISIS 下的文件主要是设计文件（Design Files），其文件扩展名为".DSN"。它包括一个单片机硬件系统的原理电路图及其所有信息，用于虚拟仿真。

图 4-23　器件列表

图 4-24　文件菜单

下面介绍文件菜单下的"新建设计"命令。

单击【文件】→"新建设计"，会出现一张空的 A4 纸模板。新设计的文件默认名为"UNTITLED.DSN"，本命令会把该设计以这个名字存入磁盘文件中，文件的其他选项也会使用它作为默认名。

如果想进行新的设计，需要给该设计命名，可单击【文件】→"保存设计"，输入新的文件名保存即可。

（2）工具（Tools）菜单。

工具菜单如图 4-25 所示。本菜单中的"自动连线（W）"命令文字前的快捷图标，在绘制电路原理图时出现，按下该图标即进入电路原理图的自动连线状态。

（3）调试（Debug）菜单。

调试菜单如图 4-26 所示，它主要完成单步运行、断点设置等功能。

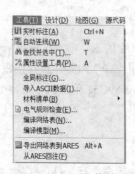

图 4-25　工具菜单

图 4-26　调试菜单

3. 主工具栏

主工具栏位于主菜单栏下面，以图标形式给出，栏中共有 38 个快捷图标按钮：

每一个图标按钮都对应一个具体的菜单命令，主要目的是快捷、方便地使用这些命令。38 个图标按钮分为 4 组，下面简要介绍各快捷图标命令的功能。

（1）图标 的功能如下。

：新建一个设计文件。

：打开一个已存在的设计文件。

：保存当前的电路图设计。

：将一个局部文件导入 ISIS 中。

：将当前选中的对象导出为一个局部文件。

：打印当前设计文件。

：选择打印的区域。

（2）图标 的功能如下。

：刷新显示。

：原理图是否显示网格的控制开关。

：放置连线点。

：以鼠标指针所在点为中心居中。

：放大。

：缩小。

：查看整张图。

：查看局部图。

（3）图标 的功能如下。

：撤销上一步的操作。

：恢复上一步的操作。

：剪切选中对象。

：复制选中对象至剪切板。

：从剪切板粘贴。

：复制选中的块对象。

：移动选中的块对象。

：旋转选中的块对象。

：删除选中的块对象。

：从库中选取器件。

：创建器件。

：封装工具。

：释放器件。

（4）图标 的功能如下。

：自动连线。

：查找并连接

：属性分配工具。

：设计浏览器。

：新建图纸。

：移动/删除页面。

：退出到父页面。

：生成器件列表。

：生成电气规则检查报告。

：生成网表并传输到 ARES。

4．工具箱

图 4-21 中的左侧为工具箱，选择相应的工具箱图标按钮，系统将提供不同的操作工具。下面介绍工具箱中各图标按钮对应的功能。

（1）模型工具栏各图标的功能。

：用于即时编辑器件参数。先单击该图标再单击要修改的器件。

：器件模式，用来拾取器件。

：用于节点的连线放置。

：标注线标签或网络标号，使连线简单化。例如，从单片机的 P1.7 引脚和二极管的阳极各画出一条短线，并标注网络标号为 1，那么就说明 P1.7 引脚和二极管的阳极已经在电路上连接在一起了，而不用真的画一条线把它们连起来。

：输入文本，可在绘制的电路上添加说明文本。

：绘制总线，总线在电路图上表现出来的是一条粗线，它代表的是一组总线。当某根线连接到总线上时，要注意标好网络标号。

：绘制子电路块。

：选择端子。单击此图标按钮，在对象选择器中列出可供选择的各种常用端子如下。

- DEFAULT：默认的无定义端子。
- INPUT：输入端子。
- OUTPUT：输出端子。
- BIDIR：双向端子。
- POWER：电源端子。
- GROUND：接地端子。
- BUS：总线端子。

：器件引脚选择，用于绘制各种引脚。

：在对象选择器中列出可供选择的各种仿真分析所需的图表（如模拟图表、数字图表、混合图表和噪声图表等）。

：当需要对设计电路分割仿真时，采用此模式。

：在对象选择器中列出各种信号源（如正弦、脉冲和 FILE 信号源等）模式。

：在电路原理图中添加电压探针。电路仿真时可显示探针处的电压值。

：在电路原理图中添加电流探针。电路仿真时可显示探针处的电流值。

：在对象选择器中列出可供选择的各种虚拟仪器。

（2）2D 图形模式各图标按钮功能。

/：画线。单击本图标，右侧的窗口中提供了各种专用的画线工具。

■：画一个方框。

●：画一个圆。

◻：画一段弧线。

∞：图形弧线模式。

A：图形文本模式。

▤：图形符号模式。

（3）旋转或翻转的图标按钮，可对预览窗口内的器件进行旋转或翻转。

↻：器件顺时针方向旋转，旋转角度只能是 90°的整数倍。

↺：器件逆时针方向旋转，旋转角度只能是 90°的整数倍。

↔：器件水平镜像翻转。

↕：器件垂直镜像翻转。

5．器件列表

如图 4-27 所示，器件列表用于挑选器件、终端接口、信号发生器、仿真图表等。挑选器件时，单击"P"快捷图标，这时会打开挑选器件的对话框，在对话框中的"关键字"里面输入要检索的器件的关键词，例如要选择使用 AT89C51，就可以直接输入。输入后能够在中间的"结果"栏里面看到搜索的器件的结果。在对话框的右侧，还能够看到选择的器件的仿真模型和 PCB 参数。选择了器件 AT89C51 后，双击 AT89C51，该器件就会在左侧的器件列表中显示，以后再用到该器件时，只需在器件列表中选择即可。

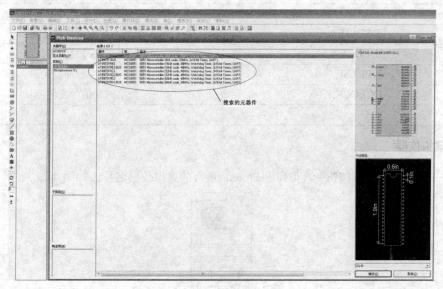

图 4-27　器件列表界面

4.2.3　Proteus 的各种虚拟仿真调试工具

Proteus 提供了多种虚拟仿真工具，以检查设计的正确性，为单片机系统的电路设计、分析和软硬件联调测试带来极大的方便。

1．虚拟信号源

Proteus ISIS 为用户提供了各种类型的虚拟激励信号源，并允许用户对其参数进行设置。单击工具箱中的快捷图标 ⌾，就会出现如图 4-28 所示的各种类型的激励信号源的名称列表及对应的符号。图 4-28 中选择的是正弦波信号源，在预览窗口中显示的是正弦波信号源符号。图 4-28 的名称列表中各符号所对应的激励信号源，如表 4-1 所示。

图 4-28　各种激励信号源及对应的符号

表 4-1　　　　　　　　　　　　　各种符号对应的激励信号源

符　　号	激励信号源名称
DC	直流信号源
SINE	正弦波信号源
PULSE ...	脉冲发生器
AUDIO	音频信号发生器
DSTATE	单稳态逻辑电平发生器
DEDGE	跳沿信号发生器
DPULSE	单周期数字脉冲发生器
DCLOCK	数字时钟信号发生器
...	...

2．虚拟仪器

单击工具箱中的快捷按钮 ▣，可列出 Proteus 所有的虚拟仪器名称，如图 4-29 所示。

图 4-29　虚拟仪器名称列表

图 4-29 中的名称列表中各符号所对应的虚拟仪器名称，如表 4-2 所示。

表 4-2   各种符号对应的虚拟仪器

符 号	虚拟仪器名称
OSCILLOSCOPE	示波器
LOGIC ANALYSER	逻辑分析仪
COUNTER TIMER	计数器/定时器
VIRTUAL TERMINAL	虚拟终端
SPI DEBUGGER	SPI 调试器
I2C DEBUGGER	I^2C 调试器
SIGNAL GENERATOR	信号发生器
PATTERN GENERATOR	图形发生器
DC VOLTMETER	直流电压表
DC AMMETER	直流电流表
AC VOLTMETER	交流电压表
AC AMMETER	交流电流表

下面简要介绍在单片机应用系统调试中常用的几种虚拟仪器。

（1）虚拟终端。

虚拟终端在调试异步串行通信时使用，其原理图符号如图 4-30 所示。虚拟终端共有 4 个接线端，其中 RXD 为数据接收端，TXD 为数据发送端，RTS 为请求发送信号，CTS 为清除传送，是对 RTS 的响应信号。

图 4-31 为单片机与上位机（PC）之间进行串行通信，使用虚拟终端就可免去 PC 的仿真模型，直接由虚拟终端 VT1、VT2 显示出经 RS232 串行接口模型与单片机之间异步发送或接收数据的情况。VT1 显示的数据表示了单片机经串口发给 PC 的数据，VT2 显示了 PC 经 RS232 接口模型接收到的数据，从而省去了 PC 的串口模型。

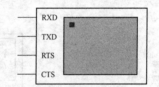

图 4-30   虚拟终端的原理图符号

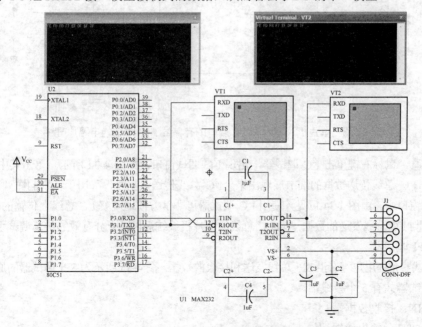

图 4-31   单片机与 PC 之间串行通信的虚拟终端示意图

虚拟终端在运行仿真时会弹出一个仿真界面，当 PC 向单片机发送数据时，可以和虚拟键盘相关联，用户可从虚拟键盘经虚拟终端输入数据；当 PC 接收到单片机发送来的数据后，虚拟终端相当于一个显示屏，会显示相应的信息。

（2）I²C 调试器。

图 4-29 中虚拟仪器名称列表中的"I2C DEBUGGER"就是 I²C 调试器，其原理图符号如图 4-32 所示。I²C 调试器允许用户监测 I²C 接口总线，可以查看 I²C 总线发送的数据，同时也可作为从器件向 I²C 总线发送数据。

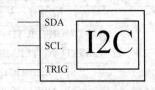

图 4-32 I²C 调试器的原理图符号示意图

I²C 调试器有 3 个接线端。

- SDA：双向数据线。
- SCL：双向时钟线。
- TRIG：触发输入，能使存储序列被连续地放置到输出队列中。

图 4-33 所示为单片机通过控制 I²C 总线向带有 I²C 接口的存储器芯片 AT24C02（即图中的 FM24C02F）进行读写，可利用 I²C 调试器来观察 I²C 总线数据传送的过程。

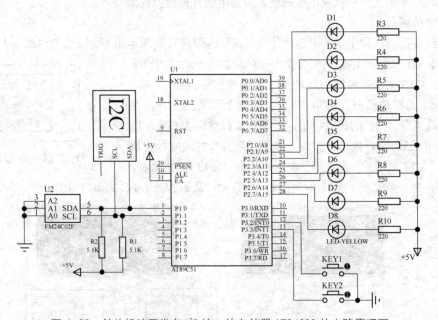

图 4-33 单片机读写带有 I²C 接口的存储器 AT24C02 的电路原理图

启动仿真，鼠标右键单击 I²C 调试器，出现 I²C 调试窗口，如图 4-34 所示。单击其中的"+"符号，还能把 I²C 总线传送数据的细节展现出来。I²C 总线传送数据时，采用了特别的序列语句，出现在数据监测窗口中。由图 4-34 可见，使用 I²C 调试器可非常方便地观察 I²C 总线上传输的数据，非常容易手动控制 I²C 总线发送的数据，为 I²C 总线的单片机系统提供了十分有效的仿真调试手段。

（3）SPI 调试器。

SPI 调试器允许用户查看沿 SPI 总线发送和接收的数据。图 4-35 所示为 SPI 调试器的原理图符号。

SPI 调试器共有 5 个接线端。

- DIN：接收数据端。
- DOUT：输出数据端。

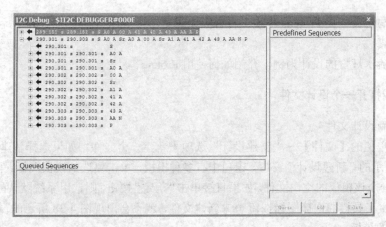

图 4-34 I²C 调试窗口及单片机向 AT24C02 写入和读出的数据界面

- SCK：时钟端。
- SS：从模式选择端，从模式时此端必须为低电平才能使终端响应；当工作在主模式下，而且数据正在传输时此端才为低电平。
- TRIG：输入端，能把下一个存储序列放到 SPI 的输出序列中。

SPI 调试器的窗口如图 4-36 所示，它与 I²C 调试窗口是相似的。

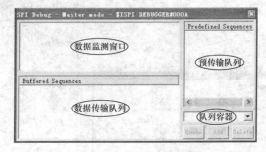

图 4-35 SPI 调试器的原理图符号　　　　　　图 4-36 SPI 调试器的窗口

（4）电压表和电流表。

Proteus VSM 提供了 4 种电表，如图 4-37 所示，分别是 DC Voltmeter（直流电压表）、DC Ammeter（直流电流表）、AC Voltmeter（交流电压表）和 AC Ammeter（交流电流表）。

设计者可分别把 4 种电表放置到原理图编辑窗口中。

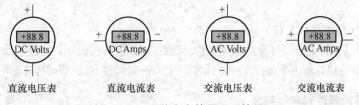

图 4-37 4 种电表的原理图符号

4.2.4　虚拟设计仿真举例

Proteus 环境下的一个单片机系统的原理电路虚拟设计与仿真需要 3 个步骤。

（1）Proteus ISIS 环境下的电路原理图设计。

（2）在 Keil C51 平台上进行源程序的输入、编译与调试，并最终生成目标代码文件（*.hex 文件）。

（3）调试与仿真，在 Proteus 环境下将目标代码文件（*.hex 文件）加载到单片机中，并对系统进行虚拟仿真。

下面以"流水灯"的设计为例，介绍如何使用 Proteus。

1. 新建或打开一个设计文件

（1）建立新设计文件

单击主菜单栏的【文件】→"新建设计"选项来新建一个文件。如果选择新建设计文件，会弹出图 4-38 所示的"新建设计"窗口。窗口中有多种模板，单击要选的模板图标，再单击"确定"按钮，即建立一个该模板的空白文件。如果直接单击"确定"按钮，则选用系统默认的"DEFAULT"模板。如果用主工具栏的快捷图标按钮 来新建文件，就不会出现图 4-38 所示的窗口，而是直接选择系统默认的模板。

（2）保存文件。

在建立了一个新的文件后，第一次保存该文件时，选择主菜单栏【文件】→"另存为（A）"选项，即弹出图 4-39 所示的"保存 ISIS 设计文件"窗口，在该窗口选择文件的保存路径和文件名"流水灯"后，单击"保存"，则完成了设计文件的保存。这样就在"实验 1（流水灯）"子目录下建立了一个文件名为"流水灯.DSN"的新设计文件。

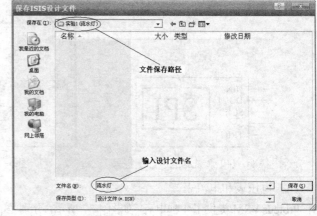

图 4-38 "新建设计"窗口   图 4-39 "保存 ISIS 设计文件"窗口

如果不是第一次保存，可选择主菜单栏【文件】→"保存设计（S）"选项，或直接单击快捷按钮 即可。

（3）打开已保存的设计文件。

选择主菜单栏【文件】→"打开设计（O）"，或直接单击快捷按钮 ，将弹出图 4-40 所示的"加载 ISIS 设计文件"窗口。单击需要打开的文件名，再单击"打开"按钮即可打开已保存的设计文件。

2. 选择需要的器件到器件列表

电路设计前，要把设计"流水灯"电路原理图中需要的器件列出，如表 4-3 所示。然后根据表 4-3 选择器件到器件列表中。观察图 4-21，左侧的器件列表中没有一个器件，单击左侧工具栏中的按钮 ，再单击器件选择按钮 就会出现"Pick Devices"窗口，在窗口的"关键字"栏中，输入"AT89C51"，此时在"结果"栏中出现"器件搜索结果列表"，并在右侧出现"器件预览"和"器件 PCB 预览"，如图 4-41 所示。在"器件搜索结果列表"中双击所需要的器件"AT89C51"，这时在主窗口的器件列表中就会添加该器件。用同样的方法可将表 4-3 中所需要选择的其他器件也添加到器件列表中。

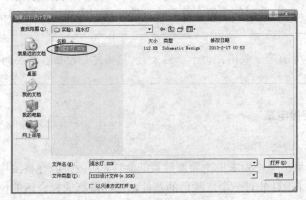

图 4-40 "加载 ISIS 设计文件"窗口

表 4-3 　　　　　　　　　　　　流水灯所需器件列表

元 件 名 称	型 号	数量（个）	Proteus 的关键字
单片机	AT89C51	1	AT89C51
晶体振荡器	12MHz	1	CRYSTAL
二极管	蓝色	8	LED-BLUE
二极管	绿色	8	LED-GREEN
二极管	红色	8	LED-RED
二极管	黄色	8	LED-YELLOW
电容	24pF	4	CAP
电解电容	10μF	1	CAP-ELEC
电阻	240Ω	10	RES
电阻	10kΩ	1	RES
复位按钮		1	BUTTON

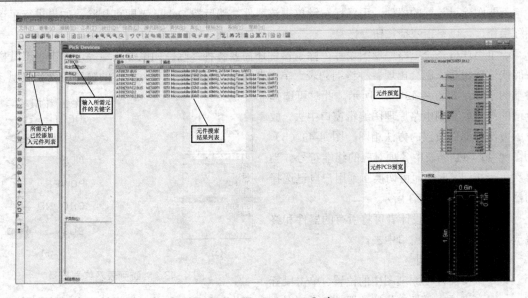

图 4-41 "Pick Devices"窗口

所有器件选取完毕后，单击窗口右下方的"确定"按钮，即可关闭"Pick Devices"窗口，回到主界面进行原理图绘制。此时的"流水灯"设计的器件列表如图 4-23 所示。

说明　图 4-41 所示是一截图，由于原图太大，"确定"按钮在截去的画面中。

3．放置器件并连接电路

（1）器件的放置、调整与编辑。

① 器件的放置。单击器件列表中所需要放置的器件，然后将鼠标移至原理图编辑窗口中单击一下，此时就会在鼠标指针处有一个红颜色的器件，移动鼠标选择合适的位置，单击一下左键，此时该器件就被放置在原理图窗口了。例如选择放置单片机 AT89C51 到原理图编辑窗口，具体步骤如图 4-42 所示。

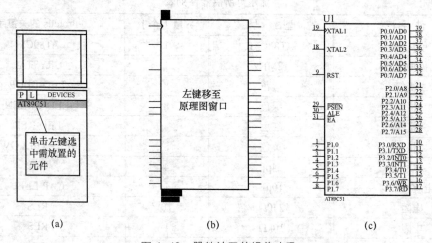

(a)　　　　　　　　　(b)　　　　　　　　　(c)

图 4-42　器件放置的操作步骤

若要删除已放置的器件，用鼠标左键单击该器件，然后按 Delete 键即可删除。如果进行了误删除操作，可以单击快捷按钮 ↻ 恢复。

一个单片机系统电路原理图设计，除了器件还需要各种终端，如电源、地等，单击主工具栏中的快捷按钮 ☲，就会出现各种终端列表。单击器件终端中的某一项，上方的窗口中就会出现该终端的符号，如图 4-43（a）所示。此时可选择合适的终端放置到电路原理图编辑窗口中去，放置的方法与器件放置的方法相同。图 4-43（b）为图 4-43（a）列表中各项对应的终端符号。当再次单击按钮 ➤ 时，即可切换回到用户自己选择的器件列表，如图 4-23 所示。

根据上述介绍，设计者可将所有的器件和终端放置到原理图编辑窗口中去。

② 器件位置的调整。

● 改变器件在原理图中的位置。单击鼠标左键选中需调整位置的器件，此时的器件变为红颜色，移动鼠标指针到合适的位置，再

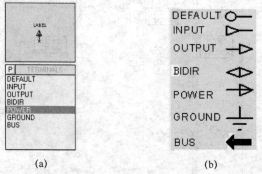

(a)　　　　　　(b)

图 4-43　终端列表及终端符号

释放鼠标即可。

● 调整器件的角度。在需调整的器件单击鼠标右键，会出现图 4-44 所示的菜单，操作菜单中的命令选项即可。

③ 器件参数设置。

在需要设置参数的器件双击鼠标左键，就会出现"编辑器件"窗口。下面以单片机 AT89C51 为例，此时双击 AT89C51，出现"编辑器件"窗口。

设计者可根据设计的需要，在需要设置参数的器件双击鼠标左键，进入"编辑器件"窗口自行完成原理图中各器件的参数设置。

（2）电路器件的连接。

① 两器件间绘制导线。在器件模式快捷按钮 与自动布线器快捷按钮 按下时，两个器件导线的连接方法是：先单击第一个器件的连接点，移动鼠标，此时会在连接点引出一根导线。如果想要自动绘出直线路径，只需单击另一个连接点。如果设计者想自己决定走线路径，只需在希望的拐点处单击鼠标左键。需要注意的是，拐点处导线的走线只能是直角。在自动布线器快捷按钮 松开时，导线可按任意角度走线，只需要在希望的拐点处单击鼠标左键，把鼠标指针拉向目标点，拐点处导线的走向只取决于鼠标指针的拖动。

② 连接导线连接的圆点。单击连接点按钮 ，会在两根导线连接处或两根导线交叉处添加一个圆点，表示它们是连接的。

③ 导线位置的调整。对某一已完成绘制的导线，要想进行位置的调整，可用鼠标左键单击该导线。导线两端各有一个小黑方块，单击右键出现菜单，如图 4-45 所示。单击"拖曳对象"，即可拖曳导线到指定的位置，也可进行旋转，然后单击导线，这就完成了导线位置的调整。

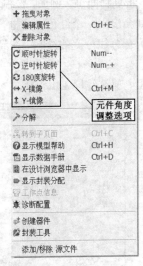

图 4-44 调整器件角度的命令选项

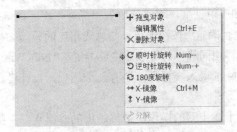

图 4-45 改变导线位置的菜单

④ 绘制总线与总线分支。

● 总线绘制：单击主工具栏的图标按钮 ，移动鼠标到绘制总线的起始位置，单击鼠标左键，便可绘制出一条总线。如想要总线出现不是 90°角的转折，此时自动布线器快捷按钮 应当松开，总线即可按任意角度走线，只需要在希望的拐点处单击鼠标左键，把鼠标指针拉向目标点，在总线的终点处双击鼠标左键，即可结束总线的绘制。

- 总线分支绘制：总线绘制完后，有时还需绘制总线分支。为使电路图显得专业和美观，通常要把总线分支画成与总线成 45°角的相互平行的一组斜线，如图 4-46 所示。注意，此时一定要把自动布线器快捷按钮 松开，总线分支走向只取决于鼠标指针的拖动。

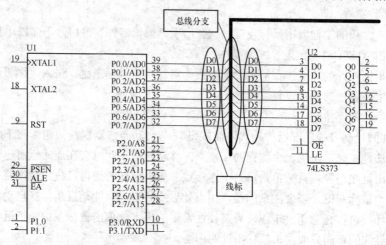

图 4-46　总线与总线分支及线标示意图

对于图 4-46 所示的总线分支的绘制，先在 AT89C51 的 P0 口右侧画一条总线，然后再画总线分支。在器件模式快捷按钮 按下且自动布线器快捷按钮 松开时，导线可按任意角度走线。先单击第一个器件的连接点，然后移动鼠标指针，在希望的拐点处单击鼠标左键，最后向上移动鼠标指针，在与总线成 45°角相交时单击鼠标左键确认，这样就完成了一条总线分支的绘制。而其他总线分支的绘制只需在其他总线的起始点双击鼠标左键，不断复制即可。例如，绘制 P0.1 引脚至总线的分支，只要把鼠标指针放置在 P0.1 引脚口的位置，则会出现一个红色小方框，双击鼠标左键，自动完成像 P0.0 引脚到总线的连线，这样可依次完成所有总线分支的绘制。在绘制多条平行线时也可采用这种画法。

⑤ 放置线标签。从图 4-46 中可看到，与总线相连的导线上都有线标 D0、D1、……、D7。放置线标的方法如下：单击主工具栏的图标 ，再将鼠标移至需要放置线标的导线上单击，即会出现图 4-47 所示的"Edit Wire Label"对话框，将线标填入"标号"栏（如填写"D0"等），单击"确定"按钮即可。与总线相连的导线必须要放置线标，这样相同线标的导线才能够导通。"Edit Wire Label"对话框中除了填入线标外，还有几个选项，设计者根据需要选择即可。

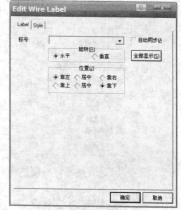

图 4-47　"Edit Wire Label"对话框

经过上述步骤的操作，最终画出的"流水灯"的电路图如图 4-48 所示。

4．加载目标代码文件、设置时钟频率和仿真运行

（1）加载目标代码文件、设置时钟频率。

电路图绘制完成后，在 Proteus 的 ISIS 中双击原理图中的单片机，会出现图 4-49 所示的"编辑器件"窗口，把在 keil 下生成的".hex"文件（见 4.1.4 节）加载到电路图中的单片机内即可进行仿真了。加载步骤如下：在"Program File"的对话框中，输入.hex 目标代码文件，再在"Clock

Frequency"栏中设置"12MHz",则该虚拟系统以 12MHz 的时钟频率运行。此时,即可回到原理图界面进行仿真了。

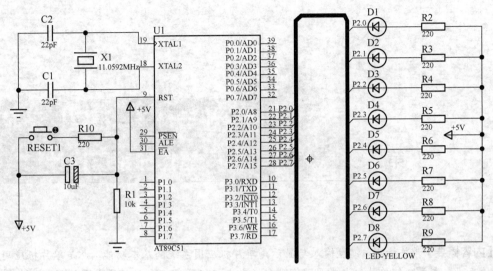

图 4-48 "流水灯"的电路原理图

在加载目标代码时需要特别注意的是:①运行时钟频率以单片机属性设置中的时钟频率(Clock Frequency)为准。②在 Proteus 中绘制电路原理图时,单片机最小系统所需的时钟振荡电路、复位电路、$\overline{\text{EA}}$ 引脚与+5V 电源的连接均可省略,这些在 Proteus 中已经默认,因此不影响仿真结果。

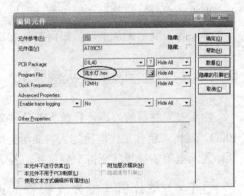

图 4-49 加载目标代码文件界面

(2)仿真运行。

单击 Proteus ISIS 界面中的快捷命令按钮 ▶（如图 4-21 左下角）即可运行程序。图 4-21 左下角的各种仿真运行命令按钮功能如下:

▶：运行程序。

▮▶：单步运行程序。

▮▮：暂停程序。

▮■：停止运行程序。

思考题及习题

1．使用 Proteus 软件完成单片机控制 8 个 LED 流水灯的显示电路,要求流水灯接在单片机的 P1 口。在 Keil C51 下完成 C51 程序的编写,并进行编译调试,然后在 Proteus 平台下调试通过,使得单片机仿真运行后能够进行流水显示。

2．在第 1 题的基础上,在单片机的 P3.1 引脚上增加一个按键,通过该按键来控制流水灯的"流水"方向。

第 **5** 章 **单片机与开关、键盘以及显示器件的接口设计**

【内容概要】开关检测、键盘输入与显示是单片机应用系统的基本功能，也是单片机应用系统设计的基础。本章介绍单片机与常见显示器件：发光二极管、LED 数码管和字符型、点阵式 LCD 液晶显示器，以及常见的输入器件：开关、键盘的接口设计与软件编程。

发光二极管是最简单的发光器件，发光二极管可用来指示系统的工作状态，制作节日彩灯、广告牌匾等。我们先从单片机如何控制发光二极管的显示谈起。

5.1 单片机控制发光二极管显示

由于发光材料的改进，目前大部分发光二极管的工作电流在 1～5mA 之间，其内阻为 20～100Ω。发光二极管工作电流越大，显示亮度也越高。为保证发光二极管的正常工作，同时减少功耗，限流电阻的选择就变得十分重要，若供电电压为+5V，则限流电阻一般可选 1～3kΩ。

5.1.1 单片机与发光二极管的连接

第 2 章已介绍，如果 P0 口作为通用 I/O 使用，由于漏极开路，需要外接上拉电阻，而 P1～P3 口内部已有 30kΩ 左右的上拉电阻。下面来讨论 P1～P3 口如何与 LED 发光二极管的驱动连接问题。

使用单片机的并行端口 P1～P3 直接驱动发光二极管，电路如图 5-1 所示。与 P1、P2、P3 口相比，P0 口每位可驱动 8 个 LSTTL 输入，而 P1～P3 口每一位的驱动能力，只有 P0 口的一半。当 P0 口的某位为高电平时，可提供 400μA 的拉电流；当 P0 口某位为低电平（0.45V）时，可提供 3.2mA 的灌电流，而 P1～P3 口内部有 30kΩ 左右的上拉电阻，如果高电平输出，则从 P1、P2 和 P3 口输出的拉电流 I_d 仅为几百μA，驱动能力较弱，LED 亮度较差，如图 5-1（a）所示。如果端口引脚为低电平，能使灌电流 I_d 从单片机的外部流入内部，则将大大增加流过的灌电流值，如图 5-1（b）所示。所以，AT89S51 单片机任何一个端口要想获得较大的驱动能力，就需要采用低电平输出。

如果一定要高电平驱动，可在单片机与发光二极管之间加驱动电路，如 74LS04、74LS244 等。

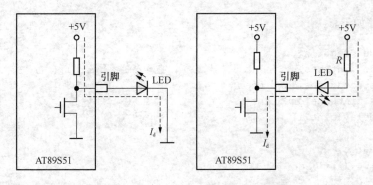

(a) 不恰当的连接：高电平驱动　　　　(b) 恰当的连接：低电平驱动

图 5-1　发光二极管与单片机并行口的连接示意图

5.1.2　I/O 端口的编程控制

单片机的 I/O 端口 P0～P3 是单片机与外设进行信息交换的桥梁，因而可通过读取 I/O 端口的状态来了解外设的状态，也可向 I/O 端口送出命令或数据来控制外设。对单片机 I/O 端口进行编程控制时，需要对 I/O 端口的特殊功能寄存器进行声明，在 C51 的编译器中，这项声明包含在头文件 reg51.h 中，编程时，可通过预处理命令#include<reg51.h>，把这个头文件包含进去。下面通过一个实例介绍如何对 I/O 端口编程，从而实现对发光二极管亮灭的控制。

【例 5-1】　制作一个流水灯，原理电路如图 5-2 所示，8 个发光二极管 LED0～LED7 经限流电阻分别接至 P1 口的 P1.0～P1.7 引脚上，阳极共同接高电平。编写程序来控制发光二极管由上至下反复循环流水点亮，且每次点亮一个发光二极管。

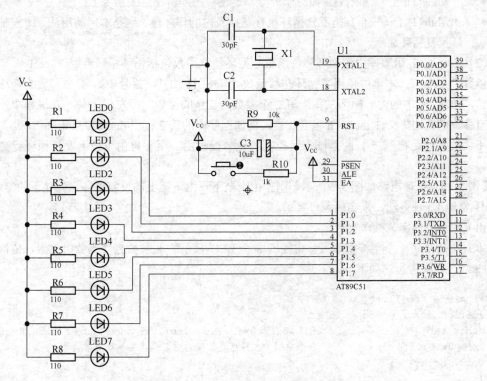

图 5-2　单片机控制的流水灯电路示意图

参考程序如下。

```c
#include <reg51.h>
#include <intrins.h>                //包含移位函数_crol_( )的头文件
#define uchar unsigned char
#define uint unsigned int
void  delay(uint i)                 //延时函数
{
    uchar t;
    while (i--)
    {
        for(t=0;t<120;t++);
    }
}
void  main( )                       //主程序
{
    P1=0xfe;                        //向 P1 口送出点亮数据
    while (1)
    {
        delay( 500 );               //500 为延时参数，可根据实际需要调整
        P1=_crol_(P1,1) ;           //函数_crol_(P1,1)把 P1 中的数据循环左移 1 位
    }
}
```

程序说明：

（1）关于 while(1)的两种用法。

- "while(1);"： while(1)后面有个分号，是使程序停留在这条指令上；
- "while(1) {……;}"：是反复循环执行花括号内的程序段，这是本例的用法，即控制流水灯反复循环显示。

（2）关于 C51 函数库中的循环移位函数。循环移位函数包括循环左移函数 "_crol_" 和循环右移函数 "_cror_"。本例中使用了循环左移函数 "_crol_(P1,1)"，括号中第 1 个参数为循环左移的对象，即对 P1 中的内容循环左移；第 2 个参数为左移的位数，即左移 1 位。在编程中一定要把含有移位函数的头文件 intrins.h 包含在内，例如程序中的第 2 行 "#include <intrins.h>"。

下面的案例是在例 5-1 的基础上，控制发光二极管由上至下再由下至上反复循环点亮的流水灯。

【例 5-2】 原理电路如图 5-2 所示，制作由上至下再由下至上的反复循环点亮显示的流水灯，下面具体给出 3 种方法，来实现题目要求。

（1）用数组的字节操作实现。

本方法是建立 1 个字符型数组，将控制 8 个 LED 显示的 8 位数据作为数组元素，依次送到 P1 口来实现。参考程序如下。

```c
#include <reg51.h>
#define uchar unsigned char
uchar tab[ ]={ 0xfe,0xfd,0xfb,0xf7,0xef,0xdf,0xbf,0x7f,0x7f,0xbf,0xdf,0xef,0x
f7, 0xfb,0xfd,0xfe };      //前 8 个数据为左移点亮数据，后 8 个为右移点亮数据
void  delay( )
{
```

```
    uchar i,j;
    for(i=0;  i<255;  i++)
    for(j=0;  j<255;  j++);
}
void  main( )                            //主函数
{
    uchar i;
    while (1)
    {
        for(i=0;i<15;  i++)
        {
            P1=tab[i];                   //向 P1 口送出点亮数据
            delay( );                    //延时，即点亮一段时间
        }
    }
}
```

（2）用移位运算符实现。

本方法是使用移位运算符 "＞＞""＜＜"，把送到 P1 口的显示控制数据进行移位，从而实现发光二极管的依次点亮。参考程序如下。

```
#include <reg51.h>
#define uchar unsigned char
void  delay( )
{
    uchar i,j;
    for(i=0;  i<255;i++)
    for(j=0;  j<255;j++);
}
void  main( )                            //主函数
{
    uchar i,temp;
    while (1)
    {
        temp=0x01;                       //左移初值赋给 temp
        for(i=0;  i<8;  i++)
        {
            P1=~temp;                    // temp 中的数据取反后送 P1 口
            delay( );                    // 延时
            temp=temp<<1;                // temp 中数据左移一位
        }
        temp=0x80;                       // 右移初值赋给 temp
        for(i=0;  i<8;  i++)
        {
            P1=~temp;                    // temp 中的数据取反后送 P1 口
            delay( );                    // 延时
            temp=temp>>1;                // temp 中数据右移一位
        }
    }
}
```

程序说明：

注意使用移位运算符"＞＞""＜＜"与使用循环左移函数"_crol_"和循环右移函数"_cror_"的区别。左移移位运算"＜＜"是将高位丢弃，低位补 0；右移移位运算"＞＞"是将低位丢弃，高位补 0；而循环左移函数"_crol_"是将移出的高位再补到低位，即循环移位；同理循环右移函数"_cror_"是将移出的低位再补到高位。

（3）用循环左、右移位函数实现。

本方法是使用 C51 中提供的库函数，即循环左移 n 位函数和循环右移 n 位函数，控制发光二极管的点亮规律。参考程序如下。

```
#include <reg51.h>
#include <intrins.h>                  //包含循环左、右移位函数的头文件
#define uchar unsigned char
void  delay(  )
{
    uchar i,j;
    for(i=0;i<255;i++)
    for(j=0;j<255;j++);
}
void  main(  )                        // 主函数
{
    uchar i,temp;
    while (1)
    {
        temp=0xfe;                    // 初值为 11111110
        for(i=0;i<7;i++)
        {
            P1=temp;                  // temp 中的点亮数据送 P1 口，控制点亮显示
            delay(  );                // 延时
            temp=_crol_(temp,1) ;     // 执行循环左移函数，temp 中的数据循环左移 1 位
        }
        for(i=0;i<7;i++)
        {
            P1=temp;                  // temp 中的数据送 P1 口输出
            delay(  );                // 延时
            temp=_cror_( temp,1) ;    // 执行循环右移函数，temp 中的数据循环右移 1 位
        }
    }
}
```

5.2 开关状态检测

被检测的开关一端接到 I/O 端口的引脚上，另一端接地，开关处于闭合状态还是打开状态，可通过读入 I/O 端口的电平来实现。

5.2.1 开关检测案例 1

如图 5-3 所示，将开关的一端接到 I/O 端口的引脚上，并通过上拉电阻接到+5V 上，开关的另一端接地，当开关打开时，I/O 引脚为高电平；当开关闭合时，I/O 引脚为低电平。

【**例 5-3**】　如图 5-3 所示，AT89S51 单片机的 P1.4～P1.7 接 4 个开关 S0～S3，P1.0～P1.3 接 4 个发光二极管 LED0～LED3。编写程序，将 P1.4～P1.7 上的 4 个开关的状态反映在 P1.0～P1.3 引脚控制的 4 个发光二极管上，开关闭合，对应的发光二极管点亮。例如，P1.4 引脚上开关 S0 的状态，由 P1.0 引脚上的 LED0 显示，……，P1.7 引脚上开关 S3 的状态，由 P1.3 引脚上的 LED3 显示。

参考程序如下。

```
#include <reg51.h>
#define uchar unsigned char
void  delay( )                    //延时函数

{
    uchar i,j;
    for(i=0; i<255; i++)
    for(j=0; j<255; j++);
}
void  main( )                     //主函数
{
    while (1)
    {
        unsigned char temp;       //定义临时变量 temp
        P1=0xff;                  //P1 口高 4 位置 1，作为输入；低 4 位置 1，发光二极管熄灭
        temp=P1&0xf0;             //读 P1 口并屏蔽其低 4 位，送入 temp 中
        temp=temp>>4;             //temp 的内容右移 4 位，P1 口高 4 位状态移至低 4 位
        P1=temp;                  //temp 中的数据送 P1 口输出
        delay(    );
    }
}
```

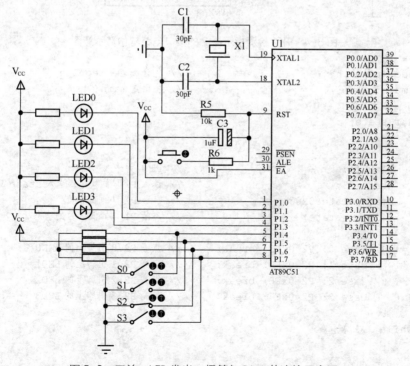

图 5-3　开关、LED 发光二极管与 P1 口的连接示意图

5.2.2 开关检测案例 2

【例 5-4】 如图 5-4 所示，单片机 P1.0 和 P1.1 引脚接有两只开关 S0 和 S1，两只引脚上的高低电平共有 4 种组合，这 4 种组合分别点亮 P2.0～P2.3 引脚控制的 4 只 LED，即 LED0～LED3。当 S0、S1 均闭合时，LED0 亮，其余灭；S0 打开、S1 闭合时，LED1 亮，其余灭；S0 闭合、S1 打开时，LED2 亮，其余灭；S0、S1 均打开时，LED3 亮，其余灭。编程实现此功能，参考程序如下。

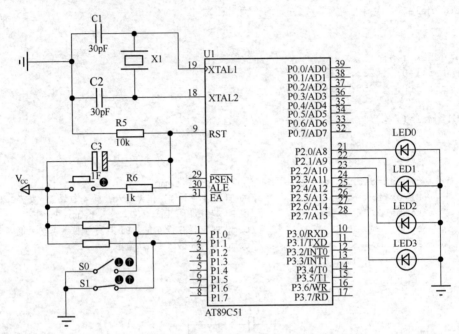

图 5-4 开关检测指示器 2 的接口电路与仿真示意图

```c
#include <reg51.h>              // 包含头文件 reg51.h
void  main( )                   // 主函数 main( )
{
    char state;
    do
    {
        P1=0xff;                // P1 口为输入
        state=P1;               // 读入 P1 口的状态，送入 state
        state=state&0x03;       // 屏蔽 P1 口的高 6 位
        switch (state)          // 判断 P1 口的低 2 位的状态
        {
            case 0: P2=0xFE; break;   // 点亮 P2.0 引脚上的 LED0
            case 1: P2=0xFD; break;   // 点亮 P2.1 引脚上的 LED1
            case 2: P2=0xFB; break;   // 点亮 P2.2 引脚上的 LED2
            case 3: P2=0xF7; break;   // 点亮 P2.3 引脚上的 LED3
        }
    }while ( 1 );
}
```

程序段中用到了循环结构控制语句 do-while 和 switch-case 语句。

5.3　单片机控制 LED 数码管的显示

5.3.1　LED 数码管的显示原理

LED 数码管是常见的显示器件。LED 数码管为"8"字型的，共计 8 段（包括小数点段在内）或 7 段（不包括小数点段），每一段对应一个发光二极管，有共阳极和共阴极两种。8 段 LED 数码管的结构与外形如图 5-5 所示。共阳极数码管的阳极连接在一起，公共阳极接到+5V 上；共阴极数码管的阴极连接在一起，通常此公共阴极接地。

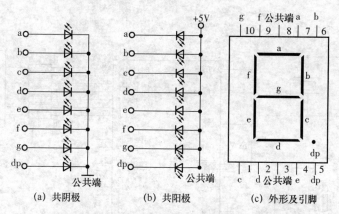

(a) 共阴极　　　(b) 共阳极　　　(c) 外形及引脚

图 5-5　8 段 LED 数码管的结构与外形示意图

对于共阴极数码管来说，当某个发光二极管的阳极为高电平时，该发光二极管点亮，相应的段被显示。同样，共阳极数码管的阳极连接在一起，公共阳极接+5V，当某个发光二极管的阴极接低电平时，该发光二极管被点亮，相应的段被显示。

为了使 LED 数码管显示不同的字符，要把某些段点亮，就要为数码管的各段提供 1 字节的二进制代码，即段码。习惯上以"a"段对应字型码字节的最低位。各种字符的段码如表 5-1 所示。

表 5-1　　　　　　　　　　　　　　　　LED 数码管的段码

显示字符	共阴极字型码	共阳极字型码	显示字符	共阴极字型码	共阳极字型码
0	3FH	C0H	C	39H	C6H
1	06H	F9H	d	5EH	A1H
2	5BH	A4H	E	79H	86H
3	4FH	B0H	F	71H	8EH
4	66H	99H	P	73H	8CH
5	6DH	92H	U	3EH	C1H
6	7DH	82H	T	31H	CEH
7	07H	F8H	y	6EH	91H
8	7FH	80H	H	76H	89H
9	6FH	90H	L	38H	C7H
A	77H	88H	"灭"	00H	FFH
b	7CH	83H	…	…	…

如要在数码管上显示某一字符，只需将该字符的段码加到各段上即可。

例如某存储单元中的数为"02H"，想在共阳极数码管上显示"2"，需要把"2"的段码"A4H"加到数码管各段。通常采用的方法是将欲显示的字符的段码做成一个表（数组），根据显示的字符从表中查找到相应的段码，然后单片机把该段码输出到数码管的各个段上，同时共阳极数码管的公共端接+5V，此时在数码管上显示出字符"2"。

下面通过一个案例介绍单片机是如何控制 LED 数码管显示字符的。

【例 5-5】 用单片机控制一个 8 段 LED 数码管，先循环显示单个偶数：0、2、4、6、8，再显示单个奇数：1、3、5、7、9，如此反复循环显示。

本例的原理电路及仿真结果，如图 5-6 所示。

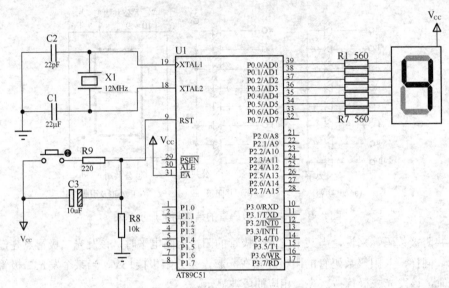

图 5-6 控制数码管循环显示单个数字的电路和仿真结果示意图

参考程序如下。

```c
#include <reg51.h>
#include "intrins.h"
#define uchar unsigned char
#define uint unsigned int
#define out P0
uchar code seg[]={0xc0,0xa4,0x99,0x82,0x80,0xf9,0xb0,0x92,0xf8,0x90,0x01};
                                        //共阳极段码表
void delayms(uint);
void main(void)
{
    uchar i;
    while(1)
    {
        out=seg[i];
        delayms(900);
        i++;
        if(seg[i]==0x01)i=0;            // 如果段码为 0x01，表明一个循环的显示已结束
    }
```

```
}
void delayms(uint j)                    // 延时函数
{
    uchar i;
    for(;j>0;j--)
    {
        i=250;
        while(--i);
        i=249;
        while(--i);
    }
}
```

程序中语句"if(seg[i]==0x01)i=0;"的含义是：如果欲送出的数组元素为 0x01（数字"9"段码 0x90 的下一个元素，即结束码），表明一个循环的显示已结束，则重新开始循环显示，因此应使"i=0"，从段码数组表的第一个元素 seg[0]，即段码 0xc0（数字 0）重新开始显示。

5.3.2　LED 数码管的静态显示与动态显示

单片机控制 LED 数码管有两种显示方式：静态显示和动态显示。

1. 静态显示方式

静态显示就是指无论多少位 LED 数码管，都同时处于显示状态。

多位 LED 数码管工作处于静态显示方式时，每位的阴极（或阳极）连接在一起并接地（或接 +5V）；每位数码管的段码线（a～dp）分别与一个单片机控制的 8 位 I/O 口锁存器输出相连。送往各个 LED 数码管所显示字符的段码一经确定，则相应 I/O 口锁存器锁存的段码输出将维持不变，直到送入下一个显示字符的段码。因此，静态显示方式的显示无闪烁，亮度较高，软件控制比较容易。

图 5-7 为 4 位 LED 数码管静态显示电路，各个数码管可独立显示，只要向控制每位 I/O 口的锁存器写入相应的显示段码，该位就能保持相应的显示字符。这样在同一时间，每一位数码管的显示字符可以各不相同。但是，静态显示方式占用 I/O 口线较多。对于图 5-7 所示电路，要占用 4 个 8 位 I/O 口（或锁存器）。如果数码管数目增多，则需要增加 I/O 口的数目。

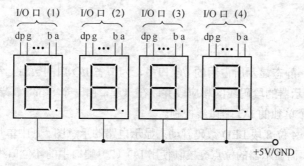

图 5-7　4 位 LED 数码管静态显示电路示意图

【例 5-6】 单片机控制 2 位数码管，静态显示 2 个数字 "2" 和 "7"。

本例的原理电路如图 5-8 所示。单片机利用 P0 口与 P1 口分别控制加到两个数码管 DS0 与 DS1 的段码，而共阳极数码管 DS0 与 DS1 的公共端（公共阳极端）直接接至+5V，因此数码管 DS0 与 DS1 始终处于导通状态。利用 P0 口与 P1 口具有的锁存功能，只需向单片机的 P0 口与 P1 口分别写入相应的显示字符 "2" 和 "7" 的段码即可。由于一个数码管就占用了一个 I/O 端口，如果数码管数目增多，则需要增加 I/O 口，但是软件编程要简单得多。

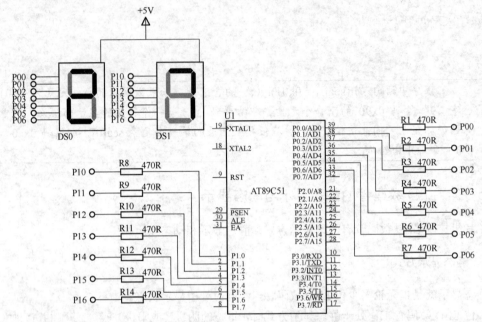

图 5-8　2 位数码管静态显示的原理电路与仿真示意图

参考程序如下。

```
#include<reg51.h>          //包含 8051 单片机寄存器定义的头文件
void main(void)
{
    P0=0xa4;               //将数字"2"的段码（共阳极）送 P0 口
    P1=0xf8;               //将数字"7"的段码（共阳极）送 P1 口
    while(1);              //无限循环
    ;
}
```

2．动态显示方式

显示位数较多时，静态显示所占用的 I/O 口多，为省 I/O 口的数目，常采用动态显示方式。将所有 LED 数码管显示器的段码线的相应段并联在一起，由一个 8 位 I/O 端口控制，而各显示位的公共端分别由另一个单独的 I/O 端口线控制。

图 5-9 所示为一个 4 位 8 段 LED 数码管动态显示电路的示意图。其中单片机向 I/O（1）端口发出欲显示字符的段码，而显示器的位点亮控制使用 I/O（2）端口中的 4 位口线。所谓动态显示就是每一时刻，只有 1 位位选线有效，即选中某一位显示，其他各位位选线都无效，不显示。每隔一定

时间逐位地轮流点亮各数码管（扫描），由于数码管的余辉和人眼的"视觉暂留"作用，只要控制好每位数码管点亮显示的时间和间隔，则可造成"多位同时亮"的假象，达到 4 位同时显示的效果。

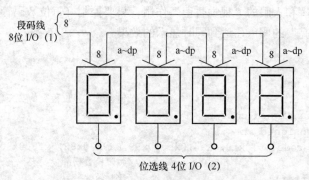

图 5-9 4 位 LED 数码管动态显示示意图

各位数码管轮流点亮的时间间隔（扫描间隔）应根据实际情况而定。发光二极管从导通到发光有一定的延时，如果点亮时间太短，则发光太弱，人眼无法看清；点亮时间太长，则会产生闪烁现象，而且此时间越长，占用单片机时间也越多。另外，显示位数增多，也将占用单片机大量的时间，因此动态显示方式的实质是以执行程序的时间来换取 I/O 端口数目的减少。下面介绍一个单片机控制数码管动态显示的案例。

【例 5-7】 单片机控制 8 只数码管，分别滚动显示单个数字 1~8。程序运行后，单片机控制左边第 1 个数码管显示 1，其他不显示，延时之后，控制左边第 2 个数码管显示 2，其他不显示，……，直至第 8 个数码管显示 8，其他不显示，反复循环上述过程。本例原理电路与仿真如图 5-10 所示。

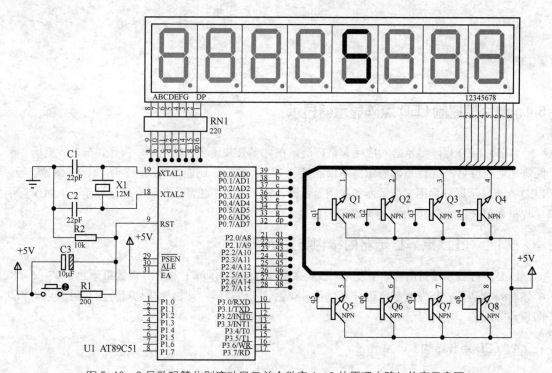

图 5-10 8 只数码管分别滚动显示单个数字 1~8 的原理电路与仿真示意图

图 5-10 所示的动态显示电路，P0 口输出段码，P2 口输出位扫描的位控码，通过由 8 个 NPN 晶体管组成的位驱动电路来对 8 个数码管进行位控扫描。如果对实际的硬件显示电路进行快速扫描，由于数码管的余辉和人眼的"视觉暂留"作用，只要控制好每位数码管显示的时间和间隔，则可造成"多位同时亮"的假象，达到同时显示的效果。

参考程序如下。

```c
#include<reg51.h>
#include<intrins.h>                    //包含循环移位函数的头文件
#define uchar unsigned char
#define uint unsigned int
uchar code dis_code[]={0xf9,0xa4,0xb0,0x99,0x92,0x82,0xf8,0x80,0x90,0x88,0xc0};
                                       //共阳极数码管段码表
void  delay(uint t)                    //延时函数
{
    uchar i;
    while(t--) for(i=0;i<200;i++);
}
void  main()
{
    uchar i,j=0x80;
    while(1)
    {
        for(i=0;i<8;i++)
        {
            j=_crol_(j,1);             //循环移位函数_crol_(j,1)将j循环左移1位
            P0=dis_code[i];            //P0 口输出段码
            P2=j;                      //P2 口输出位控码
            delay(180);                //延时，控制每位显示的时间
        }
    }
}
```

5.4 单片机控制 LED 点阵显示器显示

目前，LED 点阵显示器的应用非常广泛，在许多公共场合，如商场、银行、车站、机场、医院等地随处可见。LED 点阵显示器不仅能显示文字、图形，还能播放动画、图像、视频等信号。LED 点阵显示器分为图文显示器和视频显示器，它不仅有单色显示，还有彩色显示。下面仅介绍单片机如何来控制单色 LED 点阵显示器的显示。

5.4.1 LED 点阵显示器的结构与显示原理

LED 点阵显示器是由若干个发光二极管按矩阵方式排列而成：按阵列点数可分为 5×7、5×8、6×8、8×8 点阵；按发光颜色可分为单色、双色、三色点阵；按极性排列可分为共阴极点阵和共阳极点阵。

1. LED 点阵结构

以 8×8 LED 点阵显示器为例，8×8 LED 点阵显示器的外形如图 5-11 所示，内部原理结构如

图 5-12 所示,它由 64 个发光二极管组成,且每个发光二极管处于行线(R0~R7)和列线(C0~C7)之间的交叉点上。

2. LED 点阵显示原理

如何控制 LED 点阵显示器来显示一个字符?一个字符是由一个个点亮的 LED 构成,由图 5-12 可以看出,点亮点阵中的一个发光二极管的条件是:对应的行为高电平,对应的列为低电平。如果在很短时间内依次点亮很多个发光二极管,LED 点阵就可以显示一个稳定的字符、数字或其他图形。控制 LED 点阵显示器的显示,实质上就是控制加到行线和列线上的高低电平来控制点亮某些发光二极管(点),从而显示出由不同发光的点组成的各种字符。

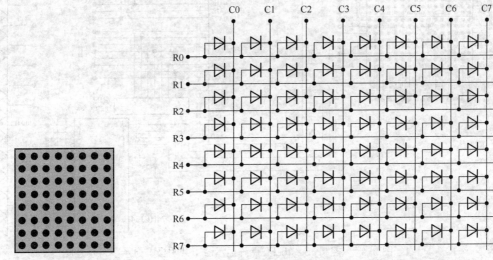

图 5-11 8×8 LED 点阵显示器的外形示意图

图 5-12 8×8 LED 点阵显示器(共阴极)的结构示意图

16×16 LED 点阵显示器的结构与 8×8 LED 点阵显示器的模块内部结构及显示原理是类似的,只不过行和列均为 16。16×16LED 点阵是由 4 个 8×8 LED 点阵组成的,且每个发光二极管也是放置在行线和列线的交叉点上。当对应的某一列置低电平,某一行置高电平时,该发光二极管被点亮。

下面以 16×16LED 点阵显示器显示字符"子"为例介绍其显示原理,显示效果如图 5-13 所示。显示过程如下。

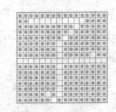

图 5-13 16×16 LED 点阵显示器显示字符"子"示意图

先给 LED 点阵的第 1 行送高电平(行线高电平有效),同时给所有列线送高电平(列线低电平有效),从而第 1 行发光二极管全灭;延时一段时间后,再给第 2 行送高电平,同时给所有列线送"1100 0000 0000 1111",列线为 0 的发光二极管点亮,从而点亮 10 个发光二极管,显示出汉字"子"的第一横;延时一段时间后,再给第 3 行送高电平,同时加到所有列线的编码为"1111 1111 1101 1111",点亮 1 个发光二极管,……,同理延时一段时间后,再给第 16 行送高电平,同时给所有列线送"1111 1101 1111 1111",显示出汉字"子"的最下面的一行,点亮 1 个发光二极管。然后再重新循环上述操作,利用人眼的"视觉暂留"效应,一个稳定的字符"子"就显示出来了,如图 5-13 所示。

5.4.2 控制 16×16 LED 点阵显示器的案例

下面是一个单片机控制 16×16 LED 点阵显示器显示字符的案例。

【例 5-8】 利用单片机和 74HC154（4-16 译码器）、74LS07、16×16 LED 点阵显示器来实现字符显示，编写程序，循环显示字符"电子技术"，原理电路如图 5-14 所示。

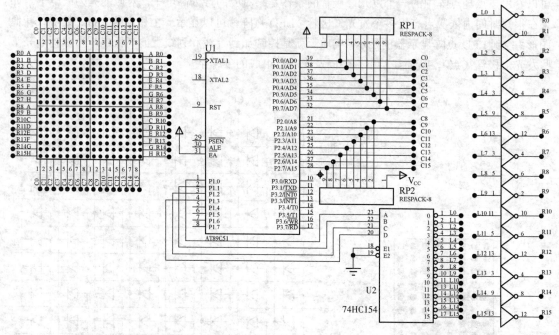

图 5-14 控制 16×16LED 点阵显示器（共阴极）显示字符示意图

图中 16×16 LED 点阵显示器的 16 行行线 R0～R15 的电平，由 P1 口的低 4 位经 4-16 译码器 74HC154 的 16 条译码输出线 L0～L15 经驱动后的输出来控制。16 列列线 C0～C15 的电平由 P0 口和 P2 口控制。剩下的问题就是如何确定显示字符的点阵编码，以及控制好每一屏逐行显示的扫描速度（刷新频率）。

参考程序如下。

```c
#include<reg51.h>
#define uchar unsigned char
#define uint unsigned int
#define out0 P0
#define out2 P2
#define out1 P1
void delay(uint j)          //延时函数
{
    uchar i=250;
    for(;j>0;j--)
    {
        while(--i);
        i=100;
    }
}
```

```
uchar code string[]=
{
//汉字"电"的 16×16 点阵的列码
0x7F,0xFF,0x7F,0xFF,0x7F,0xFF,0x03,0xE0,0x7B,0xEF,0x7B,0xEF,0x03,0xE0,0x7B,0xEF,
0x7B,0xEF,0x7B,0xEF,0x03,0xE0,0x7B,0xEF,0x7F,0xBF,0x7F,0xBF,0xFF,0x00,0xFF,0xFF

//汉字"子"的 16×16 点阵的列码
0xFF,0xFF,0x03,0xF0,0xFF,0xFB,0xFF,0xFD,0xFF,0xFE,0x7F,0xFF,0x7F,0xFF,0x7F,0xDF,
0x00,0x80,0x7F,0xFF,0x7F,0xFF,0x7F,0xFF,0x7F,0xFF,0x7F,0xFF,0x5F,0xFF,0xBF,0xFF

//汉字"技"的 16×16 点阵的列码
0xF7,0xFB,0xF7,0xFB,0xF7,0xFB,0x40,0x80,0xF7,0xFB,0xD7,0xFB,0x57,0xC0,0x73,0xEF,
0xF4,0xEE,0xF7,0xF5,0xF7,0xF9,0xF7,0xF9,0xF7,0xF5,0x77,0x8F,0x95,0xDF,0xFB,0xFF

//汉字"术"的 16×16 点阵的列码
0x7F,0xFF,0x7F,0xFB,0x7F,0xFB,0xF7,0x7F,0xFF,0x00,0x80,0x7F,0xFF,0x3F,0xFE,0x5F,0xFD,
0x5F,0xFB,0x5F,0xF7,0x77,0xE7,0x7B,0x8F,0x7C,0xDF,0x7F,0xFF,0x7F,0xFF,0xFF,0xFF

void main()
{
    uchar i,j,n;
    while(1)
    {
        for(j=0;j<4;j++)                    //共显示 4 个汉字
        {
            for(n=0;n<40;n++)               //每个汉字整屏扫描 40 次
            {
                for(i=0;i<15;i++)           //逐行扫描 16 行
                {
                    out1=i%15;              //输出行码
                    out0=string[i*2+j*32];   //输出列码到 C0~C7, 逐行扫描
                    out2=string[i*2+1+j*32]; //输出列码到 C8~C15, 逐行扫描
                    delay(4);                //显示并延时一段时间
                    out0=0xff;               //列线 C0~C7 为高电平, 熄灭发光二极管
                    out2=0xff;               //列线 C8~C15 为高电平, 熄灭发光二极管
                }
            }
        }
    }
}
```

　　扫描显示时，单片机通过 P1 口低 4 位经 4-16 译码器 74HC154 的 16 条译码输出线 L0~L15 经驱动后的输出来控制，逐行为高电平，来进行扫描。由 P0 口与 P2 口控制列码的输出，从而显示出某行应当点亮的发光二极管。

　　下面以显示汉字"子"为例，说明其显示过程。由上面的程序可看出，汉字"子"的前 3 行发光二极管的列码为"0xFF,0xFF,0x03,0xF0,0xFF,0xFB…"，第一行的列码为"0xFF,0xFF"，由 P0 口与 P2 口输出，没有点亮的发光二极管。第二行的列码为"0x03,0xF0"，通过 P0 口与 P2 口输出后，由图 5-12 的电路可看出，0x03 加到列线 C7~C0 的二进制编码为"0000 0011"，这里要注意加到 8 个发光二极管上的对应位置。按照图 5-12 和图 5-14 的连线关系，加到从左到右 8 个发光

二极管的 C0～C7 的二进制编码应为"1100 0000"，即最左边的 2 个发光二极管不亮，其余的 6 个发光二极管点亮。同理，P2 口输出的 0xF0 加到列线 C15～C8 的二进制编码为"1111 0000"，即加到 C8～C15 的二进制编码为"0000 1111"，所以第二行的最右边的 4 个发光二极管不亮，如图 5-13 所示。对应通过 P0 口与 P2 口输出加到第 3 行 16 个发光二极管的列码为"0xFF,0xFB,"，对应于从左到右 16 个发光二极管的 C0～C15 的二进制编码为"1111 1111 1101 1111"，从而第 3 行左边数第 11 个发光二极管被点亮，其余均熄灭，如图 5-13 所示。其余各行点亮的发光二极管，也是由 16×16 LED 点阵显示器的列码来决定的。

5.5 字符型液晶显示器 LCD 1602 的显示控制

液晶显示器（Liquid Crystal Display，LCD）具有省电、体积小和抗干扰能力强等优点，它分为字段型、字符型和点阵图形型。

（1）字段型。字段型是以长条状组成字符显示，主要用于显示数字，也可用于显示西文字母或某些字符，广泛应用于电子表、计算器、数字仪表中。

（2）字符型。专门用于显示字母、数字、符号等。一个字符由 5×7 或 5×10 的点阵组成，在单片机系统中已广泛使用。

（3）点阵图形型。广泛应用于图形显示，如笔记本电脑、彩色电视和游戏机等。它是在平板上排列的多行列的矩阵式的晶格点，点的大小与多少决定了显示的清晰度。

5.5.1 LCD 1602 液晶显示模块简介

单片机系统中常使用字符型液晶显示器（LCD）。由于 LCD 显示面板较为脆弱，厂商已将 LCD 控制器、驱动器、RAM、ROM 和液晶显示面板用 PCB 连接到一起，称为液晶显示模块（LCD Module，LCM），使用者只需购买现成的液晶显示模块即可。单片机只要向液晶显示模块写入相应的命令和数据就可显示需要的内容。LCD 1602 是最常见的字符型液晶显示模块。

1. 字符型液晶显示模块 LCD 1602 特性与引脚

目前的字符型液晶显示模块常用的有 16 字×1 行、16 字×2 行、20 字×2 行、20 字×4 行等，型号常用"×××1602、×××1604、×××2002、×××2004"来表示，其中"×××"为商标名称，"16"代表液晶显示模块每行可显示 16 个字符，"02"表示显示 2 行。LCD 1602 内部具有字符库 ROM（CGROM），能显示出 192 个字符（5×7 点阵），如图 5-15 所示。

由字符库可看出显示的数字和字母的代码，恰好是 ASCII 码表中的编码。单片机控制 LCD 1602 显示字符时，只需要将待显示字符的 ASCII 码写入内部的显示数据 RAM（DDRAM），内部控制电路就可将字符在显示器上显示出来。例如，要 LCD 显示字符"A"，单片机只需将字符"A"的 ASCII 码"41H"写入 DDRAM，控制电路就会将对应的 CGROM 中的字符"A"的点阵数据找出来显示在 LCD 上。

模块内除有 80 字节的显示数据 RAM 外，还有 64 字节的自定义字符 RAM(CGRAM)，用户可自行定义 8 个 5×7 点阵字符。

LCD 1602 的工作电压为 4.5～5.5V，典型工作电压为 5V，工作电流 2mA。它分为标准的 14 引脚（无背光）与 16 引脚（有背光）两种，16 引脚的外形及引脚分布示意图如图 5-16 所示。

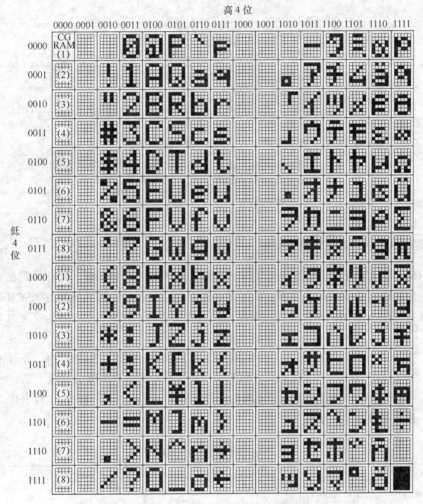

图 5-15　ROM 字符库的内容示意图

(a) LCD 1602的外形

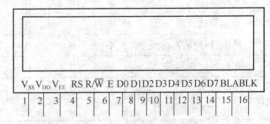

(b) LCD 1602的引脚分布示意图

图 5-16　LCD 1602 外形及引脚分布示意图

引脚包括 8 条数据线、3 条控制线和 3 条电源线，如表 5-2 所示。通过单片机向模块写入命令和数据，就可对模块的显示方式和显示内容做出选择。

表 5-2　　　　　　　　　　　　　LCD 1602 的引脚功能

引　　脚	引 脚 名 称	引 脚 功 能
1	V_{SS}	电源地
2	V_{DD}	+5V 逻辑电源

续表

引　　脚	引脚名称	引脚功能
3	V_{EE}	液晶显示偏压（调节显示对比度）
4	RS	寄存器选择（1—数据寄存器，0—命令/状态寄存器）
5	R/$\overline{W}$	读/写操作选择（1—读，0—写）
6	E	使能信号
7～14	D0～D7	数据总线，与单片机的数据总线相连，三态
15	BLA	背光板电源，通常为+5V，串联 1 个电位器，调节背光亮度，如接地，则无背光不易发热
16	BLK	背光板电源地

2．LCD 1602 字符的显示及命令字

LCD 1602 显示字符首先要解决待显示字符的 ASCII 码的产生问题。用户只需在 C51 程序中写入欲显示的字符常量或字符串常量，C51 程序在编译后会自动生成其标准的 ASCII 码，然后将生成的 ASCII 码送入 DDRAM，内部控制电路就会自动将该 ASCII 码对应的字符在 LCD 1602 上显示出来。

要使 LCD 1602 显示字符，首先要对其控制器进行初始化设置，还必须对有、无光标，光标的移动方向，光标是否闪烁和字符移动的方向等进行设置，才能获得所需的显示效果。对 LCD 1602 的初始化、读、写、光标设置、显示数据的指针设置等，都是通过单片机向 LCD 1602 写入命令字来实现的。命令字及其格式如表 5-3 所示。

表 5-3　　　　　　　　　　　　　　　LCD 1602 的命令字

编号	命　　令	RS	R/$\overline{W}$	D7	D6	D5	D4	D3	D2	D1	D0
1	清屏	0	0	0	0	0	0	0	0	0	1
2	光标返回	0	0	0	0	0	0	0	0	1	×
3	显示模式设置	0	0	0	0	0	0	0	1	I/D	S
4	显示开/关及光标设置	0	0	0	0	0	0	1	D	C	B
5	光标或字符移位	0	0	0	0	0	1	S/C	R/L	×	×
6	功能设置	0	0	0	0	1	DL	N	F	×	×
7	CGROM 地址设置	0	0	0	1	字符库 ROM 地址					
8	DDRAM 地址设置	0	0	1	显示数据 RAM 地址						
9	读忙标志或地址	0	1	BF	计数器地址						
10	写数据	1	0	要写的数据							
11	读数据	1	1	读出的数据							

表 5-3 中的 11 个命令功能说明如下：

- 命令 1：清屏，光标返回地址 00H 位置（显示屏的左上角）。
- 命令 2：光标返回，光标返回到地址 00H 位置（显示屏的左上角）。
- 命令 3：显示模式设置。

I/D——地址指针加 1 或减 1 选择位。

I/D=1，读或写一个字符后地址指针加 1；

I/D=0，读或写一个字符后地址指针减 1。

S——屏幕上所有字符移动方向是否有效的控制位。

S=1 当写入一个字符时，整屏显示左移（I/D=1）或右移（I/D=0）；

S=0 整屏显示不移动。

● 命令 4：显示开/关及光标设置。

D——屏幕整体显示控制位，D=0 关显示，D=1 开显示。

C——光标有无控制位，C=0 无光标，C=1 有光标。

B——光标闪烁控制位，B=0 不闪烁，B=1 闪烁。

● 命令 5：光标或字符移位。

S/C——光标或字符移位选择控制位。S/C=1 移动显示的字符，S/C=0 移动光标。

R/L——移位方向选择控制位。R/L=0 左移，R/L=1 右移。

● 命令 6：功能设置。

DL——传输数据有效长度选择控制位。DL=1 为 8 位数据接口；DL=0 为 4 位数据接口。

N——显示器行数选择控制位。N=0 单行显示，N=1 两行显示。

F——字符显示的点阵控制位。F=0 显示 5×7 点阵字符，F=1 显示 5×10 点阵字符。

● 命令 7：CGROM 地址设置。

● 命令 8：显示数据 RAM 地址设置。LCD 1602 内部设有一个显示数据 RAM 地址指针，用户可以通过它访问内部全部 80 字节的数据显示 RAM。命令 8 的格式为：80H+地址码。其中，80H 为命令码，地址码决定字符在 LCD 1602 上的显示位置。

● 命令 9：读忙标志或地址。

BF——忙标志位

BF=1 表示 LCD 1602 忙，不能接收单片机发来的命令或数据；

BF=0 表示 LCD 1602 不忙，可接收单片机发来的命令或数据。

● 命令 10：写数据。

● 命令 11：读数据。

例如，将显示设置为 "16×2 显示，5×7 点阵，8 位数据接口"，只需要向 LCD 1602 写入功能设置（命令 6）"00111000B"，即 38H 即可。

再如，要求液晶显示器开显示，显示光标且光标闪烁，那么根据显示开/关及光标设置（命令 4），只要令 D=1，C=1 和 B=1，写入命令 "00001111B"，即 0FH，就可实现所需的显示模式。

3．字符显示位置的确定

LCD 1602 内部有 80 字节的 DDRAM，这些显示数据与显示屏上的字符显示位置是一一对应的，图 5-17 给出了 LCD 1602 的 DDRAM 地址与字符显示位置的对应关系。

当向 DDRAM 的 00H～0FH（第 1 行）、40H～4FH（第 2 行）地址中的任一处写入数据时，LCD 将立即显示出来，该区域也称为可显示区域；而当写入 10H～27H 或 50H～67H 地址处时，字符是不会显示出来的，该区域也称为隐藏区域。如果要显示写入到隐藏区域的字符，需要通过光标或字符移位（命令 5）将它们移入到可显示区域，方可正常显示。

需要说明的是，在向 DDRAM 写入字符时，首先要设置 DDRAM 地址（也称定位数据指针），此操作可通过 DDRAM 地址设置（命令 8）来完成。例如，要写入字符到 DDRAM 的 40H 处，则命令 8 的格式为：80H+40H=C0H，其中 80H 为命令代码，40H 是要写入字符处的地址。

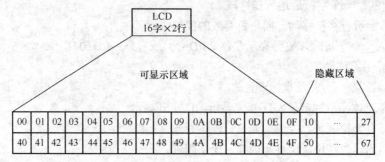

图 5-17　LCD 1602 内部 DDRAM 的地址映射图

4．LCD 1602 的复位与初始化设置

LCD 1602 上电后复位的状态为：
- 清除屏幕显示。
- 设置为 8 位数据长度，单行显示，5×7 点阵字符。
- 显示屏、光标、闪烁功能均关闭。
- 输入方式为整屏显示不移动，即 S=0。

LCD 1602 的一般初始化设置为：
- 写命令 38H，即功能设置（16×2 显示，5×7 点阵，8 位数据接口）。
- 写命令 0CH，设置开显示，不显示光标。
- 写命令 06H，写一个字符后地址指针加 1。
- 写命令 01H，显示清屏，数据指针清零。
- 写命令 08H，显示关闭。

需要说明的是，在进行上述的命令写入以及读取数据时，通常需要检测忙标志位 BF，如果 BF=1，则说明 LCD 1602 忙，需等待；如果 BF=0，则可进行写命令或读数据的操作。

5．LCD 1602 基本操作

LCD 是慢显示器件，所以在写每条命令前，一定要查询忙标志位 BF，即 LCD 1602 是否处于"忙"状态。如果 LCD 1602 正忙于处理其他命令，就等待；如果不忙，则向 LCD 1602 写入命令。如果标志位 BF=0，表示 LCD 1602 不忙；如果 BF=1，表示 LCD 1602 处于忙状态，需要等待。

LCD 1602 的读写操作规定如表 5-4 所示。

表 5-4　　　　　　　　　　　　　　　LCD 1602 的读写操作规定

	单片机发给 LCD 1602 的控制信号	LCD 1602 的输出
读状态	RS=0，R/$\overline{W}$=1，E=1	D0～D7=状态字
写命令	RS=0，R/$\overline{W}$=0，D0～D7=命令，E=正脉冲	无
读数据	RS=1，R/$\overline{W}$=1，E=1	D0～D7=数据
写数据	RS=1，R/$\overline{W}$=0，D0～D7=数据，E=正脉冲	无

LCD 1602 与 AT89S51 的接口电路如图 5-18 所示。

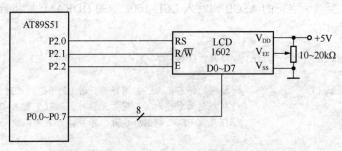

图 5-18 AT89S51 单片机与 LCD 1602 接口电路示意图

由图 5-18 可看出，LCD 1602 的 RS、R/$\overline{W}$ 和 E 这 3 个引脚分别与单片机的 P2.0、P2.1 和 P2.2 引脚连接，只需通过对这 3 个引脚置"1"或清零，就可实现对 LCD 1602 的读写操作控制。具体来说，显示一个字符的操作过程为"读状态→写命令→写数据→自动显示"。

（1）读状态。

读状态就是对 LCD 1602 的忙标志位 BF 进行检测，如 BF=1，说明 LCD 1602 处于忙状态，不能对其写命令；如果 BF=0，则可以向 LCD 1602 写入命令。检测忙标志位的函数如下。

```
void check_busy(void)          //检查忙标志位函数
{
    uchar dt;
    do
    {
        dt=0xff;               // dt 为变量单元，初值为 0xff
        E=0;
        RS=0;          //按照表 5-4 LCD 1602 的读写操作规定：RS=0，E=1 时才可以读忙标志位
        RW=1;
        E=1;
        dt=out;            // out 为 P0 口，P0 口的状态送入 dt 中
    }while(dt&0x80);       // 如果忙标志位 BF=1，继续循环检测，等待 BF=0
    E=0;                   // BF=0，LCD 1602 不忙，结束检测
}
```

（2）写命令。

写命令的函数如下。

```
void write_command(uchar com)   //写命令函数
{
    check_busy();
    E=0;                        //按规定 RS 和 E 同时为 0 时，才可以写入命令
    RS=0;
    RW=0;
    out=com;                    //将命令 com 写入 P0 口
    E=1;                        //写命令时，E 应为正脉冲，即正跳变，所以前面先置 E=0
    _nop_( );                   //空操作 1 个机器周期，等待硬件反应
    E=0;                        //E 由高电平变为低电平，LCD 1602 开始执行命令
    delay(1);                   //延时，等待硬件响应
}
```

117

（3）写数据。

写数据就是将要显示字符的 ASCII 码写入 LCD 1602 中的 DDRAM，如将数据"dat"写入 LCD 1602，写数据函数如下。

```
void write_data(uchar dat)//写数据函数
{
    check_busy();              //检测忙标志位 BF=1 则等待，若 BF=0，则可对 LCD 1602 写入命令
    E=0;                       //按规定写数据时，E 应为正脉冲，所以先置 E=0
    RS=1;                      //按规定 RS=1 和 RW=0 时，才可以写入数据
    RW=0;
    out=dat;                   //将数据"dat"从 P0 口输出，即写入 LCD 1602
    E=1;                       //E 产生正跳变
    _nop_();                   //空操作，给硬件反应时间
    E=0;                       //E 由高电平变为低电平，写数据操作结束
    delay(1);
}
```

（4）自动显示。

数据写入 LCD 1602 模块后，控制器会自动读出 CGROM 中的字型点阵数据，并将字型点阵数据送到液晶显示器上显示，该过程是自动完成的。

6. LCD 1602 的初始化

使用 LCD 1602 前，需要对其显示模式进行初始化设置，初始化设置函数如下。

```
void LCD_initial(void)   //液晶显示器初始化函数
{
    write_command(0x38);//写入 0x38（命令 6）：两行显示，5×7 点阵，8 位数据接口
    _nop_();             //空操作，给硬件反应时间
    write_command(0x0C);//写入 0x0C（命令 4）：开整体显示，光标关，无闪烁
    _nop_();             //空操作，给硬件反应时间
    write_command(0x06);//写入 0x05（命令 3）：写入 1 个字符后，整屏显示右移
    _nop_();             //空操作，给硬件反应时间
    write_command(0x01);//写入 0x01（命令 1）：清屏
    delay(1);
}
```

注意，在函数的开始处，由于 LCD 1602 尚未开始工作，所以不需检测忙标志位，但是初始化完成后，每次再写命令、读写数据操作时，均需要先检测忙标志位。

5.5.2 单片机控制字符型 LCD 1602 显示案例

【例 5-9】用 AT89S51 单片机控制 LCD 1602，使其显示两行文字："Welcom"与"Harbin CHINA"，如图 5-19 所示。在 Proteus 中，LCD 1602 液晶显示器的对应仿真模型为 LM016L。

1. LM016L 引脚及特性

LM016L 的原理符号及引脚如图 5-20 所示，它与 LCD 1602 液晶显示器的引脚信号相同。引脚功能说明如下。

（1）数据线 D7～D0；

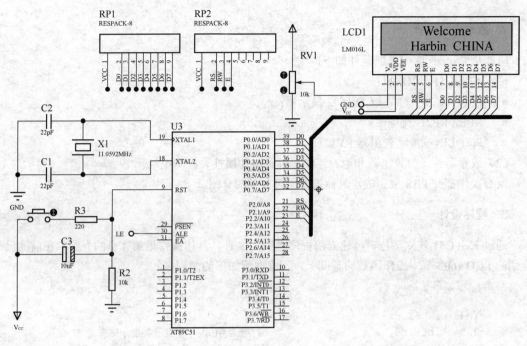

图 5-19 单片机与字符型 LCD 1602 接口电路与仿真电路图

（2）控制线（3 根：RS、RW、E）；

（3）两根电源线（V_{DD}、V_{EE}）。

（4）地线 V_{SS}；

LM016L 的属性设置如图 5-21 所示，具体如下：

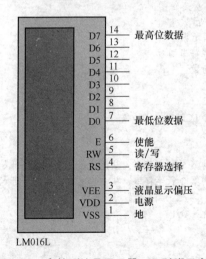

图 5-20 字符型液晶显示器 LCD 引脚示意图

图 5-21 字符型液晶显示器 LM016L 的属性设置界面

（1）每行字符数为 16，行数为 2；

（2）时钟为 250kHz；

（3）第 1 行字符的地址为 80H～8FH；

（4）第 2 行字符的地址为 C0H～CFH。

2．原理电路设计

（1）从 Proteus 库中选取器件如下：

- AT89C51：单片机；
- LM016L：字符型 LCD 1602 显示器；
- RP1、RP2：排电阻；
- POT-LIN：滑动变阻器 RV1。

（2）放置器件、放置电源和地、连线、设置器件属性、检测电气。

所有操作都在 ISIS 中完成，具体操作见第 4 章的介绍。

3．程序设计

通过 Keil C51 建立工程，再建立源程序"*.c"文件，具体操作见第 4 章的介绍。在前面已经介绍的 LCD 1602 基本操作函数的基础上，不难理解如下的源程序。

参考程序如下。

```c
#include <reg51.h>
#include <intrins.h>                //包含_nop_( )空函数指令的头文件
#define uchar unsigned char
#define uint unsigned int
#define out P0
sbit RS=P2^0;                       //位变量
sbit RW=P2^1;                       //位变量
sbit E=P2^2;                        //位变量
void lcd _initial(void);            //LCD 初始化函数
void check_busy(void);              //检查忙标志位函数
void write_command(uchar com);      //写命令函数
void write_data(uchar dat);         //写数据函数
void string(uchar ad ,uchar *s);    //显示字符串函数
void delay(uint);                   //延时函数
void main(void)                     //主函数
{
    lcd _initial ( );               //调用对 LCD 初始化函数
    while(1)
    {
        string(0x85,"Welcome");     //显示的第 1 行字符串，从左边第 5 个字符处开始显示
        string(0xC2,"Harbin CHINA");//显示的第 2 行字符串，从左边第 2 个字符处开始显示
        delay(100);                 //延时
        write_command(0x01);        //写入清屏命令
        delay(100);                 //延时
    }
}
void delay(uint j)                  //1ms 延时函数
{
    uchar i=250;
    for(;j>0;j--)
    {
        while(--i);
        i=249;
```

```c
        while(--i);
        i=250;
    }
}
void check_busy(void)                   //检查忙标志位函数
{
    uchar dt;
    do
    {
        dt=0xff;
        E=0;
        RS=0;
        RW=1;
        E=1;
        dt=out;
    }while(dt&0x80);
    E=0;
}
void write_command(uchar com)           //写命令函数
{
    check_busy();
    E=0;
    RS=0;
    RW=0;
    out=com;
    E=1;
    _nop_( );
    E=0;
    delay(1);
}
void write_data(uchar dat)              //写显示数据函数
{
    check_busy();
    E=0;
    RS=1;
    RW=0;
    out=dat;
    E=1;
    _nop_();
    E=0;
    delay(1);
}
void lcd _initial (void)                //液晶显示器初始化函数
{
    write_command(0x38);                //写入命令 0x38：8 位两行显示，5×7 点阵字符
    write_command(0x0C);                //写入命令 0x0C：开整体显示，光标关，无闪烁
    write_command(0x05);                //写入命令 0x05：光标右移
    write_command(0x01);                //写入命令 0x01：清屏
    delay(1);
}
void string(uchar ad,uchar *s)          //输出显示字符串的函数
```

```
{
    write_command(ad);
    while(*s>0)
    {
        write_data(*s++);                //输出字符串，且指针增1
        delay(100);
    }
}
```

最后通过单击编译命令按钮来编译源程序，生成目标代码"*.hex"文件。若编译失败，需要对程序修改、调试，直至编译成功。

4．Proteus 仿真

（1）加载目标代码文件。

打开器件单片机属性窗口，在"Program File"栏中添加上面编译好的目标代码文件"*.hex"；在"Clock Frequency"栏中输入晶体振荡器频率 12MHz。

（2）仿真。

单击仿真按钮 ▶ 启动仿真。

5.6 点阵式液晶显示器 LCD 12864 的显示控制

下面介绍单片机控制点阵式液晶显示器 LCD 12864 的应用编程。

目前比较流行的点阵式液晶显示器 LCD 12864 有两种，一种是以 KS0108 为主控芯片，不带字库，显示的字符或图形是由不同的点阵组成，点阵的获得可借助于取模软件；另一种是以 ST7920 为主控芯片，带有 ASCII 码和中文的点阵字库。

LCD 12864 点阵式液晶显示器的外形和 Proteus 器件库中的器件模型 AMPIRE 128×64（不带字库，可认为主控芯片为 KS0108）与引脚，如图 5-22 所示。

LCD12864液晶显示器

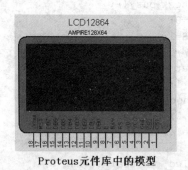
Proteus元件库中的模型

图 5-22   LCD 12864 的外形和 Proteus 器件库中的器件模型与引脚

下面介绍 KS0108 为主控芯片的 LCD 12864 液晶显示器的引脚及显示控制原理。

5.6.1 LCD 12864 液晶显示器引脚及显示原理

LCD 12864 各引脚（以 LCD 12864C 为例，不同型号的引脚排列略有差别）功能如表 5-5 所示。

表 5-5　　　　　　　　KS0108 为主控芯片的 LCD 12864 液晶显示器的引脚

编号	符号	引脚功能	编号	符号	引脚功能
1	CS1	片选 IC1 信号	11	D2	数据线
2	CS2	片选 IC2 信号	12	D3	数据线
3	GND	电源地	13	D4	数据线
4	V_{cc}	电源正极（+5V）	14	D5	数据线
5	V0	LCD 驱动电压输入（对比度调节）	15	D6	数据线
6	RS	数据/命令选择（H/L）	16	D7	数据线
7	R/W	读/写控制（H/L）	17	RST	复位端（H: 正常工作, L: 复位）
8	E	使能信号	18	VOUT	LCD 驱动负压输出（-5V）
9	D0	数据线	19	BLA	背光源正极
10	D1	数据线	20	BLK	背光源负极

KS0108 控制的 LCD 12864 内部有两个控制器，分别控制左半屏和右半屏，显示原理图如图 5-23 所示。

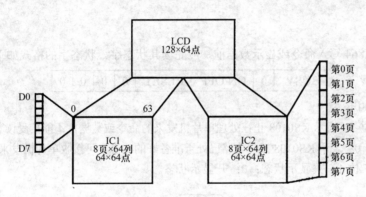

图 5-23　LCD 的 128×64 点阵显示结构图

左半屏和右半屏操作时写的地址其实是一样的，要由片选 CS1 和 CS2 来选择哪半个屏，如果两个都选通，则相当于两块 64×64 的液晶显示器，而且显示的内容是相同的，取模方式是纵向 8 点，下为高位 D7。列的范围是 0~63，已在图中标出。行是不能按位来写的，而是写"页"，一个页相当于 8 个点，也就是 8 位，即一个字符，高位在下面。页的范围是 0~7，共 8 页，8 页×8 个点正好 64 个点。

图 5-24　"们"字的点阵示意图

图 5-24 是用取模软件截的一个"们"字，可以看出它是 16×16 大小，实际上占用了 2 个"页"，16 个列。操作时先固定一个页，先写上面那页，假设为页 n，从列 0 写到 15，然后对页 n+1，再从列 0 写到 15，这样一个"们"字的点阵就出来了，下面是其点阵代码：

0x40,0x20,0xF8,0x07,0x00,0xF8,0x02,0x04, 0x08,0x04,0x04,0x04,0x04,0xFE,0x04,0x00,

0x00,0x00,0xFF,0x00,0x00,0xFF,0x00,0x00,0x00,0x00,0x00,0x40,0x80,0x7F,0x00,0x00

可见 16×16 的字符占了 32 字节（上面 n 页 16 字节加 n+1 页 16 字节），那么一幅满幅的图片就是 128×64 字符，占用 128×8=1K 个字节，可见还是非常占空间的。

5.6.2 控制命令

LCD 12864 液晶显示器的命令如表 5-6 所示。

表 5-6　　　　　　　　　　　　　命令列表

命令名称	控制状态		命令代码							
	RS	R/W*	D7	D6	D5	D4	D3	D2	D1	D0
显示开关设置	0	0	0	0	1	1	1	1	1	D
显示起始行设置	0	0	1	1	L5	L4	L3	L2	L1	L0
页面地址设置	0	0	1	0	1	1	1	P2	P1	P0
列地址设置	0	0	0	1	C5	C4	C3	C2	C1	C0
读取状态字	0	1	BUSY	0	ON/OFF	RESET	0	0	0	0
写显示数据	1	0	数据							
读显示数据	1	1	数据							

图 5-25 是 LCD 12864 命令写入的流程图。

1. 读状态字

在向 LCD 12864 写入命令或显示数据前，应先读其状态字。状态字的格式如下。

BUSY	0	ON/OFF	RESET	0	0	0	0

各位的功能如下。

- BUSY 位 1：表示 KS0108 正在处理单片机发来的命令或数据，不能接受读状态字以外的任何操作；0：表示 KS0108 接口电路已处于准备好的状态，可接收单片机发来的命令或数据。
- ON/OFF 位 1：关显示状态；0：开显示状态。

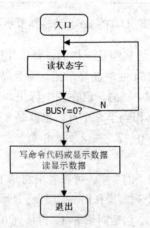

图 5-25　LCD 12864 命令写入的流程图

- RESET 位 1：KS0108 的 RST 引脚为低电平，KS0108 处于复位状态；0：KS0108 的 RST 引脚为高电平，KS0108 处于正常工作状态。

单片机在发送给 LCD 12864 命令或显示数据时，一定要先检测 BUSY 位，只有当 BUSY 位为 0 时，单片机才能向 LCD 12864 发送命令或显示数据。

2．显示开关设置

命令格式如下。

0	0	1	1	1	1	1	D

D 位为显示开关控制位。

D=1 为开显示设置，显示数据锁存器正常工作，显示屏上呈现所需的显示效果。此时状态字中的 ON/OFF=0。

D=0 为关显示设置，显示数据锁存器被置 0，显示屏呈不显示状态，此时状态字中的 ON/OFF=1。

3．显示起始行设置

命令格式如下。

1	1	L5	L4	L3	L2	L1	L0

该命令设置了显示起始行寄存器的内容。KS0108 有 64 行显示的管理能力，该命令中的 L5～L0 为显示起始行，取值在 00H～3FH（1～64）范围内，它规定了显示屏上最上面一行所对应的显示存储器的行地址。如果定时间隔地、等间距地修改（加 1 或减 1）显示寄存器的内容，则显示屏会呈现内容向上或向下平滑滚动的显示效果。

4．页面地址设置

命令格式如下。

1	0	1	1	1	P2	P1	P0

该命令设置了页面地址——X 地址寄存器的内容。KS0108 将显示存储器分成 8 页，命令代码中 P2～P0 就是要确定当前所要选择的页面地址，取值范围 0H～7H，代表 1～8 页，该命令规定了读/写操作要在哪一个页面上进行。

5．单元地址设置

命令格式如下。

0	1	C5	C4	C3	C2	C1	C0

该命令设置了 Y 地址计数器的内容，C5～C0 =0H～3FH（1～64）代表某一页面的某一单元的地址，随后的一次读/写数据将在这个单元中进行。Y 地址计数器具有自动加 1 的功能，在每一次读/写数据后，它将自动加 1，所以在连续进行读/写数据时，Y 地址计数器不必每次都设置一次。

页面地址的设置和单元地址的设置将显示存储器单元唯一地确定下来。

6．写显示数据

格式如下。

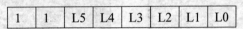

8 位数据

该操作将 8 位数据写入先前已确定的显示存储器的单元内，操作完成后单元地址计数器自动加 1。

7．读显示数据

格式如下。

8 位数据

该操作将 KS0108 接口的输出寄存器的内容读出，然后列地址计数器自动加 1。

5.6.3　单片机控制点阵式 LCD 12864 显示案例

【例 5-10】　本例要求单片机控制点阵式液晶显示器 LCD 12864 分两行显示"PROTEUS　电子设计与创新的最佳平台"，电路如图 5-26 所示。

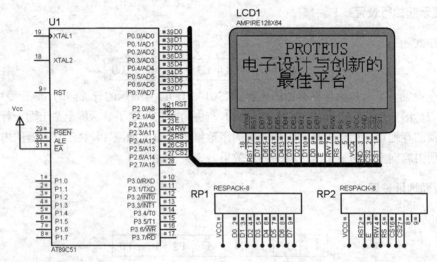

图 5-26　单片机控制点阵式液晶显示器 LCD 12864 显示字符"PROTEUS 电子设计与创新的最佳平台"电路图

参考程序如下。

```c
#include <reg51.h>
#define  uchar  signed char
#define  uint   unsigned int
//常量定义
#define  lcdrow   0xc0        //设置起始行
#define  lcdpage  0xb8        //设置起始页
#define  lcdcolumn 0x40       //设置起始列
#define  c_page_max 0x08      //页数最大值
#define  c_column_max 0x40    //列数最大值
//端口定义
#define  bus  P0
sbit  rst=P2^0;
sbit  e=P2^2;
sbit  rw=P2^3;
sbit  rs=P2^4;
sbit  cs1=P2^5;
sbit  cs2=P2^6;
```

```
//函数声明
void  delayms(uint);                        //延时 n ms
void  delayus10(void);                       //延时 10μs
void  select(uchar);                         //选择屏幕
void  send_cmd(uchar);                       //写命令
void  send_data(uchar);                      //写数据
void  clear_screen(void);                    //清屏
void  initial(void);                         //LCD 初始化
void  display_zf(uchar,uchar,uchar,uchar);   //显示字符
void  display_hz(uchar,uchar,uchar,uchar);   //显示汉字
void  display(void);                         //在 LCD 上显示
//字符表
//宋体 12；  此字体下对应的点阵为：宽×高=8×16
//取模方式：纵向取模下高位，从上到下，从左到右取模
uchar  code  table_zf[]={
// 文字：P
0x08,0xF8,0x08,0x08,0x08,0x08,0xF0,0x00,0x20,0x3F,0x21,0x01,0x01,0x01,0x00,0x00,
// 文字：R
0x08,0xF8,0x88,0x88,0x88,0x88,0x70,0x00,0x20,0x3F,0x20,0x00,0x03,0x0C,0x30,0x20,
// 文字：O
0xE0,0x10,0x08,0x08,0x08,0x10,0xE0,0x00,0x0F,0x10,0x20,0x20,0x20,0x10,0x0F,0x00,
// 文字：T
0x18,0x08,0x08,0xF8,0x08,0x08,0x18,0x00,0x00,0x00,0x20,0x3F,0x20,0x00,0x00,0x00,
// 文字：E
0x08,0xF8,0x88,0x88,0xE8,0x08,0x10,0x00,0x20,0x3F,0x20,0x20,0x23,0x20,0x18,0x00,
// 文字：U
0x08,0xF8,0x08,0x00,0x00,0x08,0xF8,0x08,0x00,0x1F,0x20,0x20,0x20,0x20,0x1F,0x00,
// 文字：S
0x00,0x70,0x88,0x08,0x08,0x08,0x38,0x00,0x00,0x38,0x20,0x21,0x21,0x22,0x1C,0x00
};
// 汉字表
// 宋体 12；  此字体下对应的点阵为：宽×高=16×16
// 取模方式：纵向取模下高位，从上到下，从左到右取模
uchar code  table_hz[ ]={
// 文字：电
0x00,0x00,0xF8,0x48,0x48,0x48,0x48,0xFF,0x48,0x48,0x48,0x48,0xF8,0x00,0x00,0x00,
0x00,0x00,0x0F,0x04,0x04,0x04,0x04,0x3F,0x44,0x44,0x44,0x44,0x4F,0x40,0x70,0x00,
// 文字：子
0x00,0x00,0x02,0x02,0x02,0x02,0x02,0xE2,0x12,0x0A,0x06,0x02,0x00,0x80,0x00,0x00,
0x01,0x01,0x01,0x01,0x01,0x41,0x81,0x7F,0x01,0x01,0x01,0x01,0x01,0x01,0x01,0x00,
// 文字：设
0x40,0x41,0xCE,0x04,0x00,0x80,0x40,0xBE,0x82,0x82,0x82,0xBE,0xC0,0x40,0x40,0x00,
0x00,0x00,0x7F,0x20,0x90,0x80,0x40,0x43,0x2C,0x10,0x10,0x2C,0x43,0xC0,0x40,0x00,
// 文字：计
0x20,0x21,0x2E,0xE4,0x00,0x00,0x20,0x20,0x20,0x20,0xFF,0x20,0x20,0x20,0x20,0x00,
0x00,0x00,0x00,0x7F,0x20,0x10,0x08,0x00,0x00,0x00,0xFF,0x00,0x00,0x00,0x00,0x00,
// 文字：与
0x00,0x00,0x00,0x00,0x7E,0x48,0x48,0x48,0x48,0x48,0x48,0x48,0xCC,0x08,0x00,
0x00,0x04,0x04,0x04,0x04,0x04,0x04,0x04,0x04,0x24,0x46,0x44,0x20,0x1F,0x00,0x00,
// 文字：创
0x40,0x20,0xD0,0x4C,0x43,0x44,0x48,0xD8,0x30,0x10,0x00,0xFC,0x00,0x00,0xFF,0x00,
```

```
0x00,0x00,0x3F,0x40,0x40,0x42,0x44,0x43,0x78,0x00,0x00,0x07,0x20,0x40,0x3F,0x00,
// 文字: 新
0x20,0x24,0x2C,0x35,0xE6,0x34,0x2C,0x24,0x00,0xFC,0x24,0x24,0xE2,0x22,0x22,0x00,
0x21,0x11,0x4D,0x81,0x7F,0x05,0x59,0x21,0x18,0x07,0x00,0x00,0xFF,0x00,0x00,0x00,
// 文字: 的
0x00,0xF8,0x8C,0x8B,0x88,0xF8,0x40,0x30,0x8F,0x08,0x08,0x08,0x08,0xF8,0x00,0x00,
0x00,0x7F,0x10,0x10,0x10,0x3F,0x00,0x00,0x00,0x03,0x26,0x40,0x20,0x1F,0x00,0x00,
// 文字: 最
0x40,0x40,0xC0,0x5F,0x55,0x55,0xD5,0x55,0x55,0x55,0x55,0x5F,0x40,0x40,0x40,0x00,
0x20,0x20,0x3F,0x15,0x15,0x15,0xFF,0x48,0x23,0x15,0x09,0x15,0x23,0x61,0x20,0x00,
// 文字: 佳
0x40,0x20,0xF0,0x1C,0x47,0x4A,0x48,0x48,0x48,0xFF,0x48,0x48,0x4C,0x68,0x40,0x00,
0x00,0x00,0xFF,0x00,0x40,0x44,0x44,0x44,0x44,0x7F,0x44,0x44,0x46,0x64,0x40,0x00,
// 文字: 平
0x00,0x01,0x05,0x09,0x71,0x21,0x01,0xFF,0x01,0x41,0x21,0x1D,0x09,0x01,0x00,0x00,
0x01,0x01,0x01,0x01,0x01,0x01,0x01,0xFF,0x01,0x01,0x01,0x01,0x01,0x01,0x01,0x00,
// 文字: 台
0x00,0x00,0x40,0x60,0x50,0x48,0x44,0x63,0x22,0x20,0x20,0x28,0x70,0x20,0x00,0x00,
0x00,0x00,0x00,0x7F,0x21,0x21,0x21,0x21,0x21,0x21,0x21,0x7F,0x00,0x00,0x00,0x00
};

void main()
{
initial();
display();
clear_screen();
display();
while(1);
}

void  delayus10(void)                          //延时 10μs 函数
{
uchar i=5;
while(--i);
}

void  delayms(uint j)                          //延时 10ms 函数
{
uchar i=250;
for(;j>0;j--)
{
while(--i); i=249;while(--i);i=250;
}
}

//屏幕选择-cs=0 选择双屏,cs=1 选择左半屏,cs=2 选择右半屏
void    select(uchar cs)
{
if(cs==0)cs1=1,cs2=1;
    else if(cs==1)cs1=1,cs2=0;
    else  cs1=0,cs2=1;
```

```
}

void  send_cmd(uchar cmd)                          //写命令函数
{
rs=0;rw=0; bus=cmd;delayus10();e=1;e=0;
}

void  send_data(uchar dat)                         //写数据函数
{
rs=1;rw=0; bus=dat;delayus10();e=1;e=0;
}

void  clear_screen(void)                           //清屏函数
{
uchar c_page,c_column;
    select(0);
    for(c_page=0;c_page<c_page_max;c_page++)
    {
        send_cmd(c_page+lcdpage);
        send_cmd(lcdcolumn);
        for(c_column=0;c_column<c_column_max;c_column++)
        {
            send_data(0X00);
        }
    }
}

void  initial(void)                                //LCD 初始化函数
{
    select(0);
    rst=0;delayms(10);rst=1;
    clear_screen();
    send_cmd(lcdrow);
    send_cmd(lcdcolumn);
    send_cmd(lcdpage);
    send_cmd(0x3f);
}
//写字符，c_page 为当前页,c_column 为当前列, num 为字符数
//offset 为所取字符在显示缓冲区中的偏移单位
void  display_zf(uchar c_page,uchar c_column,uchar num,uchar offset)
{
uchar c1,c2,c3;
for(c1=0;c1<num;c1++)
    {
     for(c2=0;c2<2;c2++)
        {for(c3=0;c3<8;c3++)
            {
                send_cmd(lcdpage+c_page+c2);
                send_cmd(lcdcolumn+c_column+c1*8+c3);
                send_data(table_zf[(c1+offset)*16+c2*8+c3]);
            }
```

```
                }
            }
        }

//写汉字，c_page 为当前页,c_column 为当前列，num 为字符数,
//offset 为所取汉字在显示缓冲区中的偏移单位
void    display_hz(uchar c_page,uchar c_column,uchar num,uchar offset)
{
uchar c1,c2,c3;
for(c1=0;c1<num;c1++)
    {for(c2=0;c2<2;c2++)
        {
for(c3=0;c3<16;c3++)
            {
                send_cmd(lcdpage+c_page+c2);
                send_cmd(lcdcolumn+c_column+c1*16+c3);
                send_data(table_hz[(c1+offset)*32+c2*16+c3]);
            }
        }
    }
}

void   display(void)                    //在 LCD 上显示函数
{
select(1);
display_zf(0,40,3,0);
display_hz(2,0,4,0);
display_hz(4,32,2,8);
select(2);
display_zf(0,0,4,3);
display_hz(2,0,4,4);
display_hz(4,0,2,10);
}
```

5.7   按键式键盘接口设计

键盘具有向单片机输入数据、命令等功能，是人与单片机对话的主要手段。

键盘是由若干按键按照一定的规则组成的。每一个按键实质上就是一个按钮开关，按构造按键可分为有触点开关按键和无触点开关按键。有触点开关按键常见的有：触摸式按键、薄膜按键、导电橡胶按键和按键式按键等，最常用的是按键式键盘。无触点开关按键有电容式按键、光电式按键和磁感应按键等。下面介绍按键式（开关）键盘的工作原理、工作方式以及键盘的接口设计与软件编程。

5.7.1   按键式键盘接口设计应解决的问题

1. 键盘的任务

键盘的任务有以下 3 项。

（1）判别是否有键按下？若有，进入下一步。

（2）识别哪一个键被按下，并求出相应的键值。

（3）根据键值，找到相应键值的处理程序入口。

2．键盘输入的特点

键盘中的一个按键开关的两端分别连接在行线和列线上，列线接地，行线通过电阻接到+5V 上，如图 5-27（a）所示。当按键开关的机械触点断开、闭合，其行线电压输出波形如图 5-27（b）所示。

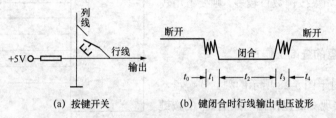

(a) 按键开关　　　　　　　　 (b) 键闭合时行线输出电压波形

图 5-27　键盘开关及其行线波形图

图 5-27（b）所示的 t_1 和 t_3 分别为键的闭合和断开过程中的抖动期（呈现一串负脉冲），抖动时间长短与开关的机械特性有关，一般为 5～10ms，t_2 为稳定的闭合期，其时间由按键动作确定，一般为十分之几秒到几秒，t_0、t_4 为断开期。

3．按键的识别

按键的闭合与否，反映在行线输出电压上就是呈现高电平或低电平，单片机通过对行线电平的高低状态的检测，便可确认按键是否按下或松开。为了确保单片机对一次按键动作只确认一次按键有效（所谓按键有效，是指按下按键后，一定要再松开），必须消除抖动期 t_1 和 t_3 的影响。

4．如何消除按键的抖动

常用的按键去抖动方法有两种。一种是用软件延时来消除按键抖动，基本思想是：在检测到有键按下时，该键所对应的行线为低电平，执行一段延时 10ms 的子程序后，确认该行线电平是否仍为低电平，如果仍为低电平，则确认该行确实有键按下。当按键松开时，行线的低电平变为高电平，执行一段延时 10ms 的子程序后，检测该行线为高电平，说明按键确实已经松开。采取以上措施，可消除两个抖动期 t_1 和 t_3 的影响。另一种去除按键抖动的方法是采用专用的键盘/显示器接口芯片，这类芯片中都有自动去抖动的硬件电路。

5.7.2　独立式键盘的接口设计案例

键盘按照获取键号的方式主要分为两类：非编码键盘和编码键盘。非编码键盘是指按下按键，键号信息不能直接得到，要通过软件来获取。而编码键盘是指当按键按下后，能直接得到按键的键号，例如使用专用的键盘接口芯片。

非编码键盘是按键直接与单片机相连接，该类键盘通常用在系统功能比较简单、需要处理的任务较少、按键数量较少的场合。非编码键盘具有成本低、电路简单等优点。非编码键盘常见的有独立式键盘和矩阵式键盘两种结构。下面首先介绍独立式键盘接口的设计。

独立式键盘的特点是各键相互独立，每个按键各接一条 I/O 口线，通过检测 I/O 输入线的电平状态，很容易判断哪个按键被按下。一款独立式键盘的接口电路如图 5-28 所示，8 个按键 k1～k8 分别接到单片机的 P1.0～P1.7 引脚上，图中的上拉电阻保证按键未按下时，对应的 I/O 口线为稳定的高电平。当某一按键按下时，对应的 I/O 口线就变成了低电平，与其他按键相连的 I/O 口线仍为高电平。因此，只需读入 I/O 口线的状态，判别是否为低电平，就很容易识别出哪个键被按下。由于独立式键盘各按键相互独立，互不影响，因此识别按键号的软件编写简单，非常适用于按键数目较少的场合，如果按键数目较多，则要占用较多的 I/O 口线。

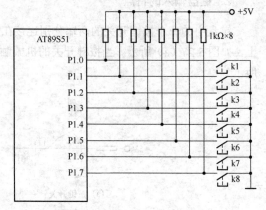

1. 独立式键盘的查询工作方式

【例 5-11】 对于图 5-28 所示的独立式键盘，采用查询方式来实现对键盘扫描，根据按下的按键不同，来进行相应的处理。键盘扫描程序如下。

图 5-28 独立式键盘的接口电路图

```c
#include<reg51.h>
void key_scan(void)
{
    unsigned char keyval
    do
    {
        P1=0xff;                // P1 口为输入
        keyval=P1;              //从 P1 口读入键盘状态
        keyval=~ keyval;        //键盘状态求反
        switch(keyval)
        {
            case 1: ……;         //处理按下的 k1 键，"……"为该键处理程序，以下同
                break;          //跳出 switch 语句
            case 2: ……;         //处理按下的 k2 键
                break;          //跳出 switch 语句
            case 4: ……;         //处理按下的 k3 键
                break;          //跳出 switch 语句
            case 8: ……;         //处理按下的 k4 键
                break;          //跳出 switch 语句
            case 16: ……;        //处理按下的 k5 键
                break;          //跳出 switch 语句
            case 32: ……;        //处理按下的 k6 键
                break;          //跳出 switch 语句
            case 64: ……;        //处理按下的 k7 键
                break;          //跳出 switch 语句
            case 128: ……;       //处理按下的 k8 键
                break;          //跳出 switch 语句
            default:
                break;          //无按下键处理
        }
    }
    while(1);
}
```

下面来看一个采用 Proteus 虚拟仿真的独立式键盘的实际案例。

【例 5-12】　单片机与 4 个独立按键 k1～k4 和 8 个 LED 指示灯构成一个独立式键盘系统。4 个按键接在 P1.0～P1.3 引脚上，P3 口接 8 个 LED 指示灯，控制 LED 指示灯的亮与灭，其原理电路如图 5-29 所示。当按下 k1 按键时，P3 口的 8 个 LED 正向（由上至下）流水点亮；按下 k2 按键时，P3 口的 8 个 LED 反向（由下而上）流水点亮；k3 按键按下时，高、低 4 个 LED 交替点亮；按下 k4 按键时，P3 口的 8 个 LED 闪烁点亮。

本案例中的 4 个按键分别对应 4 个不同的点亮功能，且具有不同的按键值"keyval"，具体如下。

- 按下 k1 按键时，keyval=1
- 按下 k2 按键时，keyval=2
- 按下 k3 按键时，keyval=3
- 按下 k4 按键时，keyval=4

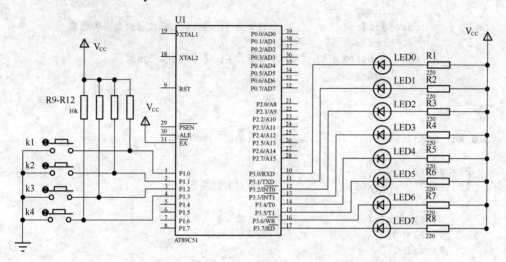

图 5-29　虚拟仿真的独立式键盘的接口原理电路图

本案例的独立式键盘的工作原理如下：

（1）首先判断是否有按键按下。将接有 4 个按键的 P1 口低 4 位（P1.0～P1.3）写入"1"，使 P1 口低 4 位为输入状态。然后读入低 4 位的电平，只要有一位不为"1"，则说明有键按下。读取方法如下。

```
P1=0xff;
if((P1&0x0f)!=0x0f);        //读入的 P1 口低 4 位各按键的状态，按位"与"运算后的结果不是 0x0f，
                            //表明低 4 位必有 1 位是"0"，说明有键按下
```

（2）按键去抖动。当判别有键按下时，调用软件延时子程序，延时约 10ms 后再进行判别，若按键确实按下，则执行相应的按键功能，否则重新开始进行扫描。

（3）获得键值。确认有键按下时，可采用扫描的方法，来判断哪个键按下，并获取键值。

首先通过 Keil C51 建立工程，再建立源程序"*.c"文件。

参考程序如下。

```
#include<reg51.h>          //包含 8051 单片机寄存器定义的头文件
sbit S1=P1^0;              //将 S1 位定义为 P1.0 引脚
sbit S2=P1^1;              //将 S2 位定义为 P1.1 引脚
```

133

```
    sbit S3=P1^2;                       //将 S3 位定义为 P1.2 引脚
    sbit S4=P1^3;                       //将 S4 位定义为 P1.3 引脚
    unsigned char keyval;               //定义键值变量存储单元
    void main(void)                     //主函数
    {
        keyval=0;                       //键值初始化为 0
        while(1)
        {
            key_scan();                 //调用键盘扫描函数
            switch(keyval)
            {
                case 1:forward();       //键值为 1，调用正向流水点亮函数
                    break;
                case 2:backward();      //键值为 2，调用反向流水点亮函数
                    break;
                case 3:Alter();         //键值为 3，调用高、低 4 位交替点亮函数
                    break;
                case 4:blink ();        //键值为 4，调用闪烁点亮函数
                    break;
            }
        }
    }
    void key_scan(void)                 //函数功能：键盘扫描
    {
        P1=0xff;
        if((P1&0x0f)!=0x0f)             //检测到有键按下
        {
            delay10ms();                //延时 10ms 再去检测
            if(S1==0)                   //按键 k1 被按下
            keyval=1;
            if(S2==0)                   //按键 k2 被按下
            keyval=2;
            if(S3==0)                   //按键 k3 被按下
            keyval=3;
            if(S4==0)                   //按键 k4 被按下
            keyval=4;
        }
    }
    void forward(void)                  //函数功能：正向流水点亮 LED
    {
        P3=0xfe;                        //LED0 亮
        led_delay();
        P3=0xfd;                        //LED1 亮
        led_delay();
        P3=0xfb;                        //LED2 亮
        led_delay();
        P3=0xf7;                        //LED3 亮
        led_delay();
        P3=0xef;                        //LED4 亮
        led_delay();
        P3=0xdf;                        //LED5 亮
```

```
    led_delay();
    P3=0xbf;                        //LED6 亮
    led_delay();
    P3=0x7f;                        //LED7 亮
    led_delay();
}

void backward(void)                 //函数功能：反向流水点亮 LED
{
    P3=0x7f;                        //LED7 亮
    led_delay();
    P3=0xbf;                        //LED6 亮
    led_delay();
    P3=0xdf;                        //LED5 亮
    led_delay();
    P3=0xef;                        //LED4 亮
    led_delay();
    P3=0xf7;                        //LED3 亮
    led_delay();
    P3=0xfb;                        //LED2 亮
    led_delay();
    P3=0xfd;                        //LED1 亮
    led_delay();
    P3=0xfe;                        //LED0 亮
    led_delay();
}

void Alter(void)                    //函数功能：交替点亮高 4 位与低 4 位 LED
{
    P3=0x0f;
    led_delay();
    P3=0xf0;
    led_delay();
}

void blink (void)                   //函数功能：闪烁点亮 LED
{
    P3=0xff;
    led_delay();
    P3=0x00;
    led_delay();
}

void led_delay(void)                //函数功能：流水灯显示延时
{
    unsigned char i,j;
    for(i=0;i<220;i++)
    for(j=0;j<220;j++)
        ;
}
```

```
void delay10ms(void)                    //函数功能：软件消抖延时
{
    unsigned char i,j;
    for(i=0;i<100;i++)
    for(j=0;j<100;j++)
        ;
}
```

本案例的按键有效，是指按键按下后没有松开。如果要求按键按下后再松开才为有效按键，则需要对上述程序进行改写，请读者考虑一下如何来修改程序。

2. 独立式键盘的中断扫描方式

上面介绍了采用查询方式的独立式键盘。为提高单片机扫描键盘的工作效率，可采用中断扫描方式，只有在键盘有按键按下时，才进行扫描与处理，由此可见，中断扫描方式的键盘实时性强，工作效率高。

【例 5-13】 设计一个采用中断扫描方式的独立式键盘，只有在键盘有按键按下时，才进行处理，接口原理电路如图 5-30 所示。当键盘中有按键按下时，8 输入与非门 74LS30 的输出经过 74LS04 反相后向单片机的中断请求输入引脚 $\overline{\text{INT0}}$ 发出低电平的中断请求信号，单片机响应中断，进入外部中断 $\overline{\text{INT0}}$ 的中断函数，在中断函数中，判断按键是否真的按下。如确实按下，则把标志位 keyflag 置 1，并得到按下按键的键值，然后从中断返回，根据键值跳向该键的处理程序。

参考程序如下。

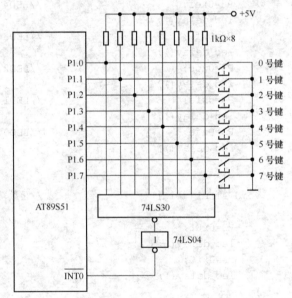

图 5-30 中断扫描方式的独立式键盘的接口电路图

```
#include<reg51.h>
#include<absacc.h>
#define uchar unsigned char
#define TRUE 1
#define FALSE 0
bit keyflag;                    // keyflag 为按键按下的标志位
uchar keyval;                   // keyval 为键值
void delay10ms(void);           //软件延时 10ms 函数，见例 5-10

void main(void)
{
    IE=0x81;                    //总中断允许 EA=1，允许 INT0 中断
    IP=0x01;                    //设置 INT0 为高优先级
    keyflag=0;                  //设置按键按下标志位为 0
    do
    {
```

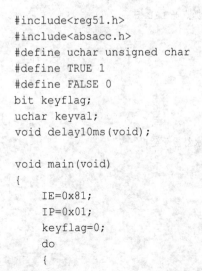

```
        if(keyflag)                //如果按键按下标志位 keyflag =1，则有键按下
        {
            keyval=~keyval;        //键值取反
            switch(keyval)         //根据按下键的键值进行分支跳转
            {
                case 1:…;          //处理 0 号键
                    break;
                case 2: …;         //处理 1 号键
                    break;
                case 4: …;         //处理 2 号键
                    break;
                case 8: …;         //处理 3 号键
                    break;
                case 16: …;        //处理 4 号键
                    break;
                case 32: …;        //处理 5 号键
                    break;
                case 64: …;        //处理 6 号键
                    break;
                ase 128: …;        //处理 7 号键
                    break;
                default;
                    break;         //无效按键，例如多个键同时按下
            }
            keyflag=0;             //清除按键按下标志位
        }
    } while(TRUE);
}

void int0( )  interrupt 0         //有键按下，则执行 INT0 的中断函数
{
    uchar reread_key;             // reread_key 为重读键值变量；
    IE=0x80;                      // 屏蔽 INT0 中断
    keyflag=0;                    // 把按键按下标志位 keyflag 清零
    P1=0xff;                      // 向 P1 口写 1，设置 P1 口为输入
    keyval=P1;                    // 从 P1 口读入键盘的状态
    delay10ms(void);              // 延时 10ms
    reread_key=P1;                // 再次从 P1 口读取键盘状态，并存入 reread_key 中
    if(keyval ==reread_key)       // 比较两次读取的键盘值，如相同，说明键按下
    {
        keyflag=1;                // 按键按下标志位 keyflag 为 1
    }
    IE=0x81;                      // 重新允许 INT0 中断
}
```

程序中用到了外部中断 $\overline{INT0}$，有关中断系统的中断函数和特殊功能寄存器 IE 和 IP 的功能与设置内容将在第 6 章介绍。当没有按键按下时，标志位 keyflag=0，程序一直执行"do{   }while()"循环。当有键按下时，则 74LS04 的输出端产生低电平，向单片机的 $\overline{INT0}$ 引脚发出中断请求信号，单片机响应中断，执行中断函数。如果确实按键按下，在中断函数中把 keyflag 置 1，并得到键值。

当执行完中断函数后，再进入"do{ }while（）"循环，此时由于"if(keyflag)"中的keyflag=1，则可根据键值 keyval，采用"switch(keyval)"分支语句，进行按下按键的处理。

5.7.3 矩阵式键盘的接口设计案例

矩阵式（也称行列式）键盘通常用于按键数目较多的场合，它由行线和列线组成，按键位于行、列的交叉点上，其接口电路如图 5-31 所示，一个 4×4 的行、列结构可构成一个 16 个按键的键盘，它只需要一个 8 位的并行 I/O 口即可。如果采用 8×8 的行、列结构，可以构成一个 64 个按键的键盘，它只需要两个 8 位的并行 I/O 口即可。很明显，在按键数目较多的场合，矩阵式键盘要比独立式键盘节省较多的 I/O 口线。

下面介绍查询方式的矩阵式键盘的程序设计。

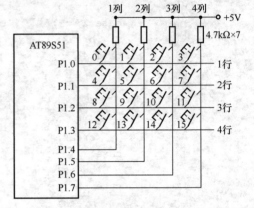

图 5-31 矩阵式（行列式）键盘的接口电路示意图

【例 5-14】针对图 5-31 的矩阵式键盘，编写查询方式的键盘处理程序。

程序首先应判断键盘有无键按下，即把所有行线 P1.0～P1.3 均置为低电平，然后检测各列线的状态，若列线不全为高电平，则表示键盘中有键按下；若所有列线均为高电平，说明键盘中无键按下。

在确认有键按下后，即可查找具体闭合键的位置，其方法是依次将行线置为低电平，再逐行检查各列线的电平状态。若某列为低，则该列线与行线交叉处的按键就是闭合的按键。

判断有无键按下，以及获取键值的参考程序如下。

```c
#include<reg51.h>
#define uchar unsigned char
#define uint unsigned int

void main(void)
{
    uchar key;
    while(1)
    {
        key=keyscan( );             //调用键盘扫描函数，返回的键值送到变量 key
        delay10ms( );               //延时
    }

void delay10ms(void);               //延时函数
{
    uchar i;
    for(i=0;i<200;i++){ }
}

uchar keyscan(void)                 //键盘扫描函数
{
    uchar code_h;                   //行扫描值
    uchar code_l;                   //列扫描值
    P1=0xf0;                        //P1.0～P1.3 行线输出都为 0，准备读列状态
```

```
        if((P1&f0)!=0xf0)              //如果 P1.4~P1.7 不全为 1, 可能有键按下
{
        delay10ms(void);               //延时去抖动, 延时函数参见例 5-10
        if((P1&f0)!=0xf0)              //重读 P1.4~P1.7, 若还是不全为 1, 定有键按下
        code_h=0xfe;                   // P1.0 行线置为 0, 开始行扫描
        while((code_h&0x10)!=0xf0);    //判断是否扫描到最后一行, 若不是, 继续扫描
        {
            P1= code_h;                //P1 口输出行扫描值
            if((P1&f0)!=0xf0);         //如果 P1.4~P1.7 不全为 1, 该行有键按下
            {
                code_l=(P1&0xf0|0x0f); //保留 P1 口高 4 位, 低 4 位变为 1, 作为列值
                return((~code_h)+(~code_l)); //键值=行扫描值+列扫描值, 键值返回主程序
            }
            else                               //若该行无键按下, 往下执行
                code_h=(code_h<<1)|0x01;  //行扫描值左移, 准备扫描下一行
        }
    }
    return(0) ;                                //无键按下, 返回 0
}
```

【例 5-15】 数码管显示 4×4 矩阵式键盘的键号。单片机的 P1.7~P1.0 连接 4×4 矩阵式键盘的行线与列线, 键盘各按键的编号如图 5-32 所示。数码管的显示由 P0 口控制, 当矩阵式键盘的某一键按下时, 数码管上显示对应的键号。例如, 1 号键按下时, 数码管显示 "1"; E 键按下时, 数码管显示 "E" 等。

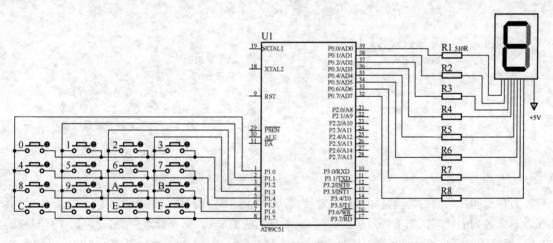

图 5-32 数码管显示 4×4 矩阵式键盘键号的原理电路图

本例参考程序如下。

```
#include <reg51.h>
#define uchar unsigned char
sbit L1=P1^0;                  // 定义键盘的 4 列线
sbit L2=P1^1;
sbit L3=P1^2;
sbit L4=P1^3;
uchar dis[16]={0xc0,0xf9,0xa4,0xb0,0x99,0x92,0x82,0xf8,0x80,0x90,0x88,0x83,
```

```
                0xc6,0xa1,0x86, 0x8e };              //共阳极数码管字符 0～F 对应的段码
unsigned int time;
delay(time)                          //延时子程序
{
    unsigned int j;
    for(j=0;j<time;j++)
    {}
}


main()                               //主程序
{
    uchar temp;
    uchar k,i;
    while(1)
    {
        P1=0xef;                         //行扫描初值, P1.4=0, P1.5～ P1.7=1
        for(i=0;i<=3;i=i++)              //按行扫描，一共 4 行
        {
            if (L1==0) P0= dis[i*4+0];//判断第 1 列是否有键按下,若有,键值可能为 0,4,8,C
                                      //送显示
            if (L2==0) P0= dis [i*4+1];//判断第 2 列是否有键按下,若有,键值可能为 1,5,9,d
                                      //送显示
            if (L3==0) P0= dis [i*4+2];//判断第 3 列是否有键按下,若有,键值可能为 2,6,A,E
                                      //送显示
            if (L4==0) P0= dis [i*4+3];//判断第 4 列是否有键按下,若有,键值可能为 3,7,b,F
                                      //送显示
            delay(500);              //延时
            temp=P1;                 //读入 P1 口的状态
            temp=temp|0x0f;          //使 P1.3～P1.0 为输入
            temp=temp<<1;            //P1.7～P1.4 左移 1 位, 准备下一行扫描
            temp=temp|0x0f;          //移位后, 置 P1.3～P1.0 为 1, 保证其仍为输入
            P1=temp;                 //行扫描值送 P1 口, 为下一行扫描做准备
        }
    }
}
```

程序说明：本例的关键是如何获取键号。具体采用了逐行扫描，先驱动第 1 行 P1.4=0，然后依次读入各列的状态，第 1 行对应的 i=0，第 2 行对应的 i=1，第 3 行对应的 i=2，第 4 行对应的 i=3。假设 4 号键按下，此时第 2 行对应的 i=1，又 L2=0（P1.5=0），执行语句 "if (L2==0) P0=dis [i*4+1]" 后，i*4+1=5，从而查找到字型码数组 dis[ ]中的第 5 个元素，即显示 "4" 的段码 "0x99"（见表 5-1），把段码 "0x99" 送 P0 口驱动数码管显示 "4"。

5.7.4 非编码键盘扫描方式的选择

当单片机系统运行在忙于其他各项工作任务时，如何来兼顾非编码键盘的输入，这取决于键盘扫描的工作方式。键盘扫描工作方式选取的原则是，既要保证及时响应按键操作，又不要过多占用单片机执行其他任务的工作时间。通常，键盘的扫描工作方式有 3 种：查询扫描、定时扫描和中断扫描。

1．查询扫描

查询扫描方式是利用单片机空闲时，调用键盘扫描子程序，反复扫描键盘，来响应键盘的输入请求，如果单片机的查询频率过高，虽能及时响应键盘的输入，但也会影响其他任务的进行。如果查询的频率过低，有可能出现键盘输入的漏判现象。所以要根据单片机系统的繁忙程度和键盘的操作频率，来调整键盘扫描的频率。

2．定时扫描

单片机可每隔一定的时间对键盘扫描一次，即定时扫描。这种方式通常是，利用单片机内的定时器产生的定时中断，进入中断子程序后对键盘进行扫描，在有键按下时识别出按下的键，并执行相应键的处理程序。由于每次按键的时间一般不会小于 100ms，所以为了不漏判有效的按键，定时中断的周期一般应小于 100ms。

3．中断扫描

为进一步提高单片机扫描键盘的工作效率，可采用中断扫描方式，即键盘只有在有按键按下时，才会向单片机发出中断请求信号。单片机响应中断，执行键盘扫描中断服务子程序，识别出按下的按键，并跳向该按键的处理程序。如果无键按下，单片机将不理睬键盘。该方式的优点是，只有有按键按下时，才进行处理，所以实时性强，工作效率高。

5.7.5　单片机与专用键盘/显示器芯片 HD7279 的接口设计

单片机通过专用可编程键盘/显示器接口芯片与键盘/显示器连接，可直接得到闭合键的键号（编码键盘），同时还省去了编写键盘/显示器动态扫描程序和键盘去抖动程序的烦琐工作。

1．各种专用的键盘/显示器接口芯片简介

目前各种专用键盘/显示器接口芯片种类繁多，目前流行的键盘/显示器接口芯片与单片机的接口多采用串行连接方式，其占用 I/O 口线少。常见的专用键盘/显示器接口芯片有：HD7279A、ZLG7289A（周立功公司），CH451（南京沁恒公司）等。这些芯片对所驱动的 LED 数码管全都采用动态扫描方式，并可对键盘自动扫描，直接得到编码键盘，且自动去除按键抖动。

专用键盘/显示器接口芯片 HD7279A 与单片机间采用串行连接，它功能强，具有一定的抗干扰能力，可控制与驱动 8 位 LED 数码管和实现 8×8 的键盘管理。由于其外围电路简单、价格低廉，目前在键盘/显示器接口的设计中得到了较为广泛的应用。

2．HD7279A 简介

HD7279A 能同时驱动 8 个共阴极 LED 数码管（或 64 个独立的 LED 发光二极管）和 8×8 的编码键盘，对 LED 数码管采用的是动态扫描的循环显示方式，其特性如下。

- 与单片机间采用串行接口方式，仅占用 4 条口线，接口简单。
- 具有自动消除键抖动并识别有效键值的功能。
- 内部含有译码器，可直接接收 BCD 码或十六进制码，同时具有两种译码方式，实现 LED 数码管的位寻址和段寻址，可方便地控制每个 LED 数码管中任意一段是否发光。
- 内部含有驱动器，可以直接驱动不超过 25.4mm 的 LED 数码管。

- 多种控制命令，如消隐、闪烁、左移、右移、段寻址、位寻址等。
- 含有片选信号输入端，容易实现多于 8 位显示器或多于 64 键的键盘控制。

（1）引脚说明与电气特性。

HD7279A 为 28 只引脚双列直插（DIP）式封装，单一+5V 供电，其引脚如图 5-33 所示，引脚功能如表 5-7 所示。

DIG0～DIG7 为位驱动输出端，可分别连接 8 个 LED 数码管的共阴极；段驱动输出端 SA～SG 分别连接至 LED 数码管的 a～g 段的阳极，而 DP 引脚连至小数点 dp 的阳极。DIG0～DIG7、DP 和 SA～SG 还分别是 8×8 矩阵键盘的列线和行线，它们完成对键盘的译码和键值识别。8×8 矩阵键盘中按下键的键值可用读键盘命令读出，键值的范围是 00H～3FH。

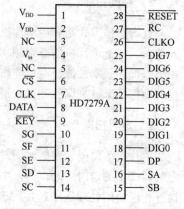

图 5-33　HD7279A 的引脚示意图

表 5-7　　　　　　　　　　　　　　HD7279A 的引脚功能

引　脚	名　　称	简　要　说　明
1，2	V_{DD}	正电源（+5V）
3，5	NC	悬空
4	V_{ss}	地
6	$\overline{CS}$	片选信号
7	CLK	同步时钟输入端
8	DATA	串行数据写入/读出端
9	$\overline{KEY}$	按键信号输出端
10～16	SG～SA	数码管的 g～a 段驱动输出
17	DP	小数点驱动输出端
18～25	DIG0～DIG7	数码管的位驱动输出
26	CLKO	振荡信号输出端
27	RC	RC 振荡器连接端
28	$\overline{RESET}$	复位端

（2）控制命令。

HD7279A 芯片的控制命令由 6 条不带数据的单字节纯命令、7 条带数据的命令和 1 条读键盘命令组成。

① 纯命令（6 条）。6 条纯命令都是单字节命令，如表 5-8 所示。

表 5-8　　　　　　　　　　　　　　HD7279A 的纯命令

命　　令	命令代码	操　作　说　明
右移	A0H	所有 LED 显示右移 1 位，最左位为空（无显示），不改变消隐和闪烁属性
左移	A1H	所有 LED 显示左移 1 位，最右位为空（无显示），不改变消隐和闪烁属性
循环右移	A2H	所有 LED 显示右移 1 位，原来最右 1 位移至最左 1 位，不改变消隐和闪烁属性

命　　令	命令代码	操 作 说 明
循环左移	A3H	所有 LED 显示左移 1 位，原来最左 1 位移至最右 1 位，不改变消隐和闪烁属性
复位	A4H	清除显示、消隐、闪烁等属性
测试	BFH	点亮全部 LED，并处于闪烁状态，用于显示器的自检

② 带数据命令（7 条）。7 条命令均由双字节组成，第 1 字节为命令标志码（有的还有位地址），第 2 字节为显示内容。

a. 方式 0 译码显示命令如下。

第 1 字节								第 2 字节							
D7	D6	D5	D4	D3	D2	D1	D0	D7	D6	D5	D4	D3	D2	D1	D0
1	0	0	0	0	a2	a1	a0	dp	×	×	×	d3	d2	d1	d0

命令中 a2、a1、a0 为 8 只数码管的位地址，表示显示数据应送给哪一位数码管，a2、a1、a0=000 表示最低位数码管，a2、a1、a0=111 表示最高位数码管。d3、d2、d1、d0 为显示数据，HD7279A 收到这些数据后，将按表 5-9 所示的规则译码和显示。dp 为小数点显示控制位，dp=1：小数点显示；dp=0：小数点不显示。命令中的×××为无用位。

表 5-9　　　　　　　　　　　　　方式 0 的译码显示

d3~d0（十六进制）	显示的字符	d3~d0（十六进制）	显示的字符
0H	0	8H	8
1H	1	9H	9
2H	2	AH	-
3H	3	BH	E
4H	4	CH	H
5H	5	DH	L
6H	6	EH	P
7H	7	FH	无显示

例如，命令第 1 字节为 80H，第 2 字节为 08H，则 L1 位（最低位）数码管显示 8，小数点 dp 熄灭；命令第 1 字节为 87H，第 2 字节为 8EH，则 L8 位（最高位）LED 显示内容为 P，小数点 dp 点亮。

b. 方式 1 译码显示命令如下。

第 1 字节								第 2 字节							
D7	D6	D5	D4	D3	D2	D1	D0	D7	D6	D5	D4	D3	D2	D1	D0
1	1	0	0	1	a2	a1	a0	dp	×	×	×	d3	d2	d1	d0

该命令与方式 0 译码显示的含义基本相同，不同的是方式 1 译码中，数码管显示的内容与十六进制相对应，如表 5-10 所示。

表 5-10   方式 1 的译码显示

d3～d0（十六进制）	显示的字符	d3～d0（十六进制）	显示的字符
0H	0	8H	8
1H	1	9H	9
2H	2	AH	A
3H	3	BH	B
4H	4	CH	C
5H	5	DH	D
6H	6	EH	E
7H	7	FH	F

例如，命令第 1 字节为 C8H，第 2 字节为 09H，则 L1 位数码管显示 9，小数点 dp 熄灭；命令第 1 字节为 C9H，第 2 字节为 8FH，则 L2 位数码管显示 F，小数点 dp 点亮。

c．不译码显示命令如下。

第 1 字节								第 2 字节							
D7	D6	D5	D4	D3	D2	D1	D0	D7	D6	D5	D4	D3	D2	D1	D0
1	0	0	1	0	a2	a1	a0	dp	A	B	C	D	E	F	G

命令中的 a2、a1、a0 为显示位的位地址，第 2 字节为 LED 显示内容，其中 dp 和 A～G 分别代表数码管的小数点和对应的段，当 dp 取值为 1 时，该段点亮；dp 取值为 0 时，该段熄灭。

该命令可在指定位上显示字符，例如，若命令第 1 字节为 95H，第 2 字节为 3EH，则在 L5 位数码管上显示字符 U，小数点 dp 熄灭。

d．闪烁控制命令如下。

第 1 字节								第 2 字节							
D7	D6	D5	D4	D3	D2	D1	D0	D7	D6	D5	D4	D3	D2	D1	D0
1	0	0	0	1	0	0	0	d8	d7	d5	d5	d4	d3	d2	d1

该命令规定了每个数码管的闪烁属性。d8～d1 分别对应 L8～L1 位数码管，值为 1 时，数码管不闪烁；值为 0 时，数码管闪烁。该命令的默认值是所有数码管均不闪烁。

例如，命令第 1 字节为 88H，第 2 字节为 97H，则 L7、L6、L4 位数码管闪烁。

e．消隐控制命令如下。

第 1 字节								第 2 字节							
D7	D6	D5	D4	D3	D2	D1	D0	D7	D6	D5	D4	D3	D2	D1	D0
1	0	0	1	1	0	0	0	d8	d7	d5	d5	d4	d3	d2	d1

该命令规定了每个数码管的消隐属性。d8～d1 分别对应 L8～L1 位数码管，其值为 1 时，数码管显示；值为 0 时消隐。应注意至少要有 1 个 LED 数码管保持显示，如果全部消隐，则该命令无效。

例如，命令第 1 字节为 98H，第 2 字节为 81H，则 L7～L2 位的 6 位数码管消隐。

f．段点亮命令如下。

第 1 字节								第 2 字节							
D7	D6	D5	D4	D3	D2	D1	D0	D7	D6	D5	D4	D3	D2	D1	D0
1	1	1	0	0	0	0	0	×	×	d5	d4	d3	d2	d1	d0

该命令是点亮某位数码管中的某一段。命令中××为无用位，d5～d0 取值为 00H～3FH，对应的数码器和点亮段如表 5-11 所示。例如，命令第 1 字节为 E0H，第 2 字节为 00H，则点亮 L1 位数码管的 g 段；如果第 2 字节为 19H，则点亮 L4 位数码管的 f 段；再如第 2 字节为 35H，则点亮 L7 位数码管的 b 段。

表 5-11　　　　　　　　　　　　　　段点亮对应表

数码管	L1								L2							
D5～d0 取值	00	01	02	03	04	05	06	07	08	09	0A	0B	0C	0D	0E	0F
点亮段	g	f	e	d	c	b	a	dp	g	F	e	d	c	b	a	dp
数码管	L3								L4							
D5～d0 取值	10	11	12	13	14	15	16	17	18	19	1A	1B	1C	1D	1E	1F
点亮段	g	f	e	d	c	b	a	dp	g	F	e	d	c	b	a	dp
数码管	L5								L6							
D5～d0 取值	20	21	22	23	24	25	26	27	28	29	2A	2B	2C	2D	2E	2F
点亮段	g	f	e	d	c	b	a	dp	g	F	e	d	c	b	a	dp
数码管	L7								L8							
D5～d0 取值	30	31	32	33	34	35	36	37	38	39	3A	3B	3C	3D	3E	3F
点亮段	g	f	e	d	c	b	a	dp	g	F	e	d	c	b	a	dp

g. 段关闭命令如下。

第 1 字节								第 2 字节							
D7	D6	D5	D4	D3	D2	D1	D0	D7	D6	D5	D4	D3	D2	D1	D0
1	1	0	0	0	0	0	0	×	×	d5	d4	d3	d2	d1	d0

该命令的作用是关闭某个数码管中的某一段。××为无用位，d5～d0 的取值为 00H～3FH。

例如，命令第 1 字节为 C0H，第 2 字节为 00H，则关闭 L1 位 LED 的 g 段；第 2 字节为 10H，则关闭 L3 位 LED 的 g 段。

③ 读取键值命令。本命令是从 HD7279A 读出当前按下的键值，格式如下：

第 1 字节								第 2 字节							
D7	D6	D5	D4	D3	D2	D1	D0	D7	D6	D5	D4	D3	D2	D1	D0
0	0	0	1	0	1	0	1	d7	d5	d5	d4	d3	d2	d1	d0

命令的第 1 字节为 15H，表示单片机写到 HD7279A 的是读键值命令，而第 2 字节 d7～d0 为从 HD7279A 中读出的按键值，其范围为 00H～3FH。当按键按下时，HD7279A 的 $\overline{\text{KEY}}$ 引脚从高电平变为低电平，并保持到按键释放为止。在此期间，若 HD7279A 收到来自单片机的读键盘命令 15H，则 HD7279A 向单片机发出当前按下的按键代码。

应注意，HD7279A 只能给出其中 1 个按下键的代码，而不适合 2 个或 2 个以上键同时按下的场合。如果确实需要双键组合使用，可在单片机某位 I/O 引脚接 1 个键，与 HD7279A 所连键盘共同组成双键功能。

（3）时序。

保证正确的控制时序是 HD7279A 正常工作的前提条件。HD7279A 采用串行方式与单片机通信，串行数据从 DATA 引脚送入或输出，并与 CLK 端同步。当片选信号 $\overline{CS}$ 变为低电平后，DATA 引脚上的数据在 CLK 脉冲上升沿作用下写入或读出 HD7279A 的数据缓冲器。

时序信号分为以下 3 种。

① 纯命令时序。单片机发出 8 个 CLK 脉冲，向 HD7279A 发出 8 位命令，DATA 引脚最后为高阻态，如图 5-34 所示。

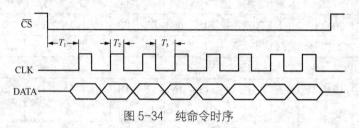

图 5-34　纯命令时序

② 带数据命令时序。单片机发出 16 个 CLK 脉冲，前 8 个向 HD7279A 发送 8 位命令；后 8 个向 HD7279A 传送 8 位显示数据，DATA 引脚最后为高阻态，如图 5-35 所示。

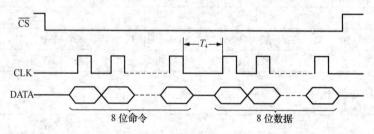

图 5-35　带数据命令时序

③ 读键盘命令时序。单片机发出 16 个 CLK 脉冲，前 8 个向 HD7279A 发送 8 位命令；发送完之后 DATA 引脚为高阻态；后 8 个 CLK 由 HD7279A 向单片机返回 8 位按键值，DATA 引脚为输出状态。最后 1 个 CLK 脉冲的下降沿将 DATA 引脚恢复为高阻态，如图 5-36 所示。

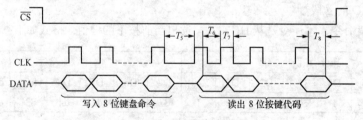

图 5-36　读键盘命令时序

当选定 HD7279A 的振荡器件 RC 和单片机的晶体振荡器之后，应调节延时时间，使时序中的 T1～T8 满足表 5-12 所示的要求。由表 5-12 中的数值可知 HD7279A 的运行速度，应仔细调整 HD7279A 的时序，使其运行时间接近最短。

表 5-12   T1～T8 数据值（单位：μs）

符号	最小值	典型值	最大值	符号	最小值	典型值	最大值
T_1	25	50	250	T_5	15	25	250
T_2	5	8	250	T_6	5	8	—
T_3	5	8	250	T_7	5	8	250
T_4	15	25	250	T_8	—	—	5

3. AT89S51 单片机与 HD7279A 接口设计

【例 5-16】 完成 AT89S51 单片机与 HD7279A 接口设计。

（1）接口电路。

AT89S51 单片机通过 HD7279A 控制 8 个数码管和 64 键矩阵式键盘的接口电路，如图 5-37 所示。晶体振荡器频率为 12MHz。上电后，HD7279A 经过 15～18ms 的时间才进入工作状态。单片机通过 P1.3 引脚检测 $\overline{\text{KEY}}$ 引脚的电平，来判断键盘矩阵中是否有按键按下。HD7279A 采用动态循环扫描方式，如采用普通的数码管亮度不够，可采用高亮度或超高亮度型号的数码管。

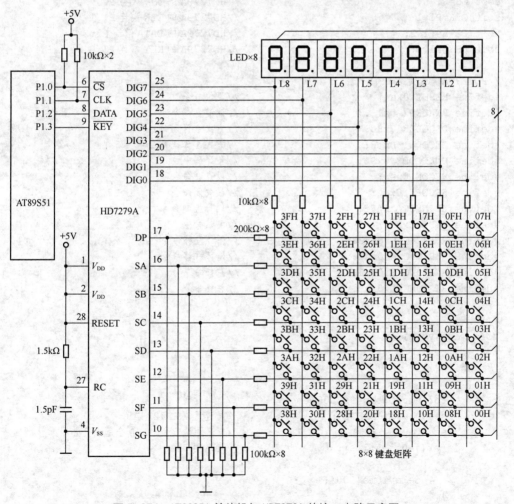

图 5-37 AT89S51 单片机与 HD7279A 的接口电路示意图

在图 5-37 所示的电路中，HD7279A 的 3、5 引脚悬空。

（2）程序设计。

控制数码管显示及键盘监测的主要参考程序如下。

```c
#include <reg51.h>
//定义各种函数
void write7279(unsigned char, unsigned char) ;   //写 HD7279A
unsigned char read7279(unsigned char) ;   //读 HD7279A
void send_byte(unsigned char) ;               //发送 1 字节
unsigned receive_byte(void) ;                 //接收 1 字节
void longdelay(void);                         //长延时函数
void shortdelay(void) ;                       //短延时函数
void delay10ms(unsigned char) ;               //延时"unsigned char"个 10ms 函数

//变量及 I/O 口定义
unsigned char key_number,i,j;
unsigned int tmp;
unsigned long wait_cnter;
sbit CS=P1^0;                           //HD7279A 的 CS 端连 P1.0
sbit CLK=P1^1;                          //HD7279A 的 CLK 端连 P1.1
sbit DATA=P1^2;                         //HD7279A 的 DATA 端连 P1.2
sbit KEY=P1^3;                          //HD7279A 的 KEY 端连 P1.3

//HD7279A 命令定义
#define RESET 0xa4;                     //复位命令
#define READKEY 0x15;                   //读键盘命令
#define DECODE0 0x80;                   //方式 0 译码命令
#define DECODE1 0xc8;                   //方式 1 译码命令
#define UNDECODE 0x90;                  //不译码命令
#define SEGON 0xe0;                     //段点亮命令
#define SEGOFF 0xc0;                    //段关闭命令
#define BLINKCTL 0x88;                  //闪烁控制命令
#define TEST 0xbf;                      //测试命令
#define RTL_CYCLE 0xa3;                 //循环左移命令
#define RTR_CYCLE 0xa2;                 //循环右移命令
#define RTL_UNCYL 0xa1;                 //左移命令
#define RTR_UNCYL 0xa0;                 //右移命令

//主程序
void main(void)
{
    while(1)
    {
        for(tmp=0;tmp<0x3000;tmp++);        //上电延时
        send_byte(RESET) ;                 //发送复位 HD7279A 命令
        send_byte(TEST) ;                  //发送测试命令，LED 全部点亮并闪烁
        for(j=0;j<5;j++);                  //延时约 5s
        {
            delay10ms(100);
        }
        send_byte (RESET) ;                //发送复位 HD7279A 的命令，关闭显示器显示
```

```
// 键盘监测：如有键按下，则将键值显示出来，如10ms内无键按下或按下0键，则往下执行
wait_cnter=0;
key_number=0xff;
write7279(BLINKCTL,0xfc);                     //把第1、2两位设为闪烁显示
write7279(UNDECODE,0x08);                     //在第1位上显示下划线"_"
write7279(UNDECODE+1,0x08);                   //在第2位上显示下划线"_"
do
{    if(!key)                                 //如果键盘中有键按下
     {
         key_number=read7279(READKEY);        //读出键值
         write7279(DECODE1+1,key_number/15);  //在第2位上显示按键值高8位
         write7279(DECODE1,key_number&0x0f);  //在第1位上显示按键值低8位
         while(! key);                        //等待按键松开
         wait_cnter=0
     }
     wait_cnter++;
}
while(key_number! =0&&wait_cnter<0x30000);    //如果按键为"0"和超时则往下执行
write7279(BLINKCTL,0xff)                      //清除显示器的闪烁设置

//循环显示
write7279(UNDECODE+7,0x3b)                    //在第8位以不译码方式，显示字符"5"
delay10ms(100);                               //延时
for(j=0;j<31;j++);                            //循环右移31次
{
    send_byte (RTR_CYCLE);                    //发送循环右移命令
    delay10ms(10);                            //延时
}
for(j=0;j<16;j++);                            //循环左移16次
    {
        send_byte (RTL_CYCLE);                //发送循环左移命令
        delay10ms(10);                        //延时
    }
    delay10ms(200);                           //延时
send_byte(RESET);                             //发送复位HD7279A的命令，关闭显示器显示

//不循环左移显示
for(j=0;j<15;j++);                            //向左不循环移动
{
    send_byte(RTL_UNCYL);                     //发不循环左移命令
    write7279(DECODE0,j);                     //译码方式0命令，在第1位显示
    delay10ms(10);                            //延时
}
delay10ms(200);                               //延时
send_byte (RESET);                            //发送复位HD7279A命令，关闭显示器显示

//不循环右移显示
for(j=0;j<15;j++);                            //向右不循环移动
{
    send_byte(RTR_UNCYL);                     //不循环右移命令
```

```
    write7279(DECODE1+7,j);                    //译码方式 1 命令，显示在第 8 位
    delay10ms(50);                             //延时
}
    delay10ms(200);                            //延时
    send_byte (RESET);                         //发送复位 HD7279A 命令，关闭显示器显示

//显示器的 64 个段轮流点亮并同时关闭前一段
for(j=0;j<64;j++);
{
    write7279(SEGON,j);                        //将 8 个显示器的 64 个段逐段点亮
    write7279(SEGONOFF,j-1);                   //点亮 1 个段的同时，将前 1 个显示段关闭
    delay10ms(50);                             //延时
}

//写 HD7279A 函数
void write7279 (unsigned char cmd, unsigned char data)
{
    send_byte(cmd);
    send_byte(data);
}

//读 HD7279A 函数
unsigned char read7279 (unsigned char cmd)
{
    send_byte (cmd);
    return (receive_byte ( ));
}

//发送 1 字节函数
void send_byte (unsigned char out_byte)
{
    unsigned char i;
    CS=0;
    longdelay( );
    for(i=0;i<8;i++);
    {
        if(out_byte&0x80)
        (DATA=1; )
        else
        (DATA=0; )
        CLK=1;
        shortdelay()
        CLK=0;
        shortdelay()
        out_byte=out_byte*2
    }
    DATA=0;
}

//接收 1 字节函数
void char receive_byte (void)
```

```
{
    unsigned char i,in_byte;
    DATA=1;                              //设置为输入
    longdelay();                         //长延时
    for(i=0;i<8;i++);
    {
        CLK=1;
        shortdelay();
        in_byte=in_byte*2
        if(DATA)
        {
            in_byte=in_byte|0x01;
        }
        CLK=0;
        shortdelay();
    }
    DATA=0;
    return(in_byte);
}
```

程序中的长延时、短延时和 10ms 延时这 3 个函数，没有给出，请读者自行编写。

思考题及习题

一、填空题

1. AT89S51 单片机任何一个端口要想获得较大的驱动能力，要采用_____电平输出。

2. 检测开关处于闭合状态还是打开状态，只需把开关一端接到 I/O 端口的引脚上，另一端接地，然后通过检测_____来实现。

3. "8"字型的 LED 数码管如果不包括小数点段共计_____段，每一段对应一个发光二极管，有_____和_____两种。

4. 对于共阴极带有小数点段的数码管，显示字符"6"（a 段对应段码的最低位）的段码为_____，对于共阳极带有小数点段的数码管，显示字符"3"的段码为_____。

5. 已知 8 段共阳极 LED 数码显示器要显示某字符的段码为 A1H（a 段为最低位），此时显示器显示的字符为_____。

6. LED 数码管静态显示方式的优点是：显示_____闪烁，亮度_____，_____比较容易，但是占用的_____线较多。

7. 当显示的 LED 数码管位数较多时，一般采用_____显示方式，这样可以降低_____，减少_____的数目。

8. LCD 1602 是_____型液晶显示模块，在其显示字符时，只需将待显示字符的_____由单片机写入 LCD 1602 的 DDRAM，内部控制电路就可将字符在 LCD 上显示出来。

9. LCD 1602 显示模块内除有_____字节的_____RAM 外，还有_____字节的自定义_____，用户可自行定义_____个 5×7 点阵字符。

10. 当按键数目少于 8 个时，应采用_____式键盘。当按键数目为 64 个时，应采用_____式键盘。

11．使用并行接口方式连接键盘，对独立式键盘而言，8 根 I/O 口线可以接_____个按键，而对矩阵式键盘而言，8 根 I/O 口线最多可以接_____个按键。

12．LCD 1602 显示一个字符的操作过程为：首先_____，然后_____，随后_____，最后_____。

二、判断题

1．P0 口作为总线端口使用时，它是一个双向口。

2．P0 口作为通用 I/O 端口使用时，外部引脚必须接上拉电阻，因此它是一个准双向口。

3．P1～P3 口作为输入端口用时，必须先向端口寄存器写入 1。

4．P0～P3 口的驱动能力是相同的。

5．当显示的 LED 数码管位数较多时，动态显示所占用的 I/O 口多，为节省 I/O 口与驱动电路的数目，常采用静态扫描显示方式。

6．LED 数码管动态扫描显示电路只要控制好每位数码管点亮显示的时间，就可造成"多位同时亮"的假象，达到多位 LED 数码管同时显示的效果。

7．使用专用的键盘/显示器芯片，可由芯片内部硬件扫描电路自动完成显示数据的扫描刷新和键盘扫描。

8．控制 LED 点阵显示器的显示，实质上就是控制加到行线和列线上的电平编码来控制点亮某些发光二极管（点），从而显示出由不同发光的点组成的各种字符。

9．16×16 点阵显示屏是由 4 个 4×4 的 LED 点阵显示器组成的。

10．LCD 1602 液晶显示模块，可显示 2 行，每行 16 个字符。

11．HD7279A 是可自动获取按下键盘按键的键号以及自动对 LED 数码管进行动态扫描显示用于键盘/LED 数码管的专用接口芯片，为并行接口芯片。

12．LED 数码管的字型码是固定不变的。

13．为给扫描法工作的 8×8 的非编码键盘提供接口电路，在接口电路中需要提供两个 8 位并行的输入口和一个 8 位并行的输出口。

14．LED 数码管工作于动态显示方式时，同一时间只有一个数码管被点亮。

15．动态显示的数码管，任一时刻只有一个 LED 数码管处于点亮状态，这是 LED 的余辉与人眼的"视觉暂留"造成数码管同时显示的"假象"。

三、简答题

1．分别写出表 5-1 中共阴极和共阳极 LED 数码管仅显示小数点"."的段码。

2．LED 的静态显示方式与动态显示方式有何区别？各有什么优缺点？

3．非编码键盘分为独立式键盘和矩阵式键盘，它们分别用于什么场合？

4．使用专用键盘/显示器接口芯片 HD7279A 方案实现的键盘/显示器接口的优点是什么？

第**6**章　中断系统的工作原理及应用

【内容概要】本章介绍 AT89S51 片内中断系统的工作原理及特性，应重点掌握与中断系统有关的特殊功能寄存器、如何来对中断系统进行初始化编程、中断响应的条件、如何撤销中断请求，以及如何进行中断系统应用的编程。本章最后还要介绍 AT89S52 与 AT89S51 中断系统的差别。

在单片机应用系统中，中断技术主要用于实时监测与控制，也就是要求单片机能及时地响应中断请求源提出的服务请求，进行快速响应并及时处理。因此，首先要了解单片机的中断技术。

6.1　AT89S51 中断技术概述

单片机的中断是由单片机片内的中断系统来实现的。当中断请求源（简称中断源）发出中断请求时，如果中断请求被允许的话，单片机暂时中止当前正在执行的主程序，转到中断服务程序处理中断服务请求，处理完中断服务请求后，再回到原来被中止的程序之处（断点），继续执行被中断的主程序。

图 6-1 显示了单片机对外围设备中断服务请求的整个中断响应和处理过程。

如果单片机没有中断系统，单片机的大量时间可能会浪费在查询是否有服务请求的定时查询操作上，即不论是否有服务请求，都必须去查询。单片机采用中断技术后，则完全消除了查询方式中的等待现象，这大大地提高了单片机的实时性和工作效率。由于中断工作方式的优点极为明显，因此，单片机的片内都集成有中断系统硬件模块。

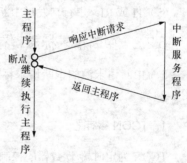

图 6-1　中断响应和处理过程示意图

6.2　AT89S51 中断系统结构

AT89S51 的中断系统结构如图 6-2 所示。由图 6-2 可见，AT89S51 单片机的中断系统有 5 个中断源，两个中断优先级，可实现两级中断服务程序嵌套。

每一个中断源都可用软件独立地控制为允许中断或关闭中断，每一个中断源的中断优先级别均可用软件来设置。

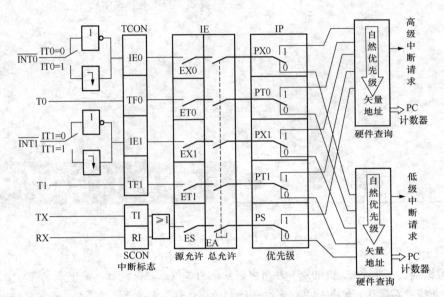

图 6-2　AT89S51 的中断系统结构示意图

6.2.1　中断请求源

由图 6-2 可见，AT89S51 中断系统共有 5 个中断请求源，分别是：

（1）$\overline{\text{INT0}}$：外部中断请求 0，外部中断请求信号（低电平或负跳变有效）由 $\overline{\text{INT0}}$ 引脚输入，中断请求标志位为 IE0。

（2）$\overline{\text{INT1}}$：外部中断请求 1，外部中断请求信号（低电平或负跳变有效）由 $\overline{\text{INT1}}$ 引脚输入，中断请求标志位为 IE1。

（3）TF0：定时器/计数器 T0 计数溢出的中断请求标志位。

（4）TF1：定时器/计数器 T1 计数溢出的中断请求标志位。

（5）TI 或 RI：串行口发送中断请求至标志位 TI 或从标志位 RI 中接收中断请求。

6.2.2　中断请求标志寄存器

5 个中断请求源的中断请求标志分别由特殊功能寄存器 TCON 和 SCON 的相应位锁存（见图 6-2）。

1. TCON 寄存器

TCON 为定时器/计数器的控制寄存器，字节地址为 88H，可位寻址。该寄存器中既包括了定时器/计数器 T0 和 T1 的溢出中断请求标志位 TF0 和 TF1，也包括了两个外部中断请求的标志位 IE1 与 IE0，此外还包括两个外部中断请求源的中断触发方式（低电平触发或负跳变触发）选择位 IT1 和 IT0。特殊功能寄存器 TCON 的格式如图 6-3 所示。

	D7	D6	D5	D4	D3	D2	D1	D0	
TCON	TF1	TR1	TF0	TR0	IE1	IT1	IE0	IT0	88H
位地址	8FH	—	8DH	—	8BH	8AH	89H	88H	

图 6-3　特殊功能寄存器 TCON 的格式

TCON 寄存器中与中断系统有关的各标志位的功能如下。

（1）TF1：片内定时器/计数器 T1 的溢出中断请求标志位。

当启动 T1 计数后，定时器/计数器 T1 从初值开始加 1 计数，当计数溢出时，由硬件自动为 TF1 置"1"，向 CPU 申请中断。CPU 响应 TF1 中断时，TF1 标志位由硬件自动清零，TF1 也可由软件清零。

（2）TF0：片内定时器/计数器 T0 的溢出中断请求标志位，功能与 TF1 相同。

（3）IE1：外部中断请求 1 的中断请求标志位。

（4）IE0：外部中断请求 0 的中断请求标志位。

（5）IT1：选择外部中断请求 1 为负跳变触发方式还是电平触发方式。

- IT1=0，为电平触发方式，加到引脚 $\overline{\text{INT1}}$ 上的外部中断请求输入信号为低电平有效，并把 IE1 置"1"。转向中断服务程序时，则由硬件自动把 IE1 清零。
- IT1=1，为负跳变触发方式，加到引脚 $\overline{\text{INT1}}$ 上的外部中断请求输入信号电平为从高到低的负跳变有效，并把 IE1 置"1"。转向中断服务程序时，则由硬件自动把 IE1 清零。

（6）IT0：选择外部中断请求 0 为负跳变触发方式还是电平触发方式，与 IT1 类似。

当 AT89S51 复位后，TCON 被清零，5 个中断源的中断请求标志位均为 0。

TR1（D6 位）、TR0（D4 位）这 2 位与中断系统无关，仅与定时器/计数器 T1 和 T0 有关，相关内容将在第 7 章定时器/计数器的工作原理及应用一章中介绍。

2．SCON 寄存器

SCON 为串行口控制寄存器，字节地址为 98H，可位寻址。SCON 的低二位锁存串行口的发送和接收中断的中断请求标志位分别为 TI 和 RI，其格式如图 6-4 所示。

	D7	D6	D5	D4	D3	D2	D1	D0	
SCON	—	—	—	—	—	—	TI	RI	98H
位地址	—	—	—	—	—	—	99H	98H	

图 6-4　特殊功能寄存器 SCON 的格式

SCON 中各标志位的功能如下。

（1）TI：串行口发送中断请求标志位。当 CPU 将 1 字节的数据写入串行口的发送缓冲器 SBUF 时，就启动一帧串行数据的发送，每发送完一帧串行数据后，硬件把 TI 中断请求标志位自动置"1"。CPU 响应串行口发送中断时，并不能清除 TI 标志位，TI 标志位必须在中断服务程序中用指令对其清零。

（2）RI：串行口接收中断请求标志位。在串行口接收完一个串行数据帧，硬件自动使 RI 中断请求标志位置"1"。CPU 在响应串行口接收中断时，RI 标志位并不清零，必须在中断服务程序中用指令对 RI 清零。

6.3　中断允许与中断优先级的控制

中断允许控制和中断优先级控制分别是由特殊功能寄存器区中的中断允许寄存器 IE 和中断优先级寄存器 IP 来实现。下面介绍这两个特殊功能寄存器。

6.3.1 中断允许寄存器 IE

单片机对各中断源中断请求的允许和禁止，是由中断允许寄存器 IE 控制的。IE 的字节地址为 A8H，可进行位寻址，其格式如图 6-5 所示。

	D7	D6	D5	D4	D3	D2	D1	D0	
IE	EA	—	—	ES	ET1	EX1	ET0	EX0	A8H
位地址	AFH	—	—	ACH	ABH	AAH	A9H	A8H	

图 6-5 中断允许寄存器 IE 的格式

中断允许寄存器 IE 对中断的允许和禁止实现两级控制。两级控制就是有一个总的中断开关控制位 EA（IE.7 位），当 EA=0 时，所有的中断请求被屏蔽，CPU 对任何中断请求都不接受；当 EA=1 时，CPU 开放中断，但 5 个中断源的中断请求是否被允许，还要由 IE 中的低 5 位所对应的 5 个中断请求允许控制位的状态来决定（见图 6-5）。

IE 中各位的功能如下。

（1）EA：中断允许总开关控制位。1——所有的中断请求被允许；0——所有的中断请求被屏蔽。

（2）ES：串行口中断允许控制位。1——允许串行口中断；0——禁止串行口中断。

（3）ET1：定时器/计数器 T1 的溢出中断允许控制位。1——允许 T1 溢出中断；0——禁止 T1 溢出中断。

（4）EX1：外部中断 1 中断允许位。1——允许外部中断 1 中断；0——禁止外部中断 1 中断。

（5）ET0：定时器/计数器 T0 的溢出中断允许控制位。1——允许 T0 溢出中断；0——禁止 T0 溢出中断。

（6）EX0：外部中断 0 中断允许控制位。1——允许外部中断 0 中断；0——禁止外部中断 0 中断。

AT89S51 复位后，IE 被清零，所有中断请求都被禁止。IE 中与各个中断源相应的控制位可用指令置“1”或清零，即可允许或禁止各中断源的中断请求。若使某一个中断源被允许中断，除了 IE 中相应的中断请求允许位被置“1”外，还必须将 EA 位置“1”。

6.3.2 中断优先级寄存器 IP

AT89S51 的中断请求源有两个中断优先级，每一个中断请求源可由软件设置为高优先级中断或低优先级中断，也可实现两级中断嵌套。所谓两级中断嵌套，就是 AT89S51 正在执行低优先级中断的服务程序时，可被高优先级中断请求所中断，待高优先级中断处理完毕后，再返回低优先级中断服务程序。两级中断嵌套的过程如图 6-6 所示。关于各中断源的中断优先级关系，可归纳为下面两条基本规则。

（1）低优先级可被高优先级中断，高优先级不能被低优先级中断。

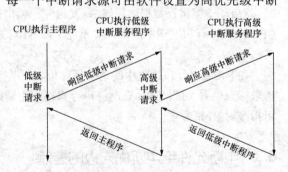

图 6-6 两级中断嵌套的过程示意图

（2）任何一种中断（不管是高级还是低级）一旦得到响应，不会再被它的同级中断源所中断。如果某一中断源被设置为高优先级中断，在执行该中断源的中断服务程序时，则不能被任何其他中断源的中断请求所中断。

AT89S51 的片内有一个中断优先级寄存器 IP,其字节地址为 B8H,可位寻址。只要用程序改变其内容,即可进行各中断源中断优先级的设置,IP 寄存器的格式如图 6-7 所示。

	D7	D6	D5	D4	D3	D2	D1	D0	
IP	—	—	—	PS	PT1	PX1	PT0	PX0	B8H
位地址	—	—	—	BCH	BBH	BAH	B9H	B8H	

图 6-7　中断优先级寄存器 IP 的格式

中断优先级寄存器 IP 各位的含义如下。

(1) PS:串行口中断优先级控制位,1——高优先级;0——低优先级。

(2) PT1:定时器 T1 中断优先级控制位,1——高优先级;0——低优先级。

(3) PX1:外部中断 1 中断优先级控制位,1——高优先级;0——低优先级。

(4) PT0:定时器 T0 中断优先级控制位,1——高优先级;0——低优先级。

(5) PX0:外部中断 0 中断优先级控制位,1——高优先级;0——低优先级。

中断优先级控制寄存器 IP 的各位都可由用户程序置"1"和清零,用位操作指令或字节操作指令可更新 IP 的内容,以改变各中断源的中断优先级。

AT89S51 复位以后,IP 的内容为 0,各个中断源均为低优先级中断。

下面简单介绍 AT89S51 的中断优先级结构。AT89S51 的中断系统有两个不可寻址的"优先级激活触发器",其中一个指示某高优先级的中断正在执行,所有后来的中断均被阻止;另一个触发器指示某低优先级的中断正在执行,所有同级的中断都被阻止,但不阻断高优先级的中断请求。

在同时收到几个同一优先级的中断请求时,哪一个中断请求能优先得到响应,取决于内部的查询顺序。这相当于在同一个优先级内,还同时存在另一个辅助优先级结构,其查询顺序如表 6-1 所示。

表 6-1　　　　　　　　　　　　同级中断的查询顺序

中　断　源	中　断　级　别
外部中断 0	最高
T0 溢出中断	↓
外部中断 1	
T1 溢出中断	
串行口中断	最低

由表 6-1 可见,各中断源在同一个优先级的条件下,外部中断 0 的中断优先级最高,串行口中断的优先级最低。

6.4　响应中断请求的条件

一个中断源的中断请求被响应,必须满足以下必要条件。

(1) 总中断允许开关接通,即 IE 寄存器中的中断总允许位 EA=1。

(2) 该中断源发出中断请求,即该中断源对应的中断请求标志为"1"。

（3）该中断源的中断允许位=1，即该中断被允许。

（4）无同级或更高级中断正在被服务。

中断响应就是 CPU 接受了中断源提出的中断请求。当 CPU 查询到有效的中断请求时，在满足上述条件时，紧接着就进行中断响应。

中断响应的主要过程首先是由硬件自动生成一条长调用指令"LCALL addr16"， addr16 就是该中断请求源位于程序存储区中固定的中断入口地址。例如，对于外部中断 1 的响应，硬件自动生成的长调用指令为：

```
LCALL   0013H
```

生成 LCALL 指令后，紧接着就由 CPU 执行该指令。首先将程序计数器 PC 的内容压入堆栈以保护断点，再将中断入口地址装入 PC 计数器，使程序转向响应中断请求的中断入口地址。各中断源服务程序的入口地址是固定的，如表 6-2 所示。

表 6-2   中断入口地址表

中 断 源	中断入口地址
外部中断 0	0003H
定时器/计数器 T0	000BH
外部中断 1	0013H
定时器/计数器 T1	001BH
串行口中断	0023H

由表 6-2 可见，两个中断入口间只相隔 8 字节，一般情况下难以安放一个完整的中断服务程序。因此，通常总是在中断入口地址处放置一条无条件转移指令，使程序执行转向在其他地址存放的中断服务程序入口。

CPU 定期在每个机器周期都要查询各中断源的中断请求标志，以判断各中断源是否有中断请求。CPU 对中断请求的响应是有条件的，并不是查询到的所有中断请求都能被立即响应，当遇到下列 3 种情况之一时，中断响应被封锁。

（1）CPU 正在处理同级或更高优先级的中断。因为当一个中断被响应时，要把对应的中断优先级状态触发器置"1"，该触发器指出正在处理的中断优先级别，从而封锁了低级中断请求和同级中断请求。

（2）查询出中断请求的机器周期不是当前正在执行指令的最后一个机器周期。为确保指令执行的完整性，只有在该指令执行完毕后，才能进行中断响应。

（3）正在执行的指令是 RETI 或是访问 IE 或 IP 的指令。因为按照 AT89S51 中断系统的规定，在执行完这些指令后，需要再执行完一条指令，才能响应新的中断请求。

如果存在上述 3 种情况之一，CPU 将丢弃中断查询结果，不能对中断请求进行响应。

6.5 外部中断的响应时间

在使用外部中断时，有时需考虑从外部中断请求有效（外部中断请求标志置"1"）到转向中断入口地址所需要的响应时间，即外部中断响应的实时性问题。下面就来讨论这个问题。

外部中断的最短响应时间为 3 个机器周期。其中中断请求标志位查询占 1 个机器周期，而这个机器周期恰好处于正在执行指令的最后一个机器周期。在这个机器周期结束后，中断即被响应，CPU 接着自动执行 1 条硬件子程序调用指令 LCALL 以转到相应的中断服务程序入口，这需要 2 个机器周期。

外部中断响应的最长时间为 8 个机器周期。这种情况发生在 CPU 进行中断标志查询时，刚好才开始执行 RETI 或访问 IE 或 IP 的指令，则需把当前指令执行完继续执行一条指令后，才能响应中断。执行上述的 RETI 或访问 IE 或 IP 的指令，最长需要 2 个机器周期。而接着再执行 1 条指令，我们按最长的指令（乘法指令 MUL 和除法指令 DIV）来算，也只有 4 个机器周期。再加上硬件子程序调用指令 LCALL 的执行，需要 2 个机器周期，所以，外部中断响应的最长时间为 8 个机器周期。

如果已经在处理同级或更高级中断，外部中断请求的响应时间取决于正在执行的中断服务程序的处理时间，在这种情况下，响应时间就无法计算了。

这样，在一个单一中断的系统里，AT89S51 单片机对外部中断请求的响应时间总是在 3~8 个机器周期之间。

6.6　外部中断的触发方式选择

外部中断有两种触发方式：电平触发方式和跳沿触发方式。

1．电平触发方式

若外部中断设置为电平触发方式，外部中断申请触发器的状态随着 CPU 在每个机器周期采样到的外部中断输入引脚的电平变化而变化，这能提高了 CPU 对外部中断请求的响应速度。在响应电平触发方式的中断服务程序返回之前，外部中断请求输入电平必须无效（即已由低电平变为高电平），否则 CPU 返回主程序后会再次响应外部中断。所以电平触发方式适合于外部中断以低电平输入且中断服务程序能清除外部中断请求源（即外部中断输入电平又变为高电平）的情况。如何清除外部中断请求源电平触发方式的低电平信号，将在本章的后面介绍。

2．负跳变触发方式

在负跳变触发方式下，如果连续两次采样，一个机器周期采样到外部中断输入为高，下一个机器周期采样为低，则中断请求触发器置"1"，直到 CPU 响应此中断时，该标志才清零。但输入的负脉冲宽度至少要保持 1 个机器周期（若晶体振荡器频率为 6MHz，则为 2μs），才能被 CPU 采样到。外部中断的负跳变触发方式适合于以负脉冲形式输入的外部中断请求。外部中断若设置为负跳变触发方式，外部中断请求触发器能锁存外部中断输入线上的负跳变。即便是 CPU 暂时不能响应该外部中断请求，中断请求标志也不会清零，这样就不会丢失中断。

6.7　中断请求的撤销

某个中断请求被响应后，就存在着一个中断请求的撤销问题。下面按中断请求源的类型分别说明中断请求的撤销方法。

1．定时器/计数器中断请求的撤销

定时器/计数器中断的中断请求被响应后，硬件会自动把中断请求标志位（TF0 或 TF1）清零，

因此定时器/计数器中断请求是自动撤销的。

2. 外部中断请求的撤销

（1）负跳变方式外部中断请求的撤销。

负跳变方式外部中断请求的撤销包括两项：中断标志位清零和外中断信号的撤销。其中，中断标志位（IE0 或 IE1）清零是在中断响应后由硬件自动清零的。由于负跳变信号过后也就消失了，所以负跳变方式的外部中断请求的撤销也是自动的。

（2）电平方式外部中断请求的撤销。

对于电平方式外部中断请求的撤销，中断请求标志的撤销是自动的，但中断请求信号的低电平可能继续存在，在以后的机器周期采样时，又会把已清零的 IE0 或 IE1 标志位重新置 1。为此，要彻底解决电平方式外部中断请求的撤销，除了标志位清零之外，必要时还需在中断响应后把中断请求信号输入引脚从低电平强制改变为高电平。为此，可在系统中增加图 6-8 所示的电路。

由图 6-8 可见，用 D 触发器锁存外来的中断请求低电平，并通过 D 触发器的输出端 Q 接到 $\overline{\text{INT0}}$ （或 $\overline{\text{INT1}}$ ），所以，增加的 D 触发器不影响中断请求。中断响应后，为了撤销中断请求，可利用 D 触发器的置"1"端 SD 实现，即把 SD 端接 AT89S51 的 P1.0 端。因此，只要 P1.0 端输出一个负脉冲就可以使 D 触发器置"1"，从而就撤销低电平的中断请求信号。所需的负脉冲可在中断服务程序中先把 P1.0 置"1"，再让 P1.0 为"0"，再把 P1.0 置"1"，从而产生一个负脉冲。

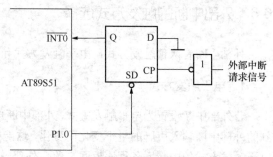

图 6-8 电平方式的外部中断请求的撤销电路示意图

3. 串行口中断请求的撤销

串行口中断请求的撤销只有标志位清零的问题。串行口中断的标志位是 TI 和 RI，但对这两个中断标志 CPU 不进行自动清零。因为在响应串行口的中断后，CPU 无法知道是接收中断还是发送中断，因此还需测试这两个中断标志位的状态来判定，然后才能清零。所以串行口中断请求的撤销只能用软件在中断服务程序中把串行口中断标志位 TI 或 RI 清零。

6.8 中断函数

为了方便设计者直接使用 C51 编写中断服务程序，C51 中定义了中断函数。这在第 3 章中已经进行了简要介绍。由于 C51 编译器在编译时对声明为中断服务程序的函数自动添加了相应的现场保护、阻断其他中断、返回时自动恢复现场等处理的程序段，因而在编写中断服务程序时可不必考虑这些问题，这在一定程度上减小了用户编写中断服务程序的烦琐程度。

第 3 章中介绍的中断服务函数的一般形式为：

函数类型　函数名（形式参数表）interrupt n　using n

关键字 interrupt 后面的 n 是中断号，对于 8051 单片机，n 的取值为 0~4，编译器从 8×n+3 处产生中断向量。AT89S51 的中断源对应的中断号和中断向量，如表 6-3 所示。

表 6-3   8051 单片机的中断号和中断向量

中断号 n	中 断 源	中断向量（8×n+3）
0	外部中断 0	0003H
1	定时器 0	000BH
2	外部中断 1	0013H
3	定时器 1	001BH
4	串行口	0023H
其他值	保留	8×n+3

AT89S51 单片机在内部 RAM 中可使用 4 个工作寄存器区，每个工作寄存器区包含 8 个工作寄存器（R0～R7）。C51 扩展了一个关键字 using，using 后面的 n 专门用来选择 AT89S51 的 4 个不同的工作寄存器区。using 是一个选项，如果不选用该项，中断函数中的所有工作寄存器的内容将被保存到堆栈中。

关键字 using 对函数目标代码的影响如下：在中断函数的入口处将当前工作寄存器区的内容保护到堆栈中，函数返回之前将被保护的寄存器区的内容从堆栈中恢复。使用关键字 using 在函数中确定一个工作寄存器区时必须十分小心，要保证任何工作寄存器区的切换都只在指定的控制区域中发生，否则将产生不正确的函数结果。

例如，外中断 1（$\overline{INT1}$）的中断服务函数书写如下：

```
void int1( ) interrupt 2 using 0        //中断号 n=2，选择 0 区作为工作寄存器区
```

C51 的中断调用与标准 C 的函数调用是不一样的，当中断事件发生后，对应的中断函数被自动调用，中断函数既没有参数，也没有返回值。中断函数会带来如下影响。

（1）编译器会为中断函数自动生成中断向量。

（2）退出中断函数时，所有保存在堆栈中的工作寄存器及特殊功能寄存器被恢复。

（3）在必要时，特殊功能寄存器 A_{cc}、B、DPH、DPL 和 PSW 的内容被保存到堆栈中。

编写 AT89S51 单片机中断程序时，应遵循以下规则。

（1）中断函数没有返回值，如果定义了一个返回值，将会得到不正确的结果。因此建议将中断函数定义为 void 类型，以明确说明没有返回值。

（2）中断函数不能进行参数传递，如果中断函数中包含任何参数声明都将导致编译出错。

（3）在任何情况下都不能直接调用中断函数，否则会产生编译错误。因为中断函数的返回是由汇编语言指令 RETI 完成的，RETI 指令会影响 AT89S51 单片机中的硬件中断系统内不可寻址的中断优先级寄存器的状态。如果在没有实际中断请求的情况下，直接调用中断函数，也就不会执行 RETI 指令，其操作结果有可能产生一个致命的错误。

（4）如果在中断函数中再调用其他函数，则被调用的函数所使用的寄存器区必须与中断函数使用的寄存器区不同。

6.9 中断系统应用举例

下面通过几个案例介绍有关中断应用程序的编写。

6.9.1 单一外中断的应用

【例 6-1】 在 AT89S51 单片机的 P1 口上接有 8 只 LED。在外部中断 0 输入引脚 $\overline{\text{INT0}}$（P3.2）接有一只按钮开关 k1。要求将外部中断 0 设置为电平触发。程序启动时，P1 口上的 8 只 LED 全亮。每按一次按钮开关 k1，使引脚 $\overline{\text{INT0}}$ 接地，产生一个低电平触发的外中断请求，在中断服务程序中，让低 4 位的 LED 与高 4 位的 LED 交替闪烁 5 次。然后从中断返回，控制 8 只 LED 再次全亮，其原理电路如图 6-9 所示。

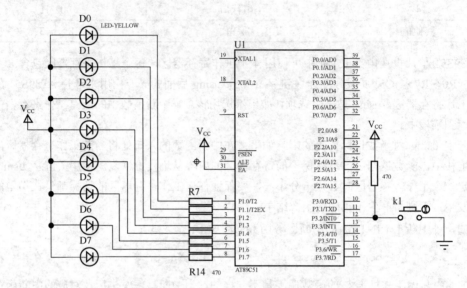

图 6-9 利用中断控制 8 只 LED 交替闪烁 1 次的电路示意图

参考程序如下。

```
#include <reg51.h>
#define uchar  unsigned char
void Delay(unsigned int i)          //延时函数 Delay( )，i 为形式参数，不能赋初值
{
    unsigned int j;
    for(;i > 0;i--)
    for(j=0;j<333;j++)              //晶体振荡器为 12MHz，j 的选择与晶体振荡器频率有关
    {;}                            //空函数
}
void  main( )                       //主函数
{
    EA=1;                          //总中断允许
    EX0=1;                         //允许外部中断 0 中断
    IT0=1;                         //选择外部中断 0 为跳沿触发方式
    while(1)                       //循环
    { P1=0;}                       //P1 口的 8 只 LED 全亮
}

void int0( )  interrupt 0  using 1 //外中断 0 的中断服务函数
{
```

```
    uchar  m;
    EX0=0;                          //禁止外部中断 0 中断
    for(m=0;m<5;m++)                //交替闪烁 5 次
    {
        P1=0x0f;                    //低 4 位 LED 灭，高 4 位 LED 亮
        Delay(400) ;                //延时
        P1=0xf0;                    //高 4 位 LED 灭，低 4 位 LED 亮
        Delay(400);                 //延时
    }
        EX0=1;                      //中断返回前，打开外部中断 0 中断
}
```

本案例的程序包含两部分，一部分是主程序段，它完成了中断系统初始化，并把 8 个 LED 全部点亮；另一部分是中断函数部分，它控制 4 个 LED 交替闪烁 1 次，然后从中断返回。

6.9.2 两个外中断的应用

当需要多个中断源时，只需增加相应的中断服务函数即可。例 6-2 是处理两个外中断请求的例子。

【例 6-2】 如图 6-10 所示，在 AT89S51 单片机的 P1 口上接有 8 只 LED。在外部中断 0 输入引脚 $\overline{INT0}$（P3.2）接有一只按钮开关 k1，在外部中断 1 输入引脚 $\overline{INT1}$（P3.3）接有一只按钮开关 k2。要求 k1 和 k2 都未按下时，P1 口的 8 只 LED 呈流水灯显示，仅 k1（P3.2）按下再松开时，上下各 4 只 LED 交替闪烁 10 次，然后再回到流水灯显示。如果按下再松开 k2（P3.3）时，P1 口的 8 只 LED 全部闪烁 10 次，然后再回到流水灯显示。设置两个外中断的优先级相同。

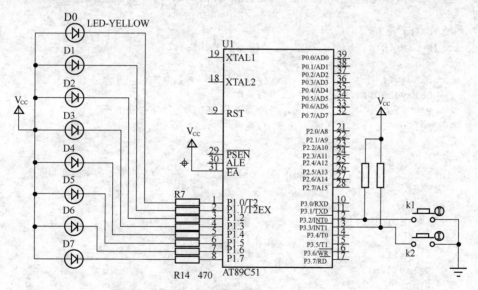

图 6-10 两个外中断控制 8 只 LED 显示的电路

参考程序如下。

```
#include <reg51.h>
#define uchar unsigned char
void Delay(unsigned int i)          //延时函数 Delay( ),i 为形式参数，不能赋初值
{
```

```
        uchar j;
        for(;i>0;i--)
        for(j=0;j<125;j++)
        {;}                             //空函数
    }
    void  main( )                       //主函数
    {
        uchar display[9]={0xff,0xfe,0xfd,0xfb,0xf7,0xef,0xdf,0xbf,0x7f};//流水灯显
    //示数据数组
        unsigned int a;
        for(;;)
        {
            EA=1;                        //总中断允许
            EX0=1;                       //允许外部中断 0 中断
            EX1=1;                       //允许外部中断 1 中断
            IT0=1;                       //选择外部中断 0 为跳沿触发方式
            IT1=1;                       //选择外部中断 1 为跳沿触发方式
            IP=0;                        //两个外部中断均为低优先级
            for(a=0;a<9;a++)
            {
                Delay(500);              //延时
                P1=display[a];           //将已经定义的流水灯显示数据送到 P1 口
            }
        }
    }
    void int0_isr(void)  interrupt 0  using 1//外中断 0 的中断服务函数
    {
        uchar n;
        for(n=0;n<10;n++)                //高、低 4 位显示 10 次
        {
            P1=0x0f;                     //低 4 位 LED 灭，高 4 位 LED 亮
            Delay(500);                  //延时
            P1=0xf0;                     //高 4 位 LED 灭，低 4 位 LED 亮
            Delay(500);                  //延时
        }
    }
    void int1_isr (void)  interrupt 2  using 2        //外中断 1 的中断服务函数
    {
        uchar m;
        for(m=0;m<10;m++)                //闪烁显示 10 次
        {
            P1=0xff;                     //全灭
            Delay(500);                  //延时
            P1=0;                        //LED 全亮
            Delay(500);                  //延时
        }
    }
```

6.9.3　中断嵌套的应用

中断嵌套只能发生在单片机正在执行一个低优先级中断服务程序的场合，此时若又有一个高

优先级中断产生，就会产生高优先级中断打断低优先级中断服务程序，然后去执行高优先级中断
服务程序。高优先级中断服务程序完成后，再继续执行低优先级中断服务程序。

【例6-3】 电路如图 6-10 所示，设计一个中断嵌套程序。要求 k1 和 k2 都未按下时，P1 口的
8 只 LED 呈流水灯显示，当按一下 k1 时，产生一个低优先级的外部中断 0 请求（负跳变触发），
进入外部中断 0 中断服务程序，上下 4 只 LED 交替闪烁。此时按一下 k2 时，产生一个高优先级
的外部中断 1 请求（负跳变触发），进入外中断 1 中断服务程序，使 8 只 LED 全部闪烁。当显示
5 次后，再从外部中断 1 返回继续执行外部中断 0 中断服务程序，即 P1 口控制 8 只 LED，上、下
4 只 LED 交替闪烁。设置外部中断 0 为低优先级，外部中断 1 为高优先级。

参考程序如下。

```c
#include <reg51.h>
#define uchar unsigned char
void Delay(unsigned int i)                 //延时函数 Delay( )
{
    unsigned int j;
    for(;i > 0;i--)
    for(j=0;j<125;j++)
    {;}                                    //空函数
}
void  main( )                              //主函数
{
    uchar display [9]={0xfe,0xfd,0xfb,0xf7,0xef,0xdf,0xbf,0x7f};//流水灯显示数据组
    uchar a;
    for(;;)
    {
        EA=1;                              //总中断允许
        EX0=1;                             //允许外部中断 0 中断
        EX1=1;                             //允许外部中断 1 中断
        IT0=1;                             //选择外部中断 0 为跳沿触发方式
        IT1=1;                             //选择外部中断 1 为跳沿触发方式
        PX0=0;                             //外部中断 0 为低优先级
        PX1=1;                             //外部中断 1 为高优先级
        for(a=0;a<9;a++)
        {
            Delay(500);                    //延时
            P1=display[a];                 //流水灯显示数据送到 P1 口驱动 LED 显示
        }

    }
}
void int0_isr(void)  interrupt 0  using 0//外部中断 0 的中断服务函数
{
    for(;;)
    {
        P1=0x0f;                           //低 4 位 LED 灭，高 4 位 LED 亮
        Delay(400);                        //延时
        P1=0xf0;                           //高 4 位 LED 灭，低 4 位 LED 亮
        Delay(400);                        //延时
    }
```

```
}
void int1_isr (void)  interrupt 2   using 1    //外部中断 1 的中断服务函数
{
    uchar m;
    for(m=0;m<5;m++)                            //8 位 LED 全亮全灭 5 次
    {
        P1=0;                                   //8 位 LED 全亮
        Delay(500);                             //延时
        P1=0xff;                                //8 位 LED 全灭
        Delay(500);                             //延时
    }
}
```

本案例如果设置外部中断 1 为低优先级，外部中断 0 为高优先级，仍然先按下再松开 k1，后按下再松开 k2 或者设置两个外部中断源的中断优先级为同级，均不会发生中断嵌套。

6.10　AT89S52 与 AT89S51 中断系统的差别

本节介绍单片机 AT89S52 与 AT89S51 的中断系统的差别。AT89S52 中断系统是兼容 AT89S51 的中断系统的。

6.10.1　中断请求源的差别

AT89S52 单片机的中断系统结构如图 6-11 所示。中断系统共有 6 个中断请求源，与 AT89S51 单片机相比多了一个定时器/计数器 T2 的中断请求源。该中断请求源含有计数溢出（TF2）和"捕捉"（EXF2）两种中断请求标志，经或门共用一个中断向量。两种中断触发是由 T2 的两种不同工作方式决定的。T2 的两种不同工作方式将在第 7 章介绍。

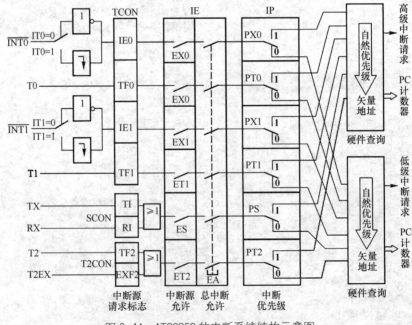

图 6-11　AT89S52 的中断系统结构示意图

6.10.2 中断请求标志寄存器的差别

AT89S52 单片机的 6 个中断请求源的中断请求标志分别由特殊功能寄存器 TCON、SCON 和 T2CON 的相应位锁存（见图 6-12），其中 TCON、SCON 与 AT89S51 单片机是相同的，但是 AT89S52 多了一个特殊功能寄存器 T2CON。

特殊功能寄存器 T2CON 的字节地址为 C8H，可位寻址，位地址为 C8H～CFH，其格式见图 6-12。

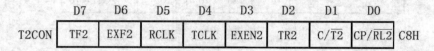

	D7	D6	D5	D4	D3	D2	D1	D0	
T2CON	TF2	EXF2	RCLK	TCLK	EXEN2	TR2	C/$\overline{\text{T2}}$	CP/$\overline{\text{RL2}}$	C8H

图 6-12 中断请求标志寄存器 T2CON 的格式

T2CON 中的最高两位为定时器/计数器 T2 的中断请求标志位 TF2 和 EXF2。

（1）TF2（D7）：当 T2 的计数器（TL2、TH2）计数计满溢出回"0"时，由内部硬件置位 TF2（寄存器 T2CON.7），向 CPU 发出中断请求，但是当 RCLK 位或 TCLK 位为"1"时将不予置位。本标志位必须由软件清 0。

（2）EXF2（D6）：当由引脚 T2EX（P1.1 引脚）上的负跳变引起"捕捉"或"重新装载"且 EXEN2 位为 1，则置位 EXF2 标志位（寄存器 T2CON.6），向 CPU 发出中断请求。

上述 T2 的两种中断请求，在满足中断响应条件时，CPU 都将响应其中断请求，转向同一个中断向量地址进行中断处理。因此，必须在 T2 的中断服务程序中对 TF2 和 EXF2 两个中断请求标志位进行查询，然后正确转入对应的中断处理程序。中断结束后，中断请求标志位 TF2 或 EXF2 必须由软件清 0。

6.10.3 中断允许寄存器与中断优先级寄存器的差别

AT89S52 实现中断允许控制和中断优先级控制同样也是由特殊功能寄存器区中的中断允许寄存器 IE 和中断优先级寄存器 IP 分别来实现的。

1. 中断允许寄存器 IE

AT89S52 的 CPU 对各中断源的开放或屏蔽，是由片内的中断允许寄存器 IE 控制的。IE 的字节地址仍为 A8H，可位寻址，AT89S52 的 IE 寄存器格式，如图 6-13 所示。

	D7	D6	D5	D4	D3	D2	D1	D0	
IE	EA	—	ET2	ES	ET1	EX1	ET0	EX0	A8H
位地址	AFH	—	ADH	ACH	ABH	AAH	A9H	A8H	

图 6-13 中断允许寄存器 IE 的格式

与 AT89S51 单片机相比，AT89S52 多了一个 ET2 位，ET2 位为定时器/计数器 T2 的中断允许位：ET2=0，禁止 T2 中断；ET2=1，允许 T2 中断。

2. 中断优先级寄存器 IP

AT89S52 的中断优先级寄存器 IP，其字节地址仍为 B8H，可位寻址。与 AT89S51 相比，在

IP 寄存器中多出了一个 PT2 位，PT2 位为定时器 T2 中断优先级控制位：PT2=1，定时器 T2 中断为高优先级；PT2=0，定时器 T2 中断为低优先级。其他各个位的含义与 AT89S51 相同。

AT89S52 的 IP 寄存器的格式如图 6-14 所示。

	D7	D6	D5	D4	D3	D2	D1	D0	
IP	—	—	PT2	PS	PT1	PX1	PT0	PX0	B8H
位地址	—	—	BDH	BCH	BBH	BAH	B9H	B8H	

图 6-14　中断优先级寄存器 IP 的格式

AT89S52 单片机复位后，IP 的内容为 0，各个中断源均为低优先级中断。

在所有的中断源为同一中断优先级且同时发出中断请求时，哪一个中断请求能优先得到响应，取决于内部的硬件查询顺序，其查询顺序如表 6-4 所示。

表 6-4　　　　　　　　　　　　同一优先级中断的查询次序

中　断　源	中　断　级　别
外部中断 0 T0 溢出中断 外部中断 1 T1 溢出中断 串行口中断 T2 中断	最高 ↓ 最低

由此可见，各中断源在相同优先级的条件下，外部中断 0 的中断优先级最高，T2 溢出中断或 EXF2 中断的中断优先级最低。

3. 中断入口与中断函数

各个中断源的中断入口都是固定的，AT89S52 单片机多了一个定时器/计数器 T2 的中断入口 002BH，如表 6-5 所示。

表 6-5　　　　　　　　　　　　　　中断入口地址表

中　断　源	中断入口地址
外部中断 0	0003H
定时器/计数器 T0	000BH
外部中断 1	0013H
定时器/计数器 T1	001BH
串行口中断	0023H
定时器/计数器 T2（T2+EXF2）	002BH

在第 3 章中介绍的中断服务函数的一般形式为：

函数类型　函数名（形式参数表）interrupt n　using n

关键字 interrupt 后面的 n 是中断号，对于 AT89S51 单片机，n 的取值为 0～4，而对于 AT89S52

单片机，n 的取值为 0～5，编译器从 8×n+3 处产生中断向量。AT89S52 的中断源对应的中断号和中断向量如表 6-6 所示。

表 6-6　　　　　　　　　　AT89S52 单片机的中断号和中断向量

中断号 n	中 断 源	中断向量（8×n+3）
0	外部中断 0	0003H
1	定时器 T0	000BH
2	外部中断 1	0013H
3	定时器 T1	001BH
4	串行口	0023H
5	定时器 T2	002BH
其他值	保留	8×n+3

思考题及习题

一、填空题

1．外部中断 1 的中断入口地址为_____。定时器 T1 的中断入口地址为_____。

2．若（IP）=00010100B，则优先级最高者为_____，最低者为_____。

3．AT89S51 单片机响应中断后，产生长调用指令 LCALL，执行该指令的过程包括：首先把_____的内容压入堆栈，以进行断点保护，然后把长调用指令的 16 位地址送入_____，使程序执行转向_____中的中断地址区。

4．AT89S51 单片机复位后，中断优先级最高的中断源是_____。

5．当 AT89S51 单片机响应中断后，必须用软件清除的中断请求标志是_____。

二、单选题

1．下列说法错误的是（　　）。

A．同一级别的中断请求按时间的先后顺序响应

B．同一时间同一级别的多中断请求，将形成阻塞，系统无法响应

C．低优先级中断请求不能中断高优先级中断请求，但是高优先级中断请求能中断低优先级中断请求

D．同级中断不能嵌套

2．在 AT89S51 的中断请求源中，需要外加电路实现中断撤销的是（　　）。

A．电平方式的外部中断请求

B．跳沿方式的外部中断请求

C．外部串行中断

D．定时中断

3．中断查询确认后，在下列各种 AT89S51 单片机运行情况下，能立即进行响应的是（　　）。

A．当前正在进行高优先级中断处理

    B．当前正在执行 RETI 指令

    C．当前指令是 MOV A，R3

    D．当前指令是 DIV 指令，且正处于取指令的机器周期

  4．下列说法正确的是（   ）。

    A．各中断源发出的中断请求信号，都会标记在 AT89S51 的 IE 寄存器中

    B．各中断源发出的中断请求信号，都会标记在 AT89S51 的 TMOD 寄存器中

    C．各中断源发出的中断请求信号，都会标记在 AT89S51 的 IP 寄存器中

    D．各中断源发出的中断请求信号，都会标记在 AT89S51 的 TCON、SCON 寄存器中

三、判断题

1．定时器 T0 中断可以被外部中断 0 中断。

2．必须有中断源发出中断请求，并且 CPU 开中断，CPU 才可能响应中断。

3．AT89S51 单片机中的同级中断不能嵌套。

4．同为高中断优先级，外部中断 0 能打断正在执行的外部中断 1 的中断服务程序。

5．中断服务子程序可以直接调用。

6．在开中断的前提下，只要中断源发出中断请求，CPU 就会立刻响应中断。

四、简答题

1．中断服务子程序与普通子程序有哪些相同和不同之处？

2．AT89S51 单片机响应外部中断的典型时间是多少？在哪些情况下，CPU 将推迟对外部中断请求的响应？

3．中断响应需要满足哪些条件？

第7章 定时器/计数器的工作原理及应用

【内容概要】在工业检测、控制中，许多场合都要用到计数或定时功能。例如，对外部脉冲进行计数，产生精确的定时时间等。AT89S51 单片机内有两个可编程的定时器/计数器 T1、T0，以满足这方面的需要。本章介绍 AT89S51 片内定时器/计数器的结构、功能、工作原理、有关的特殊功能寄存器、工作模式和工作方式的选择、定时器/计数器的 C51 编程以及应用案例。本章最后还将对 AT89S52 新增的定时器/计数器 T2 做简要介绍。

了解单片机的定时器/计数器的工作原理，首先要从了解 AT89S51 单片机的定时器/计数器结构做起，只有了解了定时器/计数器结构，才能对定时器/计数器的工作原理有更加深入的了解。

7.1 定时器/计数器的结构

AT89S51 单片机的定时器/计数器结构如图 7-1 所示，定时器/计数器 T0 由特殊功能寄存器 TH0、TL0 构成，定时器/计数器 T1 由特殊功能寄存器 TH1、TL1 构成。

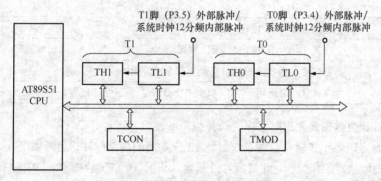

图 7-1　AT89S51 单片机的定时器/计数器结构框图

T0、T1 都具有定时器和计数器两种工作模式，不论是工作在定时器模式还是计数器模式，实质都是对脉冲信号进行计数，只不过是计数信号的来源不同。计数器模式是对加在 T0（P3.4）和 T1（P3.5）两个引脚上的外部脉冲进行计数（见图 7-1）；而定时器模式是对单片机的系统时钟信号经片内 12 分频后的内部脉冲信号（脉冲信号周期=机器周期）计数。由于系统时钟频率是定值，所以可根据计数值计算出准确的定时时间。两个定时器/计数器属于增 1 计数器，即每对一个脉冲计数，则计数器增 1。

T0、T1 具有 4 种工作方式：方式 0、方式 1、方式 2 和方式 3。图 7-1 中的特殊功能寄存器 TMOD 用于选择定时器/计数器 T0、T1 的工作模式和工作方式。特殊功能寄存器 TCON 用于控制 T0、T1 的启动和停止计数，同时它还包含了 T0、T1 的状态。

计数器的起始计数是从初值开始。单片机复位时计数器初值为 0，也可用指令给计数器装入 1 个新的初值。

7.1.1　定时器/计数器工作方式寄存器 TMOD

AT89S51 单片机的定时器/计数器工作方式寄存器 TMOD 用于选择定时器/计数器的工作模式和工作方式，字节地址为 89H，不能位寻址，其格式如图 7-2 所示。

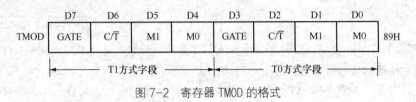

图 7-2　寄存器 TMOD 的格式

8 位分为两组，高 4 位控制 T1，低 4 位控制 T0。

TMOD 各位的功能如下。

（1）GATE：门控位

GATE=0，定时器/计数器是否计数，仅由控制位 TRx（x = 0，1）来控制。

GATE=1，定时器/计数器是否计数，要由外中断引脚（或 $\overline{\text{INT1}}$）$\overline{\text{INT0}}$ 上的电平与运行控制位 TRx 两个条件共同控制。

（2）M1、M0：工作方式选择位

M1、M0 的 4 种编码，对应于 4 种工作方式的选择，如表 7-1 所示。

表 7-1　　　　　　　　　　　　　　M1、M0 工作方式选择

M1	M0	工　作　方　式
0	0	方式 0，为 13 位定时器/计数器
0	1	方式 1，为 16 位定时器/计数器
1	0	方式 2，为 8 位的常数自动重新装载的定时器/计数器
1	1	方式 3，仅适用于 T0，此时 T0 分成 2 个 8 位计数器，T1 停止计数

（3）C/$\overline{\text{T}}$：计数器模式和定时器模式选择位

C/$\overline{\text{T}}$ =0，为定时器工作模式，对系统时钟 12 分频后的内部脉冲进行计数。

C/$\overline{\text{T}}$ =1，为计数器工作模式，计数器对外部输入引脚 T0（P3.4）或 T1（P3.5）的外部脉冲（负跳变）计数。

7.1.2　定时器/计数器控制寄存器 TCON

TCON 的字节地址为 88H，可位寻址，位地址为 88H～8FH。TCON 的格式如图 7-3 所示。

TCON 的低 4 位功能与外部中断有关，相关内容已在第 6 章中断系统中介绍。这里仅介绍与定时器/计数器相关的高 4 位功能。

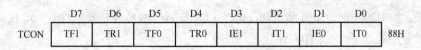

图 7-3　TCON 的格式

（1）TF1、TF0：计数溢出标志位

当计数器计数溢出时，该位置 1。使用查询方式时，此位可供 CPU 查询，但应注意查询后，应使用软件及时将该位清零。使用中断方式时，此位作为中断请求标志位，进入中断服务程序后由硬件自动清零。

（2）TR1、TR0：计数运行控制位

TR1 位（或 TR0 位）=1，启动定时器/计数器计数的必要条件。

TR1 位（或 TR0 位）=0，停止定时器/计数器计数。

该位可由软件置 1 或清零。

7.2　定时器/计数器的 4 种工作方式

定时器/计数器具有 4 种工作方式，分别介绍如下。

7.2.1　方式 0

当 M1、M0 为 00 时，定时器/计数器被设置为工作方式 0，这时定时器/计数器的等效逻辑结构框图如图 7-4 所示（以定时器/计数器 T1 为例，TMOD.5、TMOD.4=00）。

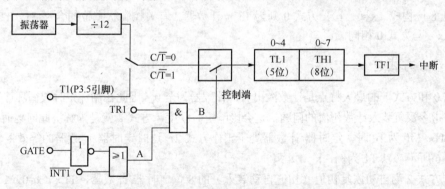

图 7-4　定时器/计数器方式 0 的逻辑结构框图

定时器/计数器工作在方式 0 时，为 13 位计数器，由 TLx（x=0，1）的低 5 位和 THx 的高 8 位构成。TLx 低 5 位溢出则向 THx 进位，THx 计数溢出则把 TCON 中的溢出标志位 TFx 置"1"。

图 7-4 中，C/$\overline{\text{T}}$ 位控制的电子开关决定了定时器/计数器的 2 种工作模式。

（1）C/$\overline{\text{T}}$=0，电子开关打在上面位置，T1（或 T0）为定时器工作模式，它把系统时钟 12 分频后的脉冲作为计数信号。

（2）C/$\overline{\text{T}}$=1，电子开关打在下面位置，T1（或 T0）为计数器工作模式，它对 P3.5（或 P3.4）引脚上的外部输入脉冲计数，当引脚上发生负跳变时，计数器加 1。

GATE 位的状态决定定时器/计数器的运行控制取决于 TRx 这一个条件，还是取决于 TRx 和 $\overline{\text{INTx}}$（x=0，1）引脚状态这两个条件。

（1）GATE=0 时，A 点（见图 7-4）电位恒为 1，B 点电位仅取决于 TRx 状态。TRx = 1，B

点为高电平，控制端控制电子开关闭合，允许 T1（或 T0）对脉冲计数。TRx = 0，B 点为低电平，电子开关断开，禁止 T1（或 T0）计数。

（2）GATE=1 时，B 点电位由 $\overline{\text{INTx}}$（x=0，1）的输入电平和 TRx 的状态这两个条件来确定。当 TRx=1，且 $\overline{\text{INTx}}$ =1 时，B 点才为高电平，控制端控制电子开关闭合，允许 T1（或 T0）计数。故这种情况下计数器是否计数是由 TRx 和 $\overline{\text{INTx}}$ 两个条件来共同决定的。

7.2.2 方式 1

当 M1、M0 为 01 时，定时器/计数器工作于方式 1，这时定时器/计数器的等效逻辑结构框图如图 7-5 所示。

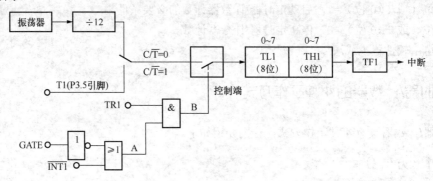

图 7-5 定时器/计数器方式 1 的逻辑结构框图

方式 1 和方式 0 的差别仅仅在于计数器的位数不同，方式 1 为 16 位计数器，由 THx 高 8 位和 TLx 低 8 位构成（x=0，1），方式 0 则为 13 位计数器。有关控制状态位的含义（GATE、C/$\overline{\text{T}}$、TFx、TRx）与方式 0 相同。

7.2.3 方式 2

方式 0 和方式 1 的最大特点是计数溢出后，计数器为全 0，因此在循环定时或循环计数应用时就存在用指令反复装入计数初值的问题，这会影响定时精度，方式 2 就是为解决此问题而设置的。

当 M1、M0 为 10 时，定时器/计数器处于工作方式 2，这时定时器/计数器的等效逻辑结构框图如图 7-6 所示（以 T1 为例，x =1）。

工作方式 2 为自动恢复初值（初值自动装入）的 8 位定时器/计数器，TLx（x=0，1）作为常数缓冲器，当 TLx 计数溢出时，在溢出标志 TFx 置 "1" 的同时，还自动将 THx 中的初值送至 TLx，使 TLx 从初值开始重新计数。定时器/计数器的方式 2 工作过程如图 7-7 所示。

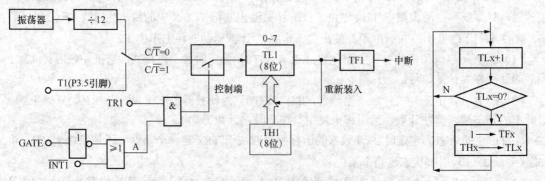

图 7-6 定时器/计数器方式 2 的逻辑结构框图   图 7-7 方式 2 工作过程图

方式 2 可以省去用户软件中重装初值的指令的执行时间，从而相当精确地确定定时时间。

7.2.4　方式 3

方式 3 是为了增加一个附加的 8 位定时器/计数器而设置的，目的是使 AT89S51 单片机具有 3 个定时器/计数器。方式 3 只适用于定时器/计数器 T0，定时器/计数器 T1 不能工作在方式 3。T1 处于方式 3 时相当于 TR1=0，停止计数（此时 T1 可用来作为串行口波特率产生器）。

1. 工作方式 3 下的 T0

当 TMOD 的低 2 位为 11 时，T0 的工作方式被选为方式 3，各引脚与 T0 的等效逻辑结构框图如图 7-8 所示。

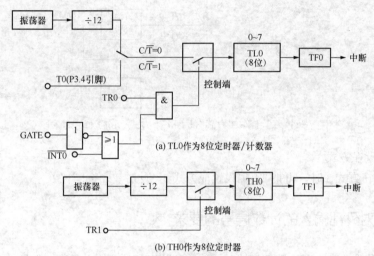

(a) TL0作为8位定时器/计数器

(b) TH0作为8位定时器

图 7-8　定时器/计数器 T0 方式 3 的逻辑结构框图

定时器/计数器 T0 分为两个独立的 8 位计数器 TL0 和 TH0，TL0 使用 T0 的状态控制位 $C/\overline{T}$、GATE、TR0、$\overline{INT0}$，而 TH0 被固定为一个 8 位定时器（不能作为外部计数模式），并使用定时器 T1 的状态控制位 TR1，同时占用定时器 T1 的中断请求源 TF1。

2. T0 工作在方式 3 时，T1 的各种工作方式

一般情况下，当 T1 用作串行口的波特率发生器时，T0 才工作在方式 3。T0 处于工作方式 3 时，T1 可定为方式 0、方式 1 和方式 2，用来作为串行口的波特率发生器，或不需要中断的场合。

（1）T1 工作在方式 0。

T1 的控制字中 M1、M0 = 00 时，T1 工作在方式 0，工作示意图如图 7-9 所示。

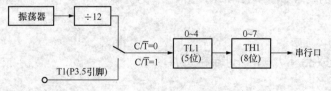

图 7-9　T0 工作在方式 3 时 T1 为方式 0 的工作示意图

（2）T1 工作在方式 1。

当 T1 的控制字中 M1、M0 = 01 时，T1 工作在方式 1，工作示意图如图 7-10 所示。

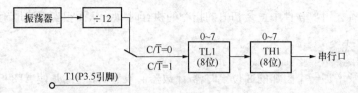

图 7-10　T0 工作在方式 3 时 T1 为方式 1 的工作示意图

（3）T1 工作在方式 2。

当 T1 的控制字中 M1、M0 = 10 时，T1 的工作方式为方式 2，工作示意图如图 7-11 所示。

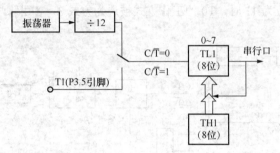

图 7-11　T0 工作在方式 3 时 T1 为方式 2 的工作示意图

（4）T1 设置在方式 3。

当 T0 设置在方式 3 时，再把 T1 也设置成方式 3，此时 T1 停止计数。

7.3　计数器对外部输入的计数信号的要求

当定时器/计数器工作在计数器模式时，计数脉冲来自外部输入引脚 T0 或 T1。当输入信号产生负跳变时，计数器的值增 1。每个机器周期的 S5P2 期间，CPU 都对外部输入引脚 T0 或 T1 进行采样。如在第 1 个机器周期中采得的值为 1，而在下一个机器周期中采得的值为 0，则在紧跟着的再下一个机器周期 S3P1 期间，计数器加 1。由于确认一次负跳变要花 2 个机器周期，即 24 个振荡周期，因此外部输入的计数脉冲的最高频率为系统振荡器频率的 1/24。

例如，选用 6MHz 频率的晶体，允许输入的脉冲频率最高为 250kHz。如果选用 12MHz 频率的晶体，则可输入最高频率为 500kHz 的外部脉冲。对于外部输入信号的占空比并没有什么限制，但为了确保某一给定电平在变化之前能被采样 1 次，则这一电平至少要保持 1 个机器周期。故对外部输入信号的要求如图 7-12 所示，图中 T_{cy} 为机器周期。

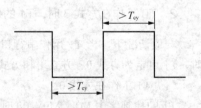

图 7-12　对外部计数输入信号的要求

7.4　定时器/计数器 T0、T1 的编程应用

在定时器/计数器 T0、T1 的 4 种工作方式中，方式 0 与方式 1 的差别，只是计数器的计数位数不同：方式 0 为 13 位计数器，方式 1 为 16 位计数器。由于方式 0 是为兼容 MCS-48 而设，计数初值计算复杂，所以在实际应用中，一般不用方式 0，而常采用方式 1。

7.4.1 P1 口控制 8 只 LED

【例 7-1】 在 AT89S51 单片机的 P1 口上接有 8 只 LED，电路如图 7-13 所示。下面采用定时器 T0 的方式 1 的定时中断方式，使 P1 口外接的 8 只 LED 每 0.5s 闪亮一次。

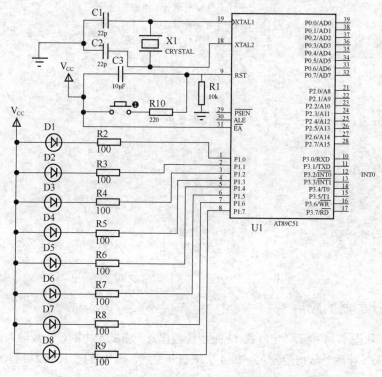

图 7-13 方式 1 定时中断控制 LED 闪亮电路示意图

（1）设置 TMOD 寄存器。定时器 T0 工作在方式 1，应使 TMOD 寄存器的 M1、M0=01；应设置 C/$\overline{T}$=0，为定时器工作模式；对 T0 的运行仅由 TR0 来控制，应使相应的 GATE 位为 0。定时器 T1 不使用，各相关位均设为 0。所以，TMOD 寄存器应初始化为 0x01。

（2）计算定时器 T0 的计数初值。设定时时间 5ms（即 5000μs），设定时器 T0 的计数初值为 X，假设晶体振荡器的频率为 11.0592MHz，则定时时间为：

定时时间=（$2^{16}-X$）× 12/晶体振荡器频率

则 $5\,000=(2^{16}-X) × 12/11.0592$

得 $X=60\,928$

转换成十六进制数后为：0xee00，其中 0xee 装入 TH0，0x00 装入 TL0。

（3）设置 IE 寄存器。本例由于采用定时器 T0 中断，因此需将 IE 寄存器中的 EA、ET0 位置 "1"。

（4）启动和停止定时器 T0。将定时器控制寄存器 TCON 中的 TR0=1，则启动定时器 T0；TR0=0，则停止定时器 T0 定时。

参考程序如下。

```
#include<reg51.h>
char i=100;
void main ()
{
```

```
        TMOD=0x01;                    //定时器 T0 为方式 1
        TH0=0xee;                     //设置定时器初值
        TL0=0x00;
        P1=0x00;                      //P1 口 8 个 LED 点亮
        EA=1;                         //总中断允许
        ET0=1;                        //允许定时器 T0 中断
        TR0=1;                        //启动定时器 T0
        while(1);                     //循环等待
        {
            ;
        }
    }
    void timer0() interrupt 1         //T0 中断程序
    {
        TH0=0xee;                     //重新赋初值
        TL0=0x00;
        i--;                          //循环次数减 1
        if(i<=0)
        {
            P1=~P1;                   //P1 口按位取反
            i=100;                    //重置循环次数
        }
    }
```

7.4.2 计数器的应用

【例 7-2】 如图 7-14 所示，定时器 T1 采用计数模式，方式 1 中断，计数输入引脚 T1（P3.5）上外接按钮开关，作为计数信号输入。按 4 次按钮开关后，P1 口的 8 只 LED 闪烁不停。

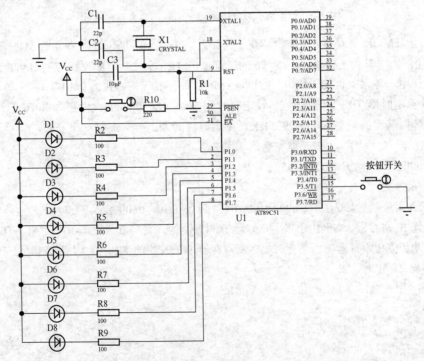

图 7-14   由外部计数输入信号控制 LED 的闪烁示意图

（1）设置 TMOD 寄存器。定时器 T1 工作在方式 1，应使 TMOD 寄存器的 M1、M0=01；设置 C/$\overline{\text{T}}$=1，为计数器模式。对 T0 的运行控制仅由 TR0 来控制，应使 GATE0=0。定时器 T0 不使用，各相关位均设为 0。所以，TMOD 寄存器应初始化为 0x50。

（2）计算定时器 T1 的计数初值。由于每按 1 次按钮开关，计数器计数 1 次，按 4 次后，P1 口 8 只 LED 闪烁不停。因此计数器的初值为 65 536-4=65 532，将其转换成十六进制后为 0xfffc，所以，TH0=0xff，TL0=0xfc。

（3）设置 IE 寄存器。由于本例采用 T1 中断，因此需将 IE 寄存器中的 EA、ET1 位置 1。

（4）启动和停止定时器 T1。将定时器控制寄存器 TCON 中的 TR1=1，则启动定时器 T1 计数；TR1=0，则停止 T1 计数。

参考程序如下。

```
#include <reg51.h>
void Delay(unsigned int i)          //定义延时函数 Delay( )，i 是形式参数，不能赋初值
{
    unsigned int j;
    for(;i>0;i--)                    //变量 i 由实际参数传入一个值，因此 i 不能赋初值
    for(j=0;j<125;j++)
    {;}                              //空函数
}
 void  main( )                       //主函数
{
    TMOD=0x50;                       //设置定时器 T1 为方式 1 计数
    TH1=0xff;                        //向 TH1 写入初值的高 8 位
    TL1=0xfc;                        //向 TL1 写入初值的低 8 位
    EA=1;                            //总中断允许
    ET1=1;                           //定时器 T1 中断允许
    TR1=1;                           //启动定时器 T1
    while(1) ;                       //无穷循环，等待计数中断
}

void T1_int(void)   interrupt 3     //T1 中断函数
{
    for(;;)                          //无限循环
    {
        P1=0xff;                     //8 位 LED 全灭
        Delay(500) ;                 //延时 500ms
        P1=0;                        //8 位 LED 全亮
        Delay(500);                  //延时 500ms
    }
}
```

7.4.3 控制 P1.0 产生周期为 2ms 的方波

【例 7-3】 假设系统时钟为 12MHz，设计电路并编写程序实现从 P1.0 引脚上输出一个周期为 2ms 的方波，如图 7-15 所示。

要在 P1.0 上产生周期为 2ms 的方波，定时器应产生 1ms 的定时中断，定时时间到则在中断服务程序中对 P1.0 求反。使用定时器 T0，方式 1 定时中断，GATE 不起作用。

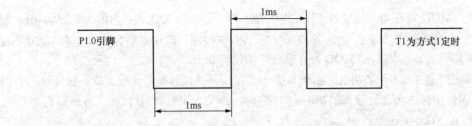

图 7-15 定时器控制 P1.0 输出一个周期 2ms 的方波示意图

本例的电路原理图如图 7-16 所示。其中在 P1.0 引脚接有虚拟示波器，用来观察产生的周期为 2ms 的方波。

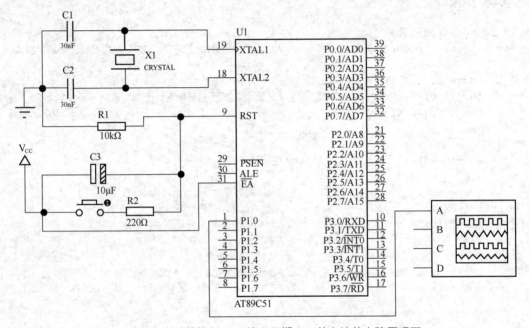

图 7-16 定时器控制 P1.0 输出周期 2ms 的方波的电路原理图

下面来计算 T0 的初值：

设 T0 的初值为 X，有

$$（2^{16}-X）\times 1 \times 10^{-6} = 1 \times 10^{-3}$$

即 $65\ 536-X=1000$

得 $X=64\ 536$，化为十六进制数就是 0xfc18。将高 8 位数 0xfc 装入 TH0，低 8 位数 0x18 装入 TL0。

参考程序如下。

```
#include <reg51.h>          //头文件 reg51.h
sbit P1_0=P1^0;             //定义特殊功能寄存器 P1 的位变量 P1_0
void main(void)            //主程序
{
    TMOD=0x01;             //设置 T0 为方式 1
    TR0=1;                //接通 T0
    while(1)              //无限循环
```

```
{
    TH0=0xfc;                //置 T0 高 8 位初值
    TL0=0x18;                //置 T0 低 8 位初值
    do{}while(!TF0);         //判 TF0 是否为 1，为 1 则 T0 溢出，往下执行，否则原地循环
    P1_0=!P1_0;              //P1.0 状态求反
    TF0=0;                   //TF0 标志清零
  }
}
```

仿真时，右键单击虚拟数字示波器，出现下拉菜单，单击"Digital Oscilloscope"选项，就会在数字示波器上显示 P1.0 引脚输出的周期为 2ms 的方波，如图 7-17 所示。

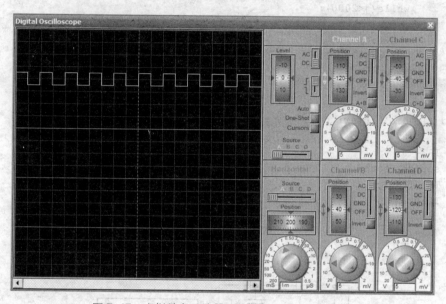

图 7-17 虚拟数字示波器显示的 2ms 的方波波形图

7.4.4 利用 T1 控制发出 1kHz 的音频信号

【例 7-4】 利用定时器 T1 的中断控制 P1.7 引脚输出频率为 1kHz 的方波音频信号，驱动蜂鸣器发声。系统时钟为 12MHz。方波音频信号的周期为 1ms，因此 T1 的定时中断时间为 0.5ms，进入中断服务程序后，对 P1.7 求反。电路如图 7-18 所示。

先计算 T1 初值，系统时钟为 12MHz，则机器周期为 1μs。1kHz 的音频信号周期为 1ms，要定时计数的脉冲数为 a。则 T1 的初值：

```
TH1=(65 536-a)/256;     TL1=(65 536 -a)%256
```

参考程序如下。

```
#include<reg51.h>                //包含头文件
sbit sound=P1^7;                 //将 sound 位定义为 P1.7 引脚
#define f1(a) (65536-a)/256      //定义装入定时器高 8 位的时间常数
#define f2(a) (65536-a)%256      //定义装入定时器低 8 位的时间常数
unsigned int i = 500;
unsigned int j = 0;
```

```
void main(void)
{
    EA=1;                                //开总中断
    ET1=1;                               //允许定时器 T1 中断
    TMOD=0x10;                           //TMOD=0001 0000，使用 T1 的方式 1 定时
    TH1=f1(i);                           //给定时器 T1 高 8 位赋初值
    TL1=f2(i);                           //给定时器 T1 低 8 位赋初值
    TR1=1;                               //启动定时器 T1
    while(1)
    {                                    //循环等待
        i=460;
        while(j<2000);
        j=0;
        i=360;
        while(j<2000);
        j=0;
    }
}
void T1(void) interrupt 3 using 0        //定时器 T1 中断函数
{
    TR1= 0;                              //关闭定时器 T1
    sound=~sound;                        //P1.7 输出求反
    TH1=f1(i);                           //定时器 T1 的高 8 位重新赋初值
    TL1=f2(i);                           //定时器 T1 的低 8 位重新赋初值
    j++;
    TR1=1;                               //启动定时器 T1
}
```

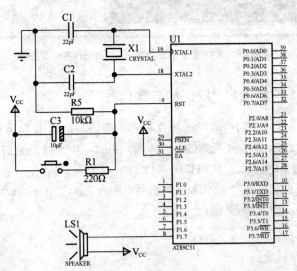

图 7-18　控制蜂鸣器发出 1kHz 的音频信号示意图

7.4.5　LED 数码管秒表的制作

　　【**例 7-5**】制作一个 LED 数码管显示的秒表，用 2 位数码管显示计时时间，最小计时单位为"百毫秒"，计时范围为 0.1～9.9s。当第 1 次按一下计时功能键时，秒表开始计时并显示；第 2 次按一

下计时功能键时，停止计时，将计时的时间值送到数码管显示；如果计时到 9.9s，将重新开始从 0 计时；第 3 次按一下计时功能键，秒表清零。再次按一下计时功能键，则重复上述计时过程。

本秒表应用了 AT89C51 的定时器工作模式，计时范围为 0.1~9.9s。此外它还涉及如何编写控制 LED 数码管的显示程序。

LED 数码管显示的秒表原理电路如图 7-19 所示。

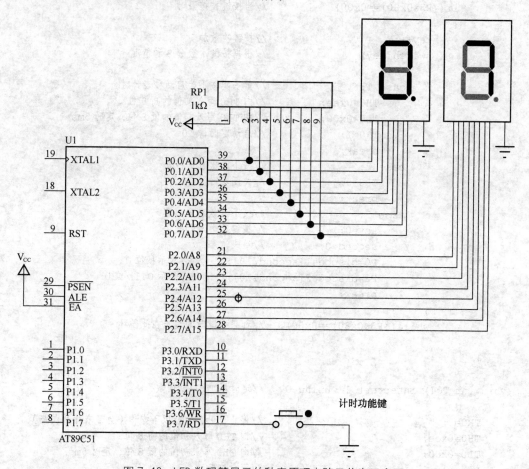

图 7-19 LED 数码管显示的秒表原理电路及仿真示意图

参考程序如下。

```
#include<reg51.h>                 //包含 8051 单片机寄存器定义的头文件
unsigned char code discode1[]={0xbf,0x86,0xdb,0xcf,0xe6,0xed,0xfd,0x87,0xff,0xef};
                                 //数码管显示 0~9 的段码表，带小数点
unsigned char code discode2[]={0x3f,0x06,0x5b,0x4f,0x66,0x6d,0x7d,0x07,0x7f,0x6f};
                                 //数码管显示 0~9 的段码表，不带小数点
unsigned char timer=0;           //记录中断次数
unsigned char second;            //存储秒
unsigned char key=0;             //记录按键次数
main()                           //主函数
{
    TMOD=0x01;                   //定时器 T0 方式 1 定时
    ET0=1;                       //允许定时器 T0 中断
```

183

```
        EA=1;                          //总中断允许
        second=0;                      //设初始值
        P0=discode1[second/10];        //显示秒位 0
        P2=discode2[second%10];        //显示 0.1s 位 0
        while(1)                       //循环
        {
            if((P3&0x80)==0x00)        //当按键被按下时
            {
                key++;                 //按键次数加 1
                switch(key)            //根据按键次数分 3 种情况
                {
                    case 1:            //第一次按下为启动秒表计时
                        TH0=0xee;      //向 TH0 写入初值的高 8 位
                        TL0=0x00;      //向 TL0 写入初值的低 8 位, 定时 5ms
                        TR0=1;         //启动定时器 T0
                        break;
                    case 2:            //按下两次暂定秒表
                        TR0=0;         //关闭定时器 T0
                        break;
                    case 3:            //按下 3 次秒表清零
                        key=0;         //按键次数清零
                        second=0;      //秒表清零
                        P0=discode1[second/10];    //显示秒位 0
                        P2=discode2[second%10];    //显示 0.1s 位 0
                        break;
                }
                while((P3&0x80)==0x00); //如果按键时间过长在此循环
            }
        }
}
void int_T0() interrupt 1  using 0   //定时器 T0 中断函数
{
    TR0=0;                             //停止计时, 执行以下操作（会带来计时误差）
    TH0=0xee;                          //向 TH0 写入初值的高 8 位
    TL0=0x00;                          //向 TL0 写入初值的低 8 位, 定时 5ms
    timer++;                           //记录中断次数
    if (timer==20)                     //中断 20 次, 共计时 20*5ms=100ms=0.1s
    {
        timer=0;                       //中断次数清零
        second++;                      //加 0.1s
        P0=discode1[second/10];        //根据计时时间, 即时显示秒位
        P2=discode2[second%10];        //根据计时时间, 即时显示 0.1s 位
    }
        if(second==99)                 //当计时到 9.9s 时
        {
            TR0=0;                     //停止计时
            second=0;                  //秒数清零
            key=2;     //按键数置 2, 当再次按下按键时, key++, 即 key=3, 秒表清零复原
        }
        else                           //计时不到 9.9s 时
        {
```

```
        TR0=1;                    //启动定时器继续计时
    }
}
```

7.4.6　测量脉冲宽度——门控位 GATEx 的应用

下面介绍定时器中的寄存器 TMOD 中的门控位 GATEx 的应用。以定时器 T1 为例，利用门控位 GATEx 测量加在 $\overline{INT1}$ 引脚上正脉冲的宽度。

【例 7-6】 门控位 GATE1 可使 T1 的启动计数受 $\overline{INT1}$ 的控制，当 GATE1=1，TR1=1 时，只有 $\overline{INT1}$ 引脚输入高电平时，T1 才被允许计数。利用 GATE1 的这一功能，可测量 $\overline{INT1}$ 引脚（P3.3）上正脉冲的宽度，其方法如图 7-20 所示。

图 7-20　利用 GATE1 位测量正脉冲的宽度

测量正脉冲的宽度的原理电路如图 7-21 所示，图中省略了复位电路和时钟电路。利用定时器/计数器门控制位 GATE1 来测量 $\overline{INT1}$ 引脚上正脉冲的宽度（该脉冲宽度应该可调），并在 6 位 LED 数码管上以机器周期数显示出来。对于被测量的脉冲信号的宽度，要求能通过旋转信号源的旋钮调节。

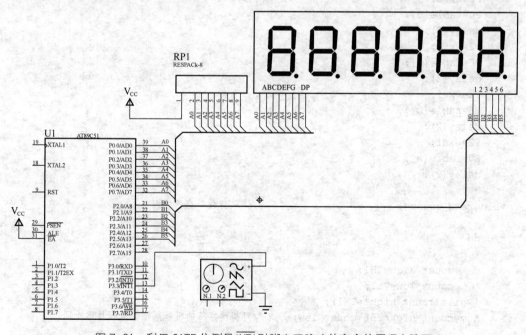

图 7-21　利用 GATE 位测量 $\overline{INT1}$ 引脚上正脉冲的宽度的原理电路图

参考程序如下。

```
#include<reg51.h>
#define uint unsigned int
```

```
#define uchar unsigned char
sbit P3_3=P3^3;                        //位变量定义
uchar count_high;                      //定义计数变量，用来读取 TH0
uchar count_low;                       //定义计数变量，用来读取 TL0
uint num;
uchar shiwan, wan, qian, bai, shi, ge;
uchar flag;
uchar code table[]={0x3f,0x06,0x5b,0x4f,0x66,0x6d,0x7d,0x07,0x7f,0x6f};
                                       //共阴极数码管段码表
void delay(uint z)                     //延时函数
{
    uint x,y;
    for(x=z;x>0;x--)
    for(y=110;y>0;y--);
}

void display(uint a,uint b,uint c,uint d,uint e,uint f)      //数码管显示函数
{
    P2=0xfe;
    P0=table[f];
    delay(2);
    P2=0xfd;
    P0=table[e];
    delay(2);
    P2=0xfb;
    P0=table[d];
    delay(2);
    P2=0xf7;
    P0=table[c];
    delay(2);
    P2=0xef;
    P0=table[b];
    delay(2);
    P2=0xdf;
    P0=table[a];
    delay(2);
}
void read_count()                      //读取计数寄存器的内容
{
    do
    {
        count_high=TH1;                //读高字节
        count_low=TL1;                 //读低字节
    }while(count_high!=TH1);
    num=count_high*256+count_low;      //可将两字节的机器周期数进行显示处理
}
void main( )
{
    while(1)
    {
        flag=0;
```

```
TMOD=0x90;                      //设置定时器 T1 为方式 1 定时
TH1=0;                          //向定时器 T1 写入计数初值
TL1=0;
while(P3_3==1);                 //等待 INT1 变低
TR1=1;                          //如果 INT1 为低，启动 T1（未真正开始计数）
while(P3_3==0);                 //等待 INT1 变高，变高后 T1 真正开始计数
while(P3_3==1);                 //等待 INT1 变低，变低后 T1 停止计数
TR1=0;
read_count();                   //读计数寄存器内容的函数

shiwan=num/100000;
wan=num%100000/10000;
qian=num%10000/1000;
bai=num%1000/100;
shi=num%100/10;
ge=num%10;
while(flag!=100)                //刷新显示 100 次
{
    flag++;
    display(ge,shi,bai,qian,wan,shiwan);
}
    }
}
```

执行上述程序进行仿真，把 $\overline{\text{INT1}}$ 引脚上出现的正脉冲宽度显示在 LED 数码管显示器上。晶体振荡器频率为 12MHz，如果默认信号源输出频率为 1kHz 的方波，则数码管应显示为 500。

7.4.7 LCD 时钟的设计

【例 7-7】 使用定时器/计数器来实现一个 LCD 显示的时钟。液晶显示器采用 LCD 1602，具体见第 5 章的介绍。LCD 时钟的原理电路如图 7-22 所示。

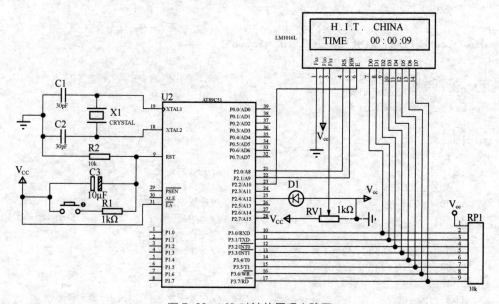

图 7-22 LCD 时钟的原理电路图

187

时钟的最小计时单位是秒（s），如何获得 1s 的定时？可将定时器 T0 的定时时间定为 50ms，采用中断方式进行溢出次数的累计，计满 20 次，则秒计数变量 second 加 1；若秒计满 60，则分计数变量 minute 加 1，同时将秒计数变量 second 清零；若分钟计满 60，则小时计数变量 hour 加 1；若小时计满 24，则将小时计数变量 hour 清零。

先将定时器和各计数变量设定，然后调用时间显示的子程序。秒计时功能由定时器 T0 的中断服务子程序来实现。

参考程序如下。

```c
#include<reg51.h>
#include<lcd1602.h>
#define uchar unsigned char
#define uint unsigned int
uchar int_time;                         //定义中断次数计数变量
uchar second;                           //秒计数变量
uchar minute;                           //分钟计数变量
uchar hour;                             //小时计数变量
uchar code date[]="  H.I.T. CHINA  ";   //LCD 第 1 行显示的内容
uchar code time[]=" TIME  23:59:55 ";   //LCD 第 2 行显示的内容
uchar second=55,minute=59,hour=23;
void clock_init()
{
    uchar i,j;
    for(i=0;i<16;i++)
    {
        write_data(date[i]);
    }
    write_com(0x80+0x40);
    for(j=0;j<16;j++)
    {
        write_data(time[j]);
    }
}
void clock_write( uint s, uint m, uint h)
{
    write_sfm(0x47,h);
    write_sfm(0x4a,m);
    write_sfm(0x4d,s);
}
void main()
{
    init1602();                         //lcd 初始化
    clock_init();                       //时钟初始化
    TMOD=0x01;                          //设置定时器 T0 为方式 1 定时
    EA=1;                               //总中断开
    ET0=1;                              //允许 T0 中断
    TH0=(65536-46483)/256;              //给 T0 装初值
    TL0=(65536-46483)%256;
    TR0=1;
    int_time=0;                         //中断次数、秒、分、时单元清零
    second=55;
```

```
        minute=59;
        hour=23;
        while(1)
        {
            clock_write(second ,minute, hour);
        }
}
void  T0_interserve(void)  interrupt 1  using 1 //定时器 T0 中断服务子程序
{    int_time++;                              //中断次数加 1
     if(int_time==20)                         //若中断次数计满 20 次
        {
            int_time=0;                       //中断次数变量清零
            second++;                         //秒计数变量加 1
        }
     if(second==60)                           //若计满 60s
        {
            second=0;                         //秒计数变量清零
            minute ++;                        //分计数变量加 1
        }
     if(minute==60)                           //若计满 60min
        {
            minute=0;                         //分计数变量清零
            hour ++;                          //小时计数变量加 1
        }
     if(hour==24)
        {
            hour=0;                           //小时计数计满 24，将小时计数变量清零
        }
     TH0=(65536-46083)/256;                   //定时器 T0 重新赋值
     TL0=(65536-46083)%256;
}
```

执行上述程序仿真运行，就会在 LCD 显示器显示实时时间。

7.5 AT89S52 新增定时器/计数器 T2 简介

AT89S52 与 AT89S51 单片机相比，新增加了一个 16 位定时器/计数器 T2（可简写为 T2）。
与 T2 相关的特殊功能寄存器共有 2 个：T2CON 和 T2MOD。

7.5.1 T2 的特殊功能寄存器 T2CON 和 T2MOD

1. 特殊功能寄存器 T2CON

T2 有 3 种工作方式：自动重装载（递增或递减计数）、捕捉和波特率发生器，由特殊功能寄
存器中的控制寄存器 T2CON 中的相关位来进行选择。

T2CON 的字节地址为 C8H，可位寻址，位地址为 C8H～CFH，格式如图 7-23 所示。

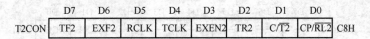

图 7-23 T2CON 的格式

T2CON 寄存器各位的定义如下。

- TF2（D7）：T2 计数溢出中断请求标志位。当 T2 计数溢出时，由内部硬件置位 TF2，向 CPU 发出中断请求。但是当 RCLK 位或 TCLK 位为 1 时将不予置位。本标志位必须由软件清零。

- EXF2（D6）：T2 外部中断请求标志位。当由引脚 T2EX 上的负跳变引起"捕捉"或"自动重装载"且 EXEN2 位为 1，则置位 EXF2 标志位，并向 CPU 发出中断请求。该标志位必须由软件清零。

- RCLK（D5）：串行口接收时钟标志位。当 RCLK 位为 1 时，串行通信端使用 T2 的溢出信号作为串行通信方式 1 和方式 3 的接收时钟；当 RCLK 位为 0 时，使用 T1 的溢出信号作为串行通信方式 1 和方式 3 的接收时钟。

- TCLK（D4）：串行发送时钟标志位。当 TCLK 位为 1 时，串行通信端使用 T2 的溢出信号作为串行通信方式 1 和方式 3 的发送时钟；当 TCLK 位为 0 时，串行通信端使用 T1 的溢出信号作为串行通信方式 1 和方式 3 的发送时钟。

- EXEN2（D3）：T2 外部采样允许标志位。当 EXEN2 位=1 时，如果 T2 不是正工作在串行口的时钟，则在 T2EX 引脚（P1.1）上的负跳变将触发"捕捉"或"自动重装载"操作；当 EXEN2 位=0 时，在 T2EX 引脚（P1.1）上的负跳变对 T2 不起作用。

- TR2（D2）：T2 启动/停止控制位。当软件置位 TR2 时，即 TR2=1，则启动 T2 开始计数，当软件清 TR2 位时，即 TR2=0，则 T2 停止计数。

- $C/\overline{T2}$（D1）：T2 的计数或定时方式选择位，当设置 $C/\overline{T2}$=1 时，为对外部事件计数方式；$C/\overline{T2}$=0 时，为定时方式。

- $CP/\overline{RL2}$（D0）：T2 捕捉/自动重装载选择位。当设置 CP/RL2=1 时，如果 EXEN2 为 1，则在 T2EX 引脚（P1.1）上的负跳变将触发"捕捉"操作；当设置 CP/RL2=0 时，如果 EXEN2 为 1，则 T2 计数溢出或 T2EX 引脚上的负跳变都将引起自动重装载操作；当 RCLK 位为 1 或 TCLK 位为 1，CP/RL2 标志位不起作用。T2 计数溢出时，将迫使 T2 进行自动重装载操作。

通过软件编程对 T2CON 中的相关位进行设置来选择 T2 的 3 种工作方式：16 位自动重装载（递增或递减计数）、16 位捕捉和波特率发生器，如表 7-2 所示。

表 7-2　　　　　　　　　　　　　　　T2 的工作方式设置

RCLK+TCLK	CP/RL2	TR2	工 作 模 式
0	0	1	16 位自动重装载
0	1	1	16 位捕捉
1	×	1	波特率发生器
×	×	0	停止工作并关闭

2. 特殊功能寄存器 T2MOD

与 T2 相关的另一个特殊功能寄存器为 T2MOD。T2MOD 寄存器的格式如图 7-24 所示。

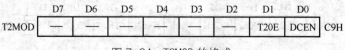

图 7-24　T2MOD 的格式

T2MOD 寄存器各位的定义如下。

- T2OE（D1）：T2 输出的启动位。
- DCEN（D0）：置位为 1 时允许 T2 增 1/减 1 计数，并由 T2EX 引脚（P1.1）上的逻辑电平决定是增 1 还是减 1 计数。
- 一：保留位。

当单片机复位时，DCEN 为 0，默认 T2 为增 1 计数方式；当把 DCEN 置"1"时，将由 T2EX 引脚（P1.1）上的逻辑电平决定 T2 是增 1 还是减 1 计数。

7.5.2　T2 的 16 位自动重装载方式

T2 的 16 位自动重装载工作方式如图 7-25 所示。

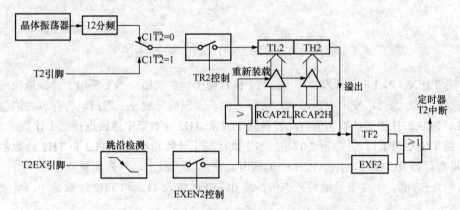

图 7-25　T2 的 16 位自动重装载方式的工作示意图

图中 RCAP2L 为陷阱寄存器低字节，字节地址为 CAH；RCAP2H 为陷阱寄存器高字节，字节地址为 CBH。T2 引脚为 P1.0，T2EX 引脚为 P1.1，因此当使用 T2 时，P1.0 和 P1.1 就不能作 I/O 口用了。另外有两个中断请求，通过一个"或"门输出。因此当单片机响应中断后，在中断服务程序中应该用软件识别是哪一个中断请求，之后分别进行处理，该中断请求标志位必须用软件清零。

（1）当设置 T2MOD 寄存器的 DCEN 位为 0（或上电复位为 0）时，T2 为增 1 型自动重新装载方式，此时根据 T2CON 寄存器中的 EXEN2 位的状态，可选择两种操作方式：

① 当 EXEN2 标志位清零，T2 计满溢出回 0，一方面使中断请求标志位 TF2 置"1"，同时又将陷阱寄存器 RCAP2L、RCAP2H 中预置的 16 位计数初值自动重装入计数器 TL2、TH2 中，自动进行下一轮的计数操作，其功能与 T0、T1 的方式 2（自动装载）相同，只是本计数方式为 16 位，计数范围大。RCAP2L、RCAP2H 寄存器的计数初值由软件预置。

② 当设置 EXEN2 标志位为"1"，T2 仍具有上述①的功能，并增加了新的特性。当外部输入引脚 T2EX（P1.1）产生负跳变时，能触发三态门将 RCAP2L、RCAP2H 陷阱寄存器中的计数初值自动装载到 TH2 和 TL2 中，重新开始计数，并置位 EXF2 为"1"，发出中断请求。

（2）当 T2MOD 寄存器的 DCEN 位置为"1"时，既可以使 T2 增 1 计数，也可实现减 1 计数，增 1 还是减 1 取决于 T2EX 引脚上的逻辑电平。图 7-26 所示为 T2 增 1/减 1 计数方式的结构示意图。

由图 7-26 可见，当设置 DCEN 位为"1"时，可以使 T2 具有增 1/减 1 计数功能。

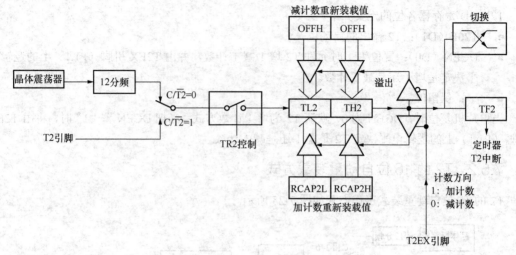

图 7-26 T2 的增 1/减 1 计数的工作示意图

① 当 T2EX（P1.1）引脚为 "1" 时，T2 执行增 1 计数功能。当不断加 1 计满溢出回 0 时，一方面置位 TF2 为 1，发出中断请求，另一方面，溢出信号触发三态门，将存放在陷阱寄存器 RCAP2L、RCAP2H 中的计数初值自动装载到 TL2 和 TH2 计数器中继续进行加 1 计数。

② 当 T2EX（P1.1）引脚为 "0" 时，T2 执行减 1 计数功能。当 TL2 和 TH2 计数器中的值等于陷阱寄存器 RCAP2L、RCAP2H 中的值时，产生向下溢出，一方面置位 TF2 为 1，发出中断请求，另一方面，下溢信号触发三态门，将 0FFFFH 装入 TL2 和 TH2 计数器中，继续进行减 1 计数。

中断请求标志位 TF2 和 EXF2 位必须用软件清零。

【例 7-8】 利用 T2 实现 1s 定时并控制 P1.0 引脚上的 LED 1s 闪灭 1 次，晶体振荡器频率为 12MHz。

编程思想：将 T2 设置为 1/16s 的定时，定时中断 16 次，即为 1s，1s 时间到后，把 P1.0 的状态求反。

定时初值 X 计算：每秒中断 16 次，则每次溢出为 1 000 000/16=62 500 个机器周期。

因此：65 536−X=62 500，初值 X=3036=0BDCH。

```
#include "reg52.h"                  //头文件
#define uint unsigned int
#define uchar unsigned char
sbit P1_0=P1^0;                     //定义 P1.0 位变量

void T2_INT(void) interrupt 5       //T2 中断函数
{
    static uint i=0;                // 静态变量 i 为 T2 的溢出次数
    TF2=0;                          // 用软件清溢出中断标志 TF2
    i++;                            // 溢出次数增 1
    if(i==16)                       // 如果 T2 溢出 16 次则 1s 定时到
    {
        i=0;                        // T2 溢出次数清零
        P1_0=~ P1_0;                // P1.0 引脚的电平取反
    }
}
```

```
}

void main (void)
{
    CP_RL2=0;EXEN2=0;                   // 设置 T2 为 16 位自动重装载定时器工作方式
    P1_0=1;                             // P1.0 引脚 LED 熄灭
    TH2=RCAP2H=0x0B;                    // 给 T2 赋预装载初值，溢出时间为 1/16s
    TL2=RCAP2L=0xDC;
    ET2=1;                              // T2 中断允许
    EA=1;                               // 总中断允许
    TR2=1;                              // 启动 T2
    while(1);                           // 循环等待 T2 的 1/16s 的溢出中断
}
```

在中断函数中用到了静态变量"static uint i"。静态变量的特点是语句执行后，其占用的存储单元不释放，在下一次执行该语句时，该变量仍为上一次的值，它只需赋一次初值。也就是说，只有在第一次进入中断时"uint i=0"，才对 i 赋值，以后再进入中断时，不会再对 i 赋值。

7.5.3 T2 的捕捉方式

捕捉方式就是及时 "捕捉"住输入信号发生的跳变及有关信息，它常用于精确测量输入信号的变化如脉宽等。捕捉方式的工作结构示意如图 7-27 所示。

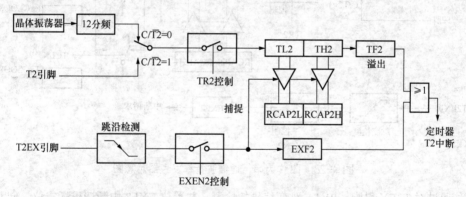

图 7-27 T2 的捕捉方式的结构示意图

根据 T2CON 寄存器中 EXEN2 位的不同设置，"捕捉"方式有两种选择。

（1）当 EXEN2 位=0 时，T2 是一个 16 位的定时器/计数器。当设置 C/$\overline{T2}$ 位为 1 时，选择外部计数方式，即对 T2 引脚（P1.0）上的负跳变信号进行计数。计数器计满溢出时置"1"中断请求标志 TF2，发出中断请求信号。CPU 响应中断进入该中断服务程序后，必须用软件将标志位 TF2 清零。其他操作均与 T0 和 T1 的工作方式 1 相同。

（2）当 EXEN2 位=1 时，T2 除上述功能外，还可增加"捕捉"功能。当外部 T2EX 引脚（P1.1）上的信号发生负跳变，将选通三态门控制端（见图 7-27 "捕捉"处），把计数器 TH2 和 TL2 中的当前计数值分别"捕捉"进 RCAP2L 和 RCAP2H 中，同时 T2EX 引脚（P1.1）上的信号负跳变将置位 T2CON 的 EXF2 标志位，并向 CPU 请求中断。

7.5.4　T2 的波特率发生器方式及可编程时钟输出

T2 可工作于波特率发生器方式，还可作为可编程时钟输出。

1. 波特率发生器方式

T2 具有专用的"波特率发生器"（波特率发生器就是控制串行口接收/发送数字信号的时钟发生器）的工作方式。通过软件置位 T2CON 寄存器中的 RCLK 和/或 TCLK，可将 T2 设置为波特率发生器。需要注意的是，如果 T2 用于波特率发生器，T1 用于别的功能，则这个接收/发送波特率可能是不同的。

当置位 RCLK 和/或 TCLK，T2 进入波特率发生器模式，如图 7-28 所示。由图 7-28 可知，当设置 T2CON 寄存器中的 C/$\overline{\text{T2}}$ 为 0，设置 RCLK 和/或 TCLK 为 1 时，会输出 16 分频的接收/发送波特率。

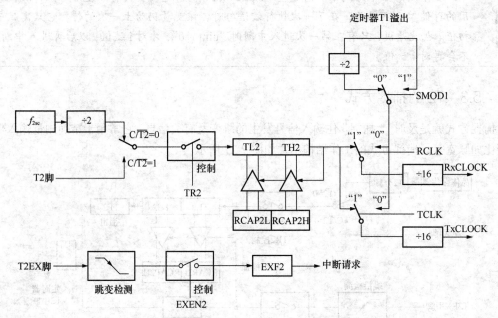

图 7-28　T2 作为串行通信波特率发生器示意图

另外通过对 T2EX 引脚（P1.1）跳变信号的检测，并置位 EXF2 中断请求标志位，向 CPU 请求中断。需要注意的是，图 7-28 中的主振频率 f_{osc} 是经过 2 分频，而不是 12 分频。

T2 工作在波特率发生器方式，属于 16 位自动重装载的定时模式。串行通信方式 1 和方式 3（见第 8 章的介绍）的波特率计算公式为：

串行通信方式 1 和方式 3 的波特率 = 定时器 T2 的溢出率/16

T2 的波特率发生器可选择定时模式或计数模式，一般都选择定时模式。注意，在选择定时器使用时，是主振频率 f_{osc} 经 12 分频为一个机器周期作为加 1 计数信号，而作为波特率发生器使用时是以每个时钟状态 S（2 分频主振频率）作为加 1 计数信号。因此串行通信方式 1 和方式 3 的波特率计算公式为：

$$\text{方式 1 和方式 3 的波特率（bit/s）} = (f_{osc}/32) \times [65\,536 - (\text{RCAP2H RCAP2L})] \qquad (7\text{-}1)$$

式（7-1）中"RCAP2H RCAP2L"为 T2 的初值。如"RCAP2H RCAP2L"初值为 FFFFH，

则 65 536-65 535=1，则式（7-1）的波特率=（f_{osc}/32）bit/s。

设主振频率f_{osc}=12MHz，则上述波特率=375kbit/s。

从式（7-1）可见，采用 T2 工作在波特率发生器方式时，其波特率设置范围极广。

从图 7-28 可见，当 T2 工作在波特率发生器方式时，具有以下特点。

（1）必须设置 T2CON 寄存器中的 RCLK 和/或 TCLK 为 1（有效）。

（2）计数器溢出再装载，但不会置位 TF2 向 CPU 请求中断。

（3）如果 T2EX 引脚上发生负跳变将置位 EXF2 为"1"，向 CPU 请求中断处理，但不会将陷阱寄存器"RCAP2H RCAP2L"中预置的计数初值装入 TH2 和 TL2 中。因此，可将 T2EX 引脚用作额外的输入引脚或外部中断源。

（4）采用定时模式作波特率发生器时，是对f_{osc}经 2 分频（时钟状态 S）作为计数单位，而不是f_{osc}经 12 分频的机器周期信号。

（5）波特率设置范围广，精确度高。

另外要注意的是，T2 在波特率工作方式下作为定时器模式时（TR2 为 1），不能对 TH2、TL2 进行读写。这时的 T2 是以每个时钟状态（S）进行加 1 计数，这时进行读写可能出错。对陷阱寄存器 RCAP2 可以读，但不能写，因为写 RCAP2 可能会覆盖重装的数据并使装入出错。处理 T2 或 RCAP2 寄存器前不能关闭 T2（即清零 TR2 位）。

2．可编程时钟信号输出

T2 可通过软件编程在 P1.0 引脚输出时钟信号。P1.0 除用作通用 I/O 引脚外还有两个功能可供选用：用于 T2 的外部计数输入和频率为 61Hz～4MHz 的时钟信号输出。时钟输出和外部事件计数方式示意图，如图 7-29 所示。

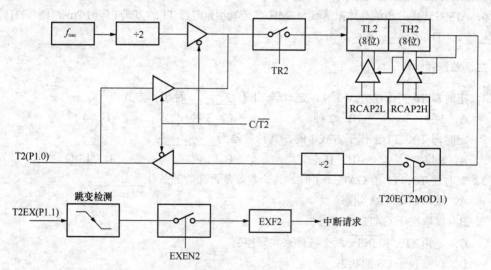

图 7-29 T2 时钟输出和外部事件计数方式的示意图

通过软件对 T2CON.1 位 C/$\overline{CS}$ 复位为 0，对 T2MOD.1 位 T2OE 置"1"就可将 T2 选定为时钟信号发生器，而 T2CON.2 位 TR2 控制时钟信号输出开始或结束（TR2 为启动/停止控制位）。由主振频率f_{osc}和 T2 定时、自动重装载方式的计数初值决定时钟信号的输出频率，其设置公式如下：

$$时钟信号输出频率=（12×10^6）/ [4×（65\ 536-(RCAP2H\ RCAP2L)）] \tag{7-2}$$

从式（7-2）可见，在主振频率（f_{osc}）设定后，时钟信号输出频率就取决于计数初值。

在时钟输出模式下，计数器溢出回 0 不会产生中断请求。这种功能相当于 T2 用作波特率发生器，同时又可用作时钟发生器。但必须注意，无论如何波特率发生器和时钟发生器都不能单独确定各自不同的频率。原因是两者都用同一个陷阱寄存器 RCAP2H、RCAP2L，因而不可能出现两个计数初值。

思考题及习题

一、填空题

1. 如果采用晶体振荡器的频率为 3MHz，定时器/计数器 Tx（x=0,1）工作在方式 0、1、2 下，其方式 0 的最大定时时间为_____，方式 1 的最大定时时间为_____，方式 2 的最大定时时间为_____。

2. 定时器/计数器用作计数器模式时，外部输入的计数脉冲的最高频率为系统时钟频率的_____。

3. 定时器/计数器用作定时器模式时，其计数脉冲由_____提供，定时时间与_____有关。

4. 定时器/计数器 T1 测量某正单脉冲的宽度，采用方式_____可得到最大量程。若时钟频率率为 6MHz，求允许测量的最大脉冲宽度为_____。

5. 定时器 T2 有 3 种工作方式：_____、_____和_____，可通过对寄存器_____中的相关位进行软件设置来选择。

6. AT89S51 单片机的晶体振荡器为 6MHz，若利用定时器 T1 的方式 1 定时 2ms，则（TH1）=_____，（TL1）=_____。

二、单选题

1. 定时器 T0 工作在方式 3 时，定时器 T1 有_____种工作方式。
   A. 1 种　　　　　　B. 2 种　　　　　　C. 3 种　　　　　　D. 4 种

2. 定时器 T0、T1 工作于方式 1 时，其计数器为_____位。
   A. 8 位　　　　　　B. 16 位　　　　　　C. 14 位　　　　　　D. 13 位

3. 定时器 T0、T1 的 GATEx=1 时，其计数器是否计数的条件_____。
   A. 仅取决于 TRx 状态
   B. 仅取决于 GATE 位状态
   C. 是由 TRx 和 $\overline{INTx}$ 两个条件来共同控制
   D. 仅取决于 $\overline{CS}$ 的状态

4. 要想测量 $\overline{INT0}$ 引脚上的正单脉冲的宽度，特殊功能寄存器 TMOD 的内容应为_____。
   A. 87H　　　　　　B. 09H　　　　　　C. 80H　　　　　　D. 00H

三、判断题

1. 判断下列关于 T0、T1 的说法是否正确。
（1）特殊功能寄存器 SCON，与定时器/计数器的控制无关。

（2）特殊功能寄存器 TCON，与定时器/计数器的控制无关。

（3）特殊功能寄存器 IE，与定时器/计数器的控制无关。

（4）特殊功能寄存器 TMOD，与定时器/计数器的控制无关。

2．定时器 T0、T1 对外部脉冲进行计数时，要求输入的计数脉冲的高电平或低电平的持续时间不小于 1 个机器周期。特殊功能寄存器 SCON 与定时器/计数器的控制无关。

3．定时器 T0、T1 对外部引脚上的脉冲进行计数时，要求输入的计数脉冲的高电平和低电平的持续时间均不小于 2 个机器周期。

四、简答题

1．定时器/计数器 T1、T0 的工作方式 2 有什么特点？适用于哪些应用场合？

2．THx 与 TLx（x =0，1）是普通寄存器还是计数器？其内容可以随时用指令更改吗？更改后的新值是立即刷新还是等当前计数器计满后才能刷新？

3．如果系统的晶体振荡器的频率为 24MHz，定时器/计数器工作在方式 0、1、2 下，其最大定时时间各为多少？

4．定时器/计数器 Tx（x=0，1）的方式 2 有什么特点？适用于哪些应用场合？

5．一个定时器的定时时间有限，如何用两个定时器的串行定时来实现较长时间的定时？

6．当定时器 T0 用于方式 3 时，应该如何控制定时器 T1 的启动和关闭？

7．THx 与 TLx（x=0，1）是普通寄存器还是计数器？其内容可以随时用指令更改吗？更改后的新值是立即刷新还是等当前计数器计满后才能刷新？

五、综合设计题

1．使用定时器 T0，采用方式 2 定时，在 P1.0 引脚输出周期为 400μs，占空比为 4∶1 的矩形脉冲，要求在 P1.0 引脚接有虚拟示波器，观察 P1.0 引脚输出的矩形脉冲波形。

2．利用定时器 T1 的中断来使 P1.7 控制蜂鸣器发出 1kHz 的音频信号，假设系统时钟频率为 12MHz。

3．制作一个 LED 数码管显示的秒表，用 2 位数码管显示计时时间，最小计时单位为"百毫秒"，计时范围为 0.1～9.9s。当第 1 次按下并松开计时功能键时，秒表开始计时并显示时间；第 2 次按下并松开计时功能键时，停止计时，计算两次按下计时功能键的时间，并在数码管上显示；第 3 次按下计时功能键，秒表清零，再按 1 次计时功能键，重新开始计时。如果计时到 9.9s 时，将停止计时，按下计时功能键，秒表清零，再按下重新开始计时。

4．制作一个采用 LCD1602 显示的电子钟，在 LCD 上显示当前的时间。显示格式为"时时：分分：秒秒"。设有 4 个功能键 k1～k4，功能如下。

（1）k1：进入时间修改。

（2）k2：修改小时，按一下 k2，当前小时增 1。

（3）k3：修改分钟，按一下 k3，当前分钟增 1。

（4）k4：确认修改完成，电子钟按修改后的时间运行显示。

第 8 章　串行口的工作原理及应用

【内容概要】本章介绍 AT89S51 单片机片内全双工通用异步收发（UART）串行口的基本结构与工作原理，相关的特殊功能寄存器，以及串行口的 4 种工作方式。另外，还介绍了如何利用串行口实现多机串行通信、与 PC 的串行通信，以及串行通信的各种应用编程。此外，从实用角度对目前单片机串行通信广泛使用的各种常见的标准串行通信接口 RS232、RS422 和 RS485 作简要介绍。

在介绍单片机串行口的工作原理之前，首先要了解有关单片机串行通信的基础知识。

8.1　串行通信基础

随着单片机的广泛应用与计算机网络技术的普及，单片机与个人计算机或单片机与单片机之间的通信使用较多。

8.1.1　并行通信与串行通信

单片机的数据通信有并行通信与串行通信两种方式。

1．并行通信

单片机的并行通信通常使用多条数据线将数据字节的各个位同时传送，每一位数据都需要一条传输线，此外还需要一条或几条控制信号线。并行通信的示意图如图 8-1 所示。

并行通信相对传输速度快，但由于传输线较多，长距离传送时成本高，因此这种方式适合于短距离的数据传输。

2．串行通信

单片机的串行通信是将数据字节分成一位一位的形式，在一条传输线上逐个传送。由于一次只能传送一位，所以对于 1 字节的数据，至少要分 8 位才能传送完毕。串行通信的示意图如图 8-2 所示。

串行通信在发送时，要把并行数据变成串行数据发送到线路上去，接收时要把串行数据再变成并行数据。

串行通信传输线少，长距离传送时成本低，且可以利用电话网等现成设备，因此在单片机应用系统中，串行通信的使用非常普遍。

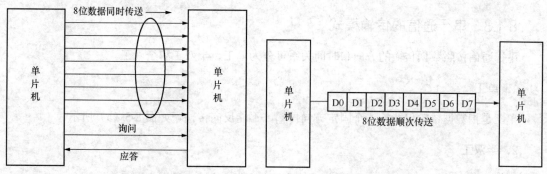

图 8-1　单片机并行通信的示意图　　　　　图 8-2　单片机串行通信的示意图

8.1.2　同步通信与异步通信

串行通信又有两种方式：同步串行通信与异步串行通信。

同步串行通信是采用一个同步时钟，通过一条同步时钟线，加到收发双方，使收、发双方达到完全同步，此时，传输数据的位之间的距离均为"位间隔"的整数倍，同时传送的字符间不留间隙，即保持位同步关系。同步通信和数据格式如图 8-3 所示。

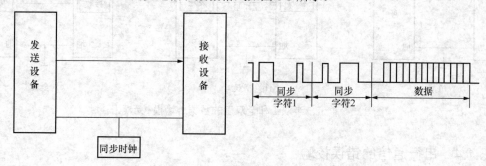

图 8-3　同步通信和数据格式示意图

异步串行通信是指收、发双方使用各自的时钟控制数据的发送和接收，这样可省去连接收、发双方的一条同步时钟信号线，使得异步串行通信连接更加简单且容易实现。为使收、发双方协调，要求收、发双方的时钟尽可能一致。

异步串行通信的示意图以及数据帧格式，如图 8-4 所示。异步串行通信是以数据帧为单位进行数据传输，各数据帧之间的间隔是任意的，但每个数据帧中的各位是以固定的时间传送的。

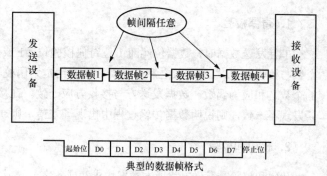

图 8-4　异步串行通信示意图

异步串行通信不要求收、发双方时钟严格一致，这使得其实现容易，成本低，但是每个数据帧要附加起始位、停止位，有时还要再加上校验位。

同步串行通信相比异步串行通信，通信数据传输的效率较高，但是额外增加了一条同步时钟信号线。

8.1.3　串行通信的传输模式

串行通信按照数据传输的方向和时间关系可分为单工、半双工和全双工。

1．单工

单工是指数据传输仅能按一个固定方向传输，不能反向传输，如图 8-5（a）所示。

2．半双工

半双工是指数据传输可以双向传输，但不能同时进行传输，见图 8-5（b）。

3．全双工

全双工是指数据传输可以同时进行双向传输，如图 8-5（c）所示。

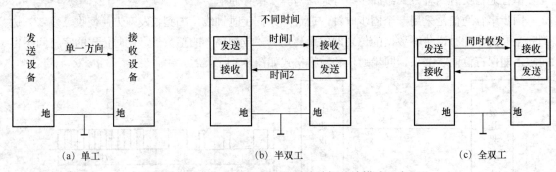

图 8-5　单工、半双工和全双工的数据传输模式示意图

8.1.4　串行通信的错误校验

在串行通信过程中，往往要对数据传送的正确与否进行校验，校验是保证传输数据准确无误的关键。常用的校验方法有奇偶校验与循环冗余码校验等方法。

1．奇偶校验

串行发送数据时，数据位尾随 1 位奇偶校验位（1 或 0）。当约定为奇校验时，数据中"1"的个数与校验位"1"的个数之和应为奇数；当约定为偶校验时，数据中"1"的个数与校验位"1"的个数之和应为偶数。数据发送方与接收方应一致。在接收数据帧时，对"1"的个数进行校验，若发现不一致，则说明数据传输过程中出现了差错，则通知发送端重发。

2．代码和校验

代码和校验是发送方将所发数据块求和或各字节异或，然后将产生一个字节的校验字符（校验和）附加到数据块末尾。接收方接收数据时同时对数据块（除校验字节）求和或各字节异或，将所得结果与发送方的"校验和"进行比较，如果相符，则无差错，否则即认为在传输过程中出现了差错。

3．循环冗余码校验

循环冗余码校验纠错能力强，容易实现。该校验是通过某种数学运算实现有效信息与校验位之间的循环校验，常用于对磁盘信息的传输、存储区的完整性校验等。它是目前应用最广的检错码编码方式之一，广泛用于同步通信中。

8.2 串行口的结构

AT89S51 单片机串行口的内部结构如图 8-6 所示，它有两个物理上独立的接收、发送缓冲器 SBUF（属于特殊功能寄存器），可同时发送、接收数据。发送缓冲器只能写入不能读出，接收缓冲器只能读出不能写入，两个缓冲器共用一个特殊功能寄存器字节地址（99H）。

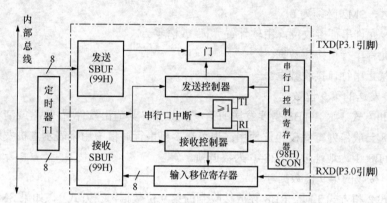

图 8-6 串行口的内部结构图

串行口的控制寄存器共有两个：特殊功能寄存器 SCON 和 PCON。下面详细介绍这两个特殊功能寄存器各位的功能。

8.2.1 串行口控制寄存器 SCON

串行口控制寄存器 SCON，字节地址 98H，可位寻址，位地址为 98H～9FH，即 SCON 的所有位都可用软件来进行位操作清零或置"1"。SCON 的格式如图 8-7 所示。

	D7	D6	D5	D4	D3	D2	D1	D0	
SCON	SM0	SM1	SM2	REN	TB8	RB8	TI	RI	98H
位地址	9FH	9EH	9DH	9CH	9BH	9AH	99H	98H	

图 8-7 串行口控制寄存器 SCON 的格式

下面介绍 SCON 中各位的功能。

（1）SM0、SM1：串行口 4 种工作方式选择位。

SM0、SM1 两位的编码所对应的 4 种工作方式如表 8-1 所示。

表 8-1　　　　　　　　　　串行口的 4 种工作方式

SM0　SM1	方　式	功　能　说　明
0　　0	0	同步移位寄存器方式（用于扩展 I/O 口）
0　　1	1	8 位异步收发，波特率可变（由定时器控制）
1　　0	2	9 位异步收发，波特率为 $f_{osc}/64$ 或 $f_{osc}/32$
1　　1	3	9 位异步收发，波特率可变（由定时器控制）

（2）SM2：多机通信控制位。

多机通信是在方式2和方式3下进行的，因此SM2位主要用于方式2或方式3。

当串行口以方式2或方式3接收时，如果SM2=1，则只有当接收到的第9位数据（RB8）为"1"时，才使RI置"1"，产生中断请求，并将接收到的前8位数据送入SBUF；当接收到的第9位数据（RB8）为"0"时，则将接收到的前8位数据丢弃。

而当SM2=0时，则不论第9位数据是"1"还是"0"，都将接收的前8位数据送入SBUF中，并使RI置"1"，产生中断请求。

在方式1时，如果SM2=1，则只有收到有效的停止位时才会激活RI。

在方式0时，SM2必须为0。

（3）REN：允许串行接收位，由软件置"1"或清零。

REN=1，允许串行口接收数据。

REN=0，禁止串行口接收数据。

（4）TB8：发送的第9位数据。

在方式2和方式3时，TB8是要发送的第9位数据，其值由软件置"1"或清零。在双机串行通信时，TB8一般作为奇偶校验位使用；也可在多机串行通信中用来表示主机发送的是地址帧还是数据帧，TB8=1为地址帧，TB8=0为数据帧。

（5）RB8：接收的第9位数据。

工作在方式2和方式3时，RB8存放接收到的第9位数据。在方式1，如果SM2=0，RB8是接收到的停止位。在方式0，不使用RB8。

（6）TI：发送中断标志位。

串行口工作在方式0时，串行发送的第8位数据结束时，TI由硬件置"1"，在其他工作方式中，串行口发送停止位的开始时，置TI为"1"。TI=1，表示1帧数据发送结束。TI位的状态可供软件查询，也可申请中断。CPU响应中断后，在中断服务程序中向SBUF写入要发送的下一帧数据。注意：TI必须由软件清零。

（7）RI：接收中断标志位。

串行口工作在方式0时，接收完第8位数据时，RI由硬件置"1"。在其他工作方式中，串行口接收到停止位时，该位置"1"。RI=1，表示一帧数据接收完毕，并申请中断，要求CPU从接收SBUF取走数据。该位的状态也可供软件查询。注意：RI必须由软件清零。

8.2.2　特殊功能寄存器PCON

特殊功能寄存器PCON的字节地址为87H，不能位寻址。它的格式如图8-8所示。

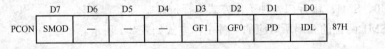

	D7	D6	D5	D4	D3	D2	D1	D0	
PCON	SMOD	—	—	—	GF1	GF0	PD	IDL	87H

图8-8　特殊功能寄存器PCON的格式

其中，仅最高位SMOD与串行口有关，低4位的功能已在2.10节中做过介绍。SMOD位为波特率选择位。

例如，方式1的波特率计算公式为

$$方式1波特率 = \frac{2^{SMOD}}{32} \times 定时器T1的溢出率$$

当 SMOD=1 时，要比 SMOD=0 时的波特率加倍，所以也称 SMOD 位为波特率倍增位。

8.3 串行口的 4 种工作方式

串行口的 4 种工作方式由特殊功能寄存器 SCON 中 SM0、SM1 位定义，编码如表 8-1 所示。

8.3.1 方式 0

串行口的工作方式 0 为同步移位寄存器输入/输出方式。这种方式并不是用于两个 AT89S51 单片机之间的异步串行通信，而是用于外接移位寄存器，用来扩展并行 I/O 口。

方式 0 以 8 位数据为 1 帧，没有起始位和停止位，先发送或接收最低位。波特率是固定的，为 $f_{osc}/12$。方式 0 的帧格式如图 8-9 所示。

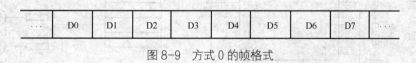

图 8-9 方式 0 的帧格式

1. 方式 0 输出

（1）方式 0 输出的工作原理。当单片机执行将数据写入发送缓冲器 SBUF 的指令时，产生一个正脉冲，串行口开始把 SBUF 中的 8 位数据以 $f_{osc}/12$ 的固定波特率从 RXD 引脚串行输出，低位在先，TXD 引脚输出同步移位脉冲，当 8 位数据发送完，中断标志位 TI 置"1"。

方式 0 的发送时序如图 8-10 所示。

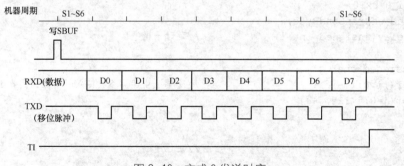

图 8-10 方式 0 发送时序

（2）方式 0 输出的应用案例。方式 0 输出的典型应用是串行口外接串行输入/并行输出的同步移位寄存器 74LS164，实现并行输出端口的扩展。

图 8-11 所示为串行口工作在方式 0，通过 74LS164 的输出来控制 8 个外接 LED 发光二极管亮灭的接口电路。当串行口被设置在方式 0 输出时，串行数据由 RXD 端（P3.0）送出，移位脉冲由 TXD 端（P3.1）送出。在移位脉冲的作用下，串行口发送缓冲器的数据逐位地从 RXD 端串行地移入 74LS164 中。

【例 8-1】 如图 8-11 所示，编写程序控制 8 个发光二极管流水点亮。图中 74LS164 的 8 引脚（CLK 端）为同步脉冲输入端，9 引脚为控制端，9 引脚的电平由单片机的 P1.0 控制，当 9 引脚为 0 时，允许串行数据由 RXD 端（P3.0）向 74LS164 的串行数据输入端 A 和 B（1 引脚和 2

引脚）输入，但是 74LS164 的 8 位并行输出端关闭；当 9 引脚为 1 时，A 和 B 输入端关闭，但是允许 74LS164 中的 8 位数据并行输出。当串行口将 8 位串行数据发送完毕后，申请中断，在中断服务程序中，单片机向串行口输出下一个 8 位数据。

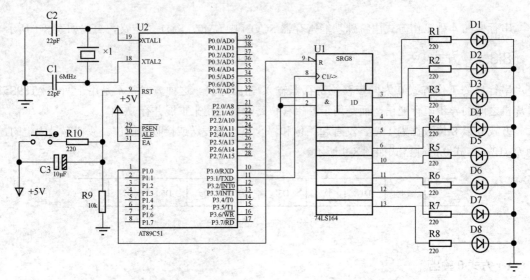

图 8-11　方式 0 输出外接 8 个 LED 发光二极管接口电路图

采用中断方式的参考程序如下。

```c
#include <reg51.h>
#include <stdio.h>
sbit P1_0=0x90;
unsigned char nSendByte;
void delay(unsigned int i)              //延时子程序
{
    unsigned char j;
    for(;i>0;i--)                        //变量 i 由实际参数传入一个值，因此 i 不能赋初值
    for(j=0;j<125;j++)
    ;
}
main( )                                  //主程序
{
    SCON = 0x00;                         // 设置串行口为方式 0
    EA=1;                                // 全局中断允许
    ES=1;                                // 允许串行口中断
    nSendByte=1;                         // 点亮数据初始为 0000 0001 送入 nSendByte
    SBUF=nSendByte;                      // 向 SBUF 写入点亮数据，启动串行发送
    P1_0=0;                              // 允许串口向 74LS164 串行发送数据
    while(1)
    {;}
}
void  Serial_Port( ) interrupt 4  using 0       //串行口中断服务程序
{
    if(TI)                               // 如果 TI=1，1 字节串行发送完毕
    {
```

```
        P1_0=1;                           // P1_0=1，允许74LS164并行输出，流水点亮二极管
        SBUF=nSendByte;                   // 向SBUF写入数据，启动串行发送
        delay(500);                       // 延时，点亮二极管持续一段时间
        P1_0=0;                           // P1_0=0，允许向74LS164串行写入
        nSendByte=nSendByte<<1;           // 点亮数据左移1位
        if(nSendByte==0) nSendByte=1;     // 判断点亮数据是否左移8次？是，重新送点亮数据
        SBUF=nSendByte;                   // 向74LS164串行发送点亮数据
    }
        TI=0;
        RI=0;
    }
```

程序说明如下。

（1）程序中定义了全局变量 nSendByte，以便在中断服务程序中能访问该变量。nSendByte 用于存放从串行口发出的点亮数据，在程序中使用左移 1 位操作符"<<"对 nSendByte 变量进行移位，使得从串口发出的数据为 0x01、0x02、0x04、0x08、0x10、0x20、0x40、0x80，从而流水点亮各个发光二极管。

（2）程序中 if 语句的作用是当 nSendByte 左移 1 位由 0x80 变为 0x00 后，需对变量 nSendByte 重新赋值为 1。

（3）主程序中的 SBUF=nSendByte 语句必不可少，如果没有该语句，主程序并不从串行口发送数据，也就不会产生随后的发送完成中断。

（4）两条语句"while（1）{;}"实现反复循环的功能。

2. 方式 0 输入

（1）方式 0 输入的工作原理。

方式 0 输入时，REN 为串行口允许接收控制位，REN = 0，禁止接收；REN=1，允许接收。当 CPU 向串行口的 SCON 寄存器写入控制字（设置为方式 0，并使 REN 位置"1"，同时 RI = 0）时，产生一个正脉冲，串行口开始接收数据。引脚 RXD 为数据输入端，TXD 为移位脉冲信号输出端，接收器以 $f_{osc}/12$ 的固定波特率采样 RXD 引脚的数据信息，当接收器接收完 8 位数据时，中断标志 RI 置"1"，表示一帧数据接收完毕，可进行下一帧数据的接收，时序如图 8-12 所示。

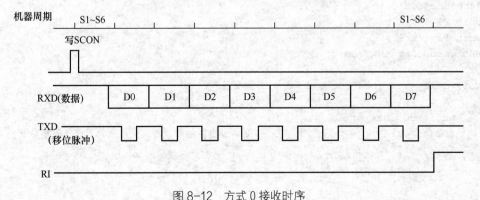

图 8-12 方式 0 接收时序

（2）方式 0 输入的应用举例。

【例 8-2】 图 8-13 所示为串行口外接一片 8 位并行输入、串行输出的同步移位寄存器 74LS165，

扩展一个 8 位并行输入口的电路，可将接在 74LS165 的 8 个开关 S0～S7 的状态通过串行口的方式 0 读入到单片机内。74LS165 的 SH/$\overline{\text{LD}}$ 端（1 引脚）为控制端，由单片机的 P1.1 引脚控制。若 SH/$\overline{\text{LD}}$=0，则 74LS165 可以并行输入数据，且串行输出端关闭；当 SH/$\overline{\text{LD}}$=1，则并行输入关闭，可向单片机串行传送。当 P1.0 连接的开关 K 合上时，可进行开关 S0～S7 的状态数字量的并行读入。如图 8-13 所示，采用中断方式来对 S0～S7 状态进行读取，并由单片机的 P2 口驱动对应的二极管点亮（开关 S0～S7 中的任何一个按下，则对应的二极管点亮）。

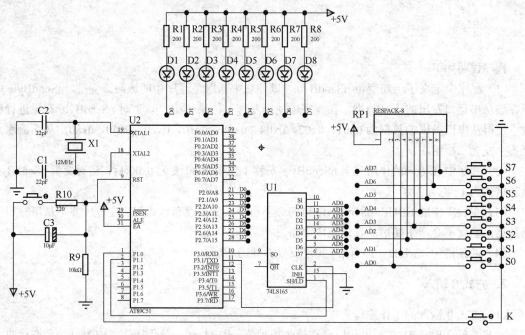

图 8-13　串口方式 0 外接并行输入、串行输出的同步移位寄存器示意图

参考程序如下。

```c
#include <reg51.h>
#include "intrins.h"
#include<stdio.h>
sbit P1_0=0x90;
sbit P1_1=0x91;
unsigned char nRxByte;

void delay(unsigned int i)          //延时函数
{
    unsigned char j;
    for(;i>0;i--)                   //变量 i 由实际参数传入一个值，因此 i 不能赋初值
    for(j=0;j<125;j++);
}

main()
{
    SCON=0x10;                      // 串行口初始化为方式 0
    ES=1;                           // 允许串行口中断
    EA=1;                           // 允许全局中断
```

```
    for(;;);
}

void Serial_Port() interrupt 4 using 0     // 串行口中断服务子程序
{
    if(P1_0==0)                      // 如果 P1_0=0 表示开关 K 按下, 可以读开关 S0~S7 的状态
    {
        P1_1=0;                      // P1_1=0 并行读入开关的状态
        delay(1);
        P1_1=1;                      // P1_1=1 将开关的状态串行读入到串口中
        RI=0;                        // 接收中断标志 RI 清零
        nRxByte=SBUF;                // 接收的开关状态数据从 SBUF 读入到 nRxByte 单元中
        P2=nRxByte;                  // 开关状态数据送到 P2 口, 驱动发光二极管发光
    }
}
```

程序说明:当 P1.0 为 0,即开关 K 按下,表示允许并行读入开关 S0~S7 的状态数字量,通过 P1.1 把 SH/$\overline{\text{LD}}$ 置"0",则并行读入开关 S0~S7 的状态。再让 P1.1=1,即 SH/$\overline{\text{LD}}$ 置"1",74LS165 将刚才读入的 S0~S7 状态通过 QH 端(RXD 引脚)串行发送到单片机的 SBUF 中,在中断服务程序中把 SBUF 中的数据读到 nRxByte 单元,并送到 P2 口驱动 8 个发光二极管。

8.3.2 方式 1

串行口的方式 1 为双机串行通信方式,如图 8-14 所示。

当 SM0、SM1 两位为 01 时,串行口设置为方式 1 的双机串行通信。TXD 引脚和 RXD 引脚分别用于发送和接收数据。

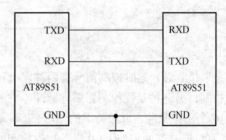

方式 1 收发一帧的数据为 10 位,包括 1 个起始位 0, 8 个数据位,1 个停止位 1,先发送或接收最低位。方式 1 的帧格式如图 8-15 所示。

图 8-14 方式 1 双机串行通信的连接电路

图 8-15 方式 1 的帧格式

方式 1 时,串行口为波特率可变的 8 位异步通信接口。方式 1 的波特率由下式确定:

$$\text{方式 1 波特率}=\frac{2^{\text{SMOD}}}{32}\times\text{定时器 T1 的溢出率}$$

式中,SMOD 为 PCON 寄存器的最高位的值(0 或 1)。

1. 方式 1 发送

串行口以方式 1 输出时,数据位由 TXD 端输出,发送一帧信息为 10 位,包括 1 位起始位 0, 8 位数据位(先低位)和 1 位停止位 1,当 CPU 执行写数据到发送缓冲器 SBUF 的命令后,就启动发送。方式 1 发送时序如图 8-16 所示。

图 8-16 中发送时钟为 TX,TX 时钟的频率就是发送的波特率。发送开始时,内部逻辑将起始

位向 TXD 引脚（P3.1）输出，此后每经过 1 个 TX 时钟周期，便产生 1 个移位脉冲，并由 TXD 引脚输出 1 个数据位。8 位数据位全部发送完毕后，中断标志位 TI 置"1"。

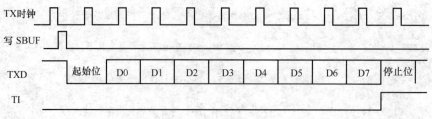

图 8-16　方式 1 发送时序

2. 方式 1 接收

串行口以方式 1（SM0、SM1= 01）接收时（REN=1），数据从 RXD（P3.0）引脚输入。当检测到起始位的负跳变时，则开始接收。方式 1 的接收时序如图 8-17 所示。

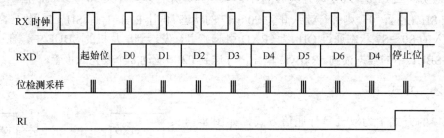

图 8-17　方式 1 接收时序

接收时，定时控制信号有两种，一种是接收移位时钟（RX 时钟），它的频率和传送的波特率相同，另一种是位检测器采样脉冲，它的频率是 RX 时钟的 16 倍。也就是在 1 位数据期间，有 16 个采样脉冲，以波特率的 16 倍速率采样 RXD 引脚状态。当采样到 RXD 端从 1 到 0 的负跳变（有可能是起始位）时，就启动接收检测器。接收的值是 3 次连续采样（第 7、8、9 个脉冲时采样），取其中两次相同的值，以确认是否是真正起始位（负跳变）的开始，这样能较好地消除干扰引起的影响，以保证可靠无误地开始接收数据。

当确认起始位有效时，开始接收一帧信息。接收每一位数据时，也都进行 3 次连续采样（第 7、8、9 个脉冲时采样），接收的值是 3 次采样中至少两次相同的值，以保证接收到的数据位的准确性。当一帧数据接收完毕后，必须同时满足以下两个条件，这次接收才真正有效。

（1）RI=0，即上一帧数据接收完成时，RI=1 发出的中断请求已被响应，SBUF 中的数据已被取走，说明"接收 SBUF"已空。

（2）SM2=0 或收到的停止位=1（方式 1 时，停止位已进入 RB8），则将接收到的数据装入 SBUF 和 RB8（装入的是停止位），且中断标志 RI 置"1"。

若不同时满足这两个条件，收到的数据不能装入 SBUF，这意味着该帧数据将丢失。

8.3.3　方式 2

串行口工作于方式 2 和方式 3 时，被定义为 9 位异步通信接口。每帧数据均为 11 位，包括 1 位起始位 0，8 位数据位（先低位），1 位可程控为 1 或 0 的第 9 位数据和 1 位停止位。方式 2、方式 3 的帧格式如图 8-18 所示。

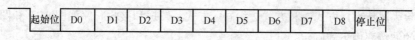

| 起始位 | D0 | D1 | D2 | D3 | D4 | D5 | D6 | D7 | D8 | 停止位 |

图 8-18　方式 2、方式 3 的帧格式

方式 2 的波特率由下式确定：

$$方式 2 波特率 = \frac{2^{\text{SMOD}}}{64} \times f_{\text{osc}}$$

1．方式 2 发送

方式 2 在发送前，先根据通信协议由软件设置 TB8（如双机通信时的奇偶校验位或多机通信时的地址/数据的标志位），然后将要发送的数据写入 SBUF，即可启动发送过程。串行口能自动把 TB8 取出，并装入到第 9 位数据位的位置，再逐一发送出去。发送完毕，则使 TI 位置"1"。

串行口方式 2 和方式 3 的发送时序如图 8-19 所示。

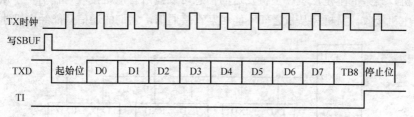

图 8-19　方式 2 和方式 3 发送时序

2．方式 2 接收

当串行口的 SCON 寄存器的 SM0、SM1 两位为 10，且 REN=1 时，允许串行口以方式 2 接收数据。接收时，数据由 RXD 端输入，接收 11 位信息。当位检测逻辑采样到 RXD 引脚从 1 到 0 的负跳变，并判断起始位有效后，便开始接收一帧信息。在接收完第 9 位数据后，需满足以下两个条件，才能将接收到的数据送入接收缓冲器 SBUF。

（1）RI=0，意味着接收缓冲器为空。

（2）SM2=0 或接收到的第 9 位数据位 RB8=1。

当满足上述两个条件时，接收到的数据送入 SBUF（接收缓冲器），第 9 位数据送入 RB8，且 RI 置"1"。若不满足这两个条件，接收的信息将被丢弃。

串行口方式 2 和方式 3 接收时序如图 8-20 所示。

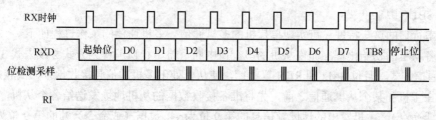

图 8-20　方式 2 和方式 3 接收时序

8.3.4　方式 3

当 SM0、SM1 两位为 11 时，串行口被定义工作在方式 3。方式 3 为波特率可变的 9 位异步

通信方式，除了波特率，方式 3 和方式 2 相同。方式 3 发送和接收时序如图 8-19 和图 8-20 所示。

方式 3 的波特率由下式确定：

$$方式 3 波特率 = \frac{2^{SMOD}}{32} \times 定时器 \text{ T1 } 的溢出率$$

8.4　多机通信

多个 AT89S51 单片机可利用串行口进行多机通信，经常采用的是主从式结构。该多机系统是由 1 个主机（AT89S51 单片机或其他具有串行接口的微计算机）和 3 个（也可以为多个）AT89S51 单片机组成的从机系统，如图 8-21 所示。主机的 RXD 与所有从机的 TXD 端相连，TXD 与所有从机的 RXD 端相连。从机的地址分别为 01H、02H 和 03H。主从式是指在多个单片机组成的系统中，只有一个主机，其余的全是从机。主机发送的信息可以被所有从机接收，任何一个从机发送的信息，只能由主机接收。从机和从机之间不能相互直接通信，它们的通信只能经主机才能实现。

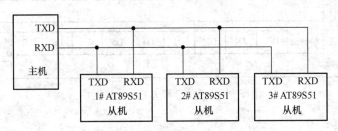

图 8-21　多机通信的主从式结构图

下面介绍多机通信的工作原理。

要保证主机与所选择的从机实现可靠通信，必须保证串行口具有识别功能。串行口控制寄存器 SCON 中的 SM2 位就是为满足这一条件而设置的多机通信控制位。其工作原理是在串行口以方式 2（或方式 3）接收时，若 SM2=1，则表示进行多机通信，这时可能出现以下两种情况。

（1）从机接收到的主机发来的第 9 位数据 RB8=1 时，前 8 位数据才装入 SBUF，并置中断标志 RI=1，向 CPU 发出中断请求。在中断服务程序中，从机把接收到的 SBUF 中的数据存入数据缓冲区中。

（2）如果从机接收到的第 9 位数据 RB8=0 时，则不产生中断标志 RI=1，不引起中断，从机接收不到主机发来的数据。

若 SM2=0，则接收的第 9 位数据不论是 0 还是 1，从机都将产生 RI=1 中断标志，接收到的数据装入 SBUF 中。

应用串行口的这一特性，可实现单片机的多机通信。多机通信的工作过程如下。

（1）各从机的初始化程序允许从机的串行口中断，将串行口编程为方式 2 或方式 3 接收，即 9 位异步通信方式，且位 SM2 和 REN 置"1"，使从机处于多机通信且接收地址帧的状态。

（2）在主机和某个从机通信之前，先将准备接收数据的从机地址发送给各个从机，接着才传送数据（或命令），主机发出的地址帧信息的第 9 位为 1，数据（或命令）帧的第 9 位为 0。当主机向各从机发送地址帧时，各从机的串行口接收到的第 9 位信息 RB8 为 1，且由于各从机的 SM2=1，则中断标志位 RI 置"1"，各从机响应中断，在中断服务子程序中，判断主机送来的地址是否和本机地址相符合，若为本机地址，则该从机 SM2 位清零，准备接收主机的数据或命令；若地址不相符，则保持 SM2=1 状态。

（3）接着主机发送数据（或命令）帧，数据帧的第 9 位为 0。此时各从机接收到的 RB8 = 0，只有与前面地址相符合的从机系统（即 SM2 位已清零的从机）才能激活中断标志位 RI，从而进入中断服务程序，在中断服务程序中接收主机发来的数据（或命令）；与主机发来的地址不相符的从机，由于 SM2 保持为 1，又 RB8=0，因此不能激活中断标志 RI，也就不能接收主机发来的数据帧。从而保证了主机与从机间通信的正确性。此时主机与建立联系的从机已经设置为单机通信模式，即在整个通信中，通信的双方都要保持发送数据的第 9 位（即 TB8 位）为 0，以防止其他的从机误接收数据。

（4）结束数据通信并为下一次的多机通信做好准备。在多机通信系统中每个从机都被赋予唯一的一个地址。例如，图 8-21 中的 3 个从机的地址可设为：01H、02H、03H，最好还要预留一两个"广播地址"，作为所有从机共有的地址，例如将"广播地址"设为 00H。当主机与从机的数据通信结束后，一定要将从机再设置为多机通信模式，以便进行下一次的多机通信。这时要求与主机正在进行数据传输的从机必须随时注意，一旦接收的数据第 9 位（RB8）为"1"，说明主机传送的不再是数据，而是地址，这个地址就有可能是"广播地址"，当收到"广播地址"后，便将从机的通信模式再设置成多机通信模式，为下一次的多机通信做好准备。

8.5 波特率的制定方法

在串行通信中，收、发双方发送或接收的波特率必须一致。通过软件对 AT89S51 的串行口可设定 4 种工作方式。其中方式 0 和方式 2 的波特率是固定的；方式 1 和方式 3 的波特率是可变的，这由定时器 T1 的溢出率（T1 每秒溢出的次数）来确定。

8.5.1 波特率的定义

波特率的定义：串行口每秒发送（或接收）的位数称为波特率。设发送一位所需要的时间为 T，则波特率为 1/T。

对于定时器的不同工作方式，得到的波特率的范围是不一样的，这是由定时器/计数器 T1 在不同工作方式下计数位数的不同所决定的。

8.5.2 定时器 T1 产生波特率的计算

波特率和串行口的工作方式有关。

（1）方式 0。波特率固定为时钟频率 f_{osc} 的 1/12，且不受 SMOD 位值的影响。若 f_{osc}=12MHz，波特率为 f_{osc}/12，即 1Mbit/s。

（2）方式 2。波特率仅与 SMOD 位的值有关。

$$方式\ 2\ 波特率 = \frac{2^{SMOD}}{64} \times f_{osc}$$

若 f_{osc}=12MHz：SMOD=0，波特率=187.5 kbit/s；SMOD=1，波特率=375 kbit/s。

（3）方式 1 或方式 3。常用定时器 T1 作为波特率发生器，其关系式为

$$波特率 = \frac{2^{SMOD}}{32} \times 定时器\ T1\ 的溢出率 \qquad (8\text{-}1)$$

由式（8-1）可见，T1 的溢出率和 SMOD 的值共同决定波特率。

在实际设定波特率时，用定时器方式 2（自动装初值）确定波特率比较理想，它不需要用软件来设置初值，可避免因软件重装初值带来的定时误差，且算出的波特率比较准确，即 TL1 作为 8 位计数器，TH1 存放备用初值。

设定时器 T1 方式 2 的初值为 X，则有

$$定时器 T1 的溢出率 = 计数速率/（256-X） = \frac{f_{osc}}{12(256-X)} \tag{8-2}$$

将式（8-2）代入式（8-1），则有

$$波特率 = \frac{2^{SMOD} \cdot f_{osc}}{32 \times 12 \times (256-X)} \tag{8-3}$$

由式（8-3）可见，这种方式下波特率随 f_{osc}、SMOD 和初值 X 而变化。

在实际使用时，经常根据已知波特率和时钟频率 f_{osc} 来计算定时器 T1 的初值 X。为避免繁杂的初值计算，常用的波特率和初值 X 间的关系常列成表 8-2 形式，以供查用。

表 8-2　　　　　　　　　　　　　用定时器 T1 产生的常用波特率

波　特　率	f_{osc}	SMOD 位	方式	初值 X
62.5kbit/s	12MHz	1	2	FFH
19.2kbit/s	11.0592MHz	1	2	FDH
9.6kbit/s	11.0592MHz	0	2	FDH
4.8kbit/s	11.0592MHz	0	2	FAH
2.4kbit/s	11.0592MHz	0	2	F4H
1.2kbit/s	11.0592 MHz	0	2	E8H

对表 8-2 有以下两点需要注意。

（1）在使用的时钟振荡频率 f_{osc} 为 12MHz 或 6MHz 时，将初值 X 和 f_{osc} 带入式（8-3）中，分子除以分母不能整除，因此计算出的波特率有一定误差。要消除误差可以通过调整时钟振荡频率 f_{osc} 实现，例如采用的时钟频率为 11.0592MHz。因此，当使用串行口进行串行通信时，为减小波特率误差，应该使用的时钟频率必须为 11.0592MHz。

（2）如果串行通信选用很低的波特率（如波特率选为 55），可将定时器 T1 设置为方式 1 定时。但在这种情况下，T1 溢出时，需在中断服务程序中重新装入初值。中断响应时间和执行指令时间会使波特率产生一定的误差，可用改变初值的方法加以调整。

【例 8-3】 若 AT89S51 单片机的时钟振荡频率为 11.0592MHz，选用 T1 的方式 2 定时作为波特率发生器，波特率为 2400bit/s，求初值。

设 T1 为方式 2 定时，选 SMOD=0。

将已知条件带入式（8-3）中，

$$波特率 = \frac{2^{SMOD} \cdot f_{osc}}{32 \times 12 \times (256-X)} = 2400$$

从中解得 X=244=F4H。

只要把 F4H 装入 TH1 和 TL1，则 T1 发出的波特率为 2.4kbit/s。在实际编程中，该结果也可直接从表 8-2 中查到。

这里时钟振荡频率选为 11.0592MHz，就可使初值为整数，从而产生精确的波特率。

8.6 串行口应用设计案例

单片机的串行通信接口设计时，需要考虑如下问题。

（1）确定串行通信双方的数传速率和通信距离。

（2）由串行通信的数传速率和通信距离确定采用的串行通信接口标准。

（3）注意串行通信的通信线的选择，一般选用双绞线较好，并根据传输的距离选择纤芯的直径。如果空间的干扰较多，还要选择带有屏蔽层的双绞线。

下面首先介绍有关串行通信中为提高数传速率、通信距离和抗干扰性能的各种串行通信接口标准。

8.6.1 串行通信标准接口 RS232、RS422 与 RS485 简介

AT89S51 单片机串行口的输入、输出均为 TTL 电平。这种以 TTL 电平来串行传输数据，其抗干扰性差，传输距离短，传输速率低。为了提高串行通信的可靠性，增大串行通信的距离和提高传输速率，在实际的串行通信设计中都采用标准串行接口，如 RS-232、RS-422A、RS-485 等。

根据 AT89S51 单片机的双机通信距离、传输速率以及抗干扰性的实际要求，可选择 TTL 电平传输，或选择 RS-232C、RS-422A、RS-485 标准接口进行串行数据传输。

1. TTL 电平通信接口

如果两个 AT89S51 单片机相距在 1.5m 之内，它们的串行口可直接相连，接口电路如图 8-14 所示。甲机的 RXD 与乙机的 TXD 端相连，乙机的 RXD 与甲机的 TXD 端相连，从而直接用 TTL 电平传输方法来实现双机通信。

2. RS-232C 双机通信接口

如果双机通信距离在 1.5～30m 时，可利用 RS-232C 标准接口实现点对点的双机通信，接口电路如图 8-22 所示。

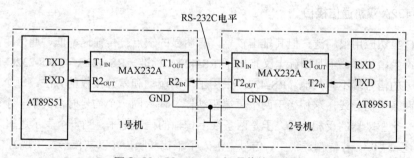

图 8-22 RS-232C 双机通信接口电路

RS-232C 标准规定电缆长度限定在≤15m，最高数传速率为 20kbit/s，这足以覆盖个人计算机使用的 50～9600 bit/s 范围。传送的数字量采用负逻辑，且与地对称。其中：

逻辑"1"：$-15\sim-3V$；

逻辑"0"：$+3\sim+15V$。

由于单片机的引脚为 TTL 电平，与 RS-232C 标准的电平互不兼容，所以单片机使用 RS-232C 标准串行通信时，必须进行 TTL 电平与 RS-232C 标准电平之间的转换。

RS-232C 电平与 TTL 电平之间的转换，常采用美国 MAXIM 公司的 MAX232A，它是全双工发送器/接收器接口电路芯片，可实现 TTL 电平到 RS-232C 电平、RS-232C 电平到 TTL 电平的转换。MAX232A 的引脚如图 8-23 所示，内部结构和外部器件如图 8-24 所示。由于芯片内部有自升压的电平倍增电路，将+5V 转换成-10V～+10V，以满足 RS-232C 标准对逻辑"1"和逻辑"0"的电平要求。工作时仅需单一的+5V 电源。其片内有 2 个发送器，2 个接收器，有 TTL 信号输入/RS-232C 输出的功能，也有 RS-232C 输入/TTL 输出的功能。

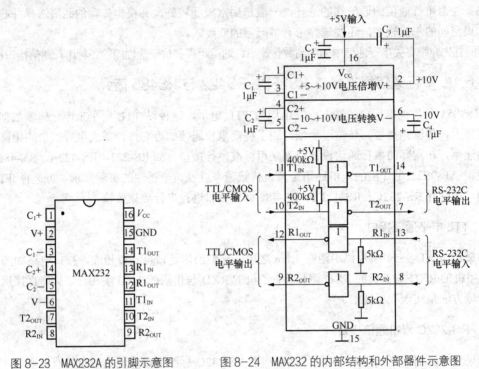

图 8-23　MAX232A 的引脚示意图　　图 8-24　MAX232 的内部结构和外部器件示意图

3．RS-422A 双机通信接口

RS-232C 虽然应用很广泛，但其推出较早，有明显的缺点：传输速率低、通信距离短、接口处信号容易产生串扰等，于是国际上又推出了 RS-422A 标准。RS-422A 与 RS-232C 的主要区别是，收发双方的信号端不再共地，RS-422A 采用了平衡驱动和差分接收的方法。每个方向用于数据传输的是两条平衡导线，这相当于两个单端驱动器。输入同一个信号时，其中一个驱动器的输出永远是另一个驱动器的反相信号。于是两条线上传输的信号电平，当一个表示逻辑"1"时，另一条一定为逻辑"0"。若传输过程中，信号中混入了干扰和噪声（以共模形式出现），由于差分接收器的作用，就能识别有用信号并正确接收传输的信息，并使干扰和噪声相互抵消。

因此，RS-422A 能在长距离、高速率下传输数据。它的最大传输率为 10Mbit/s，在此速率下，电缆允许长度为 12m，如果采用较低传输速率时，最大传输距离可达 1219m。

为了增加通信距离，可以在通信线路上采用光电隔离方法，利用 RS-422A 标准进行双机通信的接口电路如图 8-25 所示。

在图 8-25 中，每个通道的接收端都接有 3 个电阻 R1、R2 和 R3，其中 R1 为传输线的匹配电阻，取值范围在 50Ω～1kΩ，其他两个电阻是为了解决第 1 个数据的误码而设置的匹配电阻。为了起到隔离、抗干扰的作用，图 8-25 中必须使用两组独立的电源。

图 8-25 所示的 SN75174、SN75175 是 TTL 电平到 RS-422A 电平与 RS-422A 电平到 TTL 电平的电平转换芯片。

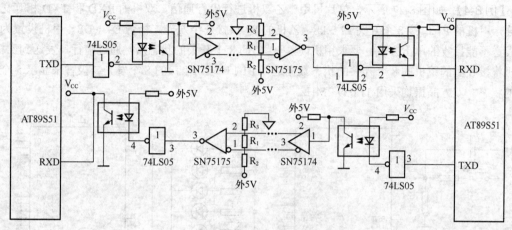

图 8-25　RS-422A 双机通信接口电路图

4. RS-485 双机通信接口

RS-422A 双机通信需四芯传输线，这对长距离通信是很不经济的，故在工业现场，通常采用双绞线传输的 RS-485 串行通信接口，它很容易实现多机通信。RS-485 是 RS-422A 的变型，它与 RS-422A 的区别是：RS-422A 为全双工，且采用两对平衡差分信号线；而 RS-485 为半双工，采用一对平衡差分信号线。RS-485 与多站互连是十分方便的，它很容易实现 1 对 N 的多机通信。RS-485 标准允许最多并联 32 台驱动器和 32 台接收器。

图 8-26 所示为 RS-485 双机通信接口电路。RS-485 与 RS-422A 一样，最大传输距离约为 1219m，最大传输速率为 10Mbit/s。通信线路要采用平衡双绞线。平衡双绞线的长度与传输速率成反比，在 100kbit/s 速率以下，才可能使用规定的最长电缆。只有在很短的距离下才能获得最大传输速率。一般 100m 长双绞线最大传输速率仅为 1Mbit/s。

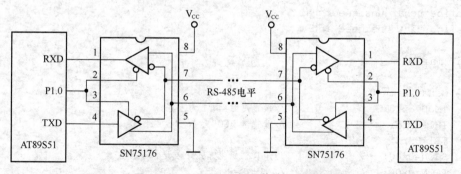

图 8-26　RS-485 双机通信接口电路图

在图 8-26 中，RS-485 以双向、半双工的方式来实现双机通信。在单片机发送或接收数据前，应先将 SN75176 的发送门或接收门打开，当 P1.0=1 时，发送门打开，接收门关闭；当 P1.0=0 时，接收门打开，发送门关闭。

图 8-26 中的 SN75176 芯片内集成了一个差分驱动器和一个差分接收器，且兼有 TTL 电平到

RS-485 电平、RS-485 电平到 TTL 电平的转换功能。此外常用的 RS-485 接口芯片还有 MAX485。

8.6.2　方式 1 的应用设计

【例 8-4】　如图 8-27 所示，单片机甲、乙双机进行串行通信，双机的 RXD 和 TXD 相互交叉相连，甲机的 P1 口接 8 个开关 k1～k8，乙机的 P1 口接 8 个发光二极管 D1～D8。甲机设置为只能发送不能接收的单工方式。要求甲机读入 P1 口的 8 个开关的状态后，通过串行口发送到乙机，乙机将接收到的甲机的 8 个开关的状态数据送入 P1 口，由 P1 口的 8 个发光二极管来显示 8 个开关的状态。双方晶振均采用 11.059 2MHz。

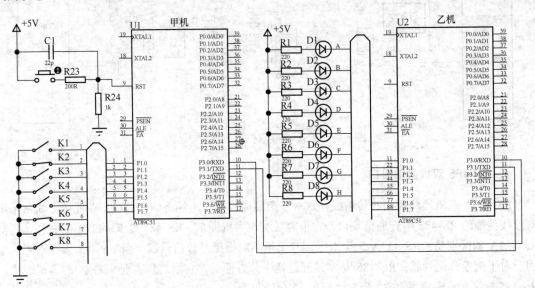

图 8-27　单片机方式 1 双机通信的连接示意图

参考程序如下。

```
//甲机串行发送
#include <reg51.h>
#define uchar unsigned char
#define uint unsigned int

void main()
{
    uchar temp=0;
    TMOD=0x20;              //设置定时器 T1 为方式 2
    TH1=0xfd;              //波特率 9600
    TL1=0xfd;
    SCON=0x40;             //串口初始化方式 1 发送，不接收
    PCON=0x00;            //  SMOD=0
    TR1=1;                //启动 T1
    P1=0xff;             //设置 P1 口为输入
    while(1)
    {
        temp=P1;          //读入 P1 口开关的状态数据
        SBUF=temp;        //数据送串行口发送
```

```
        while(TI==0);          //如果 TI=0,未发送完,循环等待
        TI=0;                  //已发送完,把 TI 清零
    }
}


//乙机串行接收
#include <reg51.h>
#define uchar unsigned char
#define uint unsigned int
void main( )
{
    uchar temp=0;
    TMOD=0x20;                 //设置定时器 T1 为方式 2
    TH1=0xfd;                  //波特率 9600
    TL1=0xfd;
    SCON=0x50;                 //设置串口为方式 1 接收,REN=1
    PCON=0x00;                 //SMOD=0
    TR1=1;                     //启动 T1
    while(1)
    {
        while(RI==0);          // 若 RI 为 0,未接收到数据
        RI=0;                  // 接收到数据,则把 RI 清零
        temp=SBUF;             // 读取数据存入 temp 中
        P1=temp;               // 接收的数据送 P1 口控制 8 个 LED 的亮与灭
    }
}
```

【例 8-5】 如图 8-28 所示,甲、乙两机以方式 1 进行串行通信,双方晶体振荡器频率均为 11.0592MHz,波特率为 2400bit/s。甲机的 TXD 引脚、RXD 引脚分别与乙机的 RXD、TXD 引脚相连。为观察串行口传输的数据,电路中添加了两个虚拟终端来分别显示串行口发出的数据。添加虚拟终端,只需单击图 4-21 左侧工具箱中的虚拟仪器图标,在预览窗口中显示的各种虚拟仪器选项,单击 "VIRTUAL TERMINAL" 项,并放置在原理图编辑窗口,然后把虚拟终端的 "RXD" 端与单片机的 "TXD" 端相连即可。

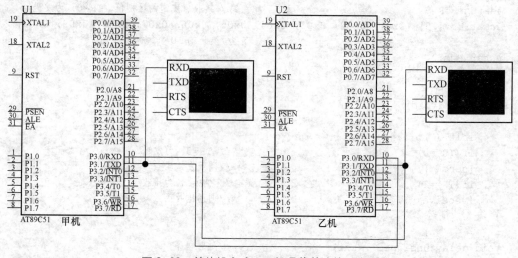

图 8-28 单片机方式 1 双机通信的连接示意图

当串行通信开始时，甲机首先发送数据 AAH，乙机收到后应答 BBH，表示同意接收。甲机收到 BBH 后，即可发送数据。如果乙机发现数据出错，就向甲机发送 FFH，甲机收到 FFH 后，重新发送数据给乙机。

串行通信时，如要观察单片机仿真运行时串行口发送出的数据，只需用鼠标右键单击虚拟终端，会出现选择菜单，单击最下方的"Virtual Terminal"项，此时会弹出窗口，窗口中显示了单片机串口"TXD"端发出的一个个数据字节，如图 8-29 所示。

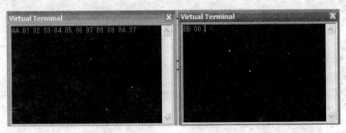

图 8-29　通过串口观察两个单片机串行口发出的数据

设发送的字节块长度为 10 字节，数据缓冲区为 buf，数据发送完毕要立即发送校验和，进行数据发送准确性验证。乙机接收到的数据存储到数据缓冲区 buf，收到一个数据块后，再接收甲机发来的校验和，并将其与乙机求得的校验和比较：若相等，说明接收正确，乙机回答 00H；若不等，说明接收不正确，乙机回答 FFH；请求甲机重新发送。

选择定时器 T1 为方式 2 定时，波特率不倍增，即 SMOD=0。查表 8-2，可得写入 T1 的初值应为 F4H。

以下为双机通信程序，该程序可以在甲乙两机中运行，不同的是在程序运行之前，要人为地设置 TR。若选择 TR=0，表示该机为发送方；若 TR=1，表示该机是接收方。程序根据 TR 设置，利用发送函数 send( )和接收函数 receive( )分别实现发送和接收功能。

参考程序如下。

```c
//甲机串口通信程序
#include <reg51.h>
#define uchar unsigned char
#define TR 0                                // 接收、发送的区别值，TR=0，为发送
uchar buf[10]={0x01, 0x02, 0x03, 0x04, 0x05, 0x06, 0x07, 0x08, 0x09, 0x0a};
                                            //发送的 10 个数据
uchar sum;

//甲机主程序
void main(void)
{
    init ( );
    if(TR==0)                               // TR=0，为发送
    {send( );}                              //调用发送函数
    if(TR==1)                               // TR=1，为接收
    {receive( );}                           //调用接收函数
}

void delay(unsigned int i)                  //延时程序
{
```

```
    unsigned char j;
    for(;i>0;i--)
    for(j=0;j<125;j++)
    ;
}

//甲机串口初始化函数
void init(void)
{
    TMOD=0x20;                              //T1 方式 2 定时
    TH1=0xf4;                               //波特率 2400
    TL1=0xf4;
    PCON=0x00;                              //SMOD=0
    SCON=0x50;                              //串行口方式 1，REN=1 允许接收
    TR1=1;                                  //启动 T1
}

//甲机发送函数
void send(void )
{
    uchar i
    do{
        delay(1000);
        SBUF=0xaa;                          //发送联络信号
        while(TI==0);                       //等待数据发送完毕
        TI=0;
        while(RI==0);                       //等待乙机应答
        RI=0;
    }while(SBUF!=0xbb);                     //乙机未准备好，继续联络
    do {
        sum=0;                              //校验和变量清零
        for(i=0;  i<10;  i++)
        {
            delay(1000);
            SBUF = buf[i];
            sum+= buf[i];                   //求校验和
            while(TI==0);
            TI=0;
        }
        delay(1000);
        SBUF=sum;                           //发送校验和
        while(TI==0); TI=0;
        while(RI==0); RI=0;
    }while(SBUF!=0x00);                     //出错，重新发送
    while(1);
}

//甲机接收函数
void receive(void )
{
    uchar i;
    RI=0;
```

```
        while(RI==0); RI=0;
        while(SBUF!=0xaa);                      //判断甲机是否发出请求
        SBUF=0xBB;                              //发送应答信号 BBH
        while (TI==0);                          //等待发送结束
        TI=0;
        sum=0;                                  //清校验和
        for(i=0; i<10; i++)
        {
            while(RI==0); RI=0;                 //接收校验和
            buf[i]= SBUF;                       //接收一个数据
            sum+=buf[i];                        //求校验和
        }
        while(RI==0);
        RI=0;                                   //接收甲机的校验和
        if(SBUF==sum)                           //比较校验和
        {
            SBUF=0x00;                          //校验和相等，则发 00H
        }
        else
        {
            SBUF=0xFF;                          //出错发 FFH，重新接收
            while(TI==0);TI=0;
        }
}

//乙机串行通信程序
#include <reg51.h>
#define uchar unsigned char
#define TR 1                                    // 接收、发送的区别值，TR=1，为接收
uchar idata buf[10];//={0x01, 0x02, 0x03, 0x04, 0x05, 0x06, 0x07, 0x08, 0x09, 0x0a};

uchar sum;                                      // 校验和
void delay(unsigned int i)
{
    unsigned char j;
    for(;i>0;i--)
    for(j=0;j<125;j++)
        ;
}

//乙机串口初始化函数
void init(void)
{
    TMOD=0x20;                                  //T1 方式 2 定时
    TH1=0xf4;                                   //波特率 2400
    TL1=0xf4;
    PCON=0x00;                                  //SMOD=0

    SCON=0x50;                                  //串行口方式 1，REN=1 允许接收
    TR1=1;                                      //启动 T1
}
```

```
//乙机主程序
void main(void)
{
    init ( );
    if(TR==0)                        // TR=0，为发送
    {send( );}                       //调用发送函数
    else
    {receive( );}                    //调用接收函数
}


//乙机发送函数
void send(void )
{
    uchar i;
    do{
    SBUF=0xAA;                       //发送联络信号
    while(TI==0);                    //等待数据发送完毕
    TI=0;
    while(RI==0);                    //等待乙机应答
    RI=0;
    } while(SBUF!=0xbb);             //乙机未准备好，继续联络(按位取异或)
    do{
        sum=0;                       //校验和变量清零
        for(i=0; i<10; i++)
        {
            SBUF = buf[i];
            sum += buf[i];           //求校验和
            while(TI==0);
            TI=0;
        }
        SBUF=sum;
        while(TI==0); TI=0;
        while(RI==0); RI=0;
    }while (SBUF!=0);                //出错，重新发送
}


//乙机接收函数
void receive(void )
{
    uchar i;
    RI=0;
    while(RI==0); RI=0;
    while(SBUF!=0xaa)
    {
        SBUF=0xff;
        while(TI!=1);
        TI=0;
        delay(1000);
    }                                //判断甲机是否发出请求
    SBUF=0xBB;                       //发送应答信号 0xBB
    while (TI==0);                   //等待发送结束
    TI=0;
```

```
    sum=0;
    for(i=0; i<10; i++)
    {
        while(RI==0);RI=0;          //接收校验和
        buf[i]= SBUF;               //接收一个数据
        sum+=buf[i];                //求校验和
    }
    while(RI==0);
    RI=0;                           //接收甲机的校验和
    if(SBUF==sum)                   //比较校验和
    {
        SBUF=0x00;                  //校验和相等，则发00H
    }
    else
    {
        SBUF=0xFF;                  //出错发FFH，重新接收
        while(TI==0);    TI=0;
    }
}
```

8.6.3　方式 2 和方式 3 的应用设计

方式 2 与方式 1 相比，有以下两点不同。

（1）方式 2 接收/发送 11 位信息，第 0 位为起始位，第 1～8 位为数据位，第 9 位是程控位，由用户设置的 TB8 位决定，第 10 位是停止位 1。

（2）方式 2 的波特率变化范围比方式 1 小，方式 2 的波特率=振荡器频率/n。

当 SMOD=0 时，n=64。

当 SMOD=1 时，n=32。

而方式 2 和方式 3 相比，除了波特率的差别，其他都相同，所以下面介绍的方式 3 应用编程，也适用于方式 2。

【例 8-6】　甲、乙两单片机进行方式 3（或方式 2）串行通信，如图 8-30 所示。甲机把控制 8 个

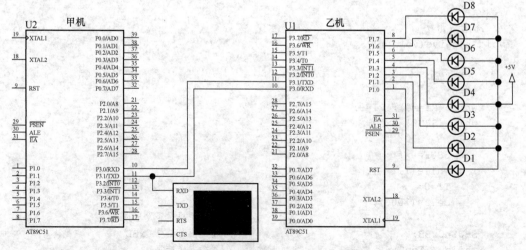

图 8-30　甲、乙两个单片机进行方式 3（或方式 2）串行通信示意图

流水灯点亮的数据发送给乙机并点亮其 P1 口的 8 个 LED。方式 3 比方式 1 多了 1 个可编程位 TB8，该位一般作奇偶校验位。乙机接收到的 8 位二进制数据有可能出错，需进行奇偶校验，其方法是将乙机的 RB8 和 PSW 的奇偶校验位 P 进行比较，如果相同，接收数据；否则拒绝接收。

本例使用了一个虚拟终端来观察甲机串口发出的数据。

参考程序如下。

```
//甲机发送程序
#include <reg51.h>
sbit p=PSW^0;                      // p 位定义为 PSW 寄存器的第 0 位，即奇偶校验位
unsigned char Tab[8]= {0xfe, 0xfd, 0xfb, 0xf7, 0xef, 0xdf, 0xbf, 0x7f};
                                   //控制流水灯显示数据数组，数组为全局变量
void main(void)                    // 主函数
{
    unsigned char i;
    TMOD=0x20;                     //设置定时器 T1 为方式 2
    SCON=0xc0;                     //设置串口为方式 3
    PCON=0x00;                     //SMOD=0
    TH1=0xfd;                      //给定时器 T1 赋初值，波特率设置为 9600
    TL1=0xfd;
    TR1=1;                         //启动定时器 T1
    while(1)
    {
        for(i=0;i<8;i++)
        {
            Send(Tab[i]);
            delay( );              //大约 200ms 发送一次数据
        }
    }
}
void Send(unsigned char dat)       // 发送 1 字节数据的函数
{
    TB8=P;                         // 将奇偶校验位作为第 9 位数据发送，采用偶校验
    SBUF=dat;
    while(TI==0);                  // 检测发送标志位 TI，TI=0，未发送完
    ;                              // 空操作
    TI=0;                          // 1 字节发送完，TI 清零
}
void delay (void)                  // 延时约 200ms 的函数
{
    unsigned char m,n;
    for(m=0;m<250;m++)
    for(n=0;n<250;n++);
}

//乙机接收程序
#include <reg51.h>
sbit p= PSW^0;                     // p 位为 PSW 寄存器的第 0 位，即奇偶校验位

void main(void)                    //主函数
{
    TMOD=0x20;                     //设置定时器 T1 为方式 2
```

```
        SCON=0xd0;                      //设置串口为方式 3，允许接收 REN=1
        PCON=0x00;                      //SMOD=0
        TH1=0xfd;                       //给定时器 T1 赋初值，波特率为 9600
        TL1=0xfd;
        TR1=1;                          //接通定时器 T1
        REN=1;                          //允许接收
        while(1)
        {
            P1= Receive( );             //将接收到的数据送 P1 口显示
        }
}
unsigned char Receive(void)             //接收 1 字节数据的函数
{
        unsigned char dat;
        while(RI==0);                   //检测接收中断标志 RI，RI=0，未接收完，则循环等待
        ;
        RI=0;                           //已接收一帧数据，将 RI 清零
        ACC=SBUF;                       //将接收缓冲器的数据存于 ACC
        if(RB8==P)                      //只有奇偶校验成功才能往下执行，接收数据
        {
            dat=ACC;                    //将接收缓冲器的数据存于 dat
          return dat;                   //将接收的数据返回
        }
}
```

8.6.4　多机通信的应用设计

下面通过一个案例，介绍如何来实现单片机的多机通信。

【例 8-7】　实现主单片机分别与 3 个从单片机的串行通信，原理电路如图 8-31 所示。用户通过分别按下开关 k1、k2 或 k3 来选择主机与对应的 1#、2#或 3#从机进行串行通信，当黄色 LED 点亮，表示主机与相应的从机连接成功；该从机的 8 个绿色 LED 闪亮，表示主机与从机在进行串行数据通信。如果断开 k1、k2 或 k3，则主机与相应从机的串行通信中断。

本例实现主、从机的串行通信，各从机的程序都是相同的，只是地址不同。串行通信的约定如下。

（1）3 台从机的地址为 01H～03H。

（2）主机发出的 0xff 为控制命令，使所有从机都处于 SM2=1 的状态。

（3）其余的控制命令：00H 为接收命令，01H 为发送命令。这两条命令是以数据帧的形式发送的。

（4）从机的状态字如图 8-32 所示。

其中：

ERR（D7 位）=1，表示收到非法命令。

TRDY（D1 位）=1，表示发送准备完毕。

RRDY（D0 位）=1，表示接收准备完毕。

串行通信时，主机采用查询方式，从机采用中断方式。主机串行口设为方式 3，允许接收，并将 TB8 置为 "1"。因为只有 1 个主机，所以主机的 SCON 控制寄存器中的 SM2 不要置 "1"，故控制字为 11011000，即 0xd8。

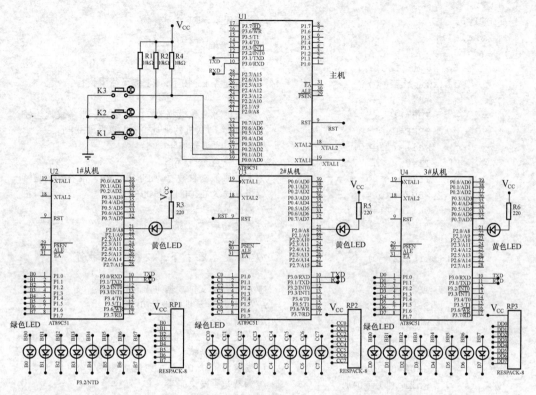

图 8-31 主机与 3 台从机的多机通信的原理电路与仿真示意图

	D7	D6	D5	D4	D3	D2	D1	D0
状态字	ERR	0	0	0	0	0	TRDY	RRDY

图 8-32 从机状态字的格式约定

参考程序如下。

```
//主机程序
#include <reg51.h>
#include <math.h>
sbit switch1=P0^0;                //定义 k1 与 P0.0 连接
sbit switch2=P0^1;                //定义 k2 与 P0.1 连接
sbit switch3=P0^2;                //定义 k3 与 P0.2 连接

void main()                       //主函数
{
    EA=1;                         //总中断允许
    TMOD=0x20;                    //设置定时器 T1 定时方式 2 自动装载定时常数
    TL1=0xfd;                     //波特率设为 9600
    TH1=0xfd;
    PCON=0x00;                    //SMOD=0，不倍增
    SCON=0xd0;                    //SM2 设为 0，TB8 设为 0
    TR1=1;                        //启动定时器 T1
    ES=1;                         //允许串口中断
    SBUF=0xff;                    //串口发送 0xff
    while(TI==0);                 //判断是否发送完毕
```

```
    TI=0;                              //发送完毕，TI 清零
    while(1)
    {
        delay_ms(100);
        if(switch1==0)                 //判断是否 k1 按下，k1 按下往下执行
        {
            TB8=1;                     //发送的第 9 位数据为 1，送 TB8，准备发地址帧
            SBUF=0x01;                 //串口发 1#从机的地址 0x01 以及 TB8=1
            while(TI==0);              //判断是否发送完毕
            TI=0;                      //发送完毕，TI 清零
            TB8=0;                     //发送的第 9 位数据为 0，送 TB8，准备发数据帧
            SBUF=0x00;                 //串口发送 0x00 以及 TB8=0
            while(TI==0);              //判断是否发送完毕
            TI=0;                      //发送完毕，TI 清零
        }
        if(switch2==0)                 //判断是否 k2 按下，k2 按下往下执行
        {
            TB8=1;                     //发送的第 9 位数据为 1，发地址帧
            SBUF=0x02;                 //串口发 2#从机的地址 0x02
            while(TI==0);              //判断是否发送完毕
            TI=0;                      //发送完毕，TI 清零
            TB8=0;                     //准备发数据帧
            SBUF=0x00;                 //发数据帧 0x00 及 TB8=0
            while(TI==0);              //判断是否发送完毕
            TI=0;                      //发送完毕，TI 清零
        }
        if(switch3==0)                 //判断是否 k3 按下，如按下，则往下执行
        {
            TB8=1;                     //准备发地址帧
            SBUF=0x03;                 //发 3#从机地址
            while(TI==0);              //判断是否发送完毕
            TI=0;                      //发送完毕，TI 清零
            TB8=0;                     //准备发数据帧
            SBUF=0x00;                 //发数据帧 0x00 及 TB8=0
            while(TI==0);              //判断是否发送完毕
            TI=0;                      //发送完毕，TI 清零
        }
    }
}

void delay_ms(unsigned int i)         // 延时函数
{
    unsigned char j;
    for(;i>0;i--)
    for(j=0;j<125;j++)
    ;
}

//从机 1 串行通信程序
#include <reg51.h>
#include <math.h>
sbit led=P2^0;                        //定义 P2.0 连接的黄色 LED
```

```
bit rrdy=0;                         //接收准备标志位 rrdy=0，表示未做好接收准备
bit trdy=0;                         //发送准备标志位 trdy=0，表示未做好发送准备
bit err=0;                          //err=1，表示接收到的命令为非法命令

void main()                         //从机 1 主函数
{
    EA=1;                           //总中断打开
    TMOD=0x20;                      //定时器 1 工作方式 2，自动装载，用于串口设置波特率
    TL1=0xfd;
    TH1=0xfd;                       //波特率设为 9600
    PCON=0x00;                      //SMOD=0
    SCON=0xd0;                      //SM2 设为 0，TB8 设为 0
    TR1=1;                          //启动定时器 T1
    P1=0xff;                        //向 P1 写入全 1，8 个绿色 LED 全灭
    ES=1;                           //允许串口中断
    while(RI==0);                   //接收控制指令 0xff
    if(SBUF==0xff) err=0;           //如果接收到的数据为 0xff，err=0，表示正确
    else err=1;                     //err=1，表示接收出错
    RI=0;                           //接收中断标志清零
    SM2=1;                          //多机通信控制位，SM2 置"1"
    while(1);
}

void int1() interrupt 4,            //函数功能：定时器 T1 中断函数
{
    if(RI)                          //如果 RI=1
    {
        if(RB8)                     //如果 RB8=1，表示接收的为地址帧
        {
            RB8=0;
            if(SBUF==0x01)          //如果接收的数据为地址帧 0x01，是本从机的地址
            {
                SM2=0;              //则 SM2 清零，准备接收数据帧
                led=0;              //点亮本从机黄色发光二极管
            }
        }
        else                        //如果接收的不是本从机的地址
        {
            rrdy=1;                 //准备好接收标志置"1"
            P1=SBUF;                //串口接收的数据送 P1
            SM2=1;                  // SM2 仍为 1
            led=1;                  // 熄灭本从机黄色发光二极管
        }
        RI=0;
    }
    delay_ms(50);
    P1=0xff;                        //熄灭本从机 8 个绿色发光二极管
}

void delay_ms(unsigned int i)       //延时函数
{
    unsigned char j;
```

```
    for(;i>0;i--)
    for(j=0;j<125;j++)
    ;
}


//从机2串行通信程序
#include <reg51.h>
#include <math.h>
sbit led=P2^0;
bit rrdy=0;
bit trdy=0;
bit err=0;

void delay_ms(unsigned int i)
{
    unsigned char j;
    for(;i>0;i--)
    for(j=0;j<125;j++)
    ;
}

void main()                      //从机2主程序
{
    EA=1;                        //总中断打开
    TMOD=0x20;                   //定时器1 工作方式2 自动装载 用于串口设置波特率
    TL1=0xfd;
    TH1=0xfd;                    //波特率设为9600
    PCON=0x00;                   //不倍增，0x80 为倍增
    SCON=0xf0;                   //SM2 设为1， TB8 设为0
    TR1=1;                       //定时器T1 接通
    P1=0xff;
    ES=1;                        //允许串口中断
    while(RI==0);                //接收控制指令 0xff
    if(SBUF==0xff) err=0;
    else err=1;
    RI=0;
    SM2=1;
    while(1);
}

void int1() interrupt 4          // 串口中断函数
{
    if(RI)
    {
        if(RB8)
        {
            RB8=0;
            if(SBUF==0x02)
            {
                SM2=0;
                led=0;
            }
```

```
        }
        else
        {
            rrdy=1;
            P1=SBUF;
            SM2=1;
            led=1;
        }
        RI=0;
    }
    delay_ms(50);
    P1=0xff;
}


//从机 3 串行通信程序
#include <reg51.h>
#include <math.h>
sbit led=P2^0;
bit rrdy=0;
bit trdy=0;
bit err=0;
void delay_ms(unsigned int i)        //延时函数
{
    unsigned char j;
    for(;i>0;i--)
    for(j=0;j<125;j++)
    ;
}


void main()                          //从机 3 主程序
{
    EA=1;                            //总中断打开
    TMOD=0x20;                       //定时器 1 工作方式 2 自动装载 用于串口设置波特率
    TL1=0xfd;
    TH1=0xfd;                        //波特率设为 9600
    PCON=0x00;                       //波特率不倍增  0x80 为倍增
    SCON=0xf0;                       //SM2 设为 1,  TB8 设为 0
    TR1=1;                           //定时器 1 打开
    P1=0xff;
    ES=1;
    while(RI==0);                    //接收控制指令 0xff
    if(SBUF==0xff) err=0;
    else err=1;
    RI=0;
    SM2=1;
    while(1);
}


void int1() interrupt 4              //串行口中断函数
{
    if(RI)
    {
```

```
        if(RB8)
        {
            RB8=0;
            if(SBUF==0x03)
            {
                SM2=0;
                led=0;
            }
        }
        else
        {
            rrdy=1;
            P1=SBUF;
            SM2=1;
            led=1;
        }
        RI=0;
    }
    delay_ms(50);
    P1=0xff;
}
```

8.6.5 单片机与 PC 串行通信的设计

在工业现场的测控系统中，常使用单片机进行监测点的数据采集，然后单片机通过串口与 PC 通信，把采集的数据串行传送到 PC 上，再在 PC 上进行数据处理。PC 配置的都是 RS-232 标准串口，为"D"型 9 针插座，输入/输出为 RS-232 电平。"D"型 9 针插头引脚定义如图 8-33 所示。

表 8-3 为 RS-232C 的"D"型 9 针插头的引脚定义。由于两者电平不匹配，因此必须把单片机输出的 TTL 电平转换为 RS-232 电平。单片机与 PC 的接口方案如图 8-34 所示。图中的电平转换芯片为 MAX232，接口连接只用了 3 条线，即 RS-232 插座中的 2 引脚、3 引脚与 5 引脚。

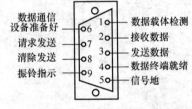

图 8-33 "D"型 9 针插头引脚定义示意图

表 8-3　　　　　　　　　　　PC 的 RS-232C 接口信号

引　脚　号	功　　　能	符　　号	方　　向
1	数据载体检测	DCD	输入
2	接收数据	TXD	输出
3	发送数据	RXD	输入
4	数据终端就绪	DTR	输出
5	信号地	GND	
6	数据通信设备准备好	DSR	输入
7	请求发送	RTS	输出
8	清除发送	CTS	输入
9	振铃指示	RI	输入

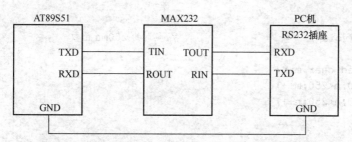

图 8-34　单片机与 PC 的 RS232 串行通信接口示意图

1. 单片机向 PC 发送数据

【例 8-8】　单片机向计算机发送数据的 Proteus 仿真电路如图 8-35 所示。要求单片机通过串行口的 TXD 引脚向计算机串行发送 8 个数据字节。本例中使用了两个串行口虚拟终端，来观察串行口线上出现的串行传输数据。允许弹出的两个虚拟终端窗口，如图 8-36 所示，VT1 窗口显示的数据表示了单片机串口发给 PC 的数据，VT2 显示的数据表示由 PC 经 RS232 串口模型 COMPIM 接收到的数据，由于使用了串口模型 COMPIM，从而省去了 PC 的模型，解决了单片机与 PC 串行通信的虚拟仿真问题。

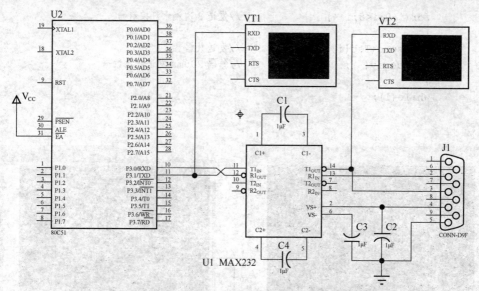

图 8-35　单片机向 PC 发送数据的 Proteus 仿真电路图

实际上单片机向计算机和单片机向单片机发送数据的方法是完全一样的。

参考程序如下。

```
#include <reg51.h>
code Tab[ ]={ 0xfe, 0xfd, 0xfb, 0xf7, 0xef, 0xdf, 0xbf, 0x7f };
                          //欲发送的流水灯控制码数组，定义为全局变量
void send(unsigned char dat )
{
    SBUF=dat;                   //待发送数据写入发送缓冲寄存器
    while(TI==0);               //串口未发送完，等待
    ;                           //空操作
    TI=0;                       //1 字节发送完毕，软件将 TI 标志清零
}
```

```c
void delay(void )                    //延时约 200ms 函数
{
    unsigned char m,n;
    for(m=0;m<250;m++)
    for(n=0;n<250;n++)
    ;
}
void main(void)                      //主函数
{
unsigned char i;
    TMOD=0x20;                       //设置 T1 为定时器方式 2
    SCON=0x40;                       //串行口方式 1，TB8=1
    PCON=0x00;
    TH1=0xfd;                        //波特率 9600
    TL1=0xfd;
    TR1=1;                           //启动 T1
    while(1)                         //循环
    {
        for(i=0;i<8;i++)             //发送 8 次流水灯控制码
        {
            send(Tab[i]);            //发送数据
            delay( );                //每隔 200ms 发送一次数据
        }
        while(1);
    }
}
```

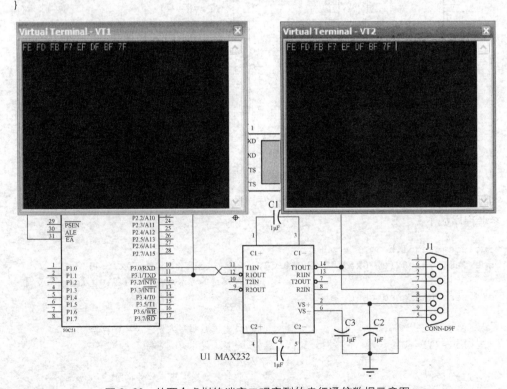

图 8-36　从两个虚拟终端窗口观察到的串行通信数据示意图

2. 单片机接收 PC 发送的数据

【例 8-9】 单片机接收 PC 发送的串行数据，并把接收到的数据送 P1 口的 8 位 LED 显示，原理电路如图 8-37 所示。本例中采用单片机的串行口来模拟 PC 的串行口。

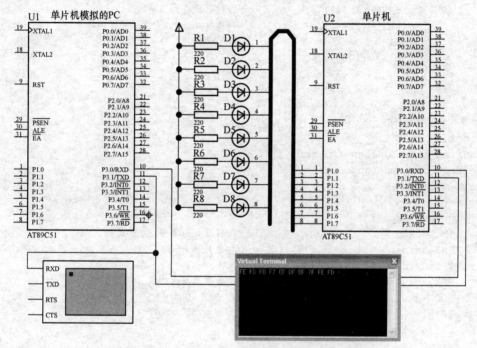

图 8-37 单片机接收 PC 发送的串行数据的原理电路图

参考程序如下。

```
//PC 发送程序(用单片机串口模拟 PC 串口发送数据)
#include <reg51.h>
#define uchar unsigned char
#define uint unsigned int
uchar tab[]={0xfe, 0xfd, 0xfb, 0xf7, 0xef, 0xdf, 0xbf, 0x7f};//
void delay(unsigned int i)
{
    unsigned char j;
    for(;i>0;i--)
    for(j=0;j<125;j++)
    ;
}

void main()
{
    uchar i;
    TMOD=0x20;                          //设置定时器 T1 为方式 2
    TH1=0xfd;                           //波特率 9600
    TL1=0xfd;
    SCON=0x40;                          //方式 1 只发送，不接收
    PCON=0x00;                          //串行口初始化为方式 0
```

```
        TR1=1;                              //启动 T1
        while(1)
        {
            for(i=0;i<8;i++)
            {
                SBUF=tab[i];                //数据送串行口发送
                while(TI==0);               //如果 TI=0，未发送完，循环等待
                TI=0;                       //已发送完，再把 TI 清零
                delay(1000);
            }
        }
    }
//单片机接收程序
#include <reg51.h>
#define uchar unsigned char
#define uint unsigned int
void main( )
{
    uchar temp=0;
    TMOD=0x20;                              //设置定时器 T1 为方式 2
    TH1=0xfd;                               //波特率 9600
    TL1=0xfd;
    SCON=0x50;                              //设置串口为方式 1 接收，REN=1
    PCON=0x00;                              //SMOD=0
    TR1=1;                                  //启动 T1
    while(1)
    {
        while(RI==0);                       //若 RI 为 0，未接收到数据
        RI=0;                               //接收到数据，则把 RI 清零
        temp=SBUF;                          //读取数据存入 temp 中
        P1=temp;                            //接收的数据送 P1 口控制 8 个 LED 的亮与灭
    }
}
```

8.6.6　PC 与单片机或与多个单片机的串行通信

一台 PC 与若干台 AT89S51 单片机可构成小型分布式测控系统，如图 8-38 所示。图 8-38 所示的系统在许多实时的工业控制和数据采集系统中，充分发挥了单片机功能强、抗干扰性好、面向控制等优点，同时又可利用 PC 弥补单片机在数据处理和人机对话等方面的不足。

在应用系统中，一般是以 PC 作为主机，定时扫描以 AT89S51 为核心的前沿单片机，以便采集数据或发送控制信息。在这样的系统中，以 AT89S51 为核心的智能式测量和控制仪表（从机）既能独立地完成数据处理和控制任务，又可将数据传送给 PC（主机）。PC 将这些数据进行处理，或显示，或打印，

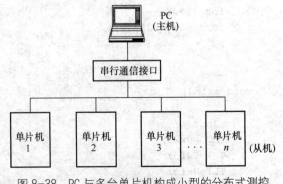

图 8-38　PC 与多台单片机构成小型的分布式测控系统结构图

同时将各种控制命令传送给各从机，以实现集中管理和最优控制。显然，要组成一个这样的分布式测控系统，首先要解决的是 PC 与单片机之间的串行通信接口问题。

下面以 RS-485 串行多机通信为例，说明 PC 与数台 AT89S51 单片机进行多机通信的接口电路设计方案。PC 配有 RS-232C 串行标准接口，可通过转换电路转换成 RS-485 串行接口，AT89S51 单片机本身具有一个全双工的串行口，该串行口加上驱动电路后就可实现 RS-485 串行通信。PC 与数台 AT89S51 单片机进行多机通信的 RS-485 串行通信接口电路如图 8-39 所示。

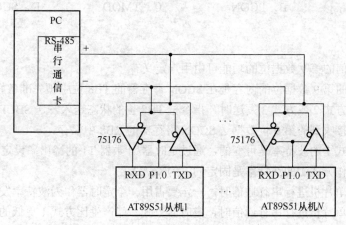

图 8-39 PC 与 AT89S51 单片机串行通信接口电路

在图 8-39 中，AT89S51 单片机的串行口通过 75176 芯片驱动后就可转换成 RS-485 标准接口，根据 RS-485 标准接口的电气特性，从机数量不多于 32 个。PC 与 AT89S51 单片机之间的通信采用主从方式，PC 为主机，各 AT89S51 单片机为从机，由 PC 来确定与哪个单片机进行通信。

有关 PC 与多个单片机的串行通信的软件编程，可供参考的实例较多，读者可查阅相关的参考资料。

思考题及习题

一、填空题

1．AT89S51 的串行异步通信口为_____（单工/半双工/全双工）。

2．串行通信波特率的单位是_____。

3．AT89S51 的串行通信口若传送速率为每秒 120 帧，每帧 10 位，则波特率为_____。

4．串行口的方式 0 的波特率为_____。

5．AT89S51 单片机的通信接口有_____和_____两种形式。在串行通信中，发送时要把_____数据转换成_____数据。接收时又需把_____数据转换成_____数据。

6．当用串行口进行串行通信时，为减小波特率误差，使用的时钟频率为_____MHz。

7．AT89S51 单片机串行口的 4 种工作方式中，_____和_____的波特率是可调的，这与定时器/计数器 T1 的溢出率有关，另外两种方式的波特率是固定的。

8．帧格式为 1 个起始位，8 个数据位和 1 个停止位的异步串行通信方式是方式_____。

9．在串行通信中，收发双方对波特率的设定应该是_____的。

10. 串行口工作方式 1 的波特率是_____。

二、单选题

1. AT89S51 的串行口扩展并行 I/O 口时，串行接口工作方式选择_____。
   A. 方式 0   B. 方式 1   C. 方式 2   D. 方式 3
2. 控制串行口工作方式的寄存器是_____。
   A. TCON   B. PCON   C. TMOD   D. SCON

三、判断题

1. 串行口通信的第 9 数据位的功能可由用户定义。
2. 发送数据的第 9 数据位的内容是在 SCON 寄存器的 TB8 位中预先准备好的。
3. 串行通信方式 2 或方式 3 发送时，指令把 TB8 位的状态送入发送 SBUF 中。
4. 串行通信接收到的第 9 位数据送 SCON 寄存器的 RB8 中保存。
5. 串行口方式 1 的波特率是可变的，通过定时器/计数器 T1 的溢出率设定。
6. 串行口工作方式 1 的波特率是固定的，为 $f_{osc}/32$。
7. AT89S51 单片机进行串行通信时，一定要占用一个定时器作为波特率发生器。
8. AT89S51 单片机进行串行通信时，定时器方式 2 能产生比方式 1 更低的波特率。
9. 串行口的发送缓冲器和接收缓冲器只有 1 个单元地址，但实际上它们是两个不同的寄存器。

四、简答题

1. 在异步串行通信中，接收方是如何知道发送方开始发送数据的？
2. AT89S51 单片机的串行口有几种工作方式？有几种帧格式？各种工作方式的波特率如何确定？
3. 假定串行口串行发送的字符格式为 1 个起始位、8 个数据位、1 个奇校验位、1 个停止位，请画出传送字符"B"的帧格式。
4. 为什么定时器/计数器 T1 用作串行口波特率发生器时，常采用方式 2？若已知时钟频率、串行通信的波特率，如何计算装入 T1 的初值？
5. 某 AT89S51 单片机串行口，传送数据的帧格式由 1 个起始位 0、7 个数据位、1 个偶校验和 1 个停止位 1 组成。当该串行口每分钟传送 1800 个字符时，试计算出它的波特率。
6. 简述 8051 单片机主从结构多机通信原理，设有 1 台主机与 3 台从机通信，其中 1 台从机通信地址号为 01H，请叙述主机呼叫从机并向其传送 1 字节数据的过程。（请画出原理图）。

第**9**章　**单片机系统的并行扩展**

【内容概要】虽然 AT89S51 单片机片内集成了 4KB 的程序存储器、128 个单元的数据存储器和 4 个 8 位并行 I/O 口，但在许多情况下，片内存储器与 I/O 资源及外围器件还不能满足需要，为此需要对单片机进行存储器、I/O 和外围器件的扩展。本章介绍单片机系统的并行扩展。

AT89S51 单片机片内集成的存储器与 I/O 口资源，在不满足应用系统设计需求的情况下，需要进行系统扩展。系统扩展包括外扩存储器和 I/O 接口。

单片机系统扩展按接口连接方式分为并行扩展和串行扩展。本章介绍并行扩展，第 10 章介绍串行扩展。

9.1　系统并行扩展技术

9.1.1　系统并行扩展结构

AT89S51 单片机的系统并行扩展结构如图 9-1 所示。

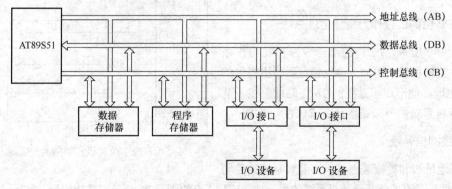

图 9-1　AT89S51 单片机的系统并行扩展结构图

由图 9-1 可看出，系统并行扩展主要包括数据存储器扩展、程序存储器扩展和 I/O 接口的扩展。由于目前 AT89S5x 系列单片机片内都集成了不同容量的串行下载可编程的 Flash 存储器与一定容量的 RAM，如表 9-1 所示，如果片内存储器资源能够满足系统设计需求，扩展存储器的工作可以省去。

表 9-1 AT89S5x 系列单片机片内的存储器资源

型　号	片内 Flash 存储器容量	片内 RAM 存储器容量
AT89S52	8KB	256B
AT89S53	12KB	256B
AT89S54	16KB	256B
AT89S55	20KB	256B

AT89S51 单片机采用程序存储器空间和数据存储器空间截然分开的哈佛结构，因此它形成了两个并行的外部存储器空间。在 AT89S51 系统中，I/O 端口与数据存储器采用统一编址方式，即 I/O 接口芯片的每一个端口寄存器就相当于一个 RAM 存储单元。

由于 AT89S51 单片机采用并行总线结构，扩展的各种外围接口器件只要符合总线规范，就可方便地接入系统。并行扩展是通过系统总线把 AT89S51 单片机与各扩展器件连接起来的，因此，要并行扩展首先要构造系统总线。

系统总线按功能通常分为 3 组，如图 9-1 所示。

（1）地址总线（Address Bus，AB）：用于传送单片机单向发出的地址信号，以便进行存储器单元和 I/O 接口芯片中的寄存器的选择。

（2）数据总线（Data Bus，DB）：数据总线是双向的，用于单片机与外部存储器之间或与 I/O 接口之间传送数据。

（3）控制总线（Control Bus，CB）：是单片机单向发出的各种控制信号线。

下面介绍如何构造系统的三总线。

1. P0 口作为低 8 位地址/数据总线

AT89S51 的 P0 口既用作低 8 位地址总线，又用作数据总线（分时复用），因此需要增加 1 个 8 位地址锁存器。AT89S51 单片机对外部扩展的存储器单元或 I/O 接口寄存器进行访问时，先发出低 8 位地址送地址锁存器锁存，锁存器输出作为系统的低 8 位地址（A7~A0）。随后，P0 口又作为数据总线口（D7~D0），如图 9-2 所示。

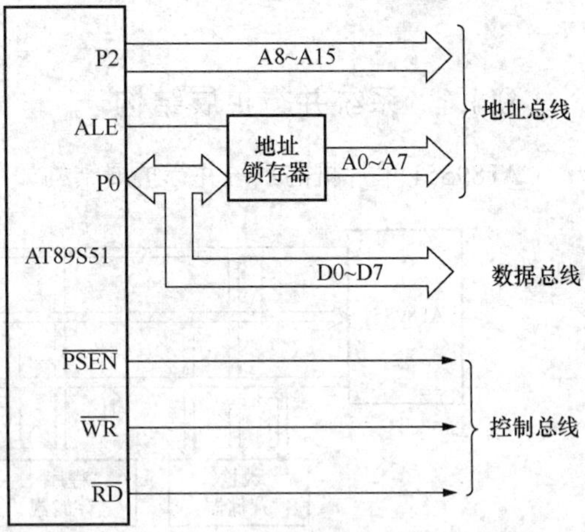

2. P2 口的口线作为高位地址总线

如图 9-2 所示，P2 口的全部 8 位口线用作系统的高 8 位地址线，再加上地址锁存器输出提供的低 8 位地址，便形成了系统的 16 位地址总线，从而使单片机系统的寻址范围达到 64KB（2^{16}B）。

3. 控制信号线

除了地址线和数据线之外，还要有系统的控制

图 9-2　AT89S51 单片机扩展的片外三总线示意图

总线。这些信号有的就是单片机引脚的第一功能信号，有的则是 P3 口第二功能信号，包括以下几种。

（1）$\overline{RD}$ 和 $\overline{WR}$ 信号作为外部扩展的数据存储器和 I/O 端口寄存器的读、写选通控制信号。

（2）$\overline{PSEN}$ 信号作为外部扩展的程序存储器的读选通控制信号。

（3）ALE 信号作为 P0 口发出的低 8 位地址的锁存控制信号。

由此可看出，尽管 AT89S51 有 4 个并行 I/O 口，共 32 条口线，但由于系统扩展的需要，真

正给用户作为通用 I/O 使用的，就剩下 P1 口和 P3 口的部分口线了。

9.1.2 地址空间分配

在扩展存储器芯片和 I/O 接口芯片时，如何把片外的两个 64KB 地址空间分配给各芯片，使每一存储单元只对应一个地址，避免单片机对一个单元地址访问时，发生数据冲突。这就是存储器空间地址的分配问题。

在系统外扩的多片存储器芯片中，AT89S51 发出的地址信号用于选择某个存储器单元，因此必须进行两种选择：一是必须选中该存储器芯片，即"片选"，只有被"选中"的存储器芯片才能被读写，未被选中的芯片不能被读写；二是在"片选"的基础上还要进行"单元选择"。每个外扩的芯片都有"片选"引脚，同时每个芯片也都有多条地址引脚，以便对其进行单元选择。需要注意的是，"片选"和"单元选择"都是由单片机一次发出的地址信号来完成选择的。

常用的存储器地址空间分配方法有两种：线选法和译码法，下面分别介绍。

1. 线选法

线选法是利用单片机的某一高位地址线作为存储器芯片（或 I/O 接口芯片）的"片选"控制信号。只需用某一高位地址线与存储器芯片的"片选"端直接连接即可。

线选法的优点是电路简单，省去了硬件地址译码器电路，且体积小，成本低。缺点是可寻址的芯片数目受到限制。线选法适用于单片机外扩芯片数目不多的系统扩展。

2. 译码法

译码法就是使用译码器对 AT89S51 单片机的高位地址进行译码，将译码器的译码输出作为存储器芯片的片选信号。这种方法能够有效地利用存储器空间，适用于多芯片的存储器扩展。常用的译码器芯片有 74LS138（3-8 译码器）、74LS139（双 2-4 译码器）和 74LS154（4-16 译码器）。下面介绍典型的译码器芯片 74LS138 和 74LS139。

（1）74LS138 是 3-8 译码器，它有 3 个数据输入端，经译码后产生 8 种状态，其引脚如图 9-3 所示，真值表如表 9-2 所示。由表 9-2 可见，当译码器的输入为某一固定编码时，其 8 个输出引脚 $\overline{Y0} \sim \overline{Y7}$ 中仅有 1 只引脚输出为低电平，其余的为高电平。而输出低电平的引脚恰好作为某一存储器或 I/O 接口芯片的片选信号。

表 9-2   74LS138 的真值表

输 入 端						输 出 端							
G1	$\overline{G2A}$	$\overline{G2B}$	C	B	A	$\overline{Y7}$	$\overline{Y6}$	$\overline{Y5}$	$\overline{Y4}$	$\overline{Y3}$	$\overline{Y2}$	$\overline{Y1}$	$\overline{Y0}$
1	0	0	0	0	0	1	1	1	1	1	1	1	0
1	0	0	0	0	1	1	1	1	1	1	1	0	1
1	0	0	0	1	0	1	1	1	1	1	0	1	1
1	0	0	0	1	1	1	1	1	1	0	1	1	1
1	0	0	1	0	0	1	1	1	0	1	1	1	1
1	0	0	1	0	1	1	1	0	1	1	1	1	1
1	0	0	1	1	0	1	0	1	1	1	1	1	1
1	0	0	1	1	1	0	1	1	1	1	1	1	1
其他状态			×	×	×	1	1	1	1	1	1	1	1

注：1 表示高电平，0 表示低电平，×表示任意。

（2）74LS139 是双 2-4 译码器。这两个译码器完全独立，分别有各自的数据输入端、译码状态输出端以及数据输入允许端，其引脚如图 9-4 所示，其中的 1 组的真值表如表 9-3 所示。

图 9-3　74LS138 的引脚图　　　　　　　　　图 9-4　74LS139 的引脚图

表 9-3　　　　　　　　　　　　　74LS139 的真值表

| 输 入 端 | | | 输 出 端 | | | |
| 允许 | 选择 | | | | | |
$\overline{G}$	B	A	$\overline{Y3}$	$\overline{Y2}$	$\overline{Y1}$	$\overline{Y0}$
0	0	0	1	1	1	0
0	0	1	1	1	0	1
0	1	0	1	0	1	1
0	1	1	0	1	1	1
1	×	×	1	1	1	1

注：1 表示高电平，0 表示低电平，×表示任意。

下面以 74LS138 为例，介绍如何进行空间地址分配，例如，要扩 8 片 8KB 的 RAM 6264，如何通过 74LS138 把 64KB 空间分配给各个芯片？由 74LS138 真值表，可把 G1 接到+5V、$\overline{G2A}$、$\overline{G2B}$ 接地，P2.7、P2.6、P2.5（高 3 位地址线 A15～A13）分别接到 74LS138 的 C、B、A 端，由于对高 3 位地址译码，则译码器的 8 个输出 $\overline{Y0}$ ～ $\overline{Y7}$，可分别接到 8 片 6264 的各个"片选"端，实现 8 选 1 的片选。而低 13 位地址 P2.4～P2.0 与 P0.7～P0.0（即 A12～A0）完成对选中的 6264 芯片中的各个存储单元的"单元选择"。这样就把 64KB 存储器空间分成了 8 个 8KB 空间了。64KB 地址空间的分配各外扩的存储空间的地址如图 9-5 所示。

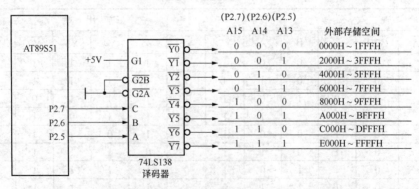

图 9-5　AT89S51 的外部 64KB 地址空间划分为 8 个 8KB 空间示意图

当 AT89S51 单片机发出 16 位地址码时，每次只能选中一片芯片和该芯片的唯一存储单元。

采用译码器划分的地址空间块都是相等的,如果将地址空间块划分为不等的块,可采用可编程逻辑器件 FPGA 实现非线性译码逻辑来代替译码器。

9.1.3　外部地址锁存器

AT89S51 的 P0 口兼作 8 位数据线和低 8 位地址线,如何将它们分离开,需要在单片机外部增加地址锁存器。目前,常用的地址锁存器芯片有 74LS373、74LS573 等。

1．锁存器 74LS373

74LS373 是一种带有三态门的 8D 锁存器,其引脚如图 9-6 所示,其内部结构如图 9-7 所示。

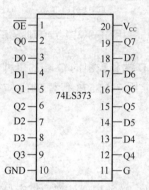
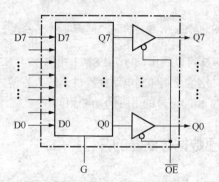

图 9-6　锁存器 74LS373 的引脚图　　　　图 9-7　锁存器 74LS373 的内部结构图

74LS373 的引脚说明如下。

- D7~D0:8 位数据输入线。
- Q7~Q0:8 位数据输出线。
- G:数据输入锁存选通信号。当加到该引脚的信号为高电平时,外部数据选通到内部锁存器的输入端,负跳变时,数据锁存到锁存器中。
- $\overline{OE}$:数据输出允许信号。当该信号为低电平时,三态门打开,锁存器中数据输出到数据输出线。当该信号为高电平时,输出线为高阻态。

锁存器 74LS373 的功能如表 9-4 所示。

表 9-4　　　　　　　　　　　锁存器 74LS373 的功能表

$\overline{OE}$	G	D	Q
0	1	1	1
0	1	0	0
0	0	×	不变
1	×	×	高阻态

AT89S51 单片机的 P0 口与 74LS373 锁存器的连接如图 9-8 所示。

2．锁存器 74LS573

74LS573 也是一种带有三态门的 8D 锁存器,它的功能及内部结构与 74LS373 完全一样,只是其引脚的排列与 74LS373 不同,74LS573 的引脚图,如图 9-9 所示。

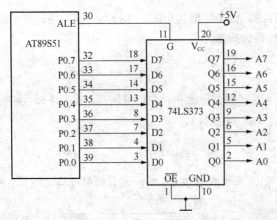

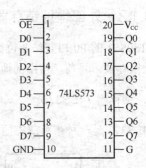

图 9-8 AT89S51 单片机 P0 口与 74LS373 的连接示意图　　图 9-9 锁存器 74LS573 的引脚图

由图 9-9 可以看出，与 74LS373 相比，74LS573 的输入 D 端和输出的 Q 端的引脚依次排列在芯片两侧，这为绘制印制电路板提供了较大方便，因此人们常用 74LS573 代替 74LS373。74LS573 与 74LS373 相同符号的引脚的功能相同。

9.2 外部数据存储器的并行扩展

AT89S51 单片机内部有 128B RAM，如果不能满足需要，必须扩展外部数据存储器。在单片机应用系统中，外部扩展的数据存储器都采用静态数据存储器（SRAM）。

9.2.1 常用的静态 RAM（SRAM）芯片

单片机系统中常用的静态 RAM 芯片的典型型号有 6116（2KB）、6264（8KB）、62128（16KB）、62256（32KB）。它们都用单一+5V电源供电，双列直插封装，6116 为 24 只引脚封装，6264、62128、62256 为 28 只引脚封装。这些 RAM 芯片的引脚如图 9-10 所示。

各引脚功能如下。

- A0～A14：地址输入线。
- D0～D7：双向三态数据线。
- $\overline{CE}$：片选信号输入线。但是对于 6264 芯片，当 24 引脚（CS）为高电平且 $\overline{CE}$ 为低电平时才选中该片。
- $\overline{OE}$：读选通信号输入线。
- $\overline{WE}$：写允许信号输入线。
- V_{CC}：+5V 电源。
- GND：地。

RAM 存储器有读出、写入、维持 3 种工作方式，如表 9-5 所示。

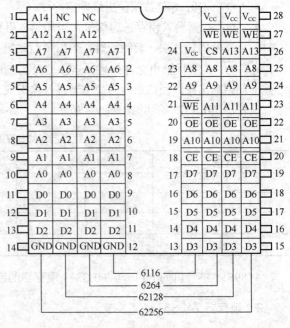

图 9-10 常用的 RAM 引脚图

表 9-5　　　　　　　　　6116、6264、62256 芯片 3 种工作方式的控制

工作方式 \ 信号	$\overline{CE}$	$\overline{OE}$	$\overline{WE}$	D0～D7
读出	0	0	1	数据输出
写入	0	1	0	数据输入
维持	1	×	×	高阻态

9.2.2　读写片外 RAM 的操作时序

AT89S51 单片机对片外 RAM 的读和写两种操作时序的基本过程是相同的。

1. 读片外 RAM 的操作时序

AT89S51 单片机若外扩一片 RAM，应将其 $\overline{WR}$ 引脚与 RAM 芯片的 $\overline{WE}$ 引脚连接，$\overline{RD}$ 引脚与芯片 $\overline{OE}$ 引脚连接。ALE 信号的作用是锁存低 8 位地址。

AT89S51 单片机读片外 RAM 的操作时序如图 9-11 所示。

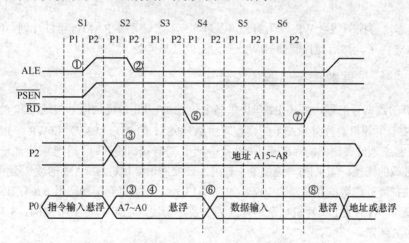

图 9-11　AT89S51 单片机读片外 RAM 的操作时序图

在第一个机器周期的 S1 状态，ALE 信号由低变高（见①处），读 RAM 周期开始。在 S2 状态，CPU 把低 8 位地址送到 P0 口总线上，把高 8 位地址送上 P2 口。ALE 的下降沿（见②处），把低 8 位地址信息锁存到外部锁存器 74LS373 内（见③处），而高 8 位地址信息一直锁存在 P2 口锁存器中（见③处）。

在 S3 状态，P0 口总线变成高阻悬浮状态④。在 S4 状态，执行读指令后使 $\overline{RD}$ 信号变为有效（见⑤处），$\overline{RD}$ 信号使被寻址的片外 RAM 过片刻后把数据送上 P0 口总线（见⑥处），当 $\overline{RD}$ 回到高电平后（见⑦处），P0 总线变为悬浮状态（见⑧处）。至此，读片外 RAM 周期结束。

2. 写片外 RAM 的操作时序

当 AT89S51 单片机执行向片外 RAM 写指令后，单片机的 $\overline{WR}$ 信号为低电平有效，此信号使 RAM 的 $\overline{WE}$ 端被选通。

写片外 RAM 的操作时序如图 9-12 所示。开始的过程与读过程类似，但写的过程是单片机主

动把数据送上 P0 口总线，故在时序上，单片机先向 P0 口总线上送完 8 位地址后，在 S3 状态就将数据送到 P0 口总线（见③处）。此间，P0 总线上不会出现高阻悬浮现象。

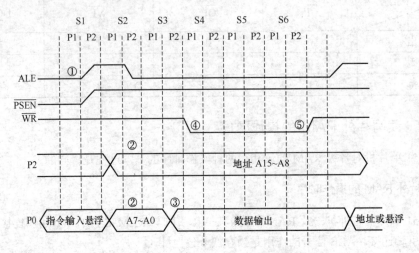

图 9-12　AT89S51 单片机写片外 RAM 的操作时序图

在 S4 状态，写控制信号 $\overline{\text{WR}}$ 变为有效（见④处），选通片外 RAM，稍过片刻，P0 口上的数据就写到 RAM 内了，然后写控制信号 $\overline{\text{WR}}$ 变为无效（见⑤处）。

9.2.3　并行扩展数据存储器的设计

访问外扩的数据存储器，要由 P2 口提供高 8 位地址，P0 口提供低 8 位地址和 8 位双向数据总线。AT89S51 单片机对片外 RAM 的读和写由 AT89S51 的 $\overline{\text{RD}}$（P3.7）和 $\overline{\text{WR}}$（P3.6）信号控制，片选端 CE 由地址译码器的译码输出控制。因此，进行接口设计时，主要解决地址分配、数据线和控制信号线的连接。如果读/写速度要求较高，还要考虑单片机与 RAM 的读/写速度匹配问题。

用线选法扩展外部数据存储器的电路，如图 9-13 所示。数据存储器选用 6264，该芯片地址线为 A0～A12，故 AT89S51 单片机剩余地址线为 3 条。用线选法可扩展 3 片 6264，3 片 6264 的存储空间如表 9-6 所示。

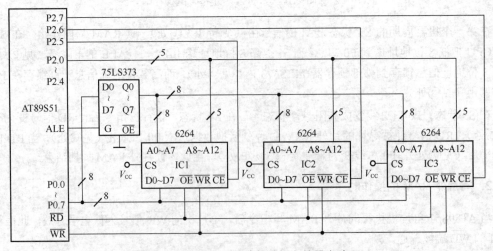

图 9-13　线选法扩展外部数据存储器电路图

表 9-6 3 片 6264 芯片对应的存储空间表

P2.7	P2.6	P2.5	选中芯片	地 址 范 围	存 储 容 量
1	1	0	IC1	C000H～DFFFH	8KB
1	0	1	IC2	A000H～BFFFH	8KB
0	1	1	IC3	6000H～7FFFH	8KB

用译码法扩展外部数据存储器的接口电路如图 9-14 所示。图中数据存储器选用 62128，该芯片地址线为 A0～A13，这样，AT89S51 剩余地址线为两条，采用 2-4 译码器可扩展 4 片 62128。各 62128 芯片的地址范围如表 9-7 所示。

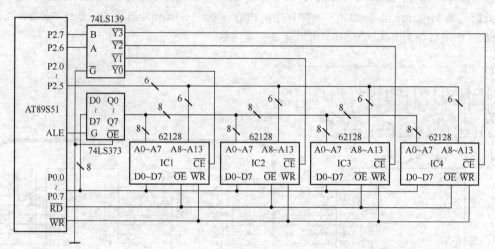

图 9-14 译码法扩展外部数据存储器电路图

表 9-7 各 62128 芯片的地址空间分配

2-4 译码器输入		2-4 译码器有效输出	选中芯片	地址范围	存储容量
P2.7	P2.6				
0	0	$\overline{Y0}$	IC1	0000H～3FFFH	16KB
0	1	$\overline{Y1}$	IC2	4000H～7FFFH	16KB
1	0	$\overline{Y2}$	IC3	8000H～BFFFH	16KB
1	1	$\overline{Y3}$	IC4	C000H～FFFFH	16KB

【例 9-1】 编写程序将片外数据存储器中的 0x5000～0x50FF 的 256 个单元全部清零。参考程序如下。

```
xdata unsigned char databuf[256] _at_ 0x5000;
void main(void)
    {
    unsigned char i;
    for(i=0;i<256;i++)
    {
        databuf[i]=0
    }
    }
```

9.2.4　单片机外扩数据存储器 RAM6264 的案例设计

单片机外部扩展 1 片外部数据存储器 RAM6264，原理电路如图 9-15 所示。单片机先向 RAM6264 的 0x0000 地址写入 64 字节的数据：1～64，写入的数据同时送到 P1 口，并通过 8 个 LED 显示出来。然后再将这些数据反向复制到 0x0080 地址开始处，复制操作时，数据也通过 P1 口的 8 个 LED 显示出来。上述两个操作执行完成后，发光二极管 D1 被点亮。表示数据第 1 次的写入起始地址 0x0000 的 64 字节，以及将这 64 字节数据反向复制到起始地址 0x0080 的读写已经完成。如要查看 RAM6264 中的内容，可在 D1 点亮后，单击"暂停"按钮 ▐▐ ，然后单击调试（Debug）菜单，在下拉菜单中选择"Memory Contents"，即可看到如图 9-16 所示的窗口中显示的 RAM6264 中的数据。此时可看到单元地址 0x0000～0x003f 中的内容为 0x01～0x40。而从起始地址 0x0080 开始的 64 个单元中的数据为 0x40～0x01，可见完成了反向复制。

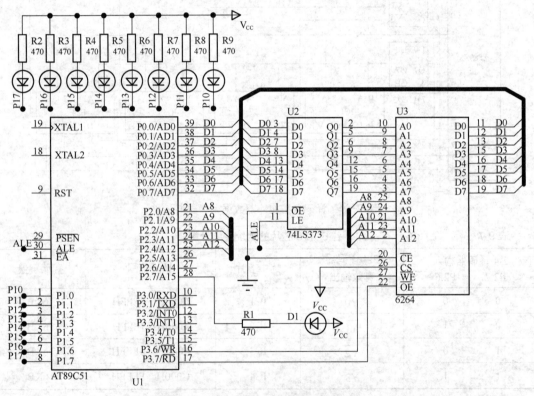

图 9-15　单片机外部扩展 1 片外部数据存储器 RAM6264 的原理电路图

图 9-16　RAM6264 第 1 次写入的数据与反向复制的数据图

参考程序如下。

```c
//先向 6264 中写入整数 1~64，然后再将其反向复制到起始地址 0x0080 的 64 个单元
#include <reg51.h>
#include <absacc.h>                      //定义地址所需的头文件
#define uchar unsigned char
#define uint unsigned int
sbit LED=P2^7;
void Delay(uint t)                       //延时函数
{
    uint i,j,k;
    for(i=2;i>0;i--)
    for(j=46;j>0;j--)
    for(k=t;k>0;k--);
}
void main()
{
    uint i;
    uchar temp;
    LED=1;
    for(i=0;i<64;i++)                    //向 6264 的 0x0000 地址开始写入 1~64
    {
        XBYTE[i]=i+1;
        temp=XBYTE[i];
        P1=~temp;                        //向 P1 口送显示数据，控制外部的 LED 的亮灭
        Delay(200);
    }
    for(i=0;i<64;i++)                    //将 6264 中的 1~64 反向复制到地址 0x0080 开始处
    {
        XBYTE[i+0x0080]=XBYTE[63-i];
        temp=XBYTE[i+0x0080];            //反向读取 6264 数据
        P1=~temp;                        //向 P1 口送显示数据，控制外部的 LED 的亮灭
        Delay(200);
    }
    LED=0;                               //点亮发光二极管 D1，表示数据反向复制完成
    while(1);
}
```

　　程序说明：主程序中共有两个 for 循环，第 1 个 for 循环，完成将数据 1~64 写入起始地址 0x0000 的 64 字节；第 2 个 for 循环，完成将这 64 字节数据 64~1 反向复制到起始地址 0x0080 开始的 64 个单元中。

9.3　片内 Flash 存储器的编程

　　程序存储器具有非易失性，在电源关断后，存储器仍能保存程序，在系统上电后，CPU 可取出这些指令重新执行。程序存储器中的信息一旦写入，就不能随意更改，特别是不能在程序运行过程中写入新的内容，故称之为只读存储器（ROM）。

　　美国 ATMEL 公司生产的 AT89S5x 系列单片机，片内分别集成有不同容量的 Flash ROM，来作为片内程序存储器使用，具体如表 9-1 所示。在片内 Flash ROM 满足要求的情况下，外部程序

存储器的扩展工作即可省去。本小节只讨论如何把已调试完毕的程序代码写入到 AT89S51 的片内 Flash 存储器中，即对片内 Flash 存储器的编程问题。

AT89S51 单片机片内 4KB Flash 存储器的基本特性如下：

（1）可循环写入/擦除 1000 次；

（2）存储器数据保存时间为 10 年；

（3）具有 3 级加密保护。

单片机芯片出厂时，Flash 存储器处于全部空白状态（各单元均为 FFH），可直接进行编程。若 Flash 存储器不全为空白状态（即单元中有不是 FFH），应该首先将芯片擦除（即各个单元均为 FFH）后，才可向其写入调试通过的程序代码。

AT89S51 片内的 Flash 存储器有 3 个可编程的加密位，它们定义了 3 个加密级别，用户只要对这 3 个加密位：LB1、LB2、LB3 进行编程即可实现 3 个不同级别的加密。经过上述的加密处理，使解密的难度加大，但还是可以解密。现在还有一种非恢复性加密（OTP 加密）方法，就是将 AT89S51 的第 31 引脚（$\overline{EA}$ 引脚）烧断或某些数据线烧断，经过上述处理后的芯片仍然正常工作，但不再具有读取、擦除、重复烧写等功能。这是一种较强的加密手段，国内某些厂家生产的编程器直接具有此功能（如 RF-1800 编程器）。

目前对片内 Flash 存储器的编程有两种常用方法：一种是使用通用编程器编程；另一种是 PC 通过下载线进行在线编程（ISP）。

9.3.1 使用通用编程器的程序写入

通用编程器一般通过串行口或 USB 口与 PC 相连，并配有相应的驱动软件。在编程器与 PC 连接后，在 PC 上运行驱动软件，首先选择所要编程的单片机型号，再调入调试完毕的程序代码文件，执行写入命令，编程器就将调试通过的程序代码烧录到单片机的片内 Flash 存储器中。开发者只需在电子市场购买一台通用编程器即可完成上述工作。

编程器通过 USB 口与 PC 通信，就可进行芯片型号自动判别，编程过程中的擦除、烧写、校验等各种操作。

编程器供电部分由 USB 端口的 5V 电源提供，这省去了笨重的外接电源并加入 USB 接口保护电路，即自恢复保险丝，从而不怕操作短路。

编程器的驱动软件界面友好，菜单、工具栏、快捷键齐全，具有编程、读取、校验、空检查、擦除、Flash 存储器加密等功能。

9.3.2 使用下载线的 ISP 编程

AT89S5x 系列单片机支持对片内 Flash 存储器在线编程（ISP），即 PC 直接通过下载线向单片机片内 Flash 存储器写入程序代码。编程完毕的片内 Flash 存储器也可用 ISP 方式擦除或再编程。

ISP 下载线按与 PC 的连接方式分为 3 种类型：串口型、并口型和 USB 型，它可自行制作，也可在电子市场购买。由于 USB 接口下载线使用起来较为方便，因此目前使用 USB 接口 ISP 下载线较为普遍。购买 USB 接口 ISP 下载线时，已经配置了相应的驱动软件。

ISP 下载线与单片机一端的连接端口通常采用 ATMEL 公司提供的接口标准，即 10 引脚的 IDC 端口。IDC 端口的实物图以及端口的定义，如图 9-17 所示。

采用 ISP 下载程序时，用户目标板上必须装有上述 IDC 端口，端口中的信号线必须与目标板上 AT89S51 的对应引脚连接。注意，图中的 8 引脚 P1.4（$\overline{SS}$）端只是对 AT89LP 系列单片机有效，对 AT89S5x 系列单片机无效，因而不用连接即可。

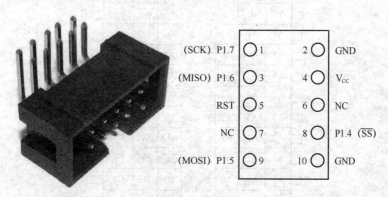

(SCK) P1.7 ○1   2○ GND

(MISO) P1.6 ○3   4○ V_cc

RST ○5   6○ NC

NC ○7   8○ P1.4 ($\overline{SS}$)

(MOSI) P1.5 ○9   10○ GND

图 9-17　IDC 端口的实物图以及端口的定义示意图

使用 ISP 下载编程时，只需启动编程软件，按照使用说明书进行操作即可。

就单片机的发展方向而言，目前已经趋向于 ISP 程序下载方式，一方面是由于原有不支持 ISP 下载的芯片逐渐被淘汰（部分已经停产，例如 AT89C51），另一方面 ISP 使用起来十分方便，不需要编程器就可实现程序的下载，所以 ISP 下载方式已经逐步成为主流。但需要注意的是，虽然 ISP 的程序下载方法简单易行，但对已有的单片机系统来说，可能使用的单片机仍然是较老款式的机型，或在设计单片机系统时由于程序存储器空间不够用等原因扩展了大容量存储器，此时 ISP 下载方式就显得无能为力了。另外有些厂家的单片机机型不支持 ISP 下载方式，所以有时还是要用到编程器进行程序下载的。目前，电子市场上的编程器型号较多，只要根据自己的需求进行选择即可，这里不再赘述。

9.4　E²PROM 的并行扩展

在以单片机为核心的智能仪器仪表、工业监控等应用系统中，对某些状态参数数据，不仅要求能够在线修改、保存，而且断电后能保持。断电数据的保护可采用电可擦除写入的存储器 E²PROM，其突出优点是能够在线擦除和改写。

E²PROM 与 Flash 存储器都可在线擦除与改写，它们之间的区别在于 Flash 存储器结构简单，同样的存储容量占芯片面积较小，成本自然比 E²PROM 低，且大数据量下的操作速度更快，缺点是擦除改写都是按扇区进行的，操作过程麻烦，特别是小数据量反复改写的情况。所以单片机中 Flash 存储器的结构更适合作为不需频繁改写的程序存储器。而传统结构的 E²PROM，操作简单，可字节写入，非常适合用作运行过程中频繁改写某些非易失的小数据量的存储器。

E²PROM 有并行和串行之分，并行 E²PROM 的速度比串行得快，容量大。例如，并行的 E²PROM 2864A 的容量为 8KB×8 位。而串行 I²C 接口的 E²PROM 与单片机的接口简单，连线少，比较流行的是 ATMEL 公司的串行 E²PROM 芯片 AT24C02/AT24C08/AT24C16。串行 E²PROM 的扩展将在第 10 章介绍。本节只介绍 AT89S51 单片机扩展并行 E²PROM 芯片 2864 的设计。

9.4.1　并行 E²PROM 芯片简介

常见的并行 E²PROM 芯片有 2816/2816A、2817/2817A、2864A 等，这些芯片的引脚如图 9-18 所示。

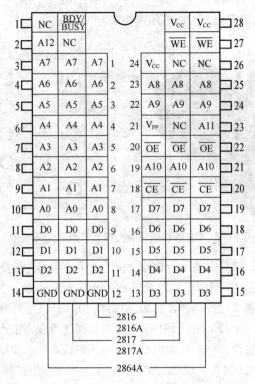

图 9-18　常见的并行 E^2PROM 引脚图

9.4.2　AT89S51 单片机扩展 E^2PROM 2864A 的设计

2864A 与 AT89S51 单片机的接口电路如图 9-19 所示。2864A 的存储容量为 8KB，与同容量的静态 RAM 6264 的引脚是兼容的，2864A 的片选端 $\overline{\text{CE}}$ 由高位地址线 P2.7（A15）来控制。

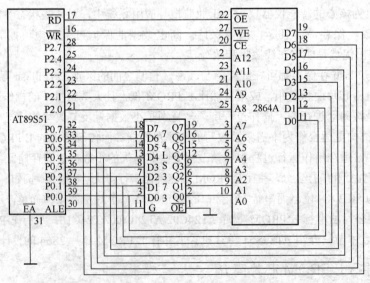

图 9-19　2864A 与 AT89S51 单片机的接口电路图

单片机对 2864A 的读写非常方便，在单一+5V 电压下写入新数据即覆盖了旧的数据，类似于对 RAM 的读写操作，2864A 典型的读出数据时间为 200～350ns，但是字节编程写入时间为 10～15ms，要比对 RAM 写入时间长许多。

9.5　AT89S51 扩展并行 I/O 芯片 82C55 的设计

AT89S51 本身有 4 个通用的并行 I/O 口，即 P0～P3，但是真正用作通用 I/O 口线的只有 P1 口和 P3 口的某些位线。当 AT89S51 单片机本身的并行 I/O 口不够用时，需要进行外部 I/O 接口的扩展。本节介绍 AT89S51 单片机扩展常见的可编程并行 I/O 接口芯片 82C55 的设计，此外，还介绍使用廉价的 74LSTTL 芯片扩展并行 I/O 接口，以及使用 AT89S51 串行口来扩展并行 I/O 口的设计。

9.5.1　I/O 接口扩展概述

由本章前面介绍可知，系统扩展除了扩展存储器，还包括扩展 I/O 接口。

1．I/O 接口的基本功能要求

I/O 接口作为单片机与外设交换信息的桥梁，应满足如下功能要求。

（1）实现和不同外设的速度匹配。大多数外设的速度很慢，无法和微秒量级的单片机速度相比。单片机只有在确认外设已为数据传送做好准备的前提下才能进行数据传送。而要知道外设是否准备好，就需要 I/O 接口电路与外设之间传送状态信息，以实现单片机与外设之间的速度匹配。

（2）输出数据锁存。与外设相比，单片机工作速度快，送出数据在总线上保留的时间十分短暂，无法满足慢速外设的数据接收。所以在扩展的 I/O 接口电路中应有输出数据锁存器，以保证单片机输出的数据能为慢速的接收设备所接收。

（3）输入数据三态缓冲。外设向单片机输入数据时，要经过数据总线，但数据总线上可能"挂"有多个数据源。为使传送数据时不发生冲突，只允许当前时刻正在接收数据的 I/O 接口使用数据总线，其余的 I/O 接口应处于隔离状态，为此要求 I/O 接口电路能为输入数据提供三态输入缓冲功能。

2．I/O 端口的编址

在介绍 I/O 端口编址之前，首先要弄清楚 I/O 接口（Interface）和 I/O 端口（Port）的概念。I/O 接口是单片机与外设间的连接电路的总称。I/O 端口（简称 I/O 口）是指 I/O 接口电路中具有单元地址的寄存器或缓冲器。一个 I/O 接口芯片可以有多个 I/O 端口，传送数据的端口称为数据口，传送命令的端口称为命令口，传送状态的端口称为状态口。当然，并不是所有的外设都一定需要 3 种端口齐全的 I/O 接口。

每个 I/O 接口中的端口都要有地址，以便单片机对端口进行读写，从而与外设交换信息。常用的 I/O 端口编址有两种方式，一种是独立编址方式，另一种是统一编址方式。

（1）独立编址。独立编址方式就是 I/O 端口地址空间和存储器地址空间分开编址。优点是两个地址空间相互独立，界限分明。但是需要设置一套专门的读写 I/O 端口的指令和控制信号。

（2）统一编址。统一编址方式是把 I/O 端口与数据存储器单元同等对待，即每一接口芯片中的一个寄存器（端口）就相当于一个 RAM 单元。AT89S51 单片机使用的就是统一编址的方式，因此 AT89S51 的外部数据存储器空间也包括 I/O 端口在内。统一编址方式的优点是不需要专门的 I/O 指令，直接使用访问数据存储器的指令进行 I/O 读写操作，这样更简单、方便。但是它需要把外部数据存储器空间中的数据存储器的单元地址与 I/O 端口所占的地址划分清楚，以避免发生数据冲突。

3．I/O 数据的传送方式

为了实现和不同外设的速度匹配，I/O 接口必须根据不同的外设选择恰当的 I/O 数据传送方式。I/O 数据传送的方式有：同步传送、异步传送和中断传送。

（1）同步传送。同步传送又称无条件传送。当外设速度和单片机的速度相比拟时，常采用同步传送方式，最典型的同步传送就是单片机和外部数据存储器之间的数据传送。

（2）异步传送。异步传送实质就是查询传送。单片机通过查询外设"准备好"后，再进行数据传送。这样做的优点是通用性好，硬件连线和查询程序十分简单，但由于程序在运行中经常查询外设是否"准备好"，因此工作效率不高。

（3）中断传送。中断传送方式可提高单片机对外设的工作效率，即利用单片机本身的中断功能和 I/O 接口芯片的中断功能来实现数据的传送。单片机只有在外设准备好后，才中断主程序的执行，从而执行与外设进行数据传送的中断服务子程序。中断服务完成后又返回主程序断点处继续执行。中断方式可大大提高单片机的工作效率。

常用的可编程通用并行 I/O 接口芯片为 82C55（3 个 8 位 I/O 口），它可以与 AT89S51 单片机直接连接，接口逻辑十分简单。下面介绍 AT89S51 扩展 82C55 的设计。

9.5.2　并行 I/O 芯片 82C55 简介

下面首先简要介绍常用的可编程并行 I/O 接口芯片 82C55 的应用特性。

1．82C55 引脚与内部结构

82C55 是 Intel 公司生产的可编程并行 I/O 接口芯片，它具有 3 个 8 位的并行 I/O 口，3 种工作方式，可通过编程改变其功能，因而使用灵活方便，可作为单片机与多种外围设备连接时的中间接口电路。82C55 的引脚及内部结构如图 9-20 和图 9-21 所示。

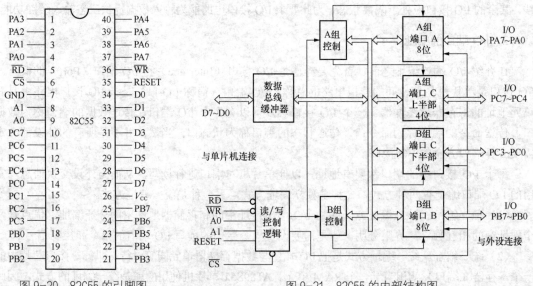

图 9-20　82C55 的引脚图　　　　图 9-21　82C55 的内部结构图

（1）引脚说明。由图 9-20 可知，82C55 共有 40 只引脚，采用双列直插式封装，各引脚功能如下。

- D7～D0：三态双向数据线，与单片机的 P0 口连接，用来与单片机之间传送数据信息。

- $\overline{\text{CS}}$：片选信号线，低电平有效，表示本芯片被选中。
- $\overline{\text{RD}}$：读信号线，低电平有效，用来读出 82C55 端口数据的控制信号。
- $\overline{\text{WR}}$：写信号线，低电平有效，用来向 82C55 写入端口数据的控制信号。
- V_{CC}：+5V 电源。
- PA7～PA0：端口 A 输入/输出线。
- PB7～PB0：端口 B 输入/输出线。
- PC7～PC0：端口 C 输入/输出线。
- A1、A0：地址线，用来选择 82C55 内部的 4 个端口。
- RESET：复位引脚，高电平有效。

（2）内部结构。图 9-21 中，左侧的引脚与 AT89S51 单片机连接，右侧的引脚与外设连接。各部件的功能如下。

① 端口 PA、PB、PC。82C55 有 3 个 8 位并行口 PA、PB 和 PC，它们都可以选为输入/输出工作模式，但在功能和结构上有些差异。

- PA 口：1 个 8 位数据输出锁存器和缓冲器；1 个 8 位数据输入锁存器。
- PB 口：1 个 8 位数据输出锁存器和缓冲器；1 个 8 位数据输入缓冲器。
- PC 口：1 个 8 位的输出锁存器；1 个 8 位数据输入缓冲器。

通常 PA、PB 口作为输入/输出口，PC 口既可作为输入/输出口，也可在软件的控制下，分为两个 4 位的端口，作为端口 PA、PB 选通方式操作时的状态控制信号。

② 控制电路 A 组和 B 组。这是两组根据 AT89S51 单片机写入的"命令字"控制 82C55 工作方式的控制电路。A 组控制 PA 口和 PC 口的上半部（PC7～PC4）；B 组控制 PB 口和 PC 口的下半部（PC3～PC0），并可使用"命令字"来对 PC 口的每一位实现按位置"1"或清零。

③ 数据总线缓冲器。数据总线缓冲器是一个三态双向 8 位缓冲器，作为 82C55 与系统总线之间的接口，用来传送数据、指令、控制命令，以及外部状态信息。

④ 读/写控制逻辑电路。读/写控制逻辑电路接收 AT89S51 单片机发来的控制信号来控制 $\overline{\text{RD}}$，$\overline{\text{WR}}$，RESET，地址信号 A1、A0 以及 $\overline{\text{CS}}$ 引脚。A1、A0 共有 4 种组合 00、01、10、11，它们分别是 PA 口、PB 口、PC 口以及控制寄存器的端口地址。根据控制信号的不同组合，端口数据被 AT89S51 单片机读出，或者将 AT89S51 单片机送来的数据写入端口。

各端口的工作状态与地址信号 A1、A0 和控制信号的关系如表 9-8 所示。

表 9-8　　　　　　　　　　82C55 端口工作状态选择表

A1	A0	$\overline{\text{RD}}$	$\overline{\text{WR}}$	$\overline{\text{CS}}$	工 作 状 态
0	0	0	1	0	PA 口数据→数据总线（读端口 A）
0	1	0	1	0	PB 口数据→数据总线（读端口 B）
1	0	0	1	0	PC 口数据→数据总线（读端口 C）
0	0	1	0	0	总线数据→PA 口（写端口 A）
0	1	1	0	0	总线数据→PB 口（写端口 B）
1	0	1	0	0	总线数据→PC 口（写端口 C）
1	1	1	0	0	总线数据→控制寄存器（写控制字）
×	×	×	×	1	数据总线为三态
1	1	0	1	0	非法状态
×	×	1	1	0	数据总线为三态

2．工作方式选择控制字和端口 PC 置位/复位控制字

AT89S51 单片机可以向 82C55 控制寄存器写入两种不同的控制字：工作方式选择控制字及端口 PC 置位/复位控制字。首先来介绍工作方式选择控制字。

（1）工作方式选择控制字。82C55 有 3 种工作方式。

- 方式 0：基本输入/输出；
- 方式 1：应答输入/输出；
- 方式 2：双向传送（仅 PA 口有此工作方式）。

3 种工作方式由写入控制寄存器的方式控制字来决定。工作方式选择控制字的格式如图 9-22 所示。最高位 D7=1，为本方式控制字的标志，以便与下面介绍的端口 PC 置位/复位控制字相区别（端口 PC 置位/复位控制字的最高位 D7=0）。

3 个端口中 PC 口被分为两个部分，上半部分随 PA 口称为 A 组，下半部分随 PB 口称为 B 组。其中 PA 口可工作于方式 0、1 和 2，而 PB 口只能工作在方式 0 和 1。

【例 9-2】 AT89S51 单片机向 82C55 的控制寄存器（端口地址为 0xff7f）写入工作方式控制字 0x95，根据图 9-22，可将 82C55 编程设置为：PA 口方式 0 输入，PB 口方式 1 输出，PC 口的上半部分（PC7～PC4）输出，PC 口的下半部分（PC3～PC0）输入。

参考程序如下。

```
#include  <absacc.h>
#define COM8255 XBYTE[0xff7f]        //0xff7f 为 82C55 的控制寄存器地址
#define uchar unsigned char
...
void init8255(void)
{
    COM8255=0x95;                    //工作方式选择控制字写入 82C55 的控制寄存器
    ...
}
```

（2）端口 PC 按位置位/复位控制字。写入 82C55 的另一个控制字为端口 PC 口按位置位/复位控制字，即 PC 口 8 位中的任何一位可用一个写入 82C55 控制寄存器的置位/复位控制字来对 PC 口按位置"1"或清零，这一功能主要用于位控。端口 PC 按位置位/复位控制字的格式如图 9-23 所示。

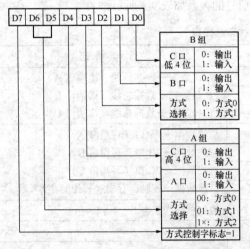

图 9-22　82C55 的工作方式选择控制字格式

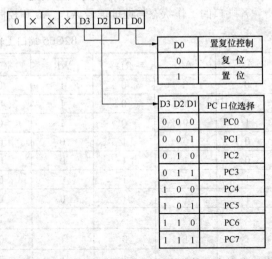

图 9-23　端口 PC 按位置位/复位控制字格式

【例 9-3】 AT89S51 单片机向 82C55 的控制寄存器写入工作方式控制字 07H,则 PC3 置"1";08H 写入控制寄存器,则 PC4 清零。假设 82C55 的控制寄存器的地址为 0xff7f。

参考程序段如下。

```
#include <absacc.h>
#define COM8255 XBYTE[0xff7f]          //0xff7f 为 82C55 的控制寄存器地址
......
void init8255(void)
{
    COM8255=0x07;                       //置位/复位控制字写入控制寄存器,PC3=1
    COM8255=0x08;                       //置位/复位控制字写入控制寄存器,PC4=0
     ......
}
```

9.5.3　82C55 的 3 种工作方式

82C55 的 3 种工作方式介绍如下。

1. 方式 0

方式 0 为基本输入/输出方式。在方式 0 下,AT89S51 单片机可对 82C55 进行 I/O 数据的无条件传送。例如,AT89S51 单片机从 82C55 的某一输入口读入一组开关状态,从 82C55 输出来控制一组指示灯的亮、灭。实现这些操作,并不需要任何条件,外设的 I/O 数据可在 82C55 的各端口得到锁存和缓冲。因此,82C55 的方式 0 称为基本输入/输出方式。

方式 0 下,3 个端口都可以由软件设置为输入或输出,不需要应答联络信号。方式 0 的基本功能如下。

(1)具有两个 8 位端口(PA、PB)和两个 4 位端口(PC 的上半部分和下半部分)。

(2)任何端口都可以设定为输入或输出,各端口的输入、输出共有 16 种组合。

82C55 的 PA 口、PB 口和 PC 口均可设定为方式 0,并可根据需要,向控制寄存器写入工作方式选择控制字(见图 9-22),来规定各端口为输入或输出方式。

【例 9-4】 假设 82C55 的控制字寄存器端口地址为 0xff7f,则令 PA 口和 PC 口的高 4 位工作在方式 0 输出,PB 口和 PC 口的低 4 位工作于方式 0 输入,初始化程序如下:

```
uchar xdata COM8255 _at_ 0xff7f        //0xff7f 为 82C55 的控制寄存器地址
...
void init8255(void)
{
    COM8255=0x83;                       //工作方式选择控制字写入控制寄存器
     ...
}
```

2. 方式 1

方式 1 是一种采用应答联络的输入/输出工作方式。PA 口和 PB 口皆可独立地设置成这种工作方式。在方式 1 下,82C55 的 PA 口和 PB 口通常用于 I/O 数据的传送,PC 口用作 PA 口和 PB 口的应答联络信号线,以实现采用中断方式来传送 I/O 数据。PC 口中的某些线作为应答联络线是规定好的,其各位分配如图 9-24 和图 9-25 所示,图中,标有 I/O 的各位仍可用作基本输入/输出,不做应答联络用。

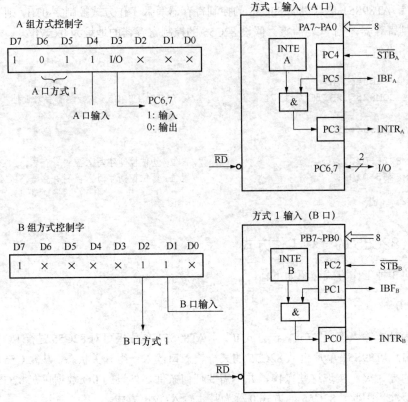

图 9-24　方式 1 输入应答联络信号示意图

下面简单介绍方式 1 输入/输出时的应答联络信号与工作原理。

（1）方式 1 输入。方式 1 输入时，各应答联络信号如图 9-24 所示。其中 $\overline{\text{STB}}$ 与 IBF 为一对应答联络信号。图 9-24 中各应答联络信号的功能如下。

- $\overline{\text{STB}}$：输入外设发给 82C55 的选通输入信号。
- IBF：输入缓冲器满，82C55 对外设的应答信号。通知外设已收到发来的数据。
- INTR：82C55 向 AT89S51 单片机发出的中断请求信号。
- INTE_A：PA 口中断允许的控制信号，由 PC4 的置位/复位来控制。
- INTE_B：PB 口中断允许的控制信号，由 PC2 的置位/复位来控制。

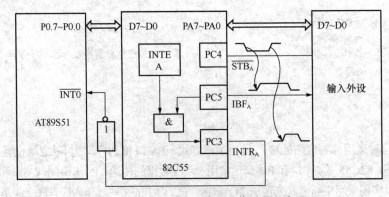

图 9-25　PA 口方式 1 输入工作过程示意图

方式 1 输入工作示意图如图 9-25 所示。下面以 PA 口的方式 1 输入为例，介绍方式 1 输入的工作过程。

① 当外设向 82C55 输入一个数据并送到 PA7～PA0 上时，外设自动在选通输入线 $\overline{STB_A}$ 上向 82C55 发送一个低电平选通信号。

② 82C55 收到选通信号 $\overline{STB_A}$ 后，首先把 PA7～PA0 上输入的数据存入 PA 口的输入数据缓冲/锁存器，然后使输出应答线 IBF$_A$ 变为高电平，以通知输入外设，82C55 的 PA 口已收到它送来的输入数据。

③ 82C55 检测到 $\overline{STB_A}$ 由低电平变为高电平，IBF$_A$（PC5）为"1"状态和中断允许 INTE$_A$（PC4）=1 时，使 INTR$_A$（PC3）变为高电平，向 AT89S51 单片机发出中断请求 INTR$_A$。INTE$_A$ 的状态可由 PC4 的置位/复位控制字来控制。

④ AT89S51 单片机响应中断后，进入中断服务子程序来读取存入 PA 口的输入数据缓冲器中由外设发来的输入数据。当输入数据被单片机读取后，82C55 撤销 INTR$_A$ 上的中断请求，并使 IBF$_A$ 变为低电平，以通知输入外设可以传送下一个输入数据。

（2）方式 1 输出。方式 1 输出时的应答联络信号如图 9-26 所示。

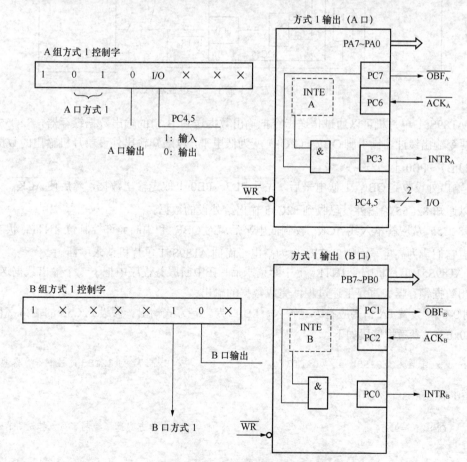

图 9-26　方式 1 输出应答联络信号示意图

$\overline{OBF}$ 与 $\overline{ACK}$ 构成了一对应答联络信号，应答联络信号的功能如下。

● $\overline{OBF}$：端口输出缓冲器满信号，它是 82C55 发给外设的联络信号，表示 AT89S51 单片机已经把数据输出到 82C55 的指定端口，外设可以将数据取走。

- $\overline{ACK}$：外设的应答信号。表示外设已把 82C55 端口的数据取走。
- INTR：中断请求信号。表示该数据已被外设取走，向单片机发出中断请求，如果 AT89S51 响应该中断，则在中断服务子程序中向 82C55 端口输出下一个数据。
- $INTE_A$：是否允许 PA 口中断的控制信号，由 PC6 的置位/复位来控制。
- $INTE_B$：是否允许 PB 口中断的控制信号，由 PC2 的置位/复位来控制。

方式 1 输出工作示意图如图 9-27 所示。下面以 PB 口的方式 1 输出为例，介绍方式 1 输出的工作过程。

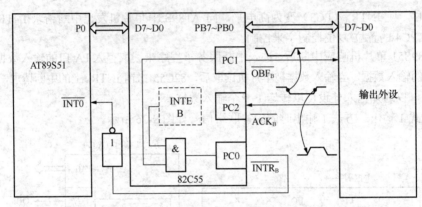

图 9-27 PB 口方式 1 输出工作过程示意图

① AT89S51 单片机可以通过传送指令把输出数据送到 B 口的输出数据锁存器，82C55 收到数据后便令输出缓冲器满引脚 $\overline{OBF_B}$（PC1）变为低电平，以通知输出外设单片机输出的数据已在 PB 口的 PB7～PB0 上。

② 输出外设收到 $\overline{OBF_B}$ 上低电平后，先从 PB7～PB0 上取走输出数据，然后使 $\overline{ACK_B}$ 变为低电平，以通知 82C55 输出外设已收到 82C55 输出给外设的数据。

③ 82C55 从应答输入线 $\overline{ACK_B}$ 收到低电平后就对 $\overline{OBF_B}$ 和中断允许控制位 $INTE_B$ 状态进行检测，若它们皆为高电平，则 $INTR_B$ 变为高电平而向 AT89S51 单片机请求中断。

④ AT89S51 单片机响应 $INTR_B$ 上中断请求后，在中断服务程序中把下一个输出数据送到 PB 口的输出数据锁存器。重复上述过程，完成数据的输出。

【例 9-5】 设置 PA 口为应答方式输入，PB 口为应答方式输出。假设 82C55 的端口寄存器的地址为 0xff7f，参考程序段如下。

```
uchar xdata COM8255 _at_ 0xff7f              //0xff7f 为 82C55 的控制寄存器地址
...
void init8255(void)
{
    COM8255=0xb4;                            //工作方式选择控制字写入控制寄存器
    ...
}
```

3. 方式 2

只有 PA 口才能设定为方式 2，方式 2 实质上是方式 1 输入和方式 1 输出的组合。方式 2 特别适用于像键盘、显示器一类的外设，因为有时需要把键盘上输入的编码信号通过 PA 口送给单片机，有时又需要把单片机发出的数据通过 PA 口送给显示器显示。

PA 口在方式 2 下的工作过程示意图，如图 9-28 所示在方式 2 下，PA7～PA0 为双向 I/O 总线。当作为输入端口使用时，PA7～PA0 受 $\overline{STB}_A$ 和 $\overline{IBF}_A$ 控制，其工作过程和方式 1 输入时相同；当作为输出端口使用时，PA7～PA0 受 $\overline{OBF}_A$、$\overline{ACK}_A$ 控制，其工作过程和方式 1 输出时相同。

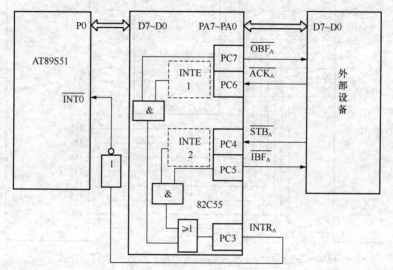

图 9-28　PA 口在方式 2 下的工作示意图

9.5.4　AT89S51 单片机与 82C55 的接口设计

1. 硬件接口电路

AT89S51 单片机扩展一片 82C55 的接口电路如图 9-29 所示。图 9-29 中，74LS373 是地址锁存器，P0.1、P0.0 经 74LS373 与 82C55 的地址线 A1、A0 连接；P0.7 经 74LS373 与片选端 $\overline{CS}$ 相连，其他地址线悬空；82C55 的控制线 $\overline{RD}$、$\overline{WR}$ 直接与 AT89S51 单片机的 $\overline{RD}$ 和 $\overline{WR}$ 端相连；AT89S51 单片机的数据总线 P0.0～P0.7 与 82C55 的数据线 D0～D7 连接。

2. 确定 82C55 端口地址

图 9-29 中 82C55 只有 3 条线与 AT89S51 单片机的地址线相接，片选端 $\overline{CS}$ 与 P0.7 相连，端口地址选择端 A1、A0 分别与 P0.1 和 P0.0 连接，其他地址线未用。显然，要保证 P0.7 为低电平时，即可选中 82C55；若 P0.1、P0.0 再为 "00"，则选中 82C55 的 PA 口，同理 P0.1、P0.0 为 "01" "10" "11" 分别选中 PB 口、PC 口和控制口。

若端口地址用十六位表示，其他未用端全为 "1"，则 82C55 的 PA、PB、PC 和控制口地址分别为 0xff7c、0xff7dh、0xff7eh 和 0xff7fh。

3. 软件编程

在实际应用设计中，必须根据外设的类型选择 82C55 的操作方式，并在初始化程序中把相应的控制字写入控制口。下面举例介绍对 82C55 的编程。

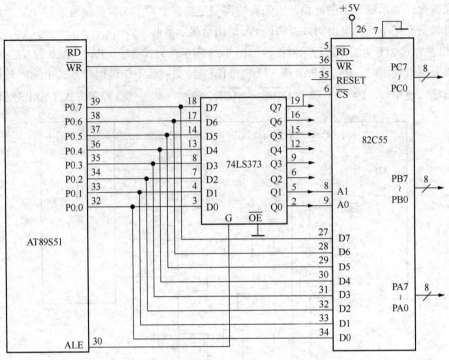

图 9-29　AT89S51 单片机扩展一片 82C55 的接口电路图

【例 9-6】　根据图 9-29，要求 82C55 的 PC 口工作在方式 0，并从 PC5 引脚输出连续的方波信号，频率为 500Hz，参考程序如下。

```c
#include  <reg51.h>
#include  <absacc.h>
#define PA8255  XBYTE[0xff7c]          //0xff7c 为 82C55PA 端口地址
#define PB8255  XBYTE[0xff7d]          //0xff7d 为 82C55PB 端口地址
#define PC8255  XBYTE[0xff7e]          //0xff7e 为 82C55PC 端口地址
#define COM8255  XBYTE[0xff7f]         //0xff7f 为 82C55 控制寄存器地址
#define uchar unsigned char
extern void delay_1000us ( );
void init8255(void)
{
    COM8255=0x85;                      //工作方式选择控制字写入控制寄存器
}
void main(void)
{
    init8255(void)
    for(;;)
    {
        COM8255=0x0b;                  //PC5 引脚为高电平
        delay_1000us ( );              //高电平持续 1000μs
            COM8255=0x0a;              //PC5 引脚为低电平
        delay_1000us ( );              //低电平持续 1000μs
    }
}
```

9.6 利用 74LSTTL 电路扩展并行 I/O 口

在 AT89S51 单片机应用系统中，有些场合可采用 TTL 电路、CMOS 电路锁存器或三态门电路构成各种类型的简单输入/输出口。通常这种 I/O 都是通过 P0 口扩展。由于 P0 口只能分时复用，故构成输出口时，要求接口芯片应具有锁存功能；构成输入口时，要求接口芯片应能三态缓冲或锁存选通。

图 9-30 所示为一个利用 74LS244 和 74LS373 芯片，扩展了简单的 I/O 口的电路。74LS244 和 74LS373 的工作受单片机的 P2.7、$\overline{RD}$、$\overline{WR}$ 3 条控制线控制。74LS244 是缓冲驱动器，作为扩展的输入口，它的 8 个输入端分别接 8 个开关 S7～S0。74LS373 是 8D 锁存器，作为扩展的输出口，它的输出端接 8 个发光二极管 LED7～LED0。当某输入口线的开关按下时，该输入口线为低电平，读入单片机后，其相应位为"0"，然后再将输入口线的状态经 74LS373 输出。由于该位输出为低电平，使得二极管发光，从而显示出按下的开关的位置。

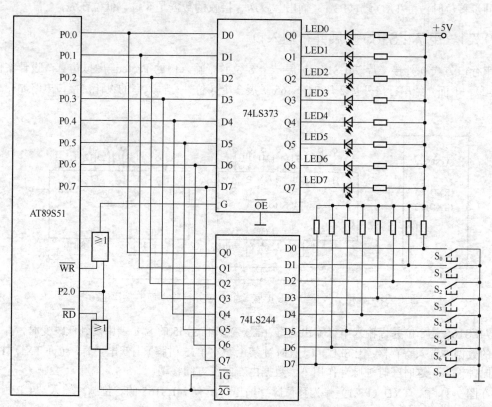

图 9-30 利用 74LSTTL 电路扩展 I/O 举例示意图

由图 9-30 可以确定扩展的 74LS244 和 74LS373 芯片具有相同的端口地址：0xfeff，只不过读入时，P2.0 和 $\overline{RD}$ 有效，选中 74LS244；输出时 P2.0 和 $\overline{WR}$ 有效选中 74LS373。

【例 9-7】 电路如图 9-30 所示，编写程序把开关 S7～S0 的状态通过 74LS373 输出端的 8 个发光二极管显示出来。参考程序如下。

```
#include  <absacc.h>
#define uchar unsigned char
...
```

261

```
uchar i
i=XBYTE[0xfeff]
XBYTE[0xfeff]=i
...
```

由以上程序可以看出，对于所扩展接口的输入/输出如同对外部 RAM 读/写数据一样方便。图 9-30 仅扩展了 1 片输出芯片和 1 片输入芯片，如果仍不够用，还可仿照上述思路，根据需要来扩展多片 74LS244、74LS373 之类的芯片，但需要在端口地址上对各芯片加以区分。

9.7　用 AT89S51 单片机的串行口扩展并行输入/输出口

AT89S51 单片机串行口的方式 0 用于并行 I/O 扩展。在方式 0 时，串行口为同步移位寄存器工作方式，其波特率是固定的，为 $f_{osc}/12$（f_{osc} 为系统的振荡器频率）。数据由 RXD 端（P3.0）输入，同步移位时钟由 TXD 端（P3.1）输出。发送、接收的数据是 8 位，低位在先。

9.7.1　用 74LS165 扩展并行输入口

串行口方式 0 外接一片 74LS165 扩展一个 8 位并行输入口的 Proteus 虚拟仿真，设计案例见【例 8-2】。下面介绍串行口外接 2 片 74LS165 扩展 2 个 8 位并行输入口的设计，接口电路如图 9-31 所示。

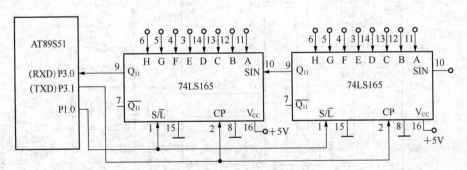

图 9-31　利用 2 片 74LS165 扩展 2 个 8 位并行输入口的接口电路图

74LS165 是 8 位并行输入串行输出的寄存器。当 74LS165 的 S/$\overline{L}$ 端由高到低跳变时，并行输入端的数据被置入寄存器；当 S/$\overline{L}$ = 1，且时钟禁止端（第 15 引脚）为低电平时，允许 TXD（P3.1）移位时钟输入，这时在时钟脉冲作用下，数据由右向左方向移动。

在图 9-31 中，TXD（P3.1）作为移位脉冲输出与所有 74LS165 的移位脉冲输入端 CP 相连；RXD（P3.0）作为串行数据输入端与 74LS165 的串行输出端 QH 相连；P1.0 与 S/$\overline{L}$ 相连，用来控制 74LS165 的串行移位或并行输入；74LS165 的时钟禁止端（第 15 引脚）接地，表示允许时钟输入。当扩展多个 8 位输入口时，相邻两芯片的首尾（QH 与 SIN）相连。

【例 9-8】　下面的程序是从 16 位扩展口读入 4 组数据（每组 2B），并存入到内部 RAM 缓冲区。参考程序如下。

```
#include <reg51.h>
typedef unsigned char BYTE;
BYTE rx_data[8];
sbit test_flag;                    //定义读入字节的奇偶标志
```

```
sbit P1_0=P1^0;                        //定义工作状态控制端

BYTE receive(void)                     //读入数据函数
{
    BYTE temp;
    while(RI==0); RI=0; temp=SBUF;
    return temp;
}
void main(void)                        //主程序
{
    BYTE i;
    test_flag=1;                       //奇偶标志初始值为 1，表示读的是奇数字节
    for(i=0; i<4; i++)                 //循环读入 10 字节数据
    {
        if(test_flag==1)
        {
            P1_0=0;                    //并行置入 2 字节数据
            P1_0=1;
        }                              //允许串行移位读入
        SCON=0x10;                     //设置串行口方式 0
        rx_data[i]= receive( );        //接收 1 字节数据
        test_flag=~test_flag;          //改写读入字节的奇偶性，以决定是否重新并行置入
    }
}
```

上面程序中串行接收过程采用的是查询等待的控制方式，如有必要，也可改用中断方式。从理论上讲，按图 9-31 方法扩展的输入口几乎是无限的，但扩展的越多，输入口的操作速度也就越慢。

9.7.2 用 74LS164 扩展并行输出口

串行口方式 0 外接 1 片 74LS164 扩展 1 个 8 位并行输出口的 Proteus 虚拟仿真设计案例见【例 8-1】。下面介绍串行口外接 2 片 74LS164 扩展 2 个 8 位并行输出口的设计，接口电路如图 9-32 所示。

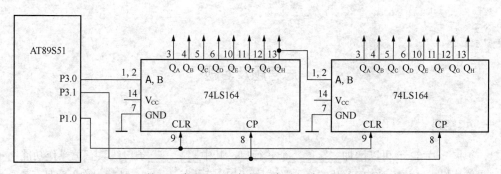

图 9-32 利用 2 片 74LS164 扩展 2 个并行输出口的接口电路图

当 AT89S51 单片机串行口工作在方式 0 的发送状态时，串行数据由 P3.0（RXD）送出，移位时钟由 P3.1（TXD）送出。在移位时钟的作用下，串行口发送缓冲器的数据一位一位地从 P3.0 移入 74LS164 中。需要指出的是，由于 74LS164 无并行输出控制端，因而在串行输入过程中，其输出端的状态会不断变化，故在某些应用场合，在 74LS164 的输出端应加接输出三态门控制，以便保证串行输入结束后再输出数据。

【例 9-9】 下面是将内部 RAM 缓冲区的 8 字节内容经串行口由 74LS164 并行输出，参考程序如下。

```
#include <reg51.h>
typedef unsigned char BYTE;
BYTE i;                              //i 为右边的 74LS164 的输出
BYTE j;                              //j 为左边的 74LS164 的输出
BYTE data[8]={0x01, 0x02, 0x03, 0x04, 0x05, 0x06, 0x07, 0x08 }

void main(void)                      //主函数
{
    SCON=0x00;                       //设置串行口方式 0
    {
        for(i=0; i<=8; i++)          //输出 8B 数据
        {
            for(j=0; j<=8; j++);
            SBUF= data[j]
            while(TI==0);TI=0;
            SBUF= data[i]
            while(TI==0);TI=0;
        }
    }
    while(1);
}

test_flag=1;                         //奇偶标志初始值为 1，表示读的是奇数字节
    { if(test_flag==1)
    {
        P1_0=0;                      //并行置入 2 字节数据
        P1_0=1; }                    //允许串行移位读入
        x_data[i]= receive( );       //接收 1 字节数据
        test_flag=~test_flag;        //改写读入字节的奇偶性，以决定是否重新并行置入
    }
}
```

思考题及习题

一、填空题

1. 扩展一片 8255 可以增加_____个并行口，其中_____条口线具有位操作功能；

2. 单片机扩展并行 I/O 口芯片的基本要求是：输出应具有_____功能；输入应具有_____功能；

3. 从同步、异步方式的角度讲，82C55 的基本输入/输出方式属于_____通信，选通输入/输出和双向传送方式属于_____通信。

二、判断题

1. 82C55 为可编程芯片。

2．82C55 具有三态缓冲器，因此可以直接挂在系统的数据总线上。

3．82C55 的 PB 口可以设置成方式 2。

4．扩展 I/O 占用片外数据存储器的地址资源。

5．82C55 的方式 1 是无条件的输入/输出方式。

6．82C55 的 PC 口可以按位置位和复位。

7．82C55 的方式 0 是无条件的输入/输出方式。

三、单选题

1．AT89S51 的并行 I/O 口信息有两种读取方法：一种是读引脚，还有一种是_____。

    A．读 CPU   B．读数据库   C．读 A 累加器   D．读锁存器

2．利用单片机的串行口扩展并行 I/O 接口是使用串行口的_____。

    A．方式 3   B．方式 2   C．方式 1   D．方式 0

3．单片机使用 74LSTTL 电路扩展并行 I/O 接口，输入/输出用的 74LSTTL 芯片为_____。

    A．74LS244/74LS273   B．74LS273/74LS244

    C．74LS273/74LS373   D．74LS373/74LS273

4．AT89S51 单片机最多可扩展的片外 RAM 为 64KB，但是当扩展外部 I/O 口后，其外部 RAM 的寻址空间将_____。

    A．不变   B．变大   C．变小   D．变为 32KB

四、简答题

1．I/O 接口和 I/O 端口有什么区别？I/O 接口的功能是什么？

2．I/O 数据传送由哪几种传送方式？分别在哪些场合下使用？

3．常用的 I/O 端口编址有哪两种方式？它们各有什么特点？AT89S52 单片机的 I/O 端口编址采用的是哪种方式？

4．82C55 的"工作方式选择控制字"和"端口 PC 按位置位/复位控制字"都可以写入 82C55 的同一控制寄存器，82C55 是如何来区分这两个控制字的？

5．结合图 9-25 来说明 82C55 的 PA 口在方式 1 的应答联络输入方式下的工作过程。

第 **10** 章　AT89S51 单片机系统的串行扩展

【内容概要】单片机系统除并行扩展外，串行扩展技术也已得到广泛应用。与并行扩展相比，串行接口器件与单片机相连需要的 I/O 口线很少（仅需 1～4 条），这极大地简化了器件间的连接，进而提高了可靠性；串行接口器件体积小，占用电路板的空间小，这就减少了电路板空间和成本。常见的串行扩展总线接口有单总线（1-Wire）、SPI 串行外设接口和 I²C（Inter Interface Circuit）串行总线接口，本章介绍这几种串行扩展接口总线的工作原理及特点和典型设计案例。

　　3 种串行总线中，单总线以其简单明了的结构，得到用户的青睐，因此首先要了解单总线的扩展技术。

10.1　单总线串行扩展

　　单总线也称为 1-Wire bus，它是由美国 DALLAS 公司推出的外围串行扩展总线。它只有一条数据输入/输出线 DQ，总线上的所有器件都挂在 DQ 上，电源也通过这条信号线供给，这种只使用一条信号线的串行扩展技术，称为单总线技术。

　　单总线系统中配置的各种器件，由 DALLAS 公司提供的专用芯片实现。每个芯片都有 64 位 ROM，厂家对每一芯片都用激光烧写编码，其中存有 16 位十进制编码序列号，它是器件的地址编号，以确保它挂在总线上后可唯一地被确定。除了器件的地址编码外，芯片内还包含收发控制和电源存储电路，如图 10-1 所示。这些芯片的耗电量都很小（空闲时为几微瓦，工作时为几毫瓦），工作时从总线上馈送电能到大电容中就可以工作，故一般不需另加电源。

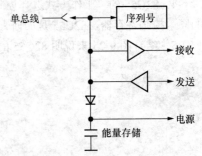

图 10-1　单总线芯片的内部结构示意图

10.1.1　单总线扩展的典型应用——DS18B20 的温度测量系统

单总线应用典型案例是采用单总线温度传感器 DS18B20 的温度测量系统。

1. 单总线温度传感器 DS18B20 简介

DS18B20 是美国 DALLAS 公司生产的数字温度传感器，温度测量范围为−55℃～+128℃，在

−10℃～+85℃范围内，它的测量精度可达±0.5℃。DS18B20 具有体积小、功耗低，现场温度的测量直接通过"单总线"以数字方式传输等优点，这大大提高了系统的抗干扰性，因此非常适合于恶劣环境的现场温度测量，也可用于各种狭小空间内设备的测温，如环境控制、过程监测、测温类消费电子产品和多点温度测控系统等。由于 DS18B20 可直接将温度转化成数字信号传送给单片机处理，因而可省去传统的信号放大、A/D 转换等外围电路。

图 10-2（a）所示为单片机与多个带有单总线接口的数字温度传感器 DS18B20 芯片的分布式温度监测系统，图中多个 DS18B20 都挂在单片机的 1 根 I/O 口线（即 DQ 线）上。单片机对每个 DS18B20 通过总线 DQ 寻址。DQ 为漏极开路，须加上拉电阻。DS18B20 的一种封装形式如图 10-2（b）所示。除 DS18B20 外，在该数字温度传感器系列中还有 DS1820、DS18S20、DS1822 等其他型号产品，它们的工作原理与特性基本相同。

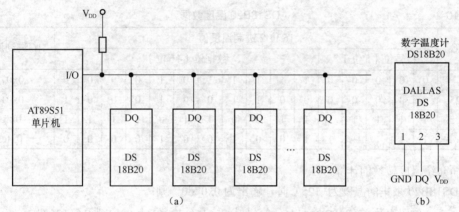

图 10-2　单总线构成的分布式温度监测系统结构图

DS18B20 片内有 9 字节的高速暂存器 RAM 单元，9 字节具体分布如下。

温度低位	温度高位	TH	TL	配置	—	—	—	8 位 CRC
第 1 字节	第 2 字节							第 9 字节

第 1 字节和第 2 字节是在单片机发给 DS18B20 温度转换命令后经转换所得的温度值，以两字节补码形式存放其中。一般情况下，用户多使用第 1 字节和第 2 字节。单片机通过单总线可读得该数据，读取时低位在前，高位在后。第 3、4 字节分别是由软件写入用户报警的上下限值 TH 和 TL。第 5 字节为配置寄存器，可对其更改 DS18B20 的测温分辨率，高速暂存器的第 6、7、8 字节未用，全为 1。第 9 字节是前面所有 8 字节的 CRC 码，用来保证正确通信。片内还有 1 个 E^2PROM 为 TH、TL 和配置寄存器的映像。

配置寄存器各位的定义如下。

TM	R1	R0	1	1	1	1	1

其中，TM 位出厂时已被写入 0，用户不能改变；低 5 位都为 1；R1 和 R0 用来设置分辨率。表 10-1 列出了 R1、R0 与分辨率和转换时间的关系。用户可通过修改 R1、R0 位的编码，获得合适的分辨率。

表 10-1   R1、R0 与分辨率和转换时间的关系

R1	R0	分辨率	最大转换时间
0	0	9 位	93.75ms
0	1	10 位	187.5ms
1	0	11 位	375ms
1	1	12 位	750ms

由表 10-1 可看出，DS18B20 的转换时间与分辨率有关。当设定分辨率为 9 位时，转换时间为 93.75ms，…，当设定分辨率为 12 位时，转换时间为 750ms。

DS18B20 温度转换后所得到的 16 位转换结果的典型值，如表 10-2 所示。

表 10-2   DS18B20 温度数据

| 温度/℃ | 16 位 2 进制温度值 | | | | | | | | | | | | | | | | 16 进制温度值 |
	符号位（5 位）					数据位（11 位）											
+125	0	0	0	0	0	1	1	1	1	1	0	1	0	0	0	0	0x07d0
+25.0625	0	0	0	0	0	0	0	1	1	0	0	1	0	0	0	1	0x0191
−25.0625	1	1	1	1	1	1	1	0	0	1	1	0	1	1	1	1	0xfe6f
−55	1	1	1	1	1	1	0	0	1	0	0	1	0	0	0	0	0xfc90

下面介绍温度转换的计算方法。

当 DS18B20 采集的温度为+125℃时，输出为 0x07d0，则：

$$实际温度=（0x07d0）/16=(0×16^3+7×16^2+13×16^1+0×16^0)/16=125℃$$

当 DS18B20 采集的温度为−55℃时，输出为 0xfc90，由于是补码，则先将 11 位数据取反加 1 得 0x0370，注意符号位不变，也不参加运算，则：

$$实际温度=（0x0370）/16=(0×16^3+3×16^2+7×16^1+0×16^0)/16=55℃$$

注意，负号需要对采集的温度的结果数据进行判断后，再予以显示。

2．DS18B20 的工作时序

DS18B20 对工作时序要求严格，延时时间需准确，否则容易出错。DS18B20 的工作时序包括初始化时序、写时序和读时序。

（1）初始化时序。单片机将数据线 DQ 电平拉低 480～960μs 后释放，等待 15～60μs，单总线器件即可输出一持续 60～240μs 的低电平，单片机收到此应答后即可进行操作。

（2）写时序。当单片机将数据线 DQ 电平从高拉到低时，产生写时序，有写"0"和写"1"两种时序。写时序开始后，DS18B20 在 15～60μs 期间从数据线上采样。如果采样到低电平，则向 DS18B20 写的是"0"；如果采样到高电平，则向 DS18B20 写的是"1"。这两个独立的时序间隔至少需要拉高总线电平 1μs 的时间。

（3）读时序。当单片机从 DS18B20 读取数据时，产生读时序。此时单片机将数据线 DQ 的电平从高拉到低，使读时序被初始化。如果在此后的 15μs 内，单片机在数据线上采样到低电平，则从 DS18B20 读的是"0"；如果在此后的 15μs 内，单片机在数据线上采样到高电平，则从 DS18B20 读的是"1"。

3. DS18B20 的命令

DS18B20 片内都有唯一的 64 位光刻 ROM 编码，出厂时已刻好。它是 DS18B20 的地址序列码，目的是使每个 DS18B20 的地址都不相同，这样就可实现在一根总线上挂接多个 DS18B20 的目的。64 位光刻 ROM 的各位定义如下。

8 位产品类型标号	DS18B20 的 48 位自身序列号	8 位 CRC 码

单片机写入 DS18B20 的所有命令均为 8 位长，对 ROM 操作的命令如表 10-3 所示。

表 10-3　　　　　　　　　　　　　　　DS18B20 的部分命令

命 令 功 能	命令代码
读 DS18B20 中 ROM 的编码（即 64 位地址）	33H
匹配 ROM，发出此命令之后，接着发出 64 位编码，访问与该编码对应的 DS18B20 并使其做出响应，为下一步对其进行读写做准备（总线上有多个 DS18B20 时使用）	55H
搜索 ROM（单片机识别所有的 DS18B20 的 64 位编码）	F0H
跳过读序列号的操作（总线上仅有 1 个 DS18B20 时使用）	CCH

下面介绍表 10-3 中命令的用法。当主机需要对多个单总线上的某一 DS18B20 进行操作时，首先应将主机逐个与 DS18B20 挂接，读出其序列号（33H）；然后再将所有的 DS18B20 挂接到总线上，单片机发出匹配 ROM 命令（55H），紧接着主机提供的 64 位序列号之后的操作就是针对该 DS18B20 的。

如果主机只对一个 DS18B20 进行操作，就不需要读取 ROM 编码和匹配 ROM 编码，只要用跳过 ROM（CCH）命令，就可按表 10-4 执行如下温度转换和读取命令。

表 10-4　　　　　　　　　　　　　　　DS18B20 的部分命令

命 令 功 能	命令代码
启动温度转换	44H
读取暂存器中的温度数据	BEH
将温度上下限数据写入片内 RAM 的第 3、4 字节（TH、TL）	4EH
把片内 RAM 的第 3、4 字节的数据到复制暂存器 TH 与 TL 中	48H
将 E^2PROM 第 3、4 字节的数据恢复到片内 RAM 中的第 3、4 字节	B8H
读供电方式，寄生供电时，DS18B20 发送 0；外部电源供电，DS18B20 发送 1	B4H
报警搜索，只有温度超过设定的上下限的芯片才做响应	ECH

10.1.2　设计案例：单总线 DS18B20 温度测量系统

【例 10-1】　利用 DS18B20 和 LED 数码管实现单总线温度测量与显示系统，原理仿真电路如图 10-3 所示。DS18B20 的测量范围是-55℃～128℃。本例由于只接有两只数码管，所以显示的数值为 00～99。读者通过本例应掌握 DS18B20 的特性和单片机 I/O 实现单总线协议的方法。

在 Proteus 环境下进行仿真时，用手动调整 DS18B20 的温度值，即用鼠标单击 DS18B20 图标上的"↑"或"↓"来改变温度，注意手动调节温度的同时，LED 数码管上会显示出与 DS18B20 窗口相同的 2 位温度数值，以表示测量结果正确。电路中 74LS47 是 BCD-7 段译码器/驱动器，用于将单片机 P0 口输出欲显示的 BCD 码转化成相应的数字显示的段码，并直接驱动 LED 数码管显示。

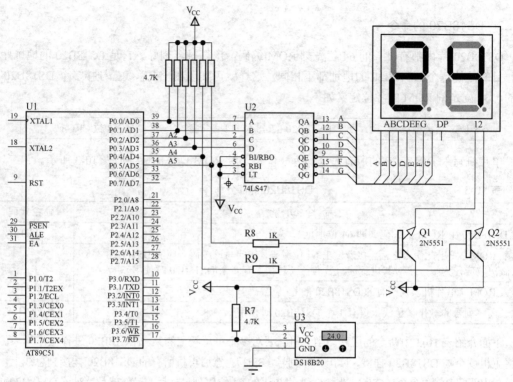

图 10-3　单总线 DS18B20 温度测量与显示系统结构图

参考程序如下。

```c
#include "reg51.h"
#include "intrins.h"
#define uchar unsigned char
#define uint unsigned int
#define out P0
sbit smg1=out^4;
sbit smg2=out^5;
sbit DQ=P3^7;
void delay5(uchar);
void init_ds18b20(void);
uchar readbyte(void);
void writebyte(uchar);
uchar retemp(void);

void main(void)                      //主函数
{
    uchar i,temp;
    delay5(1000);
    while(1)
    {
        temp=retemp();
        for(i=0;i<10;i++)            //连续扫描数码管 10 次
        {
            out=(temp/10)&0x0f;
```

```
                smg1=0;
                smg2=1;
                delay5(1000);              //延时 5ms
                out=(temp%10)&0x0f;
                smg1=1;
                smg2=0;
                delay5(1000);              //延时 5ms
            }
        }
    }

    void delay5(uchar n)                   //延时 5μs 函数
    {
        do
        {
            _nop_();
            _nop_();
            _nop_();
            n--;
        }
        while(n);
    }

    void init_ds18b20(void)                //对 18B20 初始化函数
    {
        uchar x=0;
        DQ =0;
        delay5(120);
        DQ =1;
        delay5(16);
        delay5(80);
    }

    uchar readbyte(void)                   //函数功能：读取 1 字节数据
    {
        uchar i=0;
        uchar date=0;
        for (i=8;i>0;i--)
        {
            DQ =0;
            delay5(1);
            DQ =1;                         //15μs 内拉释放总线
            date>>=1;
            if(DQ)
            date|=0x80;
            delay5(11);
        }
        return(date);
    }

    void writebyte(uchar dat)              //写 1B 函数
```

```
    {
    uchar i=0;
    for(i=8;i>0;i--)
    {
        DQ =0;
        DQ =dat&0x01;                        //写"1" 在 15μs 内拉低
        delay5(12);                          //写"0" 拉低 60μs
        DQ = 1;
        dat>>=1;
        delay5(5);
    }
    }

uchar retemp(void)                       //读取温度函数
    {
        uchar a,b,tt;
        uint t;
        init_ds18b20();
        writebyte(0xCC);
        writebyte(0x44);
        init_ds18b20();
        writebyte(0xCC);
        writebyte(0xBE);
        a=readbyte();
        b=readbyte();
        t=b;
        t<<=8;
        t=t|a;
        tt=t*0.0625;
        return(tt);
    }
```

10.2　SPI 总线串行扩展

　　串行外设接口（Serial Periperal Interface，SPI）是 Motorola 公司推出的一种同步串行外设接口，它允许单片机与多厂家的带有标准 SPI 接口的外围设备直接连接。单片机串行口的方式 0，就是一个同步串行口。所谓同步，就是串行口每发送、接收一位数据都有一个同步时钟脉冲来控制。

　　SPI 外围串行扩展结构如图 10-4 所示。SPI 使用 4 条线：串行时钟 SCK、主器件输入/从器件输出数据线 MISO、主器件输出/从器件输入数据线 MOSI 和从器件选择线$\overline{CS}$。

　　典型的 SPI 系统是单主器件系统，从器件通常是外围接口器件，如存储器、I/O 接口、A/D、D/A、键盘、日历/时钟和显示驱动等。单片机扩展多个外围器件时，SPI 无法通过数据线译码选择，故外围器件都有片选端$\overline{CS}$。在扩展单个 SPI 器件时，外围器件的片选端$\overline{CS}$可以接地或通过 I/O 口控制；在扩展多个 SPI 器件时，单片机应分别通过 I/O 口线来分时选通外围器件。在 SPI 串行扩展系统中，如果某一从器件只作输入（如键盘）或只作输出（如显示器）时，可省去一条数据输出（MISO）线或一条数据输入（MOSI）线，从而构成双线系统（$\overline{CS}$接地）。

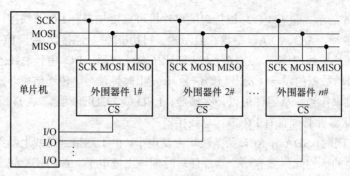

图 10-4　SPI 外围串行扩展结构图

SPI 系统中，单片机对从器件的选通需控制其 $\overline{CS}$ 端，由于省去了地址字节，数据传送软件十分简单。但在扩展器件较多时，需要控制较多的从器件 $\overline{CS}$ 端，因此连线较多。在 SPI 串行扩展系统中，作为主器件的单片机在启动一次传送时，便产生 8 个时钟，传送给接口芯片作为同步时钟，以控制数据的输入和输出。SPI 数据的传送格式是高位（MSB）在前，低位（LSB）在后，如图 10-5 所示。数据线上输出数据的变化和输入数据时的采样，都取决于 SCK。但对于不同的外围芯片，有的可能是 SCK 的上升沿起作用，有的可能是 SCK 的下降沿起作用。SPI 有较高的数据传输速度，最高可达 1.05Mbit/s。

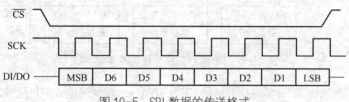

图 10-5　SPI 数据的传送格式

目前世界各大公司为用户提供了一系列具有 SPI 接口的单片机和外围接口芯片，例如 Motorola 公司存储器 MC2814、显示驱动器 MC14499 和 MC14489 等各种芯片，以及美国 TI 公司的 8 位串行 A/D 转换器 TLC549、12 位串行 A/D 转换器 TLC2543 等。

SPI 外围串行扩展系统的从器件要具有 SPI 接口，主器件是单片机。由于 AT89S51 单片机不带有 SPI 接口，因此可采用软件与 I/O 口结合来模拟 SPI 的接口时序。有关 SPI 总线的应用设计中，扩展串行 A/D 转换器和串行 A/D 转换器应用较多，典型设计案例将在第 11 章中介绍。

10.3　I²C 总线的串行扩展

芯片间总线（Inter Interface Circuit，I²C），是应用广泛的芯片间串行扩展总线。目前世界上采用的 I²C 总线有两个规范，分别由荷兰飞利浦公司和日本索尼公司提出，现在多采用飞利浦公司的 I²C 总线技术规范，它已成为电子行业认可的总线标准。采用 I²C 技术的单片机和外围器件种类很多，目前 I²C 总线技术已广泛用于各类电子产品、家用电器和通信设备中。

10.3.1　I²C 总线系统的基本结构

I²C 总线只有两条信号线，一条是数据线 SDA，另一条是时钟线 SCL。SDA 和 SCL 是双向的，I²C 总线上各器件的数据线都接到 SDA 线上，各器件的时钟线均接到 SCL 线上。I²C 总线系统的基本结构如图 10-6 所示。带有 I²C 总线接口的单片机可直接与具有 I²C 总线接口的各种扩展器件（如存储器、I/O 芯片、A/D、D/A、键盘、显示器、日历/时钟）连接。由于 I²C 总线采用纯软件的寻址方法，无需片选线的连接，这样就大大简化了总线数量。I²C 串行总线的运行由主器件控制。主器件是指启动数据的发送（发出起始信号）、发出时钟信号、传送结束时发出终止信号的器件，通常由单片机来担当。从器件可以是存储器、LED 或 LCD 驱动器、A/D 或 D/A 转换器、时钟/日历器件等，从器件必须带有 I²C 串行总线接口。

当 I²C 总线空闲时，SDA 和 SCL 两条线均为高电平。由于连接到总线上器件的输出级必须是漏极或集电极开路的，因此只要有一个器件任意时刻输出低电平，都将使总线上的信号变低，即各器件的 SDA 和 SCL 都是"线与"的关系。由于各器件输出端为漏极开路，故必须通过上拉电阻接正电源（图 10-6 中的两个电阻），以保证 SDA 和 SCL 在空闲时被上拉为高电平。SCL 线上的时钟信号对 SDA 线上的各器件间的数据传输起同步控制作用。SDA 线上的数据起始、终止和数据的有效性均要根据 SCL 线上的时钟信号来判断。

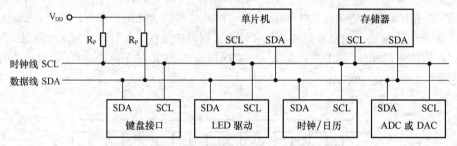

图 10-6　I²C 串行总线系统的基本结构图

在标准的 I²C 普通模式下，数据的传输速率为 100kbit/s，高速模式下可达 400kbit/s。总线上扩展的器件数量不是由电流负载决定的，而是由电容负载确定的。I²C 总线上的每个器件的接口都有一定的等效电容，器件越多，电容值就越大，就会造成信号传输的延迟。总线上允许的器件数以器件的电容量不超过 400pF（通过驱动扩展可达 4000pF）为宜，据此可计算出总线长度和连接器件的数量。每个连到 I²C 总线上的器件都有一个唯一的地址，扩展器件时也要受器件地址数目的限制。

I²C 总线应用系统允许多主器件，但是在实际应用中，经常遇到的是以单一单片机为主器件，其他外围接口器件为从器件的情况。

10.3.2　I²C 总线的数据传送规定

1. 数据位的有效性规定

I²C 总线在进行数据传送时，每一数据位的传送都与时钟脉冲相对应。时钟脉冲为高电平期间，数据线上的数据必须保持稳定，在 I²C 总线上，只有在时钟线为低电平期间，数据线上的电平状态才允许变化，如图 10-7 所示。

2. 起始信号和终止信号

根据 I²C 总线协议，总线上数据信号的传送由起始信号（S）开始、由终止信号（P）结束。起始信号和终止信号都由主机发出，在起始信号产生后，总线就处于占用状态；在终止信号产生后，总线就处于空闲状态，如图 10-8 所示。下面结合图 10-8 介绍有关起始信号和终止信号的规定。

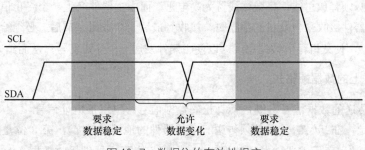

图 10-7　数据位的有效性规定

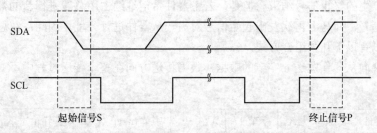

图 10-8　起始信号和终止信号

（1）起始信号（S）。在 SCL 线为高电平期间，SDA 线由高电平向低电平的变化表示起始信号，只有在起始信号以后，其他命令才有效。

（2）终止信号（P）。在 SCL 线为高电平期间，SDA 线由低电平向高电平的变化表示终止信号。随着终止信号的出现，所有外部操作都结束。

3. I^2C 总线上数据传送的应答

I^2C 总线进行数据传送时，传送的字节数没有限制，但是每字节必须为 8 位长。数据传送时，先传送最高位（MSB），每一个被传送的字节后面都必须跟随 1 位应答位（即 1 帧共有 9 位），如图 10-9 所示。I^2C 总线在传送每 1 字节数据后都必须有应答信号 A，应答信号在第 9 个时钟位上出现，与应答信号对应的时钟信号由主器件产生。这时发送方必须在这一时钟位上使 SDA 线处于高电平状态，以便接收方在这一位上送出低电平的应答信号 A。

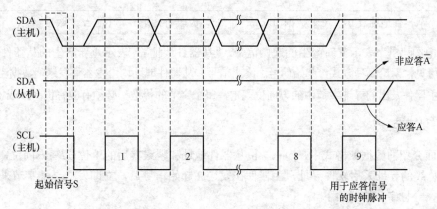

图 10-9　I^2C 总线上的应答信号

由于某种原因接收方不对主器件寻址信号应答时，例如接收方正在进行其他处理而无法接收总线上的数据时，必须释放总线，将数据线置为高电平，而由主器件产生一个终止信号以结束总线的数据传送。当主器件接收来自从机的数据时，接收到最后一个数据字节后，必须给从器件发送一个非应答信号（$\overline{A}$），使从机释放数据总线，以便主器件发送一个终止信号，从而结束数据的传送。

4. I²C 总线上的数据帧格式

I²C 总线上传送的数据信号，既包括真正的数据信号，也包括地址信号。

I²C 总线规定，在起始信号后必须传送一个从器件的地址（7 位），第 8 位是数据传送的方向位（R/$\overline{W}$），用"0"表示主器件发送数据（$\overline{W}$），"1"表示主器件接收数据（R）。每次数据传送总是由主器件产生的终止信号结束。但是，若主器件希望继续占用总线进行新的数据传送，则可以不产生终止信号，而马上再次发出起始信号对另一从器件进行寻址。因此，在总线一次数据传送过程中，可以有以下几种组合方式。

（1）主器件向从器件发送 n 字节的数据，数据传送方向在整个传送过程中不变，数据传送的格式如下。

S	从器件地址	0	A	字节 1	A	…	字节 (n-1)	A	字节 n	A/$\overline{A}$	P

其中，字节 1～字节 n 为主机写入从器件的 n 字节的数据。格式中阴影部分表示主器件向从机发送数据，无阴影部分表示从器件向主器件发送，以下同。上述格式中的"从器件地址"为 7 位，紧接其后的"1"和"0"表示主器件的读/写方向，"1"为读，"0"为写。

（2）主器件读出来自从机的 n 字节。除第 1 个寻址字节由主机发出，n 字节都由从器件发送，主器件接收，数据传送的格式如下。

S	从机地址	1	A	字节 1	A	…	字节 (n-1)	A	字节 n	$\overline{A}$	P

其中，字节 1～字节 n 为从器件被读出的 n 字节数据。主器件发送终止信号前应发送非应答信号 $\overline{A}$，向从器件表明读操作要结束。

（3）主器件的读、写操作。在一次数据传送过程中，主器件先发送 1 字节数据，然后再接收 1 字节数据，此时起始信号和从器件地址都被重新产生一次，但两次读写的方向位正好相反。数据传送的格式如下。

S	从器件地址	0	A	数据	A/$\overline{A}$	Sr	从器件地址 r	1	A	数据	$\overline{A}$	P

格式中的"Sr"表示重新产生的起始信号，"从器件地址 r"表示重新产生的从器件地址。

由上可见，无论哪种方式，起始信号、终止信号和从器件地址均由主器件发送，数据字节的传送方向则由主器件发出的寻址字节中的方向位规定，每个字节的传送都必须有应答位（A 或 $\overline{A}$）相随。

5. 寻址字节

在上面介绍的数据帧格式中，均有 7 位从器件地址和紧跟其后的 1 位读/写方向位，即寻址字节。I²C 总线的寻址采用软件寻址，主器件在发送完起始信号后，立即发送寻址字节来寻址被控的从器件，寻址字节格式如下。

寻址字节	器 件 地 址				引 脚 地 址			方向位
	DA3	DA2	DA1	DA0	A2	A1	A0	R/$\overline{W}$

7 位从器件地址为 "DA3、DA2、DA1、DA0" 和 "A2、A1、A0",其中 "DA3、DA2、DA1、DA0" 为器件地址,即器件固有的地址编码,器件出厂时就已经给定。"A2、A1、A0" 为引脚地址,由器件引脚 A2、A1、A0 在电路中接高电平或接地决定(见图 10-11)。

数据方向位(R/$\overline{W}$)规定了总线上的单片机(主器件)与从器件的数据传送方向。R/$\overline{W}$ = 1,表示主器件接收(读)。R/$\overline{W}$ = 0,表示主器件发送(写)。

6. 数据传送格式

I^2C 总线上每传送一位数据都与一个时钟脉冲相对应,传送的每一帧数据均为一字节。但启动 I^2C 总线后传送的字节数没有限制,只要求每传送一个字节后,对方回答一个应答位。在时钟线为高电平期间,数据线的状态就是要传送的数据。数据线上数据的改变必须在时钟线为低电平期间完成。在数据传输期间,只要时钟线为高电平,数据线都必须稳定,否则数据线上的任何变化都当作起始或终止信号。

I^2C 总线数据传送必须遵循规定的数据传送格式。I^2C 总线一次完整的数据传送应答时序,如图 10-10 所示。根据总线规范,起始信号表明一次数据传送的开始,其后为寻址字节。在寻址字节后是按指定读、写的数据字节与应答位。在数据传送完成后主器件都必须发送终止信号。在起始与终止信号之间传输的数据字节数由主器件(单片机)决定,理论上讲没有字节限制。

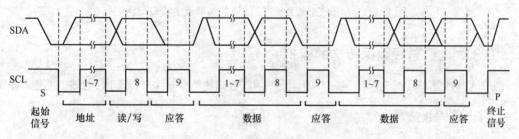

图 10-10　I^2C 总线一次完整的数据传送应答时序图

由上述数据传送格式可以看出:

(1)无论何种数据传送格式,寻址字节都由主器件发出,数据字节的传送方向则由寻址字节中的方向位来规定。

(2)寻址字节只表明了从器件的地址和数据传送方向。从器件内部的 n 个数据地址,由器件设计者在该器件的 I^2C 总线数据操作格式中,指定第 1 个数据字节作为器件内的单元地址指针,并且设置地址自动加减功能,以减少从器件地址的寻址操作。

(3)每个字节传送都必须有应答信号(A/$\overline{A}$)相随。

(4)从器件在接收到起始信号后都必须释放数据总线,使其处于高电平,以便主器件发送从机地址。

10.3.3　AT89S51 的 I^2C 总线扩展系统

目前,许多公司都推出带有 I^2C 总线接口的单片机及各种外围扩展器件,常见的有 ATMEL 公司的 AT24C×× 系列存储器、PHILIPS 公司的 PCF8553(时钟/日历且带有 256×8 RAM)和 PCF8570(256×8 RAM)、MAXIM 公司的 MAX117/118(A/D 转换器)和 MAX517/518/519(D/A 转换器)等。I^2C 系统中的主器件通常由带有 I^2C 总线接口的单片机来担当,从器件必须带有 I^2C 总线接口。AT89S51 单片机没有 I^2C 接口,可利用并行 I/O 口线结合软件来模拟 I^2C 总线上的时序。因此,在许多的应用中，都将 I²C 总线的模拟传送作为常规的设计方法。

AT89S51 单片机与具有 I²C 总线器件的扩展接口电路，如图 10-11 所示。图 10-11 中，AT24C02 为 E²PROM 芯片，PCF8570 为静态 256×8 RAM，PCF8574 为 8 位 I/O 接口，SAA1064 为 4 位 LED 驱动器。虽然各种器件的原理和功能有很大的差异，但它们与 AT89S51 单片机的连接是相同的。

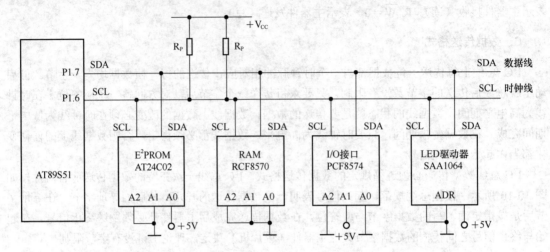

图 10-11　AT89S51 单片机扩展 I²C 总线器件的接口电路图

10.3.4　I²C 总线数据传送的模拟

由于 AT89S51 单片机没有 I²C 接口，因此通常用 I/O 口线结合软件来实现 I²C 总线上的信号模拟。

1. 典型信号模拟

为了保证数据传送的可靠性，标准 I²C 总线的数据传送有严格的时序要求。I²C 总线的起始信号、终止信号、应答/数据"0"及非应答/数据"1"的模拟时序如图 10-12～图 10-15 所示。

对于终止信号，要保证有大于 4.7μs 的信号建立时间。终止信号结束时，要释放总线，使 SDA、SCL 维持在高电平上，在大于 4.7μs 后才可以进行第 1 次起始操作。在单主器件系统中，为防止非正常传送，终止信号后 SCL 可以设置在低电平。

对于发送应答位、非应答位来说，与发送数据"0"和"1"的信号定时要求完全相同。只要满足在时钟高电平大于 4μs 期间，SDA 线上有确定的电平状态即可。

2. 典型信号及字节收发的模拟子程序

AT89S51 单片机在模拟 I²C 总线通信时，需编写以下 5 个函数：总线初始化、起始信号、终止信号、应答位/数据"0"和非应答位/数据"1"函数。

（1）总线初始化函数。初始化函数的功能是将 SCL 和 SDA 总线拉高以释放总线。参考程序如下。

```
#include <reg51.h>
#include <intrins.h>          //包含函数_nop_( )的头文件
sbit  sda=P1^0;               //定义 I²C 模拟数据传送位
sbit  scl=P1^1;               //定义 I²C 模拟时钟控制位
void init( )                  //总线初始化函数
```

```
{
    scl=1;                      //scl 为高电平
    _nop_ ( );                  //延时约 1μs
    sda=1;                      //sda 为高电平
    delay5us();                 //延时约 5μs
}
```

（2）起始信号 S 函数。图 10-12 所示的起始信号 S，要求一个新的起始信号前总线的空闲时间大于 4.7μs，而对于一个重复的起始信号，要求建立时间也必须大于 4.7μs。图 10-12 所示的起始信号的时序波形在 SCL 高电平期间 SDA 发生负跳变。起始信号 S 到第 1 个时钟脉冲负跳沿的时间间隔应大于 4μs。

起始信号 S 的函数如下。

```
void start(void)                //起始信号函数
{
    scl=1;
    sda=1;
    delay5us();
    sda=0;
    delay4us();
    scl=0;
}
```

（3）终止信号 P 函数。图 10-13 所示为终止信号 P 的时序波形，在 SCL 高电平期间 SDA 的一个上升沿产生终止信号。

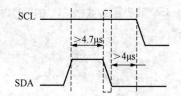

图 10-12　起始信号 S 的模拟时序图

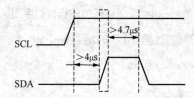

图 10-13　终止信号 P 的模拟时序图

终止信号 P 函数如下。

```
void stop(void)                 //终止信号函数
{
    scl=0;
    sda=0;
    delay4us();
    scl=1;
    delay4us();
    sda=1;
    delay5us();
    sda=0;
}
```

（4）应答位/数据"0"函数。发送接收应答位与发送数据"0"相同，即在 SDA 低电平期间 SCL 发生一个正脉冲，产生如图 10-14 所示的模拟时序。

应答位/数据"0"的函数如下。

```
void Ack(void )
{
    uchar i;
    sda=0;
    scl=1;
    delay4us();
    while((sda==1)&&(i<255))i++;
    scl=0;
    delay4us();
}
```

SCL 在高电平期间，SDA 被从器件拉为低电平表示应答。命令行中的 (SDA=1) 和 (i<255))
进行逻辑"与"，表示若在这一段时间内没有收到从器件的应答，则主器件默认从器件已经收到数
据而不再等待应答信号，要是不加这个延时退出，一旦从器件没有发应答信号，程序将永远停在
这里，而在实际中是不允许这种情况发生的。

（5）非应答位/数据"1"函数。发送非应答位与发送数据"1"相同，即在 SDA 高电平期间
SCL 发生一个正脉冲，产生图 10-15 所示的模拟时序。

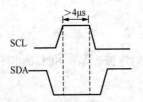

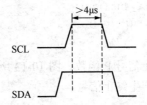

图 10-14 发送应答位的模拟时序图　　　　图 10-15 非应答位/数据"1"的模拟时序图

非应答位/数据"1"的函数如下。

```
void NoAck(void )
{
    sda=1;
    scl=1;
    delay4us();
    scl=0;
    sda=0;
}
```

3．字节收发的子程序

除了上述的典型信号的模拟外，在 I^2C 总线的数据传送中，经常使用单字节数据的发送与接收。

（1）发送 1 字节数据子程序。下面是模拟 I^2C 的数据线由 SDA 发送 1 字节的数据（可以是地
址，也可以是数据），发送完后等待应答，并对状态位 ack 进行操作，即应答或非应答都使 ack = 0。
发送数据正常 ack=1，从器件无应答或损坏，则 ack=0。发送 1 字节数据参考程序如下。

```
void SendByte(uchar data)
{
    uchar i,temp;
    temp=data;
    for(i=0; i <8; i++)
```

```
{
    temp= temp<<1;              //左移一位
    scl=0;
    delay4us();
    sda=Cy;
    delay4us();
    scl=1;
    delay4us();
}
scl=0;
delay4us();
sda=1;
delay4us();
```

　　串行发送 1 字节时，需要把这个字节中的 8 位一位一位地发出去，"temp=temp<<1;" 就是将 temp 中的内容左移 1 位，最高位将移入 Cy 位中，然后将 Cy 赋给 SDA，进而在 SCL 的控制下发送出去。

　　（2）接收 1 字节数据子程序。下面是模拟从 I²C 的数据线 SDA 接收从器件传来的 1 字节数据的子程序。

```
void rcvbyte( )
{
    uchar i,temp;
    scl=0;
    delay4us();
    sda=1;
    for(i=0; i <8; i++)
    {
        scl=1;
        delay4us();
        temp= (temp<<1) | sda;
        scl=0;
        delay4us();
    }
    delay4us();
    return temp;
}
```

　　同理，串行接收 1 字节时，需将 8 位一位一位地接收，然后再组合成 1 字节。"temp =（temp<<1）| SDA；" 是将变量 temp 左移 1 位后与 SDA 进行逻辑 "或" 运算，依次把 8 位数据组合成 1 字节来完成接收。

10.3.5　利用 I²C 总线扩展 E²PROM AT24C02 的 IC 卡设计

　　通用存储器的 IC 卡是由通用存储器芯片封装而成，由于其结构和功能简单、成本低、使用方便，所以在各个领域都得到了广泛的应用。目前用于 IC 卡的通用存储器芯片多为 E²PROM，且采用 I²C 总线接口，典型器件为 ATMEL 公司的 I²C 接口的 AT24Cxx 系列。该系列具有 AT24C01/02/04/08/16 等型号，它们的封装形式、引脚功能及内部结构类似，只是容量不同，分别为 128B/256B/512B/1KB/2KB。下面以 AT24C02 为例，介绍单片机如何通过 I²C 总线对 AT24C02/进行读写。

（1）封装与引脚。AT24C02 的封装形式有双列直插（DIP）8 只引脚和贴片 8 只引脚两种，无论何种封装，其引脚功能都是一样的。AT24C02 的 DIP 形式引脚如图 10-16 所示，引脚功能如表 10-5 所示。

（2）存储单元的寻址。AT24C02 的存储容量为 256B，分为 32 页，每页 8B。对片内单元访问操作，需要先对芯片寻址然后再进行片内子地址寻址。

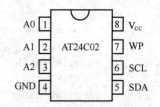

图 10-16　AT24C02 的 DIP 引脚图

表 10-5　　　　　　　　　　　　　　AT24C02 的引脚功能

引　　脚	名　　称	功　　能
1～3	A0、A1、A2	可编程地址输入端
4	GND	电源地
5	SDA	串行数据输入/输出端
6	SCL	串行时钟输入端
7	WP	硬件写保护控制引脚，当 TEST=0，正常进行读/写操作。TEST=1，对部分存储区域只能读，不能写（写保护）
8	V_{CC}	+ 5V 电源

① 芯片寻址。AT24C02 芯片地址固定为 1 010，它是 I^2C 总线器件的特征编码，其地址控制字节的格式为 1 010 A2A1A0 R/$\overline{W}$。A2、A1、A0 引脚接高、低电平后得到确定的 3 位编码，与 1 010 形成 7 位编码，即为该器件的地址码。由于 A2、A1、A0 共有 8 种组合，故系统最多可外接 8 片 AT24C02，R/$\overline{W}$ 是对芯片的读/写控制位。

② 片内子地址寻址。在确定了 AT24C02 芯片的 7 位地址码后，片内的存储空间可用 1 字节的地址码进行寻址，寻址范围为 00H～FFH，即可对片内的 256 个单元进行读/写操作。

（3）写操作。AT24C02 有两种写入方式，即字节写入方式与页写入方式。

① 字节写入方式。单片机（主器件）先发送启动信号和 1 字节的控制字，从器件发出应答信号后，单片机再发送 1 字节的存储单元子地址（AT24C02 芯片内部单元的地址码），单片机收到 AT24C02 应答后，再发送 8 位数据和 1 位终止信号。

② 页写入方式。单片机先发送启动信号和 1 字节的控制字，再发送 1 字节的存储器起始单元地址，上述几个字节都得到 AT24C02 的应答后，就可以发送最多 1 页的数据，并顺序存放在已指定的起始地址开始的相继单元中，最后以终止信号结束。

（4）读操作。AT24C02 的读操作也有两种方式，即指定地址读方式和指定地址连续读方式。

① 指定地址读方式。单片机发送启动信号后，先发送含有芯片地址的写操作控制字，AT24C02 应答后，单片机再发送 1 字节的指定单元的地址，AT24C02 应答后再发送 1 个含有芯片地址的读操作控制字，此时如果 AT24C02 做出应答，被访问单元的数据就会按 SCL 信号同步出现在 SDA 线上，以供单片机读取。

② 指定地址连续读方式。指定地址连续读方式是单片机收到每个字节数据后要做出应答，只要 AT24C02 检测到应答信号，其内部的地址寄存器就自动加 1 指向下一个单元，并顺序将指向单元的数据送到 SDA 线上。当需要结束读操作时，单片机接收到数据后，在需要应答的时刻发送一个非应答信号，接着再发送一个终止信号即可。

【**例 10-2**】单片机通过 I²C 串行总线扩展 1 片 AT24C02，实现单片机对存储器 AT24C02 的读、写。由于 Proteus 器件库中没有 AT24C02，可用 FM24C02 芯片代替，即在 Proteus 中"关键字"对话框器件查找栏中输入"24C02"，就会在左侧的器件列表中显示，然后在器件列表中选择即可。

AT89S51 与 AT24C02 的接口原理电路如图 10-17 所示。

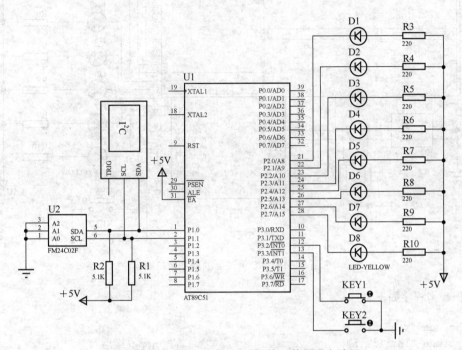

图 10-17　AT89S51 与 AT24C02 接口的原理电路图

图 10-17 中 KEY1 作为外部中断 0 的中断源，当按下 KEY1 时，单片机通过 I²C 总线发送数据 0xaa 给 AT24C02（Proteus 器件库中没有 AT24C02 的仿真模型采用 FM24C02F 来代替），等发送数据完毕后，将数据 0xc3 送 P2 口通过 LED 显示出来。

KEY2 作为外部中断 1 的中断源，当按下 KEY2 时，单片机通过 I²C 总线读 AT24C02，等读数据完毕后，将读出的最后一个数据 0xaa 送 P2 口通过 LED 显示出来。

最终显示的仿真的效果是：按下 KEY1，标号为 D1～D8 的 8 个 LED 中 D3、D4、D5、D6 灯亮，其余灭。按下 KEY2，则 D1、D3、D5、D7 灯亮，其余灭。

Proteus 提供的 I²C 调试器是调试 I²C 系统的得力工具，使用 I²C 调试器的观测窗口可观察 I²C 总线上的数据流，查看 I²C 总线发送的数据，也可作为从器件向 I²C 总线发送数据。

在原理电路中添加 I²C 调试器的具体操作是：先单击图 4-21 左侧工具箱中的虚拟仪器图标，此时在预览窗口中显示出各种虚拟仪器选项，单击"I²C DEBUGGER"项，并在原理图编辑窗口单击鼠标左键，就会出现 I²C 调试器的符号，如图 10-17 所示。然后把 I²C 调试器的"SDA"端和"SCL"端分别连接在 I²C 总线的"SDA"和"SCL"线上。

在仿真运行时，用鼠标右键单击 I²C 调试器符号，出现下拉菜单，单击"Terminal"选项，即可出现 I²C 调试器的观测窗口，如图 10-18 所示。从观测窗口上可看到按一下 KEY1 时出现在 I²C 总线上的数据流。

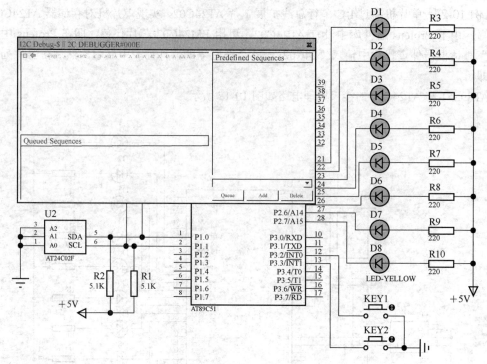

图 10-18　I²C 调试器的观测窗口图

本例参考程序如下。

```c
#include "reg51.h"
#include "intrins.h"            //包含有函数_nop_()的头文件
#define uchar unsigned char
#define uint unsigned int
#define out P2                  //发送缓冲区的首地址
sbit scl=P1^1;
sbit sda=P1^0;
sbit key1=P3^2;
sbit key2=P3^3;
uchar data mem[4]_at_ 0x55;     //发送缓冲区的首地址
uchar mem[4]={0x41,0x42,0x43,0xaa};  //欲发送的数据数组 0x41,0x42,0x43,0xaa
uchar data rec_mem[4] _at_ 0x60 ;   //接收缓冲区的首地址
void start(void);               //起始信号函数
void stop(void);                //终止信号函数
void sack(void);                //发送应答信号函数
bit rack(void);                 //接收应答信号函数
void ackn(void);                //发送无应答信号函数
void send_byte(uchar);          //发送1个字节函数
uchar rec_byte(void);           //接收1个字节函数
void write(void);               //写一组数据函数
void read(void);                //读一组数据函数
void delay4us(void);            //延时4μs

void main(void)                 //主函数
{
```

```
    EA=1;EX0=1;EX1=1;                    //总中断开，外中断 0 与外中断 1 允许中断
    while(1);
}

void ext0()interrupt 0                   //外中断 0 中断函数
{
    write();                             //调用写数据函数
}

void ext1()interrupt 2                   //外中断 1 中断函数
{
    read();                              //调用读数据函数
}

void read(void)                          //读数据函数
{
    uchar i;
    bit f;
    start();                             //起始函数
    send_byte(0xa0);                     //发从机的地址
    f=rack();                            //接收应答
    if(!f)
    {
        start();                         //起始信号
        send_byte(0xa0);
        f=rack();
        send_byte(0x00);                 //设置要读取从器件的片内地址
        f=rack();
    if(!f)
    {
        start();                         //起始信号
        send_byte(0xa1);
        f=rack();
    if(!f)
    {
        or(i=0;i<3;i++)
        {
            rec_mem[i]=rec_byte();
            sack();
        }
        rec_mem[3]=rec_byte();ackn();
    }
    }
    }
    stop();out=rec_mem[3];while(!key2);
}

void write(void)                         //写数据函数
{
    uchar i;
    bit f;
```

```
        start();
        send_byte(0xa0);
        f=rack();-
        if(!f){
                send_byte(0x00);
                f=rack();
                if(!f){
                for(i=0;i<4;i++)
                {
                        send_byte(mem[i]);
                        f=rack();
                        if(f)break;
                }
            }
        }
        stop();out=0xc3;while(!key1);
}

void start(void)                        //起始信号
{
    scl=1;
    sda=1;
    delay4us();
    sda=0;
    delay4us();
    scl=0;
}

void stop(void)                         //终止信号
{
    scl=0;
    sda=0;
    delay4us();
    scl=1;
    delay4us();
    sda=1;
    delay5us();
    sda=0;
}

bit rack(void)                          //接收一个应答位
{
    bit flag;
    scl=1;
    delay4us();
    flag=sda;
    scl=0;
    return(flag);
}
void sack(void)                         //发送接收应答位
{
```

```
    sda=0;
    delay4us();
    scl=1;
    delay4us();
    scl=0;
    delay4us();
    sda=1;
    delay4us();
}

void ackn(void)                    //发送非接收应答位
{
    sda=1;
    delay4us();
    scl=1;
    delay4us();
    scl=0;
    delay4us();
    sda=0;
}

uchar rec_byte(void)               //接收1字节函数
{
    uchar i,temp;
    for(i=0;i<8;i++)
    {
        temp<<=1;
        scl=1;
        delay4us();
        temp|=sda;
        scl=0;
        delay4us();
    }
    return(temp);
}

void send_byte(uchar temp)         //发送1字节函数
{
    uchar i;
    scl=0;
    for(i=0;i<8;i++)
    {
        sda=(bit)(temp&0x80);
        scl=1;
        delay4us();
        scl=0;
        temp<<=1;
    }
    sda=1;
}
```

```
void delay4us(void)                    //延时 4μs 函数
{
    _nop_();;_nop_();;_nop_();;_nop_();
}
```

思考题及习题

一、填空题

1. 单总线系统只有一条数据输入/输出线_____，总线上的所有器件都挂在该线上，电源也通过这条信号线供给。

2. 单总线系统中配置的各种器件，由 DALLAS 公司提供的专用芯片实现。每个芯片都有_____位 ROM，用激光烧写编码，其中存有_____位十进制编码序列号，它是器件的_____编号，确保它挂在总线上后，可唯一地被确定。

3. DS18B20 是_____温度传感器，温度测量范围为 _____℃，在−10～+85℃范围内，测量精度可达_____℃。DS18B20 体积小、功耗低，非常适合于_____的现场温度测量，也可用于各种_____空间内设备的测温。

4. SPI 接口是一种_____串行_____接口，允许单片机与_____的带有标准 SPI 接口的外围器件直接连接。

5. SPI 具有较高的数据传输速度，最高可达_____Mbit/s。

6. I^2C 的英文缩写为_____，是应用广泛的_____总线。

7. I^2C 串行总线只有两条信号线，一条是_____SDA，另一条是_____SCL。

8. I^2C 总线上扩展的器件数量不是由_____负载决定的，而是由_____负载决定的。

9. 标准的 I^2C 普通模式下，数据的传输速率为_____bit/s，高速模式下可达_____bit/s。

二、判断题

1. 单总线系统中的各器件不需要单独的电源供电，电能是由器件内的大电容提供。

2. DS18B20 可将温度转化成模拟信号，再经信号放大、A/D 转换，再由单片机进行处理。

3. DS18B20 的对温度的转换时间与分辨率有关。

4. SPI 串行口每发送、接收一位数据都伴随有一个同步时钟脉冲来控制。

5. 单片机通过 SPI 串行口扩展单个 SPI 器件时，外围器件的片选端 $\overline{CS}$ 一定要通过 I/O 口控制。

6. SPI 串行口在扩展多个 SPI 器件时，单片机应分别通过 I/O 口线来控制各器件的片选端 $\overline{CS}$ 来分时选通外围器件。

7. SPI 系统中单片机对从器件的选通不需要地址字节。

8. I^2C 总线对各器件采用的是纯软件的寻址方法。

三、简答题

1. I^2C 总线的优点是什么？

2. I^2C 总线的数据传输方向如何控制？

3. 单片机如何对 I^2C 总线中的器件进行寻址？

4. I^2C 总线在数据传送时，应答是如何进行的？

第 **11** 章 AT89S51 单片机与 DAC、ADC 的接口

【内容概要】在单片机测控系统中，非电物理量如温度、压力、流量、速度等，经传感器先转换成连续变化的模拟电信号（电压或电流），然后再将模拟电信号转换成数字量后才能在单片机中进行处理。实现模拟量转换成数字量的器件称为 ADC（A/D 转换器）。单片机处理完毕的数字量，有时根据控制要求需要转换为模拟信号输出。数字量转换成模拟量的器件称为 DAC（D/A 转换器）。本章从应用的角度，介绍典型的 DAC、ADC 芯片与 AT89S51 单片机的硬件接口设计以及接口驱动程序设计。

单片机只能输出数字量，但是对于某些控制场合，常常需要输出模拟量，如直流电动机的轻速控制。下面首先介绍单片机如何扩展 DAC。

11.1 单片机扩展 DAC 概述

单片机只能输出数字量，但是对于某些控制场合，常常需要输出模拟量，如直流电动机的转速控制，这时就需要扩展 D/A 转换器（DAC）。下面介绍单片机如何扩展 D/A 转换器。

目前集成化的 D/A 转换器芯片种类繁多，设计者只需要合理选用芯片，了解它们的性能、引脚特性和与单片机的接口设计方法即可。由于现在部分单片机的芯片中集成了 D/A 转换器，位数在 10 位左右，且转换速度也很快，所以单片的 D/A 转换器开始向高的位数和高转换速度上转变。而低端的并行 8 位 D/A 转换器，在实验室或某些工业控制方面的应用，其优异的性价比还是具有较大的应用空间。

1. D/A 转换器简介

购买和使用 D/A 转换器时，要注意有关 D/A 转换器选择的几个问题。

（1）D/A 转换器的输出形式。

D/A 转换器有两种输出形式：电压输出和电流输出。电流输出的 D/A 转换器在输出端加一个运算放大器构成的 I-V 转换电路，即可转换为电压输出。

（2）D/A 转换器与单片机的接口形式。

单片机与 D/A 转换器的连接，早期多采用 8 位的并行传输的接口，现在除了并行接口，带有串行口的 D/A 转换器品种也不断增多，目前较为流行的是采用 SPI 串行接口。在选择单片 D/A 转

换器时，要根据系统结构考虑单片机与 D/A 转换器的接口形式。

2．主要技术指标

D/A 转换器的指标很多，设计者最关心的几个指标如下。

（1）分辨率。分辨率指单片机输入给 D/A 转换器的单位数字量的变化，所引起的模拟量输出的变化，通常定义为输出满刻度值与 2^n 之比（n 为 D/A 转换器的二进制位数），习惯上用输入数字量的位数表示。显然，二进制位数越多，分辨率越高，即 D/A 转换器输出对输入数字量变化的敏感程度越高。例如，8 位的 D/A 转换器，若满量程输出为 10V，根据分辨率定义，则分辨率为 $10V/2^n$，分辨率为 $10V/256=39.1mV$，即输入的二进制数最低位数字量的变化可引起输出的模拟电压变化 39.1mV，该值占满量程的 0.391%，常用符号 1LSB 表示。

同理：

10 位 D/A 转换　　　　1LSB=9.77mV=0.1%满量程

12 位 D/A 转换　　　　1LSB=2.44mV=0.024%满量程

16 位 D/A 转换　　　　1LSB=0.076mV=0.00076%满量程

使用时，应根据对 D/A 转换器分辨率的需要来选定 D/A 转换器的位数。

（2）建立时间。建立时间是描述 D/A 转换器转换速度的参数，它用于表明转换时间的长短，其值为从输入数字量到输出达到终值误差 $\pm(1/2)LSB$（最低有效位）时所需的时间。电流输出的转换时间较短，而电压输出的转换器，由于要加上完成 I-V 转换的时间，因此建立时间要长一些。快速 D/A 转换器的建立时间可控制在 $1\mu s$ 以下。

（3）转换精度。理想情况下，转换精度与分辨率基本一致，位数越多，精度越高，但由于电源电压、基准电压、电阻、制造工艺等各种因素存在误差。严格地讲，转换精度与分辨率并不完全一致。两个相同位数的不同的 D/A 转换器，只要位数相同，分辨率则相同，但转换精度会有所不同。例如，某种型号的 8 位 D/A 转换器精度为 $\pm0.19\%$，而另一种型号的 8 位 D/A 转换器精度为 $\pm0.05\%$。

11.2　单片机扩展并行 8 位 DAC0832 的设计

11.2.1　DAC0832 简介

美国国家半导体公司的 DAC0832 芯片是具有两级输入数据寄存器的 8 位 DAC，它能直接与 AT89S51 单片机连接，其主要特性如下。

（1）分辨率为 8 位。

（2）电流输出，建立时间为 $1\mu s$。

（3）可双缓冲输入、单缓冲输入或直通输入。

（4）单一电源供电（+5～+15V）。

DAC0832 的引脚如图 11-1 所示，DAC0832 的内部逻辑结构如图 11-2 所示。

由图 11-2 可见，片内共有两级寄存器，第一级为"8位输入寄存器"，它用于存放单片机送来的数字量，使得该数字量得到缓冲和锁存，由 $\overline{LE1}$（即 M1=1 时）加以控制；"8 位 DAC 寄存器"是第二级 8 位输入寄存器，用于存放

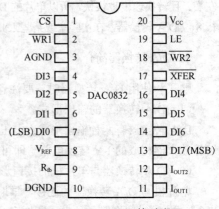

图 11-1　DAC0832 的引脚图

待转换的数字量，由 $\overline{LE2}$ 控制（即 M3=1 时），这两级 8 位寄存器，构成了两级输入数字量缓存。"8 位 D/A 转换电路"受"8 位 DAC 寄存器"输出的数字量控制，输出和数字量成正比的模拟电流。

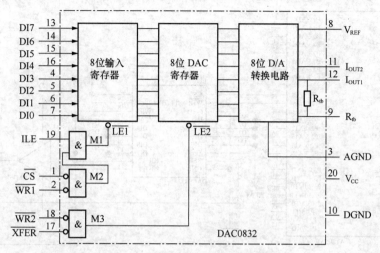

图 11-2　DAC0832 的逻辑结构图

DAC0832 各引脚的功能如下。

- DI7～DI0：8 位数字信号输入端，接收单片机发来的数字量。
- ILE、$\overline{CS}$、$\overline{WR1}$：当 ILE=1，$\overline{CS}$ =0，$\overline{WR1}$ =0 时，即 M1=1，第一级的 8 位输入寄存器被选中。待转换的数字信号被锁存到第一级 8 位输入寄存器中。
- $\overline{XFER}$、$\overline{WR2}$：当 $\overline{XFER}$ =0，$\overline{WR2}$ =0 时，第一级的 8 位输入寄存器中待转换的数字进入第二级的 8 位 DAC 寄存器中。
- I_{OUT1}：D/A 转换器电流输出 1 端，输入数字量全为"1"时，I_{OUT1} 最大，输入数字量全为"0"时，I_{OUT1} 最小。
- I_{OUT2}：D/A 转换器电流输出 2 端，$I_{OUT2} + I_{OUT1}$ = 常数。
- R_{fb}：I-V 转换时的外部反馈信号输入端，其内部已有反馈电阻 R_{fb}，根据需要也可外接反馈电阻。
- V_{REF}：参考电压输入端。
- V_{CC}：电源输入端，在+5～+15V 范围内。
- DGND：数字信号地。
- AGND：模拟信号地，最好与基准电压共地。

11.2.2　案例设计：单片机扩展 DAC0832 的程控电压源

AT89S51 单片机控制 DAC0832 可实现数字调压，只要单片机送给 DAC0832 不同的数字量，就能输出不同的模拟电压。

DAC0832 的输出可采用单缓冲方式或双缓冲方式。单缓冲方式是指 DAC0832 片内的两级数据寄存器，有一个处于直通方式，另一个处于受 AT89S51 单片机控制的锁存方式。在实际应用中，如果只有一路模拟量输出，或虽是多路模拟量输出，但并不要求多路输出同步的情况下，就可采用单缓冲方式。

单片机控制 DAC0832 实现数字调压的单缓冲方式接口电路如图 11-3 所示。由于 $\overline{XFER}$ =0、$\overline{WR2}$ =0，所以第 2 级"8 位 DAC 寄存器"处于直通方式。第 1 级"8 位输入寄存器"为单片机控制的锁存方式，3 个锁存控制端的 ILE 直接接到有效的高电平，另两个控制端 $\overline{CS}$、$\overline{WR1}$ 分别由单片机的 P2.0 和 P2.1 来控制。

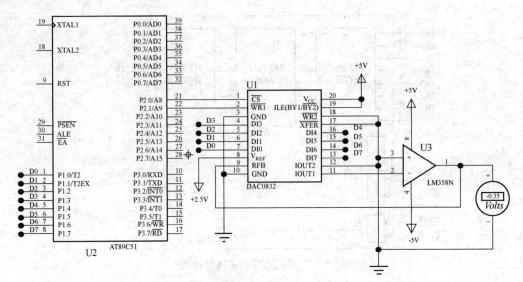

图 11-3　单缓冲方式的单片机与 DAC0832 的接口原理电路图

DAC 0832 的输出电压 Vo 与输入数字量 B 的关系为：

$$Vo = -(B*V_{REF})/256$$

由上式可见，DAC0832 输出的模拟电压 Vo 与输入的数字量 B、基准电压 V_{REF} 成正比，且 B 为 0 时，Vo 也为 0，B 为 255 时，Vo 为最大的绝对值输出，且不会大于 V_{REF}。下面介绍单缓冲方式下单片机扩展 DAC0832 的程控电压源的设计案例。

【例 11-1】 单片机与 DAC0832 单缓冲方式接口电路如图 11-3 所示，单片机的 P2.0 引脚控制 DAC0832 的 $\overline{CS}$ 引脚，P2.1 控制 $\overline{WR1}$ 端。当 P2.0 引脚为低时，如果同时 $\overline{WR}$ 有效，单片机就会把数字量通过 P1 口送入 DAC0832 的 DI7～DI0 端，并转换输出。用虚拟直流电压表测量经运放 LM358N 的 I/V 转换后的电压值，并观察输出电压的变化。

在仿真运行后，可看到虚拟直流电压表测量的输出电压在-2.5～0V（参考电压为 2.5V）范围内不断线性变化。如果参考电压为 5V，则输出电压在-5～0V 范围内变化。如果虚拟直流电压表太小，看不清楚电压的显示值，可用鼠标滚轮放大直流电压表。

参考程序如下。

```c
#include "reg51.h"
#define uchar unsigned char
#define uint unsigned int
#define out P1
sbit DAC_cs=P2^0;
sbit DAC_wr=P2^1;
void main(void)                  //主函数
{
    uchar temp,i=255;
    while(1)
    {
        {
```

```
            out=temp;
            DAC_cs=0;                    //单片机控制 CS 引脚为低
            DAC_wr=0;                    //单片机控制 WR1 引脚为低，向 DAC 写入转换的数字量
            DAC_cs=1;
            DAC_wr=1;
            temp++;
            while(--i);                  // i 先减 1，然后再使用 i 的值
            while(--i);
            while(--i);
        }
    }
```

单片机送给 DAC0832 不同的数字量，就可得到不同的输出电平，从而使单片机控制 DAC0832 成为一个程控电压源。

11.2.3　案例设计：波形发生器的制作

单片机如果把不同波形的数据发送给 DAC0832，就可产生各种不同的波形信号。下面介绍单片机控制 DAC0832 产生各种函数波形的设计案例。

【例 11-2】　单片机控制 DAC0832 产生正弦波、方波、三角波、锯齿波和梯形波，其原理电路如图 11-4 所示。单片机的 P1.0～P1.4 引脚接有 5 个按键，当按键按下时，分别对应产生正弦波、方波、三角波、梯形波和三角波。

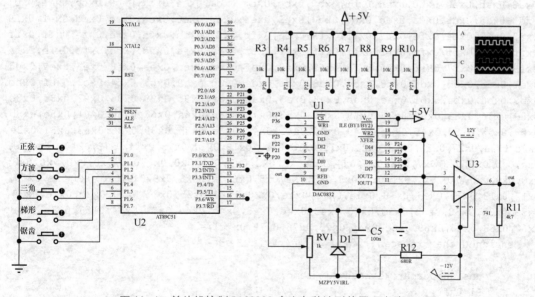

图 11-4　单片机控制 DAC0832 产生各种波形的原理电路图

单片机控制 DAC0832 产生各种波形，实质就是单片机把波形的采样点数据送至 DAC0832，经 D/A 转换后输出模拟信号。改变送出的函数波形采样点后的延时时间，就可改变函数波形的频率。各种函数波形的产生原理如下。

（1）正弦波产生原理。单片机把正弦波的 256 个采样点的数据送给 DAC0832。正弦波采样数据可采用软件编程或 MATLAB 等工具计算。

（2）方波产生原理。方波只有高、低电平的两个采样点的数据。单片机采用定时器定时中断，

时间常数决定方波高、低电平的持续时间。

（3）三角波产生原理。单片机把初始数字量 0 送给 DAC0832 后，不断增 1，增至 0xff 后，再把送给 DAC0832 的数字量不断减 1，减至 0 后，再重复上述过程如此循环，则输出锯齿波。

（4）锯齿波产生原理。单片机把初始数字量 0 送给 DAC0832 后，不断增 1，增至 0xff 后，再增 1 则溢出清零，模拟输出又为 0，然后再重复上述过程，如此循环，则输出锯齿波。

（5）梯形波产生原理。输入给 DAC0832 的数字量从 0 开始，逐次加 1。当输入数字量为 0xff 时，延时一段时间，形成梯形波的平顶，然后波形数据再逐次减 1，如此循环，则输出梯形波。

参考程序如下。

```c
#include<reg51.h>
sbit wr=P3^6;
sbit rd=P3^2;
sbit key0=P1^0;                  //定义 P1.0 引脚的按键为正弦波键 key0
sbit key1=P1^1;                  //定义 P1.1 引脚的按键为方波键 key1
sbit key2=P1^2;                  //定义 P1.2 引脚的按键为三角波键 key2
sbit key3=P1^3;                  //定义 P1.3 引脚的按键为梯形波键 key3
sbit key4=P1^4;                  //定义 P1.4 引脚的按键为锯齿波键 key4
unsigned char flag;   //flag 为 1、2、3、4、5 时对应正弦波、方波、三角波、梯形波、锯齿波
unsigned char const code
//以下为正弦波采样点数组的 256 个数据
SIN_code[256]={0x80,0x83,0x86,0x89,0x8c,0x8f,0x92,0x95,0x98,0x9c,0x9f,0xa2,0xa5,
0xa8,0xab,0xae,0xb0,0xb3,0xb6,0xb9,0xbc,0xbf,0xc1,0xc4,0xc7,0xc9,0xcc,0xce,0xd1,
0xd3,0xd5,0xd8,0xda,0xdc,0xde,0xe0,0xe2,0xe4,0xe6,0xe8,0xea,0xec,0xed,0xef,0xf0,
0xf2,0xf3,0xf4,0xf6,0xf7,0xf8,0xf9,0xfa,0xfb,0xfc,0xfc,0xfd,0xfe,0xfe,0xff,0xff,
0xff,0xff,0xff,0xff,0xff,0xff,0xff,0xff,0xff,0xfe,0xfe,0xfd,0xfc,0xfc,0xfb,0xfa,
0xf9,0xf8,0xf7,0xf6,0xf5,0xf3,0xf2,0xf0,0xef,0xed,0xec,0xea,0xe8,0xe6,0xe4,0xe3,
0xe1,0xde,0xdc,0xda,0xd8,0xd6,0xd3,0xd1,0xce,0xcc,0xc9,0xc7,0xc4,0xc1,0xbf,0xbc,
0xb9,0xb6,0xb4,0xb1,0xae,0xab,0xa8,0xa5,0xa2,0x9f,0x9c,0x99,0x96,0x92,0x8f,0x8c,
0x89,0x86,0x83,0x80,0x7d,0x79,0x76,0x73,0x70,0x6d,0x6a,0x67,0x64,0x61,0x5e,0x5b,
0x58,0x55,0x52,0x4f,0x4c,0x49,0x46,0x43,0x41,0x3e,0x3b,0x39,0x36,0x33,0x31,0x2e,
0x2c,0x2a,0x27,0x25,0x23,0x21,0x1f,0x1d,0x1b,0x19,0x17,0x15,0x14,0x12,0x10,0xf,0xd,
0xc,0xb,0x9,0x8,0x7,0x6,0x5,0x4,0x3,0x3,0x2,0x1,0x1,0x0,0x0,0x0,0x0,0x0,0x0,0x0,
0x0,0x0,0x0,0x0,0x1,0x1,0x2,0x3,0x3,0x4,0x5,0x6,0x7,0x8,0x9,0xa,0xc,0xd,0xe,0x10,
0x12,0x13,0x15,0x17,0x18,0x1a,0x1c,0x1e,0x20,0x23,0x25,0x27,0x29,0x2c,0x2e,0x30,
0x33,0x35,0x38,0x3b,0x3d,0x40,0x43,0x46,0x48,0x4b,0x4e,0x51,0x54,0x57,0x5a,0x5d,
0x60,0x63,0x66,0x69,0x6c,0x6f,0x73,0x76,0x79,0x7c};
unsigned char keyscan()          // 键盘扫描函数
{
    unsigned char keyscan_num,temp;
    P1=0xff;                     //P1 口输入
    temp=P1;                     //从 P1 口读入键值，存入 temp 中
    if(~(temp&0xff))             //判断是否有键按下，即键值不为 0xff，则有键按下
    {
        if(key0==0)              //产生正弦波的按键按下，P1.0=0
        {
            keyscan_num=1;       //得到的键值为 1，表示产生正弦波
        }
        else if(key1==0)         //产生方波的按键按下，P1.1=0
        {
```

```
                keyscan_num=2;          //得到的键值为 2，表示产生方波
        }
        else if(key2==0)                //产生三角波的按键按下，P1.2=0
        {
                keyscan_num=3;          //得到的键值为 3，表示产生三角波
        }
        else if(key3==0)                //产生梯形波的按键按下，P1.3=0
        {
                keyscan_num=4;          //得到的键值为 4，表示产生梯形波
        }
        else if(key4==0)                //产生锯齿波的按键按下，P1.4=0
        {
                keyscan_num=5;          //得到的键值为 5，表示产生锯齿波
        }
        else
        {
                keyscan_num=0;          //没有按键按下，键值为 0
        }
        return keyscan_num;             //得到的键值返回
    }
}
void init_DA0832()                      //DAC0832 初始化函数
{
    rd=0;
    wr=0;
}
void SIN( )                             //正弦波函数
{
    unsigned int i;
    do{
        P2=SIN_code[i];                 //由 P2 口输出给 DAC0832 正弦波数据
        i=i+1;                          //数组数据指针增 1
        }while(i<256);                  //判断是否已输出完 256 个波形数据，未完继续输出数据
}
void Square()                           //方波函数
{
    EA=1;                               //总中断允许
    ET0=1;                              //允许 T0 中断
    TMOD=1;                             //T0 工作在方式 1
    TH0=0xff;                           //给 T0 高 8 位装入时间常数
    TL0=0x83;                           //给 T0 低 8 位装入时间常数
    TR0=1;                              //启动 T0
}
void Triangle ( )                       //三角波函数
{
    P2=0x00;                            //三角波函数初始值为 0
    do{
        P2=P2+1;                        //三角波上升沿
        }while(P2<0xff);                //判断是否已经输出为 0xff
        P2=0xff;
    do{
```

```c
        P2=P2-1;                    //三角波下降沿
    }while(P2>0x00);                //判断是否已经输出为 0
        P2=0x00;
}
void  Sawtooth ( )                  //锯齿波函数
{
    P2=0x00;
    do{
        P2=P2+1;                    //产生锯齿波的上升沿
    }while(P2<0xff);                //判断上升沿是否已经结束
}
void Trapezoidal ( )                //梯形波函数
{
    unsigned char i;
    P2=0x00;
    do{
        P2=P2+1;                    //产生梯形波的上升沿
    }while(P2<0xff);                //产生梯形波的平顶
    P2=0xff;
    for(i=255;i>0;i--)              //梯形波的平顶延时
    {
        P2=0xff;                    //产生梯形波的下降沿
    }
    do{
        P2=P2-1;                    //产生梯形波的下降沿
    }while(P2>0x00);                //判断梯形波的下降沿是否结束
    P2=0x00;
}
void main()                         // 主函数
{
    init_DA0832();                  // DA0832 的初始化函数
    do
    {
        flag=keyscan();             //将键盘扫描函数得到的键值赋给 flag
    }while(!flag);
    while(1)
    {
    switch(flag)
    {
    case 1:
    do{
        flag=keyscan();
        SIN( );
    }while(flag==1);
        break;
     case 2:
        Square ();
        do{
        flag=keyscan();
        }while(flag==2);
        TR0=0;
```

```
        break;
    case 3:
    do{
        flag=keyscan();
        Triangle ();
    }while(flag==3);
     break;
    case 4:
    do{
            flag=keyscan();
            Trapezoidal ();
        }while(flag==4);
        break;
    case 5:
    do{
        flag=keyscan();
        Sawtooth ();
     }while(flag==5);
     break;
    default:
     flag=keyscan();
     break;
    }
  }
}
void timer0(void) interrupt 1      //定时器 T0 的中断函数
{
    P2=~P2;                        //方波的输出电平求反
    TH0=0xff;                      //重装定时时间常数
    TL0=0x83;
    TR0=1;                         //启动定时器 T0
}
```

　　本案例仿真运行时，可看到弹出的虚拟示波器，从虚拟示波器的屏幕上可观察到不同按键选择的函数波形输出。

　　如果在仿真时关闭该虚拟示波器后，再需要启用虚拟示波器来观察波形时，可单击鼠标右键，出现下拉菜单，单击 "oscilloscope" 后，仿真界面又会出现虚拟示波器的屏幕。

11.3　单片机扩展串行 10 位 DAC——TLC5615

11.3.1　串行 DAC——TLC5615 简介

　　TLC5615 为美国 TI 公司的产品，它为串行 SPI 接口的 10 位 DAC，属于电压输出型，最大输出电压是基准电压值的两倍。带有上电复位功能，即上电时把 DAC 寄存器复位至全零。单片机只需用 3 根串行总线就可以完成 10 位数据的串行输入，既适用于电池供电的测试仪表、移动电话，也适用于数字失调与增益调整，以及工业控制等场合。

　　TLC5615 的引脚如图 11-5 所示。8 只引脚的功能如下。

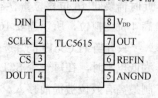

图 11-5　TLC5615 的引脚图

- DIN：串行数据输入端；
- SCLK：串行时钟输入端；
- $\overline{CS}$：片选端，低电平有效；
- DOUT：用于级联时的串行数据输出端；
- ANGND：模拟地；
- REFIN：基准电压输入端，2V～（V_{DD}-2）；
- OUT：DAC 模拟电压输出端；
- V_{DD}：正电源端，4.5～5.5V，通常取 5V。

TLC5615 的内部功能框图如图 11-6 所示。

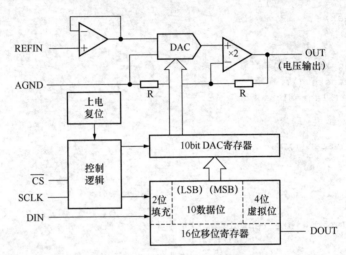

图 11-6　TLC5615 内部功能框图

它主要由以下几部分组成。

- 10 位 DAC 电路。
- 16 位移位寄存器，接收串行移入的二进制数，并且有一个级联的数据输出端 DOUT。
- 并行输入/输出的 10bit DAC 寄存器，为 10 位 DAC 电路提供待转换的二进制数据。
- 电压跟随器为参考电压端 REFIN 提供高输入阻抗，大约 10MΩ。
- "×2" 电路提供最大值为 2 倍于 REFIN 的输出。
- 上电/复位电路和控制逻辑电路。

TLC5615 有以下两种工作方式。

（1）第 1 种工作方式为 12 位数据序列。从图 11-6 可以看出，16 位移位寄存器分为高 4 位的虚拟位、低 2 位的填充位以及 10 位有效数据位。在 TLC5615 工作时，只需要向 16 位移位寄存器先后输入 10 位有效位和低 2 位的任意填充位。

（2）第 2 种工作方式为级联方式，即 16 位数据列，可将本芯片的 DOUT 接到下一片的 DIN，此时需要向 16 位移位寄存器先后输入高 4 位虚拟位、10 位有效位和低 2 位填充位，由于增加了高 4 位虚拟位，所以需要 16 个时钟脉冲。

只有当 TLC5615 的片选引脚 $\overline{CS}$ 为低电平时，串行输入数据才能被移入 16 位移位寄存器。当 $\overline{CS}$ 为低电平时，在每一个 SCLK 时钟的上升沿将 DIN 的一位数据移入 16 位移寄存器。注意，二进制最高有效位被提前移入。接着，$\overline{CS}$ 的上升沿将 16 位移位寄存器的 10 位有效数据锁存于 10 位

DAC 寄存器，供 DAC 电路进行转换。

11.3.2 案例设计：单片机扩展串行 DAC——TLC5615 的设计

【例 11-3】 单片机控制串行 DAC——TLC5615 进行 D/A 转换，原理电路及仿真如图 11-7 所示。调节可变电位计 RV1 的值，使 TLC5615 的输出电压可在 0～5V 内调节，从虚拟直流电压表可观察到 DAC 转换输出的电压值。

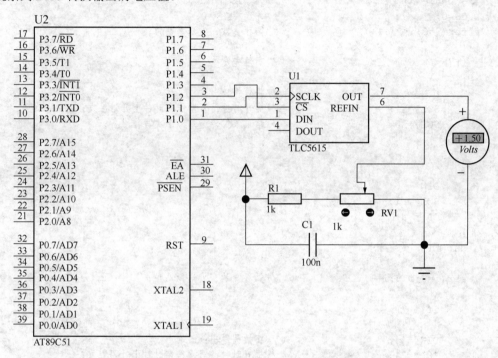

图 11-7 单片机与 DAC-TLC5615 的接口电路图

参考程序如下。

```c
#include<reg51.h>
#include<intrins.h>
#define uchar unsigned char
#define uint unsigned int
sbit SCL=P1^1;
sbit CS=P1^2;
sbit DIN=P1^0;
uchar bdata dat_in_h;
uchar bdata dat_in_l;
sbit h_7 = dat_in_h^7;
sbit l_7 = dat_in_l^7;
void delayms(uint j)
{
    uchar i=250;
    for(;j>0;j--)
    {
        while(--i);
        i=249;
        while(--i);
```

```
            i=250;
        }
    }

void Write_12Bits(void)            //一次向 TLC5615 中写入 12bit 数据函数
{
    uchar i;
    SCL=0;                         //为 SCL 置 "0"，为写 bit 做准备；
    CS=0;                          //片选端 CS＝0；
    for(i=0;i<2;i++)               //循环 2 次，发送高两位；
    {
    if(h_7)                        //高位先发；
    {
        DIN = 1;                   //将数据送出；
        SCL = 1;                   //提升时钟，写操作在时钟上升沿触发；
        SCL = 0;                   //结束该位传送，为下次写作准备；
    }
    else
    {
        DIN = 0;
        SCL = 1;
        CL = 0;
    }
    dat_in_h <<= 1;
    }
    for(i=0;i<8;i++)               //循环 8 次，发送低八位；
    {
        if(l_7)
    {
        DIN = 1;                   //将数据送出；
        SCL = 1;                   //提升时钟，写操作在时钟上升沿触发；
        SCL = 0;                   //结束该位传送，为下次写作准备；
    }
    else
    {
        DIN = 0;
        SCL = 1;
        SCL = 0;
    }
        dat_in_l <<= 1;
        }
        for(i=0;i<2;i++)           //循环 2 次，发送两个填充位
        {
            DIN = 0;
            SCL = 1;
            SCL = 0;
        }
        CS = 1;
        SCL = 0;
    }
void TLC5615_Start(uint dat_in)    //启动 DAC 转换函数
{
    dat_in %= 1024;
```

```
        dat_in_h=dat_in/256;
        dat_in_l=dat_in%256;
        dat_in_h <<= 6;
        Write_12Bits();
}
void main( )                          //主函数
{
        while(1)
        {
        TLC5615_Start(0xffff);
        delayms(1);
        }
}
```

11.4　单片机扩展 ADC 概述

A/D 转换器（ADC）把模拟量转换成数字量，单片机才能进行数据处理。随着超大规模集成电路技术的飞速发展，大量结构不同、性能各异的 A/D 转换芯片应运而生。

1．A/D 转换器简介

目前单片 ADC 芯片较多，对设计者来说，只需合理的选择芯片即可。现在部分单片机的片内也集成了 A/D 转换器，位数为 8 位、10 位或 12 位，且转换速度也很快，但是在片内 A/D 转换器不能满足需要的情况下，还是需要外扩。因此，单片机外部扩展 A/D 转换器的基本方法，读者还是应当掌握。

尽管 A/D 转换器的种类很多，但目前广泛应用在单片机应用系统中的主要有逐次比较型转换器和双积分型转换器，此外 Σ-Δ 式转换器也逐渐得到重视和应用。逐次比较型 A/D 转换器，在精度、速度和价格上都适中，是最常用的 A/D 转换器。双积分型 A/D 转换器，具有精度高、抗干扰性好、价格低廉等优点，与逐次比较型 A/D 转换器相比，它的转换速度较慢，近年来在单片机应用领域中它已得到广泛应用。Σ-Δ 式转换器具有双积分型与逐次比较型转换器的双重优点，它对工业现场的串模干扰具有较强的抑制能力，不亚于双积分型转换器，它比双积分型转换器有较高的转换速度；与逐次比较型转换器相比，有较高的信噪比，且分辨率高，线性度好。由于上述优点，Σ-Δ 式转换器得到了重视，已有多种 Σ-Δ 式 A/D 芯片可供用户选用。

A/D 转换器按照输出数字量的有效位数分为 4 位、8 位、10 位、12 位、14 位、16 位并行输出，以及 BCD 码输出的 $3\frac{1}{2}$、$4\frac{1}{2}$、$5\frac{1}{2}$ 等多种。目前，除了并行的 A/D 转换器外，带有同步 SPI 串行接口的 A/D 转换器的使用也逐渐增多。串行接口的 A/D 转换器具有占用单片机的端口线少、使用方便、接口简单等优点，它已得到广泛的使用。较为典型的串行 A/D 转换器为美国 TI 公司的 TLC549（8 位）、TLC1549（10 位）、TLC1543（10 位）和 TLC2543（12 位）等。

A/D 转换器按照转换速度可大致分为超高速（转换时间≤1ns）、高速（转换时间≤1μs）、中速（转换时间≤1ms）和低速（转换时间≤1s）等几种不同转换速度的芯片。目前许多新型的 A/D 转换器已将多路转换开关、时钟电路、基准电压源、二/十进制译码器和转换电路集成在一个芯片内，这为用户提供了极大方便。

2．A/D 转换器的主要技术指标

（1）转换时间或转换速率。转换时间是指 A/D 转换器完成一次转换所需要的时间。转换时间

的倒数即为转换速率。

（2）分辨率。分辨率是衡量 A/D 转换器能够分辨出输入模拟量最小变化程度的技术指标。分辨率取决于 A/D 转换器的位数，所以习惯上用输出的二进制位数表示。例如，某型号 A/D 转换器的满量程输入电压为 5V，可输出 12 位二进制数，即用 2^{12} 个数进行量化，分辨能力为 1LSB，即 $5V/2^{12}=1.22mV$，其分辨率为 12 位，或能分辨出输入电压 1.22mV 的变化。又如，双积分型输出 BCD 码的 A/D 转换器 MC14433，其满量程输入电压为 2V，其输出最大的十进制数为 1999，分辨率为 $3\frac{1}{2}$，即三位半，如果换算成二进制位数表示，其分辨率大约为 11 位，因为 1999 最接近于 $2^{11}=2048$。

量化过程引起的误差称为量化误差。量化误差是由于有限位数字量对模拟量进行量化而引起的误差。量化误差理论上规定为一个单位分辨率的 $\pm\frac{1}{2}$LSB，提高 A/D 转换器的位数既可提高分辨率，又能够减少量化误差。

（3）转换精度。定义为一个实际 A/D 转换器与一个理想 A/D 转换器在量化值上的差值，可用绝对误差或相对误差表示。

要注意一个问题，两片具有相同位数的 A/D 转换器，它们的转换精度未必相同。

11.5 单片机并行扩展 8 位 A/D 转换器 ADC0809

1．ADC0809 功能及引脚

ADC0809 是一种逐次比较型 8 路模拟输入、8 位数字量输出的 A/D 转换器，其引脚如图 11-8 所示。

ADC0809 共有 28 只引脚，双列直插式封装，各引脚的功能如下。

- IN0～IN7：8 路模拟信号输入端。
- D0～D7：转换完毕的 8 位数字量输出端。
- C、B、A 与 ALE：C、B、A 端控制 8 路模拟输入通道的切换，分别与单片机的 3 条地址线相连。C、B、A=000～111 分别对应 IN0～IN7 通道的地址。各路模拟输入通道之间的切换由改变加到 C、B、A 上的地址编码来实现。ALE 为 ADC0809 接收 C、B、A 编码时的锁存控制信号。

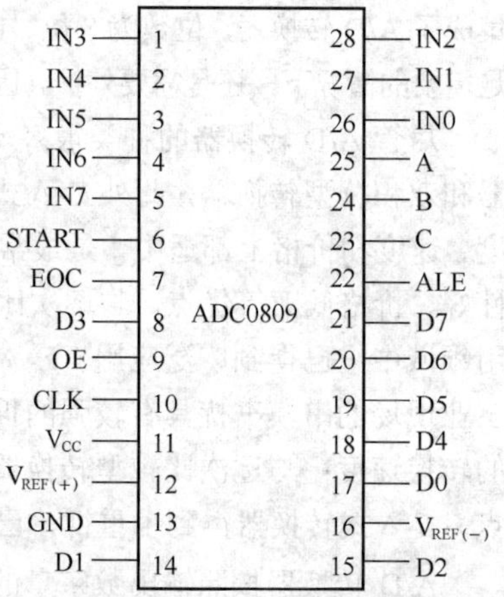

图 11-8 ADC0809 的引脚图

- OE、START、CLK：OE 为转换结果输出允许端；START 为启动信号输入端；CLK 为时钟信号输入端，ADC0809 的 CLK 信号必须外加。
- EOC：转换结束输出信号。当 A/D 转换开始时，该引脚为低电平，当 A/D 转换结束时，该引脚为高电平。
- $V_{REF(+)}$、$V_{REF(-)}$：基准电压输入端。

2．ADC0809 的内部结构

ADC0809 的结构框图如图 11-9 所示。ADC0809 采用逐次比较的方法完成 A/D 转换，且由单一的+5V 电源供电。片内带有锁存功能的 8 路选 1 的模拟开关，由加到 C、B、A 引脚上的编码来确定所选的通道。ADC0809 完成一次转换需 100μs（此时加在 CLK 引脚的时钟频率为 640MHz，

即转换时间与加在 CLK 引脚的时钟频率有关），它具有输出 TTL 三态锁存缓冲器，可直接连到
AT89S51 单片机的数据总线上。通过适当的外接电路，ADC0809 可对 0～5V 的模拟信号进行转换。

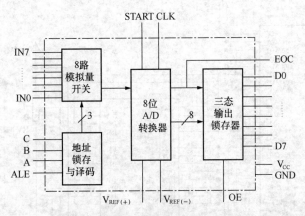

图 11-9　ADC0809 的内部结构框图

3．输入模拟电压与输出数字量的关系

ADC0809 的输入模拟电压与转换输出结果的数字量的关系如下：

$$V_{IN} = \frac{[V_{REF(+)} - V_{REF(-)}]}{256} \cdot N + V_{REF(-)}$$

其中：V_{IN} 处于（$V_{REF(+)} - V_{REF(-)}$）之间，N 为十进制数。通常情况下 $V_{REF(+)}$ 接+5V，$V_{REF(-)}$ 接地，
即模拟输入电压范围为 0～5V，对应的数字量输出为 0x00～0xff。

4．ADC0809 的转换工作原理

在讨论接口设计之前，读者需先了解单片机如何控制 ADC 开始转换、如何得知转换结束和
如何读入转换结果的问题。

单片机控制 ADC0809 进行 A/D 的转换过程如下：首先由加到 C、B、A 上的编码决定选择
ADC0809 的某一路模拟输入通道，同时产生高电平加到 ADC0809 的 START 引脚，开始对选中通
道转换。当转换结束时，ADC0809 发出转换结束 EOC（高电平）信号。当单片机读取转换结果
时，需控制 OE 端为高电平，并把转换完毕的数字量读入单片机内。

单片机读取 A/D 转换结果可采用查询方式和中断方式。

① 查询方式是检测 EOC 引脚是否变为高电平，如为高电平则说明转换结束，然后单片机读
入转换结果。

② 中断方式是单片机开始启动 ADC 转换之后，单片机执行其他程序。ADC0809 转换结束后
EOC 变为高电平，EOC 信号通过反相器向单片机发出中断请求信号，单片机响应中断，进入中断
服务程序，在中断服务程序中读入转换完毕的数字量。很明显，采用中断方式的效率高。

11.5.1　案例设计：单片机控制 ADC0809 进行 A/D 转换

【例 11-4】采用查询方式控制 ADC0809（由于 Proteus 器件库中没有 ADC0809，可用与其兼
容的 ADC0808 替代，ADC0808 与 ADC0809 性能完全相同，用法一样，只是在非调整误差方面
有所不同，ADC0808 为 ±1/2LSB，而 ADC0809 为 ±1LSB）进行 A/D 转换，原理电路见图 11-10。

输入给 ADC0809 模拟电压可通过调节电位器 RV1 来实现，ADC0808 将输入的模拟电压转换成二进制数字，并通过 P1 口的输出，来控制发光二极管的亮与灭，显示转换结果的二进制数字量。

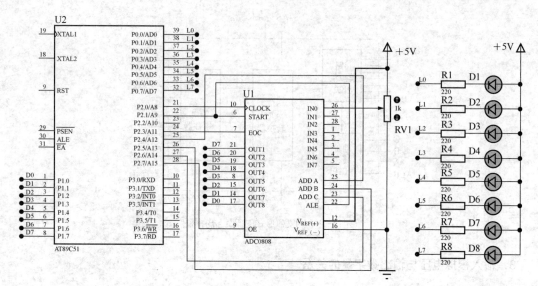

图 11-10　单片机控制 ADC0809 进行转换的原理电路图

ADC0808 转换一次约需 100μs，本例使用 P2.3 来查询 EOC 引脚的电平，并判断 A/D 转换是否结束。如果 EOC 引脚为高电平，说明 A/D 转换结束，单片机从 P1 口读入转换二进制的结果，然后把结果从 P0 口输出给 8 个发光二极管，发光二极管被点亮的位，对应转换结果 "0"。

本例参考程序如下。

```c
#include "reg51.h"
#define uchar unsigned char
#define uint unsigned int
#define LED  P0
#define out  P1
sbit start=P2^1;
sbit OE=P2^7;
sbit EOC=P2^3;
sbit CLOCK=P2^0;
sbit add_a=P2^4;
sbit add_b=P2^5;
sbit add_c=P2^6;

void main(void)
{
    uchar temp;
    add_a=0;add_b=0;add_c=0;          //选择 ADC0809 的通道 0
    while(1)
    {
        start=0;
        start=1;
        start=0;                      //启动转换
        while(1)
```

```
        {
            clock=!clock;if(EOC==1)break;}    //等待转换结束
            OE=1;                             //允许输出
            temp=out;                         //暂存转换结果
            OE=0;                             //关闭输出
            LED=temp;                         //采样结果通过 P0 口输出到 LED
        }
    }
}
```

　　A/D 转换器在转换时必须要单独加基准电压，用高精度稳压电源供给，其电压的变化要小于 1LSB，这是保证转换精度的基本条件；否则，当被转换的输入电压不变，而基准电压的变化大于 1LSB 时，也会引起 A/D 转换器输出的数字量变化。

　　如果采用中断方式读取转换结果，可将 EOC 引脚与单片机的 P2.3 引脚断开，EOC 引脚接反相器（例如 74LS04）的输入，反相器的输出接至单片机的外部中断请求输入端（$\overline{INT0}$ 或 $\overline{INT1}$ 引脚），从而在转换结束时，向单片机发出中断请求信号。

　　读者可将本例的接口电路及程序进行修改，尝试采用中断方式来读取 A/D 转换结果。

11.5.2　案例设计：两路输入的数字电压表的设计

【例 11-5】 设计一个单片机采用查询方式对两路模拟电压（0～5V）交替采集的数字电压表。数字电压表的原理电路与仿真如图 11-11 所示。

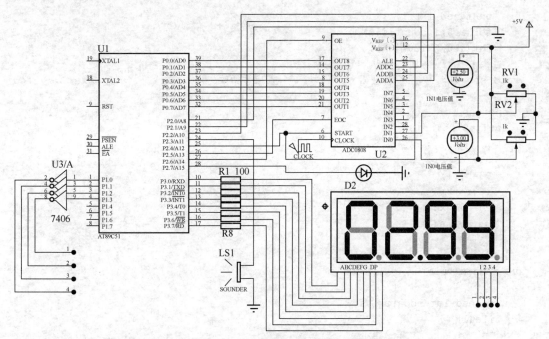

图 11-11　查询方式的数字电压表原理电路与仿真图

　　两路 0～5V 的被测电压分别加到 ADC0809 的 IN0 和 IN1 通道，进行 A/D 转换，两路输入电压的大小可通过手动调节 RV1 和 RV2 来实现。

　　本例将 1.25V 和 2.5V 作为两路输入的报警值，当通道 IN0 和 IN1 的电压分别超过 1.25V 和 2.50V 时，对应的二进制数值分别为 0x40 和 0x80。当 A/D 转换结果超过这一数值时，将驱动发光二极管 D2 闪烁与蜂鸣器发声，以表示超限。测得的输入电压交替显示在 LED 数码管上，同时也显示在两个虚拟电压表的图标上，通过调节鼠标滚轮可放大虚拟电压表的图标，从而清楚地看到输入电压的测量结果。

ADC0809 采用的基准电压为+5V，转换所得结果二进制数字 addata 所代表的电压的绝对值为 addata*5V/256，而若将其显示到小数点后两位，不考虑小数点的存在（将其乘以 100），其计算的数值为：(addata*100/256)*5V≈addata*1.96 V。控制小数点显示在左边第二位数码管上，即为实际的测量电压。

本例参考程序如下。

```c
#include<reg51.h>
unsigned char a[16]={0x3f,0x06,0x5b,0x4f,0x66,0x6d,0x7d,0x07,0x7f,0x6f,0x77,0x7c,
                     0x39,0x5e,0x79,0x71},b[4],c=0x01;
sbit START=P2^4;
sbit OE=P2^6;
sbit EOC=P2^5;
sbit add_a=P2^2;
sbit add_b=P2^1;
sbit add_c=P2^0;
sbit led=P2^7;
sbit buzzer=P2^3;
void Delay1ms(unsigned int count)        //延时函数
{
    unsigned int i,j;
    for(i=0;i<count;i++)
    for(j=0;j<120;j++);
}
void show()                              //显示函数
{
  unsigned int r;
  for(r=0;r<4;r++)
  {
    P1=(c<<r);
    P3=b[r];
    if(r==2)                             //显示小数点
    P3=P3|0x80;
    Delay1ms(1);
  }
}
void main(void)
{
  unsigned int addata=0,i;
  while(1)
  {
    add_a=0;                             //采集第一路信号
    add_b=0;
    add_c=0;
    START=1;                             //根据时序图启动 ADC0808 的 AD 程序
    START=0;
    while(EOC==0)
```

```
    {
    OE=1;
    }
    addata=P0;
if(addata>=0x40)                    //当大于1.25V时，则使用led和蜂鸣器报警
{
    for(i=0;i<=100;i++)
    {
        led=~led;
        buzzer=~buzzer;
    }
    led=1;                          //控制发光二极管D2闪烁，发出光报警信号
    buzzer=1;                       //控制蜂鸣器发声，发出声音报警信号
}
else                                //否则取消报警
{
    led=0;                          //控制发光二极管D2灭
    buzzer=0;                       //控制蜂鸣器不发声
}
    addata=addata*1.96;             //将采得的二进制数转换成可读的电压值
    OE=0;
    b[0]=a[addata%10];              //显示到数码管上
    b[1]=a[addata/10%10];
    b[2]=a[addata/100%10];
    b[3]=a[addata/1000];
    for(i=0;i<=200;i++)
{
    show();
}


    add_a=1;                        //采集第二路信号
    add_b=0;
    add_c=0;
    START=1;                        // 启动ADC0808开始转换
    START=0;
    while(EOC==0)
    {
        OE=1;
    }
    addata=P0;
    if(addata>=0x80)                //当大于2.5V时，则使用LED和蜂鸣器报警
    {
        for(i=0;i<=100;i++)
        {
            led=~led;
            buzzer=~buzzer;
        }
        led=1;
        buzzer=1;
    }
    else                            //否则取消报警
```

```
    {
        led=0;
        buzzer=0;
    }
    addata=addata*1.96;            //根据 AD 原理将采得的二进制数转换成可读的电压
    OE=0;
    b[0]=a[addata%10];             //显示到数码管上
    b[1]=a[addata/10%10];
    b[2]=a[addata/100%10];
    b[3]=a[addata/1000];
    for(i=0;i<=200;i++)
    {
        show();
    }
  }
}
```

11.6　单片机扩展串行 8 位 A/D 转换器 TLC549

串行 A/D 转换器与单片机连接具有占用 I/O 口线少的优点，因此它的使用较多，有取代并行 A/D 转换器的趋势。下面介绍单片机扩展串行 8 位 A/D 转换器 TLC549 的应用设计。

11.6.1　TLC549 的特性及工作原理

TLC549 是美国 TI 公司推出的价廉、高性能的带有 SPI 接口的 8 位 A/D 转换器，其转换时间小于 17μs，最大转换速率为 40kHz，内部系统时钟的典型值为 4MHz，电源为 3～6V。它能方便与各种单片机通过 SPI 串行接口连接。

1．TLC549 的引脚及功能

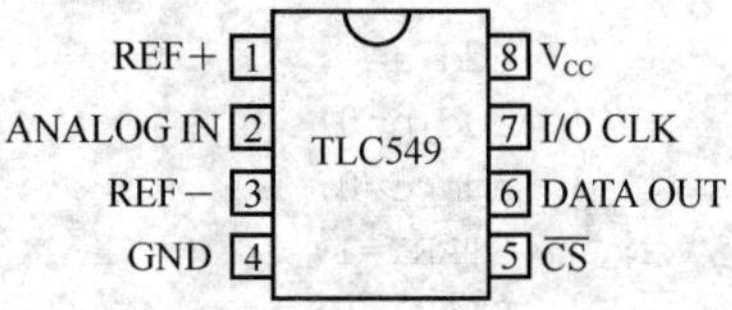

TLC549 的引脚如图 11-12 所示。

各引脚功能如下：

- $\overline{\text{CS}}$：片选端。

图 11-12　TLC549 的引脚图

- DATA OUT：转换结果数据串行输出端，与 TTL 电平兼容，输出时高位在前，低位在后。
- ANALOG IN：模拟信号输入端，0≤ANALOGIN≤V_{CC}，当 ANALOGIN≥REF+电压时，转换结果为全"1"(0xff)，ANALOGIN≤REF-电压时，转换结果为全"0"(0x00)。
- I/O CLOCK：外接输入/输出时钟输入端，用于芯片的输入、输出同步操作，无需与芯片内部系统时钟同步。
- REF+：正基准电压输入 2.5V≤（REF+）≤V_{CC}+0.1V。
- REF−：负基准电压输入端，-0.1V≤（REF-）≤2.5V。且：（REF+）−（REF−）≥1V。
- V_{CC}：电源 3V≤V_{CC}≤6V。
- GND：地。

2．TLC549 的工作时序

TLC549 的工作时序如图 11-13 所示。从图 11-13 可得知：

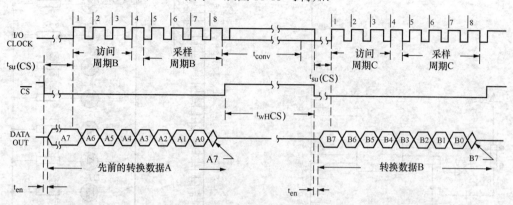

图 11-13　TLC549 的工作时序图

（1）串行数据中高位 A7 先输出，最后输出低位 A0。

（2）在每一次 I/O COLCK 的高电平期间 DATA OUT 线上的数据产生有效输出，每出现一次 I/O COLCK，DATA OUT 线就输出 1 位数据。一个周期出现 8 次 I/O COLCK 信号并对应 8 位数据输出。

（3）在 $\overline{\text{CS}}$ 变为低电平后，最高有效位（A7）自动置于 DATA OUT 总线。其余 7 位（A6～A0）在前 7 个 I/O CLOCK 下降沿时时钟同步输出。B7～B0 以同样的方式跟在其后。

（4）t_{su} 在片选信号 $\overline{\text{CS}}$ 变低后，I/O COLCK 开始正跳变的最小时间间隔 1.4μs。

（5）t_{en} 是从 $\overline{\text{CS}}$ 变低到 DATA OUT 线上输出数据的最小时间（1.2μs）。

（6）只要 I/O COLCK 变高就可以读取 DATA OUT 线上的数据。

（7）只有在 $\overline{\text{CS}}$ 端为低电平时，TLC549 才工作。

（8）TLC549 的 A/D 转换电路没有启动控制端，只要读取前一次数据后马上就可以开始新的 A/D 转换。转换完成后就进入保持状态。TLC549 每次转换所需时间是 17μs，它开始于 $\overline{\text{CS}}$ 变为低电平后 I/O CLOCK 的第 8 个下降沿，它没有转换完成标志信号。

当 $\overline{\text{CS}}$ 变为低电平后，TLC549 芯片被选中，同时前次转换结果的最高有效位 MSB（A7）自 DATA OUT 端输出，接着要求从 I/O CLOCK 端输入 8 个外部时钟信号，前 7 个 I/O CLOCK 信号的作用，是配合 TLC549 输出前次转换结果的 A6～A0 位，并为本次转换做准备：在第 4 个 I/O CLOCK 信号由高至低的跳变之后，片内采样/保持电路对输入模拟量采样开始，第 8 个 I/O CLOCK 信号的下降沿使片内采样/保持电路进入保持状态并启动 A/D 开始转换。转换时间为 36 个系统时钟周期，最大为 17μs。直到 A/D 转换完成前的这段时间内，TLC549 的控制逻辑要求：$\overline{\text{CS}}$ 保持高电平，或者 I/O CLOCK 时钟端保持 36 个系统时钟周期的低电平。由此可见，在 TLC549 的 I/O CLOCK 端输入 8 个外部时钟信号期间需要完成以下工作：读入前次 A/D 转换结果，对本次转换的输入模拟信号采样并保持，启动本次 A/D 转换开始。

11.6.2　案例设计：单片机扩展 TLC549 的设计

【例 11-6】　单片机控制串行的 8 位 A/D 转换器 TLC549 进行 A/D 转换，原理电路与仿真结果如图 11-14 所示。由电位计 RV1 提供给 TLC549 模拟量输入，通过调节 RV1 上的 "+"、"−" 端，改变输入电压值。编写程序将模拟电压量转换成二进制数字量，本例用 P0 口输出控制的 8 个发光二极管的亮与灭显示转换结果的二进制码，也可通过 LED 数码管将转换完毕的数字量以 16 进制数形式显示出来。

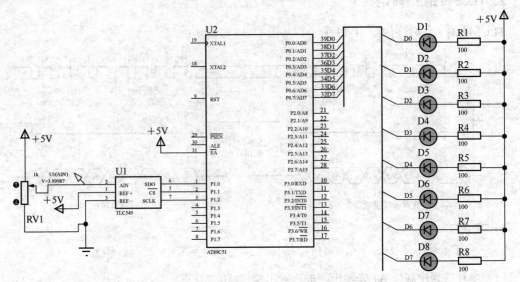

图 11-14　单片机与 TLC549 接口的原理电路图

参考程序如下。

```
#include<reg51.h>
#include<intrins.h>          //包含_nop_()函数的头文件
#define uchar unsigned char
#define uint unsigned int
#define  led  P0
sbit sdo=P1^0;               //定义P1^0与TLC549的SDO引脚（即5引脚DATA OUT）连接
sbit cs=P1^1;                //定义P1^1与TLC549的CS引脚连接
sbit sclk=P1^2;              //定义P1^2与TLC549的SCLK引脚（即7引脚I/O CLOCK）连接
void delayms(uint j)         //延时函数
{
    uchar i=250;
    for(;j>0;j--)
    {
        while(--i);
        i=249;
        while(--i);
        i=250;
    }
}
void delay18us(void)         //延时约18μs函数
{
    _nop_();_nop_();_nop_();_nop_();_nop_();_nop_();_nop_();_nop_();_nop_();
    _nop_();_nop_();_nop_();_nop_();_nop_();_nop_();_nop_(); nop_();_nop_();
}
uchar convert(void)
{
    uchar i,temp;
    cs=0;
    delay18us();
    for(i=0;i<8;i++)
```

```
    {
        if(sdo==1)temp=temp|0x01;
        if(i<7)temp=temp<<1;
        sclk=1;
        _nop_(); _nop_(); _nop_();_nop_();
        sclk=0;
        _nop_(); _nop_();
    }
    cs=1;
    return(temp);
}
void main()
{
    uchar result;
    led=0;
    cs=1;
    sclk=0;
    sdo=1;
    while(1)
    {
        result=convert();
        led=result;            //转换结果从 P0 口输出驱动 LED
        delayms(1000);
    }
}
```

由于 TLC549 的转换时间应大于 17μs，本例采用延时操作的方案，延时时间大约 18μs，每次读取转换数据的时间大于 17μs 即可。

11.7 单片机扩展 12 位串行 ADC——TLC2543 的设计

TLC2543 是美国 TI 公司的 12 位串行 SPI 接口的 A/D 转换器，转换时间为 10μs。下面首先介绍串行 A/D 转换器 TLC2543 的特性和工作原理。

11.7.1 TLC2543 的特性及工作原理

TLC2543 片内有 1 个 14 路模拟开关，用来选择 11 路模拟输入和 3 路内部测试电压中的 1 路进行采样。为了保证测量结果的准确性，该器件具有 3 路内置自测试方式，可分别测试"REF+"高基准电压值，"REF-"低基准电压值和"REF+/2"值，该器件的模拟量输入范围为 REF+～REF-，一般模拟量的变化范围为 0～+5V，所以此时 REF+引脚接+5V，REF-引脚接地。

由于 TLC2543 与 8051 单片机的接口电路简单，且价格适中、分辨率较高，因此在智能仪器仪表中有着较为广泛的应用。

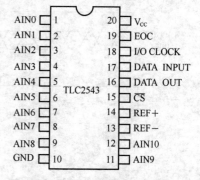

图 11-15　TLC2543 的引脚图

1. TLC2543 的引脚

TLC2543 的引脚如图 11-15 所示。各引脚功能如下。

● AIN0～AIN10：11 路模拟量输入端。

- $\overline{\text{CS}}$：片选端。
- DATA INPUT：串行数据输入端。由 4 位的串行地址输入来选择模拟量输入通道。
- DATA OUT：A/D 转换结果的三态串行输出端，$\overline{\text{CS}}$ 为高时处于高阻抗状态，$\overline{\text{CS}}$ 为低时处于转换结果输出状态。
- EOC：转换结束端。
- I/O CLOCK：I/O 时钟端。
- REF+：正基准电压端。基准电压的正端（通常为 V_{CC}）被加到 REF+，最大的输入电压范围为加在本引脚与 REF−引脚的电压差。
- REF−：负基准电压端。基准电压的低端（通常为地）加此端。
- V_{CC}：电源。
- GND：地。

2. TLC2543 的工作过程

TLC2543 的工作过程分为两个周期：I/O 周期和转换周期。

（1）I/O 周期。

I/O 周期由外部提供的 I/O CLOCK 定义，延续 8、12 或 16 个时钟周期，取决于选定的输出数据的长度。器件进入 I/O 周期后同时进行两种操作。

① TLC2543 的工作时序如图 11-16 所示。在 I/O CLOCK 的前 8 个脉冲的上升沿，以 MSB 前导方式从 DATAINPUT 端输入 8 位数据到输入寄存器。其中前 4 位为模拟通道地址，控制 14 通道模拟多路器从 11 个模拟输入和 3 个内部自测电压中，选通 1 路到采样保持器，该电路从第 4 个 I/O CLOCK 脉冲的下降沿开始，对所选的信号进行采样，直到最后一个 I/O CLOCK 脉冲的下降沿。I/O 脉冲的时钟个数与输出数据长度（位数）有关，输出数据的长度由输入数据的 D3、D2 可选择为 8 位、12 位或 16 位。当工作于 12 位或 16 位时，在前 8 个脉冲之后，DATA INPUT 无效。

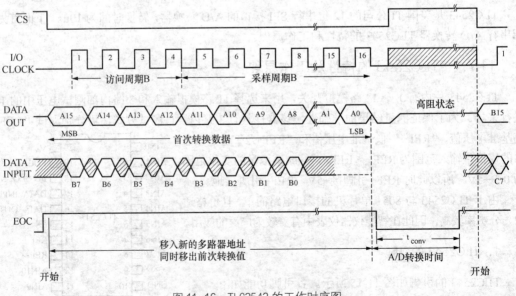

图 11-16　TLC2543 的工作时序图

② 在 DATA OUT 端串行输出 8 位、12 位或 16 位数据。当 $\overline{CS}$ 保持为低时，第 1 个数据出现在 EOC 的上升沿，若转换由 $\overline{CS}$ 控制，则第 1 个输出数据发生在 $\overline{CS}$ 的下降沿。这个数据是前 1 次转换的结果，在第 1 个输出数据位之后的每个后续位均由后续的 I/O CLOCK 脉冲下降沿输出。

（2）转换周期。

在 I/O 周期的最后一个 I/O CLOCK 脉冲下降沿之后，EOC 变低，采样值保持不变，转换周期开始，片内转换器对采样值进行逐次逼近式 A/D 转换，其工作由与 I/O CLOCK 同步的内部时钟控制。转换结束后 EOC 变高，转换结果锁存在输出数据寄存器中，待下一个 I/O 周期输出。I/O 周期和转换周期交替进行，从而可减少外部的数字噪声对转换精度的影响。

3. TLC2543 的命令字

每次转换都必须给 TLC2543 写入命令字，以便确定被转换的信号来自哪个通道，转换结果用多少位输出，输出的顺序是高位在前还是低位在前，输出的结果是有符号数还是无符号数。命令字的写入顺序是高位在前。命令字格式如下。

通道地址选择（D7～D4）	数据的长度（D3～D2）	数据的顺序（D1）	数据的极性（D0）

（1）通道地址选择位（D7～D4），用来选择输入通道。二进制数 0000～1010 分别是 11 路模拟量 AIN0～AIN10 的地址；地址 1011、1100 和 1101 所选择的自测试电压分别是（V_{REF}（V_{REF+}）－（V_{REF-}））/2、V_{REF-}、V_{REF+}。1110 是掉电地址，选择掉电后，TLC2543 处于休眠状态，此时电流小于 20μA。

（2）数据的长度位（D3～D2），用来选择转换的结果用多少位输出。D3D2 为 x0：12 位输出；D3D2 为 01：8 位输出；D3D2 为 11：16 位输出。

（3）数据的顺序位（D1），用来选择数据输出的顺序。D1=0，高位在前；D1=1，低位在前。

（4）数据的极性位（D0），用来选择数据的极性。D0=0，数据是无符号数；D0=1，数据是有符号数。

11.7.2　案例设计：单片机扩展 TLC2543 的设计

下面介绍单片机扩展 TLC2543 的接口设计和软件编程。

【**例 11-7**】 AT89S51 单片机与 TLC2543 接口电路如图 11-17 所示，编写程序对 AIN2 模拟通道进行数据采集，结果在数码管上显示，输入电压的调节通过调节 RV1 来实现。

TLC2543 与单片机的接口采用 SPI 串行接口，由于 AT89S51 不带 SPI 接口，则采用软件与单片机 I/O 口线相结合，来模拟 SPI 的接口时序。TLC2543 的 3 个控制输入端分别为 I/O CLOCK（18 引脚，输入/输出时钟）、DATA INPUT（17 引脚，4 位串行地址输入端）以及 $\overline{CS}$（15 引脚，片选），它们分别由单片机的 P1.3、P1.1 和 P1.2 来控制。转换结果（16 引脚）由单片机的 P1.0 引脚串行接收，AT89S51 将命令字通过 P1.1 引脚串行写入到 TLC2543 的输入寄存器中。

片内的 14 通道选择开关可选择 11 个模拟输入中的任一路或 3 个内部自测电压中的一个，并且自动完成采样保持。转换结束后 EOC 输出变高，转换结果由三态输出端 DATA OUT 输出。

采集的数据为 12 位无符号数，采用高位在前的输出数据。写入 TLC2543 的命令字为 0xa0。由 TLC2543 的工作时序，命令字的写入和转换结果的输出是同时进行的，即在读出转换结果的同时也写入下一次的命令字，采集 11 个数据要进行 12 次转换。第 1 次写入的命令字是有实际意义的操作，但是第 1 次读出的转换结果是无意义的操作，应丢弃。而第 11 次写入的命令字是无意义的操作，而读出的转换结果是有意义的操作。

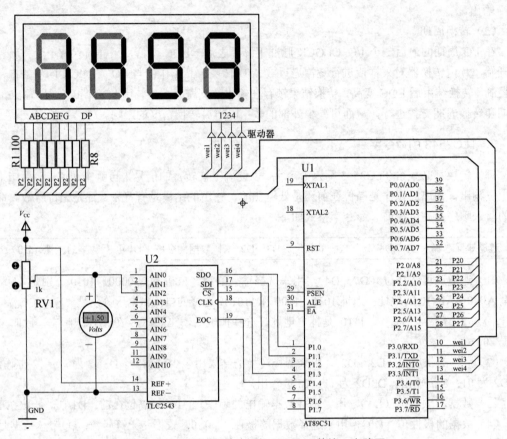

图 11-17　AT89S51 单片机与 TLC2543 的接口电路图

参考程序如下。

```
#include <reg51.h>
#include <intrins.h>                    //包含_nop_()函数的头文件
#define uchar unsigned char
#define unit unsigned int
unsigned char code table[]={0xc0,0xf9,0xa4,0xb0,0x99,0x92,0x82,0xf8,0x80,0x90};
unit ADresult[11];                      //11 个通道的转换结果单元
sbit DATOUT=P1^0;                       //定义 P1.0 与 DATA OUT 相连
sbit DATIN=P1^1;                        //定义 P1.1 与 DATA INPUT 相连
sbit CS=P1^2;                           //定义 P1.2 与 CS 端相连
sbit IOCLK=P1^3;                        //定义 P1.3 与 I/O CLOCK 相连
sbit EOC=P1^4;                          //定义 P1.4 与 EOC 引脚相连
sbit wei1=P3^0;
sbit wei2=P3^1;
sbit wei3=P3^2;
sbit wei4=P3^3;
void delay_ms(unit i)
```

```
{
    int j;
    for(; i>0; i--)
    for(j=0; j<123; j++);
}
unit getdata(uchar channel)          // getdata()为获取转换结果函数，channel 为通道号
{
    uchar i,temp;
    unit read_ad_data=0;             // 分别存放采集的数据，先清零
    channel=channel<<4;              // 结果为 12 位数据格式，高位导前，单极性×××0000
    IOCLK=0;
    CS=0;                            // CS 下跳沿，并保持低电平
    temp=channel;                    // 输入要转换的通道
    for(i=0;i<12;i++)
    {
        if(DATOUT) read_ad_data=read_ad_data|0x01;   //读入转换结果
        DATIN=(bit)(temp&0x80);                      //写入方式/通道命令字
        IOCLK=1;                                     //I/O CLOCK 上跳沿
        _nop_();_nop_();_nop_();                      //空操作延时
        IOCLK=0;                                     //I/O CLOCK 下跳沿
        _nop_();_nop_();_nop_();
        temp=temp<<1;                                //左移 1 位，准备发送方式通道控制字下一位
        read_ad_data<<=1;                            //转换结果左移 1 位
    }
    CS=1;                                            //CS 上跳沿
    read_ad_data>>=1;                                //抵消第 12 次左移，得到 12 位转换结果
    return(read_ad_data);
}
void dispaly(void)                   //显示函数
{
    uchar qian,bai,shi,ge;           //定义千位、百位、十位、个位
    unit value;
    value=ADresult[2]*1.221;         //*5000/4095
    qian=value%10000/1000;
    bai=value%1000/100;
    shi=value%100/10;
    ge=value%10;

    wei1=1;
    P2=table[qian]-128;
    delay_ms(1);
    wei1=0;

    wei2=1;
    P2=table[bai];
    delay_ms(1);
    wei2=0;

    wei3=1;
    P2=table[shi];
    delay_ms(1);
```

```
        wei3=0;

        wei4=1;
        P2=table[ge];
        delay_ms(1);
        wei4=0;
    }
main(void)
{
    ADresult[2]=getdata(2);              //启动 2 通道转换，第 1 次转换结果无意义
    while(1)
    {
        _nop_(); _nop_(); _nop_();
        ADresult[2]=getdata(2);          //读取本次转换结果，同时启动下次转换
        while(!EOC);                     //判断是否转换完毕，未转换完则循环等待
        dispaly();
    }
}
```

由本案例可见，AT89S51 单片机与 TLC2543 的接口电路十分简单，只需用软件控制 4 条 I/O 引脚，按照规定的时序对 TLC2543 进行访问即可。

思考题及习题

一、填空题

1. 对于电流输出型的 D/A 转换器，为了得到电压输出，应使用_____。

2. 使用双缓冲同步方式的 D/A 转换器，可实现多路模拟信号的_____输出。

3. 一个 8 位 A/D 转换器的分辨率是_____，若基准电压为 5V，该 A/D 转换器能分辨的最小的电压变化为_____。

4. 若单片机发送给 8 位 D/A 转换器 0832 的数字量为 65H，基准电压为 5V，则 D/A 转换器的输出电压为_____。

5. 若 A/D 转换器 00809 的基准电压为 5V，输入的模拟信号为 2.5V 时，A/D 转换后的数字量是_____。

二、判断题

1. "转换速度"这一指标仅适用于 A/D 转换器，D/A 转换器不用考虑"转换速度"问题。

2. ADC0809 可以利用"转换结束"信号 EOC 向 AT89S51 单片机发出中断请求。

3. 输出模拟量的最小变化量称为 A/D 转换器的分辨率。

4. 对于周期性的干扰电压，可使用双积分型 A/D 转换器，并选择合适的积分器件，可以将该周期性的干扰电压带来的转换误差消除。

三、简答题

1. D/A 转换器的主要性能指标都有哪些？设某 DAC 为二进制 12 位，满量程输出电压为 5V，

试问它的分辨率是多少？

2．A/D 转换器两个最重要的技术指标是什么？

3．分析 A/D 转换器产生量化误差的原因，一个 8 位的 A/D 转换器，当输入电压为 0～5V 时，其最大的量化误差是多少？

4．目前应用较广泛的 A/D 转换器主要有哪几种类型，它们各有什么特点？

5．在 DAC 和 ADC 的主要技术指标中，"量化误差""分辨率"和"精度"有何区别？

【内容概要】本章介绍 AT89S51 单片机的各种测控应用设计案例，内容主要包括单片机与步进电机、直流电机以及时钟/日历芯片 DS1302 的接口设计，还包括频率计、竞赛抢答器的制作和电话拨号的模拟，为读者提供借鉴和参考。

步进电机是将脉冲信号转变为角位移或线位移的开环控制器件，是常见的被控器件，我们首先介绍单片机如何控制步进电机的设计。

12.1 单片机控制步进电机的设计

步进电机在非超载的情况下，电机的转速、停止的位置只取决于脉冲信号的频率和脉冲数，而不受负载变化的影响，给电机加一个脉冲信号，电机则转过一个步距角。因而步进电机只有周期性的误差而无累积误差，这项技术在速度、位置等控制领域有较为广泛的应用。

1. 工作原理

步进电机的驱动是由单片机通过对每组线圈中的电流的顺序切换来使电机作步进式旋转，切换是通过单片机输出脉冲信号来实现的。调节脉冲信号频率就可改变步进电机的转速，从而改变各相脉冲的先后顺序，就可以改变步进电机的旋转方向。

步进电机驱动方式可以采用双四拍（AB→BC→CD→DA→AB）方式，也可以采用单四拍（A→B→C→D→A）方式。为了使步进电机旋转平稳，还可以采用单、双八拍方式（A→AB→B→BC→C→CD→D→DA→A）。各种工作方式的时序如图 12-1 所示。

图 12-1 中示意的脉冲信号是高电平有效，但实际控制时公共端是接在 V_{CC} 上，所以实际控制脉冲是低电平有效。

2. 电路设计与编程

【例 12-1】 单片机实现对步进电机控制的原理电路如图 12-2 所示。编写程序，用四路 I/O 口的输出实现环形脉冲的分配，控制步进电机按固定方向连续转动。同时，通过"正转"和"反转"两个按键来控制电机的正转与反转。按下"正转"按键时，控制步进电机正转；按下"反转"按键时，控制步进电机反转；松开按键时，电机停止转动。

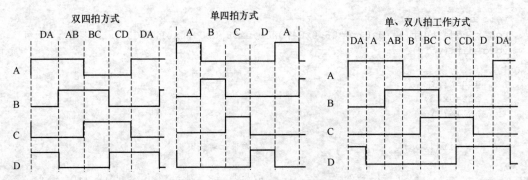

图 12-1 各种工作方式的时序图

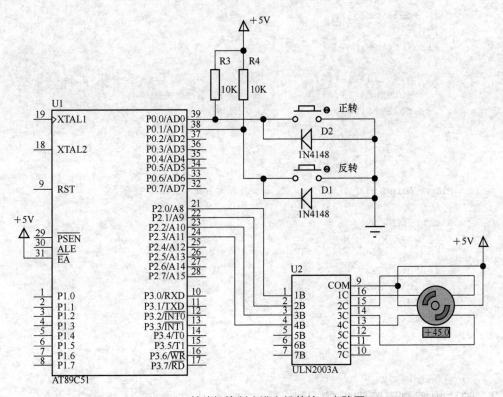

图 12-2 单片机控制步进电机的接口电路图

ULN2003A 是高耐压、大电流达林顿阵列系列产品，它由 7 个 NPN 达林顿管组成，多用于单片机、智能仪表、PLC 等控制电路中。在 5V 的工作电压下它能与 TTL 和 CMOS 电路直接相连，可直接驱动继电器等负载。ULN2003A 具有电流增益高、工作电压高、温度范围宽、带负载能力强等特点，其输入 5V 的 TTL 电平，输出可达 500mA/50V，适应于各类高速大功率驱动的系统。

参考程序如下。

```c
#include "reg51.h"
#define uchar unsigned char
#define uint unsigned int
#define out P2
sbit pos=P0^0;                    //定义检测正转控制位 P0.0
sbit neg=P0^1;                    //定义检测反转控制位 P0.1
```

```
void delayms(uint);
uchar code turn[]={0x02,0x06,0x04,0x0c,0x08,0x09,0x01,0x03};   //步进脉冲数组
void main(void)
{
    uchar i;
    out=0x03;
    while(1)
    {
        if(!pos)                        //如果正转按键按下
        {
            i=i<8 ?i+1:0;               //如果i<8，则i=i+1；否则，则i=0
            out=turn[i];
            delayms(50);
        }
        else if(!neg)
        {
            i = i>0 ?i-1:7;             //如果i>0，则i=i-1；否则，则i=7
            out=turn[i];               //向P2输出脉冲数
            delayms(50);               //延时
        }
    }
}

void delayms(uint j)                    //延时函数
{
    uchar i;
    for(;j>0;j--)
    {
        i=250;
        while(--i);
        i=249;
        while(--i);
    }
}
```

12.2　单片机控制直流电机的设计

直流电机多用在没有交流电源、方便移动的场合，具有低速大力矩等特点。下面介绍如何使用单片机来控制直流电机。

1．工作原理

单片机可精确地控制直流电机的旋转速度或转矩，直流电机是通过两个磁场的相互作用产生旋转的，其结构如图12-3（a）所示，定子上装设了一对直流励磁的静止主磁极 N 和 S，在转子上装设电枢铁心，定子与转子之间有一气隙。在电枢铁心上放置了由两根导体连成的电枢线圈，线圈的首端和末端分别连到两个圆弧形的铜片上，此铜片称为换向片。换向片之间互相绝缘，由换向片构成的整体称为换向器。换向器固定在转轴上，换向片与转轴之间亦互相绝缘。在换向片上放置着一对固定不动的电刷 B1 和 B2，当电枢旋转时，电枢线圈通过换向片和电刷与外电路接通。

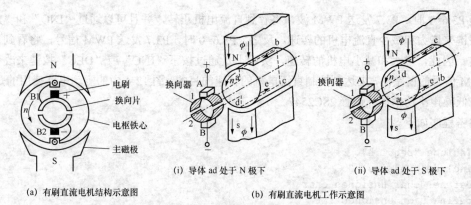

(i) 导体 ad 处于 N 极下   (ii) 导体 ad 处于 S 极下

(a) 有刷直流电机结构示意图   (b) 有刷直流电机工作示意图

图 12-3 直流电机工作示意图

定子通过永磁体或受激励电磁铁产生一个固定磁场，由于转子由一系列电磁体构成，当电流通过其中一个绕组时会产生一个磁场。对有刷直流电机而言，转子上的换向器和定子的电刷在电机旋转时为每个绕组供给电能。通电转子绕组与定子磁体有相反极性，因而相互吸引，使转子转动至与定子磁场对准的位置。当转子到达对准位置时，电刷通过换向器为下一组绕组供电，从而使转子维持旋转运动，如图 12-3 (b) 所示。直流电机的旋转速度与施加的电压成正比，输出转矩则与电流成正比。由于必须在工作期间来改变直流电机的速度，因此直流电机的控制是一个较困难的问题。直流电机高效运行的最常见方法是施加一个 PWM (脉宽调制) 脉冲波，其占空比对应于所需速度。电机起到一个低通滤波器的作用，将 PWM 信号转换为有效直流电平。特别是对于单片机驱动的直流电机，由于 PWM 信号相对容易产生，这种驱动方式使用得更为广泛。

2. 电路设计与编程

【例 12-2】 单片机控制直流电机的原理电路如图 12-4 所示。使用单片机的两个 I/O 引脚来控制直流电机的转速和旋转方向，其中：P3.7 引脚输出 PWM 信号，用来控制直流电机的转速，P3.6 引脚，用来控制直流电机的旋转方向。

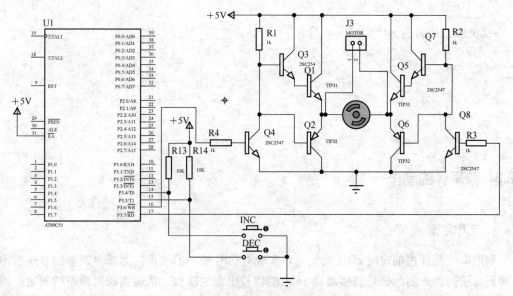

图 12-4 单片机控制直流电机的原理电路图

当 P3.6=1 时，P3.7 发送 PWM 波，将看到直流电机正转，并且可以通过"INC"和"DEC"两个按键来增大和减少直流电机的转速。反之，P3.6=0 时，P3.7 发送 PWM 信号，将看到直流电机反转。因此，增大和减小电机的转速，实际上是通过按下"INC"或"DEC"按键来改变输出的 PWM 信号的占空比，来达到控制直流电机的转速的目的。图 12-4 中的驱动电路使用的是 NPN 低频、低噪声小功率达林顿管 2SC2547。

参考程序如下。

```c
#include "reg51.h"
#include "intrins.h"
#define uchar unsigned char
#define uint unsigned int
sbit INC=P3^4;
sbit DEC=P3^5;
sbit DIR=P3^6;
sbit PWM=P3^7;
void delay(uint);
int PWM= 900;
void main(void)
{
    DIR=1;
    while(1)
    {
        if(!INC)
        PWM=PWM>0 ? PWM-1 : 0;        //如果 PWM>0，则 PWM=PWM-1；否则 PWM=0
        if(!DEC)
        PWM=PWM<1000?PWM+1:1000;      //如果 PWM<1000，则 PWM=PWM+1；否则 PWM=1000
        PWM=1;                        //产生 PWM 信号的高电平
        delay(PWM);                   //延时
        PWM=0;                        //产生 PWM 信号的低电平
        delay(1000-PWM);             //延时
    }
}
void delay(uint j)
{
    for(;j>0;j--)
    {
        _nop_ ();
    }
}
```

12.3 频率计的制作

1. 工作原理

利用单片机片内的定时器/计数器可以实现对信号频率的测量。对频率测量的方法有测频法和测周法两种。测频法是直接测算 1s 内的信号出现的次数，从而实现对频率的测定；测周法是通过测量信号两次电平变化引发的中断之间的时间（周期），再求倒数，从而实现对频率的测定。总之，测频法是根据定义来直接测定频率，测周法是通过测定周期，再求倒数，间接测定频率。理论上，测频法适用于较高频率的测量，而测周法适用于较低频率的测量。本例采用的是测频法。

2. 电路设计与编程

【例 12-3】 设计一个以单片机为核心的频率计，测量加在 P3.4 引脚上的数字时钟信号的频率，并在外部扩展的 6 位 LED 数码管上显示测量的频率值。原理电路如图 12-5 所示。

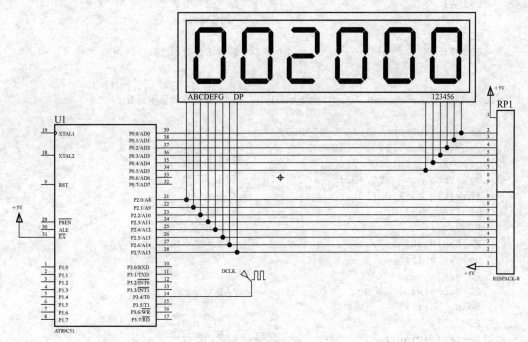

图 12-5　频率计原理电路图

本频率计测量的信号是由数字时钟源"DCLK"产生，在电路中添加数字时钟源的具体操作与设置请参考 Proteus 的使用说明。手动改变被测时钟信号源的频率，观察是否与 LED 数码管上显示的测量结果相同。

参考程序如下。

```
#include<reg51.h>
sfr16 DPTR=0x82;                          //定义寄存器 DPTR
unsigned char cnt_t0,cnt_t1,qian,bai,shi,ge,bb,wan,shiwan;
unsigned long freq;                       //定义频率
unsigned char code table[]={0x3f,0x06,0x5b,0x4f,0x66,0x6d,0x7d,0x07,0x7f,0x6f,
0x77,0x7c,0x39,0x5e,0x79,0x71};           //共阴数码管段码表
void delay_1ms(unsigned int z)            //延时约 1ms 函数
{
    unsigned char i,j;
    for(i=0;i<z;i++)
    for(j=0;j<110;j++);
}
```

```
    void init()                              //函数功能：定时器/计数器及中断系统初始化
    {
        freq=0;                              //频率赋初值
        cnt_t1=0;
        cnt_t0=0;
        IE=0x8a;                             //开中断，T0，T1 中断
        TMOD=0x15;                           //T0 为定时器方式 1，T1 为计数器方式 1
        TH1=0x3c;                            //T1 定时 50ms
        TL1=0xb0;
        TR1=1;                               //开启定时器 T1
        TH0=0;                               //T0 清零
        TL0=0;
        TR0=1;                               //开启定时器 T0
    }

    void display(unsigned long freq_num)     //驱动数码管显示函数
    {
        shiwan=freq_num%1000000/100000;
        wan=freq_num%100000/10000;
        qian=freq_num%10000/1000;            //显示千位
        bai=freq_num%1000/100;               //显示百位
        shi=freq_num%100/10;                 //显示十位
        ge=freq_num%10;                      //显示个位
        P0=0xdf;                             //P0 口是位选
        P2=table[shiwan];                    //显示十万位
        delay_1ms(5);
        P0=0xef;
        P2=table[wan];                       //显示万位
        delay_1ms(3);
        P0=0xf7;
        P2=table[qian];                      //显示千位
        delay_1ms(3);
        P0=0xfb;
        P2=table[bai];                       //显示百位
        delay_1ms(3);
        P0=0xfd;
        P2=table[shi];                       //显示十位
        delay_1ms(3);
        P0=0xfe;
        P2=table[ge];                        //显示个位
        delay_1ms(3);
    }

    void main()                              //主函数
    {
        P0=0xff;                             //初始化 P0 口
        init();                              //计数器初始化
        while(1)
        {
            if(cnt_t1==19)                   //定时 1s
            {
```

```
        cnt_t1=0;                      //定时完成后清零
        TR1=0;                         //关闭 T1 定时器,定时 1S 完成
        delay_1ms(141);                //延时较正误差,通过实验获得
        TR0=0;                         //关闭 T0
        DPL=TH00;                      //利用 DPTR 读入其值
        DPH=TH0;
        freq=cnt_t0*65535;
        freq=freq+DPTR;                //计数值放入变量
    }
    display(freq);                     //调用显示函数
  }

}

void t1_func() interrupt 3            //定时器 T1 的中断函数
{
    TH1=0x3c;
    TL1=0xb0;
    cnt_t1++;
}

void t0_func() interrupt 1            //定时器 T0 的中断函数
{
    cnt_t0++;
}
```

12.4　电话机拨号的模拟

1. 设计要求

本例的任务是模拟电话机，用电话的数字键盘拨出的某一电话号码，显示在 LCD 显示屏上。电话的数字键盘上除了 0～9 的 10 个数字键，还有 "*" 键。用于实现删除功能，即删除一位最后输入的号码； "#" 键，用于清除 LCD 显示屏上显示的所有数字。此外，要求每按下一个键，要发出声响，以表示该键被按下。

2. 电路设计与编程

【例 12-4】 设计一个模拟电话拨号时的电话键盘及显示装置，即把电话键盘拨出的电话号码及其他信息，显示在 LCD 显示屏上。电话键盘共有 12 个键，除了 0～9 的 10 个数字键外，还有 "*" 键用于删除最后输入的 1 位号码的功能； "#" 键用于清除显示屏上显示的所有数字。此外，要求每按下一个键，蜂鸣器要发出声响，以表示该键被按下。显示的信息共 2 行，第 1 行为设计者信息，第 2 行为所拨的电话号码。

本例的电话拨号键盘采用 4×3 矩阵键盘，共 12 个键。拨号号码的显示采用 LCD 1602 液晶显示屏，本例也体现了 4×3 矩阵式键盘、与 16×2 的液晶显示屏的综合设计，以及驱动程序的编制。液晶显示屏采用的是 LCD1602（即 Proteus 中的 LM016L）。本案例设计的原理电路如图 12-6 所示。

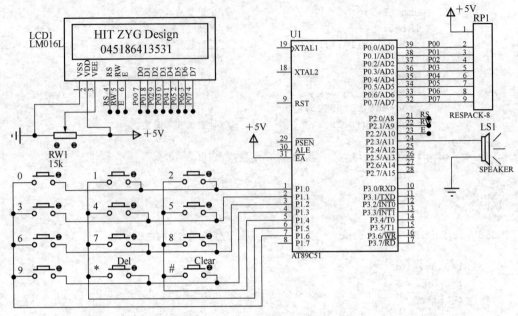

图 12-6　电话机拨号的模拟原理电路图

参考程序如下。

```c
#include<reg51.h>
#define uint unsigned int
#define uchar unsigned char
uchar keycode,DDram_value=0xc0;
sbit rs=P2^0;
sbit rw=P2^1;
sbit e =P2^2;
sbit speaker=P2^3;
uchar code table[]={0x30,0x31,0x32,0x33,0x34, 0x35,0x36,0x37,0x38,0x39, 0x20};
uchar code table_designer[]=" HIT ZYG Design ";        //第1行显示的设计者的信息
void lcd_delay();
void delay(uint n);
void lcd_init(void);
void lcd_busy(void);
void lcd_wr_con(uchar c);
void lcd_wr_data(uchar d);
uchar checkkey(void);
uchar keyscan(void);

void main()
{
    uchar num;
    lcd_init();
    lcd_wr_con(0x80);
    for(num=0;num<=14;num++)
    {
        lcd_wr_data(table_designer[num]);
    }
```

```
    while(1)
    {
        keycode=keyscan();
        if((keycode>=0)&&(keycode<=9))
        {
            lcd_wr_con(0x06);
            lcd_wr_con(DDram_value);
            lcd_wr_data(table[keycode]);
            DDram_value++;
        }
        else if(keycode==0x0a)
        {
            lcd_wr_con(0x04);
            DDram_value--;
        if(DDram_value<=0xc0)
        {
            DDram_value=0xc0;
        }
        else if(DDram_value>=0xcf)
        {
            DDram_value=0xcf;
        }
            lcd_wr_con(DDram_value);
            lcd_wr_data(table[10]);
        }
        else if(keycode==0x0b)
        {
            uchar i,j;
            j=0xc0;
            for(i=0;i<=15;i++)
            {
                lcd_wr_con(j);
                lcd_wr_data(table[10]);
                j++;
            }
            DDram_value=0xc0;
        }
    }
}

void lcd_delay()                        //液晶显示延时函数
{
  uchar y;
  for(y=0;y<0xff;y++)
  {
    ;
  }
}

void lcd_init(void)                     //液晶初始化函数，向液晶写入各种命令
```

```
{
    lcd_wr_con(0x01);                //写入 LCD 的各种命令参见 5.5.1 节
    lcd_wr_con(0x38);
    lcd_wr_con(0x0c);
    lcd_wr_con(0x06);
}

void lcd_busy(void)                  //判断液晶显示器是否忙的函数
{
    P0=0xff;
    rs=0;
    rw=1;
    e=1;
    e=0;
    while(P0&0x80)
    {
        e=0;
        e=1;
    }
    lcd_delay();
}

void lcd_wr_con(uchar c)             //向液晶显示器写命令的函数
{
    lcd_busy();
    e=0;
    rs=0;
    rw=0;
    e=1;
    P0=c;
    e=0;
    lcd_delay();
}

void lcd_wr_data(uchar d)            //向液晶显示器写数据的函数
{
    lcd_busy();
    e=0;
    rs=1;
    rw=0;
    e=1;
    P0=d;
    e=0;
    lcd_delay();
}

void delay(uint n)                   //延时函数
{
    uchar i;
    uint j;
    for(i=50;i>0;i--)
```

```
    for(j=n;j>0;j--);
}


uchar checkkey(void)                    //检测键是否按下的函数
{
    uchar temp;
    P1=0xf0;                            // P1 口低 4 位为低电平
    temp=P1;                            // 读入 P1 口的电平
    temp=temp&0xf0;                     // 读入 P1 口的 8 位状态，并判断两次状态是否相同
    if(temp==0xf0)                      // 如果 P1 口的两次状态相同，则无键按下
    {
        return(0);                      //函数返回值为 0
    }
    else
    {
        return(1);                      //有键按下，函数返回值为 1
    }
}


uchar keyscan(void)                     //键盘扫描并返回所按下的键号函数
{
    uchar hanghao,liehao,keyvalue,buff;
    if(checkkey()==0)                   //如果函数返回值=0，无键按下
    {
        return(0xff);                   //无键按下，返回 0xff
    }
    else                                //有键按下，往下执行
    {
        uchar sound;
        for(sound=50;sound>0;sound--)
        {
            speaker=0;                  //发出按下键的响声
            delay(1);
            speaker=1;
            delay(1);
        }
        P1=0x0f;                        // P1 口低 4 位为高
        buff=P1;                        // 读入 P1 口的电平
        if(buff==0x0e)                  // P1.0 为低，则第 1 行有键按下
        {
            hanghao=0;                  // 第 1 行首键号=0
        }
        else if(buff==0x0d)             // P1.1 为低，则第 2 行有键按下
        {
            hanghao=3;                  // 第 2 行首键号=3
        }
        else if(buff==0x0b)             // P1.2 为低，则第 3 行有键按下
        {
            hanghao=6;                  // 第 3 行首键号=6
        }
        else if(buff==0x07)             // P1.3 为低，则第 4 行有键按下
```

```
        {
            hanghao=9;                    // 第 4 行首键号=9
        }
        P1=0xf0;
        buff=P1;
        if(buff==0xe0)                    // P1.4 为低，则对应列有键按下
        {
            liehao=2;                     // 得到按下键的列号=2
        }
        else if(buff==0xd0)               // P1.5 为低，则对应列有键按下
        {
            liehao=1;                     // 得到按下键的列号=1
        }
        else if(buff==0xb0)               // P1.6 为低，则对应列有键按下
        {
            liehao=0;                     // 得到按下键的列号=0
        }
        keyvalue=hanghao+liehao;          //得到的键号=行首键号+列号
        while(P1!=0xf0);                  //如果列线不全为高电平，则原地循环
        return(keyvalue);                 //如果列线全为高电平，按下的键已松开，则返回键号
    }
}
```

12.5 8 位竞赛抢答器的设计

抢答器在各类竞赛中经常用到，现要求制作一个以单片机为核心，配上抢答按钮开关和数码管显示的竞赛抢答器。

1. 设计要求

（1）抢答器同时供 8 名选手或 8 个代表队比赛，分别用 8 个按钮 S0～S7 表示。

（2）设置一个系统清除和抢答控制开关 S，该开关由主持人控制。

（3）抢答器具有锁存与显示功能。即选手按动按钮，锁存相应的编号，且优先抢答选手的编号一直保持到主持人将系统清除为止。

（4）抢答器具有定时抢答功能，且一次抢答的时间由主持人设定（如 30s）。当主持人启动"开始"键后，定时器开始倒计时，同时扬声器发出短暂的声响，声响持续的时间为 0.5s 左右。

（5）参赛选手在设定的时间内进行抢答，抢答有效时定时器停止工作，显示器上显示选手的编号和抢答剩余的时间，并保持到主持人将系统清除为止。

（6）如果定时时间已到，无人抢答，本次抢答无效，系统报警并禁止抢答，定时显示器上显示"00"。

通过键盘改变可抢答的时间，可把定时时间变量设为全局变量，通过键盘扫描程序使每一次按下按键，时间加 1（超过 30 时置 0）。同时单片机不断进行按键扫描，当参赛选手的按键按下时，用于产生时钟信号的定时计数器停止计数，同时将选手编号（按键号）和抢答时间分别显示在 LED 上。

2. 电路设计与编程

【例 12-5】 8 位竞赛抢答器的原理电路与仿真如图 12-7 所示。选择的晶体振荡器频率为

12MHz。图 12-7 中所示为剩余 18s 时，7 号选手抢答成功。

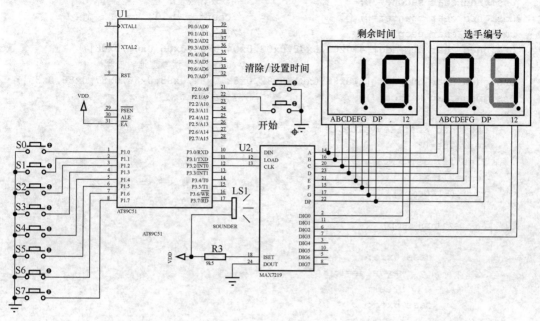

图 12-7 8 位竞赛抢答器的原理电路与仿真图

图 12-7 中的 MAX7219 是一串行接收数据的动态扫描显示驱动器。MAX7219 驱动 8 位以下 LED 显示器时，它的 DIN、LOAD、CLK 端分别与单片机 P3 口中的 3 条口线（P3.0～P3.2）相连接。

MAX7219 采用 16 位数据串行移位接收方式，即单片机将 16 位二进制数逐位发送到 DIN 端，在 CLK 的每个上升沿将一位数据移入 MAX7219 内移位寄存器，当 16 位数据移入完毕后，在 LOAD 引脚信号上升沿将 16 位数据装入 MAX7219 内的相应位置，MAX7219 能对送入的数据进行 BCD 译码并显示。本例程序中，对 MAX7219 进行了相应的初始化设置，具体请查阅有关 MAX7219 的技术资料。

参考程序如下。

```
#include<reg51.h>
sbit DIN=P3^0;                          //与 MAX7219 接口定义
sbit LOAD=P3^1;
sbit CLK=P3^2;
sbit key0=P1^0;                         //8 位抢答器按键
sbit key1=P1^1;
sbit key2=P1^2;
sbit key3=P1^3;
sbit key4=P1^4;
sbit key5=P1^5;
sbit key6=P1^6;
sbit key7=P1^7;

sbit key_clear=P2^0;                    //主持人时间设置、清除
sbit begin=P2^1;                        //主持人开始按键

sbit sounder=P3^7;                      //蜂鸣器
```

```c
unsigned char second=30;                    //秒表计数值
unsigned char counter=0;                     //counter 每 100，minute 加 1
unsigned char people=0;                      //抢答结果
unsigned char num_add[]={0x01,0x02,0x03,0x04,0x05,0x06,0x07,0x08};
                                             //max7219 读写地址、内容
unsigned char num_dat[]={0x80,0x81,0x82,0x83,0x84,0x85,0x86,0x87,0x88,0x89};
unsigned char keyscan()                      //键盘扫描函数
{
    unsigned char keyvalue,temp;
    keyvalue=0;
    P1=0xff;
    temp=P1;
    if(~(P1&temp))
    {
        switch(temp)
        {
            case 0xfe:
                keyvalue=1;
                break;
            case 0xfd:
                keyvalue=2;
                break;
            case 0xfb:
                keyvalue=3;
                break;
            case 0xf7:
                keyvalue=4;
                break;
            case 0xef:
                keyvalue=5;
                break;
            case 0xdf:
                keyvalue=6;
                break;
            case 0xbf:
                keyvalue=7;
                break;
            case 0x7f:
                keyvalue=8;
                break;
            default:
                keyvalue=0;
                break;
        }
    }
    return keyvalue;
}
void max7219_send(unsigned char add,unsigned char dat)  //函数功能：向 MAX7219 写命令
{
    unsigned char ADS,i,j;
```

```
        LOAD=0;
        i=0;
        while(i<16)
        {
            if(i<8)
            {
                ADS=add;
            }
            else
            {
                ADS=dat;
            }
            for(j=8;j>=1;j--)
            {
                DIN=ADS&0x80;
                ADS=ADS<<1;
                CLK=1;
                CLK=0;
            }
            i=i+8;
        }
        LOAD=1;
}

void max7219_init()                             //MAX7219 初始化函数
{
        max7219_send(0x0c,0x01);
        max7219_send(0x0b,0x07);
        max7219_send(0x0a,0xf5);
        max7219_send(0x09,0xff);
}

void time_display(unsigned char x)              // 时间显示函数
{
        unsigned char i,j;
        i=x/10;
        j=x%10;
        max7219_send(num_add[1],num_dat[j]);
        max7219_send(num_add[0],num_dat[i]);
}

void scare_display(unsigned char x)             // 抢答结果显示函数
{
        unsigned char i,j;
        i=x/10;
        j=x%10;
        max7219_send(num_add[3],num_dat[j]);
        max7219_send(num_add[2],num_dat[i]);
}

void holderscan()                               // 抢答时间设置，0~60s 函数
```

```c
    {
        time_display(second);
        scare_display(people);
        if(~key_clear)                          //如果有键按下,改变抢答时间
        {
            while(~key_clear);
            if(people)                          //如果抢答结果没有清空,抢答器重置
            {
                second=30;
                people=0;
            }
            if(second<60)
            {
                second++;
            }
            else
            {
                second=0;
            }
        }
    }

void timer_init()                               //定时器 T0 初始化
{
    EA=1;
    ET0=1;
    TMOD=0x01;                                  //定时器 T0 方式 0 定时
    TH0=0xd8;                                   //装入定时器定时常数,设定 10ms 中断一次
    TL0=0xef;
}

void main()
{
    while(1)
    {
        do
        {
            holderscan();
        }while(begin);                          //开始前进行设置,若未按下开始键
        while(~begin);                          //防抖
        max7219_init();                         //芯片初始化
        timer_init();                           //中断初始化
        TR0=1;                                  //开始中断
        do
        {
            time_display(second);
            scare_display(people);
            people=keyscan();
        }while((!people)&&(second));            //运行直到抢答结束或者时间结束
        TR0=0;
    }
```

```
}

void timer0() interrupt 1                          //定时器 T0 中断函数
{
    if(counter<100)
    {
        counter++;
        if(counter==50)
        {
            sounder=0;
        }
    }
    else
    {
        sounder=1;
        counter=0;
        second=second-1;
    }
    TH0=0xd8;                                      //重新装载
    TL0=0xef;
    TR0=1;
}
```

12.6　基于时钟/日历芯片 DS1302 的电子钟的设计

在单片机应用系统中，有时往往需要一个实时的时钟/日历作为测控系统的时间基准之用，目前有多种集成电路芯片可供选择。本节介绍最为常见的时钟/日历芯片 DS1302 的功能、特性，单片机的硬件接口设计及软件编程。

1．工作原理

DS1302 是美国 DALLAS 公司推出的涓流充电时钟芯片，主要功能特性如下。

- 能计算年、月、日、星期、时、分、秒的信息；每月的天数和闰年的天数可自动调整；时钟可设置为 24 或 12 小时格式。
- 与单片机之间采用单线的同步串行通信。
- 31B 的 8 位静态 RAM。
- 功耗很低，保持数据和时钟信息时功率小于 1mW；具有可选的涓流充电能力。
- 读/写时钟或 RAM 的数据有单字节和多字节（时钟突发）两种传送方式。

DS1302 的引脚如图 12-8 所示。各引脚功能如下。

- I/O：数据输入/输出。
- SCLK：同步串行时钟输入。
- $\overline{\text{RST}}$：芯片复位，1——芯片的读/写使能，0——芯片复位并被禁止读/写。
- V_{CC2}：主电源输入，接系统电源。
- V_{CC1}：备份电源输入引脚，通常接 2.7～3.5V 电源。当 $V_{CC2} > V_{CC1}+0.2V$ 时，芯片由 V_{CC2} 供电；当 $V_{CC2}<V_{CC1}$ 时，芯片由 V_{CC1} 供电。

- GND：地。
- X1、X2：接 32.768kHz 晶体振荡器引脚。

单片机与 DS1302 之间无数据传输时，SCLK 保持低电平，此时如果 $\overline{RST}$ 从低变为高时，即启动数据传输，此时 SCLK 的上升沿将数据写入 DS1302，而在 SCLK 的下降沿从 DS1302 读出数据。$\overline{RST}$ 为低时，则禁止数据传输，读/写时序如图 12-9 所示。数据传输时，低位在前，高位在后。

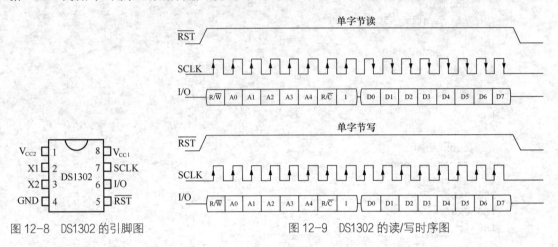

图 12-8　DS1302 的引脚图　　　　　图 12-9　DS1302 的读/写时序图

2. DS1302 的命令字格式

单片机对 DS1302 的读/写都必须由单片机先向 DS1302 写入一个命令字（8 位）发起，命令字的格式如表 12-1 所示。

表 12-1　　　　　　　　　　　　　　DS1302 的命令字格式

D7	D6	D5	D4	D3	D2	D1	D0
1	RAM/$\overline{CK}$	A4	A3	A2	A1	A0	RD/$\overline{W}$

命令字中各位功能如下。

- D7：必须为逻辑 1，如为 0，则禁止写入 DS1302。
- D6：1——读/写 RAM 数据，0——读/写时钟/日历数据。
- D5～D1：为读/写单元的地址。
- D0：1——对 DS1302 读操作，0——对 DS1302 写操作。

注意

命令字（8 位）总是低位在先，命令字的每 1 位都是在 SCLK 的上升沿送出。

3. DS1302 的内部寄存器

DS1302 片内各功能寄存器如表 12-2 所示。通过向寄存器写入命令字实现对 DS1302 的操作。例如：如要设置秒寄存器的初始值，需要先写入命令字 80H（见表 12-2），然后再向秒寄存器写入初始值；如果要读出某时刻秒的值，需要先写入命令字 81H，然后再从秒寄存器读取秒值。表 12-2 中各寄存器"取值范围"一列存放的数据均为 BCD 码。

表 12-2			各功能寄存器、命令字、取值范围和各位内容						
寄存器名（地址）	命令字		取值范围	各 位 内 容					
	写	读		D7	D6	D5	D4	D3～D0	
秒寄存器（00H）	80H	81H	00～59	CH	10SEC			SEC	
分寄存器（01H）	82H	83H	00～59	0	10MIN			MIN	
小时寄存器（02H）	84H	85H	01～12 或 00～23	12/24	0	AP	HR	HR	
日寄存器（03H）	86H	87H	01～28,29, 30,31	0	0	10DATE		DATE	
月寄存器（04H）	88H	89H	01～12	0	0	0	10M	MONTH	
星期寄存器（05H）	8AH	8BH	01～07	0	0	0	0	DAY	
年寄存器（06H）	8CH	8DH	01～99	10YEAR				YEAR	
写保护寄存器（07H）	8EH	8FH		WP	0	0	0	0	
涓流充电寄存器（08H）	90H	91H		TCS	TCS	TCS	TCS	DS	DS	RS	RS
时钟突发寄存器（3EH）	BEH	BFH							

表 12-2 中前 7 个寄存器的各特殊位符号的意义如下。

- CH：时钟暂停位，1——振荡器停止，DS1302 为低功耗方式；0——时钟开始工作。
- 10SEC：秒的十位数字，SEC 为秒的个位数字。
- 10MIN：分的十位数字，MIN 为分的个位数字。
- 12/24：12 或 24 小时方式选择位。
- AP：小时格式设置位，0——上午模式（AM）；1——下午模式（PM）。
- 10DATE：日期的十位数字，DATE 为日期的个位数字。
- 10M：月的十位数字，MONTH 为日期的个位数字。
- DAY：星期的个位数字。
- 10YEAR：年的十位数字，YEAR 为年的个位数字。

表 12-2 中后 3 个寄存器的功能及特殊位符号的意义说明如下。

（1）写保护寄存器：该寄存器的 D7 位 WP 是写保护位，其余 7 位（D0～D6）置为"0"。在对时钟/日历单元和 RAM 单元进行写操作前，WP 必须为 0，即允许写入。当 WP 为 1 时，用来防止对其他寄存器进行写操作。

（2）涓流充电寄存器，即慢充电寄存器，用于管理对备用电源的充电。

- TCS：当 4 位 TCS=1010 时，才允许使用涓流充电寄存器，其他任何状态都将禁止使用涓流充电器。
- DS：两位 DS 位用于选择连接在 V_{CC2} 和 V_{CC1} 之间的二极管数目。1——选择 1 个二极管，10——选择 2 个二极管，11 或 00——涓流充电器被禁止。
- RS：两位 RS 位用于选择涓流充电器内部在 V_{CC2} 和 V_{CC1} 之间的连接电阻。RS=01，选择 R1（2kΩ）；RS=10 时，选择 R2（4kΩ）；RS=11 时，选择 R3（8kΩ）；RS=00 时，不选择任何电阻。

（3）时钟突发寄存器：单片机对 DS1302 除了单字节数据读/写外，还可采用突发方式，即多字节的连续读/写。在多字节连续读/写中，只要对地址为 3EH 的时钟突发寄存器进行读/写操作，即把对时钟/日历或 RAM 单元的读/写设定为多字节方式。在多字节方式中，读/写都开始于地址 0 的 D0 位。当多字节方式写时钟/日历时，必须按照数据传送的次序写入最先的 8 个寄存器。但是以多字节方式写 RAM 时，没有必要写入所有的 31 字节，每个被写入的字节都被传输到 RAM，无论 31 字节是否都被写入。

4．电路设计与编程

【例 12-6】 制作一个使用时钟/日历芯片 DS1302 并采用 LCD1602 显示的日历/时钟，要实现的基本功能如下。

（1）显示 6 个参量的内容，第一行显示年、月、日；第二行显示时、分、秒。

（2）自动判别闰年。

（3）键盘采用动态扫描方式查询，日期与时间参量应能进行增 1 修改，由"启动日期与时间修改"功能键 k1 与 6 个参量修改键的组合来完成增 1 修改。即先按一下 k1，然后按一下被修改参量键，即可使该参量增 1，修改完毕，再按一下 k1 表示修改结束确认。

本例的时钟/日历原理电路与仿真如图 12-10 所示。LCD1602 分两行显示日历与时钟。图 12-10 中的 4×3 矩阵键盘，只用到了其中的 2 行键，共 6 个。余下的按键，本例没有使用，可用于将来的键盘功能扩展。

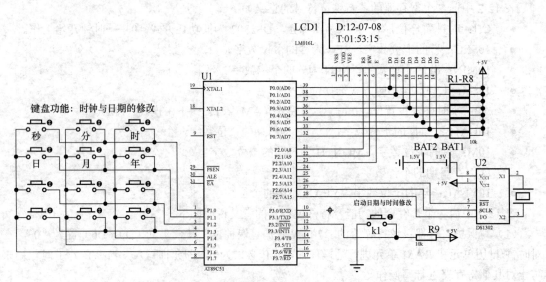

图 12-10　LCD 显示的时钟/日历的原理电路与仿真图

参考程序如下。

```
#include<reg51.h>
#include "LCD1602.h"                      // 液晶显示器 LCD1602 的头文件
#include "DS1302.h"                       // 时钟/日历芯片 DS1302 的头文件
#define uchar unsigned char
#define uint unsigned int
bit key_flag1=0,key_flag2=0;
SYSTEMTIME adjusted;                      // 此处为结构体定义

uchar sec_add=0,min_add=0,hou_add=0,day_add=0,mon_add=0,yea_add=0;
uchar data_alarm[7]={0};

int key_scan()                            // 函数功能：键盘扫描，判断是否有键按下
```

```
{
    int i=0;
    uint temp;
    P1=0xf0;
    temp=P1;
    if(temp!=0xf0)
    {
        i=1;
    }
    else
    {
        i=0;
    }

    return i;
}

uchar key_value()                                    //函数功能：获取按下的按键值
{
    uint m=0,n=0,temp;
    uchar value;
    uchar v[4][3]={'2','1','0','5','4','3','8','7','6','b','a','9'}  ;
    P1=0xfe;temp=P1; if(temp!=0xfe)m=0;              //采用分行、分列扫描的形式获取按键键值
    P1=0xfd;temp=P1; if(temp!=0xfd)m=1;
    P1=0xfb;temp=P1; if(temp!=0xfb)m=2;
    P1=0xf7;temp=P1; if(temp!=0xf7)m=3;
    P1=0xef;temp=P1; if(temp!=0xef)n=0;
    P1=0xdf;temp=P1; if(temp!=0xdf)n=1;
    P1=0xbf;temp=P1; if(temp!=0xbf)n=2;
    value=v[m][n];
    return value;
}
void adjust(void)                                    // 函数功能：修改各参量
{
    if(key_scan()&&key_flag1)
    switch(key_value())
    {
        case '0':sec_add++;break;
        case '1':min_add++;break;
        case '2':hou_add++;break;
        case '3':day_add++;break;
        case '4':mon_add++;break;
        case '5':yea_add++;break;
        default: break;
    }
    adjusted.Second+=sec_add;
    adjusted.Minute+=min_add;
    adjusted.Hour+=hou_add;
    adjusted.Day+=day_add;
    adjusted.Month+=mon_add;
    adjusted.Year+=yea_add;
    if(adjusted.Second>59)
```

```
    {
        adjusted.Second=adjusted.Second%60;
        adjusted.Minute++;
    }
    if(adjusted.Minute>59)
    {
        adjusted.Minute=adjusted.Minute%60;
        adjusted.Hour++;
    }
    if(adjusted.Hour>23)
    {
        adjusted.Hour=adjusted.Hour%24;
        adjusted.Day++;
    }
    if(adjusted.Day>31)
        adjusted.Day=adjusted.Day%31;
    if(adjusted.Month>12)
        adjusted.Month=adjusted.Month%12;
    if(adjusted.Year>100)
        adjusted.Year=adjusted.Year%100;
}

void changing(void) interrupt 0 using 0        //中断处理函数，修改参量，或修改确认
{
    if(key_flag1)
        key_flag1=0;
    else
        key_flag1=1;
}

main()                                         //主函数
{
    uint i;
    uchar p1[]="D:",p2[]="T:";
    SYSTEMTIME T;

    EA=1;
    EX0=1;
    IT0=1;
    EA=1;
    EX1=1;
    IT1=1;
    init1602();
    Initial_DS1302() ;

    while(1)
    {
        write_com(0x80);
        write_string(p1,2);
        write_com(0xc0);
        write_string(p2,2);
        DS1302_GetTime(&T) ;
```

```
adjusted.Second=T.Second;
adjusted.Minute=T.Minute;
adjusted.Hour=T.Hour;
adjusted.Week=T.Week;
adjusted.Day=T.Day;
adjusted.Month=T.Month;
adjusted.Year=T.Year;
for(i=0;i<9;i++)
{
    adjusted.DateString[i]=T.DateString[i];
    adjusted.TimeString[i]=T.TimeString[i];
}
adjust();
DateToStr(&adjusted);
TimeToStr(&adjusted);
write_com(0x82);
write_string(adjusted.DateString,8);
write_com(0xc2);
write_string(adjusted.TimeString,8);
delay(10);
    }
}
```

　　程序中，使用了两个头文件"LCD1602.h"和"DS1302.h"（见附录 C 与附录 D 两个头文件清单）。由于液晶显示器 LCD1602 是经常用到的器件，因此将其常用到的驱动函数，写成一个头文件，如果以后在其他项目设计中也用到 LCD1602，只需将该头文件"LCD1602.h"包含进来即可，这就为编写程序提供了方便。同理对时钟/日历芯片 DS1302 的控制，也自行编写了头文件"DS1302.h"，以后在其他项目中若使用 DS1302，只需将该头文件包含进来即可。

思考题及习题

一、填空题

　　1. 步进电机是将_____信号转变为_____或_____的_____控制器件。

　　2. 给步进电机加一个脉冲信号，电机则转过一个_____。

　　3. 直流电机多用在没有_____、_____的场合，具有_____等特点。

　　4. 直流电机的旋转速度与施加的_____成正比，输出转矩则与_____成正比。

　　5. 单片机控制直流电机采用的是_____信号，将该信号转换为有效的_____。

　　6. 单片机调节_____就可改变步进电机的转速；而改变各相脉冲的先后顺序，就可以改变步进电机的_____。

二、判断题

　　1. 步进电机在非超载的情况下，电机的转速、停止的位置只取决于脉冲信号的频率和脉冲数，而不受负载变化的影响。

　　2. 单片机对直流电机不能精确地控制其旋转速度或转矩。

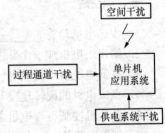

第**13**章 单片机应用系统抗干扰与可靠性设计

【内容概要】目前，随着单片机系统的广泛应用，单片机系统的可靠性越来越受到人们的关注。单片机系统的可靠性由多种因素决定，其中系统的抗干扰性能的好坏是影响系统可靠性的重要因素，因此，研究抗干扰技术，提高单片机系统的抗干扰性能，是本章要研究的内容。本章将从干扰源的来源、硬件、软件、电源系统，和接地系统等方面研究、分析并给出有效、可行的解决措施，同时还对软件的抗干扰措施进行了介绍。

弄清干扰的来源是单片机应用系统抗干扰设计的基础，了解干扰的来源是抗干扰设计的首要问题。

13.1　干扰的来源

我们一般把影响单片机测控系统正常工作的信号称为噪声，又称干扰。在单片机系统中，如果出现干扰，就会影响指令的正常执行，造成控制事故或控制失灵，而在测量通道中产生干扰，就会使测量产生误差，电压的冲击有可能使系统遭到致命的破坏。

环境对单片机控制系统的干扰一般是以脉冲的形式进入系统的，干扰窜入单片机系统的渠道主要有 3 条，如图 13-1 所示。

（1）空间干扰。空间辐射干扰来源于周围的电气设备，如发射机、中频炉、晶闸管逆变电源等发出的电干扰和磁干扰；广播电台或通信发射台发出的电磁波；空中雷电，甚至地磁场的变化也会引起干扰。这些空间辐射干扰会使单片机系统不能正常工作。

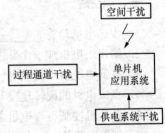

图 13-1　单片机测控系统的主要干扰渠道

（2）供电系统干扰。由于工业现场运行的大功率设备众多，特别是大感性负载设备的启停会使得电网电压大幅度涨落（浪涌），工业电网电压的欠压或过压常常达到额定电压的±15%以上。这种状况有时长达几分钟，几小时，甚至几天。由于大功率开关的通断、电机的启停、电焊等原因，电网上常常出现几百伏，甚至几千伏的尖脉冲干扰。

（3）过程通道干扰。为了达到数据采集或实时控制的目的，开关量输入/输出，模拟量输入/输出是必不可少的。在工业现场，这些输入/输出的信号线和控制线多至几百条甚至几千条，其长度往往达几百米或几千米，因此不可避免地将干扰引入单片机系统。当有大的电气设备漏电，接地系统不完善，或者测量部件绝缘不好的情况时，都会使通道中直接串入干扰信号。各通道的线路如果同出一根电缆中或绑扎在一起，各路间会通过电磁感应而产生瞬间的干扰，尤其是 0～15V 的信号与交流 220V 的电源线同套在一根长达几百米的管中其干扰更为严重。这种彼此感应产生的干扰其表现形式仍然是在通道中形成干扰电压。这样，轻者会使测量的信号发生误差，重者会使有用的信号完全淹没。有时这种通过感应产生的干扰电压会达到几十伏以上，使单片机系统无法工作。

以上 3 种干扰以来自供电系统的干扰最为严重，其次为来自过程通道的干扰。对于来自空间的辐射干扰，需加适当的屏蔽及接地来解决。

13.2　供电系统干扰及其抗干扰措施

任何电源及输电线路都存在内阻，正是这些内阻才引起了电源的干扰。如果没有内阻，无论何种干扰都会被电源短路吸收，在线路中不会建立起任何干扰电压。

单片机系统中最重要、危害最严重的干扰源来源于电源。在某些大功率耗电设备的电网中，经对电源检测发现，在 50 周正弦波上叠加有很多 1000 多伏的尖峰电压。

13.2.1　电源干扰来源、种类和危害

如果把电源电压变化持续时间定义为 Δt，那么，根据 Δt 的大小可以把电源干扰分为以下 5 种。

（1）过压、欠压、停电：$\Delta t > 1s$。

（2）浪涌、下陷：$1s > \Delta t > 10ms$。

（3）尖峰电压：Δt 为 μs 量级。

（4）射频干扰：Δt 为 ns 量级。

（5）其他：半周内的停电或者过欠压。

过压、欠压、停电的危害是显而易见的，解决的办法是使用各种稳压器、电源调节器，对付暂短时间的停电则配置不间断电源（UPS）。

浪涌与下陷是电压的快变化，如果幅度过大也会毁坏系统。即使变化不大（±10%～±15%），直接使用不一定会毁坏系统，但由于电源系统中接有反应迟缓的磁饱和或/和电子交流稳压器，往往会在这些变化点附近产生振荡，使得电压忽高忽低。如果有连续几个±10%～±15%的浪涌或下陷，由此造成的振荡能产生±30%～±40%的电源变化，而使系统无法工作。解决这种电源干扰的办法是使用快速响应的交流电源稳压器。

尖峰电压持续时间很短，一般不会毁坏系统，但对单片机系统正常运行危害很大，会造成逻辑功能紊乱，甚至冲坏源程序。解决办法是使用具有干扰抑制能力的交流电源调节器、参数稳压器或超隔离变压器。

射频干扰对单片机系统影响不大，一般加接两三节低通滤波器即可解决。

13.2.2　供电系统的抗干扰设计

单片机测控系统的供电，常常是一个棘手问题，单单一台高质量的电源不足以解决干扰和电压波动问题，必须完整地设计整个电源供电系统。

逻辑电路是在低电压、大电流下工作，电源的分配就必须引起注意，譬如一条 0.1Ω 的电源线回路，对于 5A 的供电系统，就会把电源电压从 5V 降到 4.5V，以至不能正常工作。另一方面工

作在极高频率下的数字电路，对电源线有高频要求，所以一般电源线上的干扰是数字系统最常出现的问题之一。

电源分配系统的关键就是良好的接地，系统的地线必须能够吸收来自所有电源系统的全部电流。应该采用粗导线作为电源连接线，地线应尽量短而直接走线；对于插件式线路板，应多给电源线、地线分配几个沿插头方向均匀分布的插针。

在单片机系统中，为了提高供电系统的质量，防止窜入干扰，建议采用图 13-2 所示的供电配置并采取如下措施。

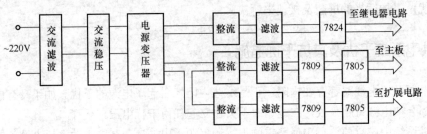

图 13-2　供电配置原理框图

（1）交流近线端加交流滤波器，可滤掉高频干扰，如电网上大功率设备启停造成的瞬间干扰。市场上的滤波器产品有一级、二级滤波器之分，安装时外壳要加屏蔽并良好接地，进出线要分开，防止感应和辐射耦合。低通滤波器仅允许 50Hz 交流电通过，这样对高频和中频干扰有良好的衰减作用。

（2）要求高的系统加交流稳压器。

（3）采用具有静电屏蔽和抗电磁干扰的隔离电源变压器。

（4）采用集成稳压块两级稳压。目前市场上集成稳压块有许多种，如提供正电源的 7805、7812、7820、7824 和提供负电压的 79 系列稳压块，它们内部是多级稳压电路，采用两级稳压效果好。例如，主机电源先用 7809 稳压到 9V，再用 7805 稳压到 5V。

（5）直流输出部分采用大容量电解电容进行平滑滤波。

（6）交流电源线与其他线尽量分开，减少再度耦合干扰。如滤波器的输出线上干扰已减少，应使其与电源进线级滤波器外壳保持一定距离，交流电源线与直流电源线的信号线分开走线。

（7）电源线与信号线一般都通过地板下面走线，而且不可把两线靠得太近或互相平行，以减少电源信号的影响。

（8）在每块印制板的电源与地之间并接退耦电容，即 $5\sim10\mu F$ 的电解电容和一个 $0.01\sim1.0\mu F$ 的电容，以消除直流电源与地线中的脉冲电流所造成的干扰。

13.3　过程通道干扰的抑制措施——隔离

过程通道是系统输入、输出和单片机之间进行信息传输的路径。过程通道的干扰主要采用光电隔离技术。

13.3.1　光电耦合隔离的基本配置

光电耦合器可以将单片机与前向、后向和其他部分切断电路的联系，能有效地防止干扰从过程通道进入单片机。其原理如图 13-3 所示。

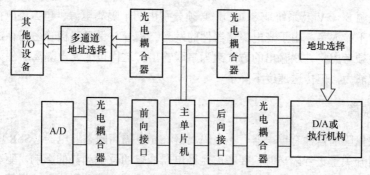

图 13-3　光电耦合器隔离的基本原理图

光电耦合的主要优点是能有效抑制尖峰脉冲以及各种干扰,从而使过程通道上的信噪比大大提高。

13.3.2　光电隔离的实现

1. ADC、DAC 与单片机之间的隔离

对 CPU 数据总线进行隔离是一种十分理想的方法,全部 I/O 端口均被隔离。但是,由于 CPU 数据总线是高速(μS 级)双向传输,这就要求频率响应为 MHz 级的隔离器件,这种器件目前价格较高。因此,这种方法采用的不多。

通常采用下列方法将 ADC、DAC 与单片机之间的电气联系切断。

(1)对 ADC、DAC 进行模拟隔离。对 ADC、DAC 转换前后的模拟信号进行隔离,是常用的一种方法。通常采用隔离放大器对模拟量进行隔离。但所用的隔离放大器必须满足 ADC、DAC 变换的精度和线性要求。例如,如果对 12 位 ADC、DAC 变换器进行隔离,其隔离放大器要达到 13 位,甚至 14 位精度,如此高精度的隔离放大器通常价格昂贵。

(2)在 I/O 与 ADC、DAC 之间进行数字隔离。这种方案最经济,也称为数字隔离。ADC 转换时,先将模拟量变为数字量,对数字量进行隔离,然后再送入单片机。DAC 转换时,先将数字量进行隔离,然后进行 DAC 转换。这种方法的优点是方便、可靠、廉价,不影响 ADC、DAC 的精度和线性度,缺点是速度不高。如果用廉价的光电隔离器件,最大转换速度约为每秒 3000～5000点,这对于一般工业测控对象(如温度、湿度、压力等)已能满足要求。

图 13-4 所示是实现数字隔离的一个例子。该例将输出的数字量经锁存器锁存后,驱动光电隔离器件,经光电隔离之后的数字量被送到 DAC 转换器。但要注意的是,现场电源 F+5V,现场地

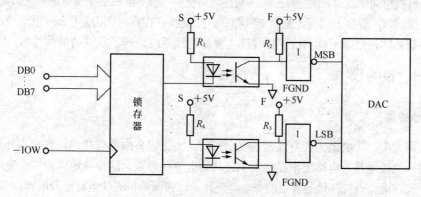

图 13-4　一种数字隔离原理图

FGND 和系统电源 S＋5V 及系统地 SGND，必须分别由两个隔离电源供电。还应指出的是，光电隔离器件的数量不能太多。由于光电隔离器件的发光二极管与受光三极管之间存在分布电容，当数量较多时，必须考虑将并联输出的方式改为串联输出，这样可使光电隔离器件大大减少，且保持很高的抗干扰能力，但传送速度下降了。

2．开关量隔离

常用的开关量隔离器件有继电器、光电隔离器、光电隔离固态继电器（SSR）。

用继电器对开关量进行隔离时，要考虑到继电器线包的反电动势的影响，驱动电路的器件必须能耐高压。为了吸收继电器线包的反电动势，通常在线包两端并联一个二极管。其触点并联一个消火花电容器，容量可在 $0.1\sim0.047\mu F$ 之间选择，耐压视负荷电压而定。

对于开关量的输入，一般用电流传输的方法，此方法抗干扰能力强，其原理图如图 13-5 所示。图中 R_1 为限流电阻，D_1、R_2 为保护二极管和保护电阻。当外部开关闭合时，有电源 E 产生电流，使光电二极管导通，采用不同的 R_1、R_2 值以保证良好的干扰能力。

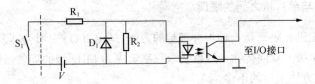

图 13-5　开关量的电流传输原理图

固态继电器代替机械触点的继电器是十分优越的。固态继电器是将发光二极管与晶闸管封装在一起的一种新型器件。当发光二极管导通时，晶闸管被触发而接通电路。固态继电器视触发方式不同，可分为过零触发与非过零触发两大类。过零触发的固态继电器本身几乎不产生干扰，这对单片机控制是十分有利的，但其造价是一般继电器的 5～10 倍。

13.4　空间干扰及抗干扰措施

空间干扰主要指电磁场在线路、导线、壳体上的辐射、吸收和解调。干扰来自应用系统的内部和外部，市电电源线是无线电波的媒介，而在电网中有脉冲源工作时，它又是辐射天线，因而任一线路、导线、壳体等在空间均同时存在辐射、接收、调制。

在现场解决空间干扰时，首先要正确判断是否是空间干扰，可在系统供电电源入口处接入 WRY 型微机干扰抑制器，观察干扰现象是否继续存在，如继续存在则可认为是空间干扰。空间干扰不一定是来自系统外部，空间干扰的抗干扰设计主要是地线系统设计、系统的屏蔽与布局设计。

13.4.1　接地技术

1．接地种类

接地有两大类：一类是为人身或设备安全目的，而把设备的外壳接地，这称为外壳接地或安全接地；另一类接地是为电路工作提供一个公共的电位参考点，这种接地称为工作接地。

（1）外壳接地。外壳接地是真正的与大地连接，以使漏到机壳的电荷能及时泄放到地球里去，这样才能确保人身和设备的安全。外壳接地的接地电阻应当尽可能低，因此在材料、施工方面均有一定的要求。外壳接地是十分重要的，但实际上又为人们所忽视。

（2）工作接地。工作接地是依电路工作需要而进行的。在许多情况下，工作地不与设备外壳相连，因此工作地的零电位参考点（及工作地）相对地球的大地是浮空的，所以也把工作地称为"浮地"。

2. 接地系统

正确、合理地接地，是单片机应用系统抑制干扰的主要方法。

在单片机应用系统中，前述两大类地按单元电路的性质又可分为以下几种。

- 数字地（又称逻辑地），为逻辑电路的零电位。
- 模拟地，为 A/D 转换、前置放大器或比较器的零电位。
- 信号地，通常为传感器的地。
- 小信号前置放大器的地。
- 功率地，为大的电流网络部件的零电位。
- 交流地，交流 50Hz 地线，这种地线是噪声地。
- 屏蔽地，为防止静电感应和磁场感应而设置的地。

以上这些地线如何处理，是浮地还是接地？是一点接地还是多点接地？这些是单片机测控系统设计、安装、调试中的大问题。下面就来讨论。

（1）机壳接地与浮地的比较。全机浮空，即机器各个部分全部与大地浮置起来。这种方法有一定的抗干扰能力，但要求机器与大地的绝缘电阻不能小于 50MΩ，且一旦绝缘下降便会带来干扰；另外，浮空容易产生静电，导致干扰。

另一种，就是测控系统的机壳接地，其余部分浮空，如图 13-6 所示。浮空部分应设置必要的屏蔽，例如双层屏蔽浮地或多层屏蔽。这种方法抗干扰能力强，而且安全可靠，但工艺较复杂。两种方法比较，后者较好，并为越来越多的人所采用。

（2）一点接地与多点接地的应用原则。一般而言，低频（1MHz 以下）电路应一点接地，如图 13-7 所示；高频（10MHz 以上）电路应多点就近接地。因为，在低频电路中，布线和器件间的电感较小，而接地电路形成的环路对干扰的影响却很大，因此应一点接地；对于高频电路，地线上具有电感，因为增加了地线阻抗，同时各地线之间产生了电感耦合。当频率甚高时，特别是当地线长度等于 1/4 波长的奇数倍时，地线阻抗就会变得很高，这时地线变成了天线，可以向外辐射干扰信号。

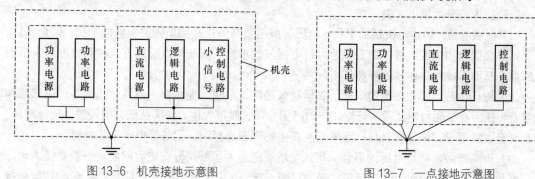

图 13-6 机壳接地示意图　　　　　　　　图 13-7 一点接地示意图

单片机测控系统的工作频率大多较低，对它起作用的干扰频率大都在 1MHz 以下，故宜采用一点接地。在 1～100MHz 之间，如用一点接地，其地线长度不得超过波长的 1/20，否则应该多点接地。

（3）交流地与信号地不能共用。因为在一段电源地线的两点间会有数毫伏，甚至几伏电压，对低电平信号电路来说，这是一个非常严重的干扰，因此，交流地和信号地不能共用，图 13-8 所示为一种不正确的接法。

（4）数字地和模拟地。数字地通常有很大的噪声而且电平的跳跃会造成很大的电流尖峰。所有的模拟公共导线（地）应该与数字公共导线（地）分开走线，然后只是一点汇在一起。因此，要把各芯片所有的模拟地和数字地分别相连，然后模拟（公共）地与数字（公共）地仅在一点上相连接，在此连接点外，在芯片和其他电路中不可再有公共点，如图 13-9 所示。但在 ADC 和 DAC 电路中，要注意地线的正确连接，否则转换将不准确。ADC 和 DAC 电路地线的正确接法是，先将 ADC 和 DAC 芯片上的模拟地引脚与数字地引脚尽可能短的连接，然后再接到模拟地上。

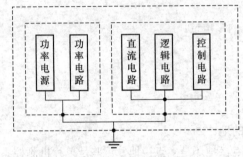

图 13-8　不正确的接地示意图　　　　图 13-9　数字地和模拟地正确的地线连接示意图

（5）微弱信号模拟地的接法。A/D 转换器在采集 0～50mV 微小信号时，模拟地的接法极为重要。为提高抗共模干扰的能力，可用三线采样双层屏蔽浮地技术。这种三线采样双层屏蔽浮地技术是抗共模干扰最有效的方法。

（6）功率地。这种地线电流大，因此地线应粗些，且应与小信号分开走线。

13.4.2　屏蔽技术

高频电源、交流电源、强电设备产生的电火花甚至雷电，都能产生电磁波，从而成为电磁干扰源。当距离较近时，电磁波会通过分布电容和电感耦合到信号回路而形成电磁干扰；当距离较远时，电磁波则以辐射形式构成干扰。

单片机使用的振荡器，本身就是一个电磁干扰源，同时它还极易受其他电磁干扰的影响，破坏单片机的正常工作。

屏蔽技术可分为以下 3 类。

（1）电磁屏蔽，防止电磁场的干扰。电磁屏蔽主要是防止高频电磁波辐射的干扰，以金属板、金属网或金属盒构成的屏蔽体能有效地对付电磁波的干扰。屏蔽体以反射方式和吸收方式来削弱电磁波，从而形成对电磁波的屏蔽作用。

（2）磁场屏蔽，防止磁场的干扰。磁场屏蔽是防止电极、变压器、磁铁、线圈等的磁感应和磁耦合，使用高导磁材料做成屏蔽层，是磁路闭合，一般接大地。当屏蔽低频磁场时，选择磁钢、坡莫合金、铁等导磁率高的材料；而屏蔽高频磁场则应选择铜、铝等导电率高的材料。

（3）电场屏蔽，防止电场的耦合干扰。电场屏蔽是为了解决分布电容问题，一般是接大地，这主要是指单层屏蔽。对于双层屏蔽，例如双变压器，原边屏蔽接机壳（即接大地），副边屏蔽接到浮地的屏蔽盒。

当一个接地的放大器与一个不接地的信号源相连时，连接电缆的屏蔽层应接到放大器公共端。反之，应接信号源的公共端。高增益放大器的屏蔽层应接到放大器的公共端。

为了有效发挥屏蔽体的屏蔽作用，还应注意屏蔽体的接地问题。为了消除屏蔽体与内部电路的寄生电容，屏蔽体应按"一点接地"的原则接地。

13.5 反电势干扰的抑制

在单片机应用系统中，常使用较大电感量的器件或设备，如继电器、电动机、电磁阀等。当电感回路的电流被切断时，会产生很大的反电势而形成干扰（噪声）。这种反电势甚至可能击穿电路中晶体管之类的器件，反电势形成的干扰能产生电磁场，对单片机应用系统中的其他电路产生影响，这时可采用如下措施来抑制反电势干扰。

（1）如果通过电感线圈的是直流电流，可在线圈两端并联二极管和稳压管，如图 13-10（a）所示。

在稳定工作时，并联支路被二极管 D 阻断而不起作用；当三极管 T 由通道变为截止时，在电感线圈两端产生反电势 e。此电势可在并联支路中流通，因此 e 的幅值被限制在稳压管 DW 的工作电压范围之内，并被很快消耗掉，从而抑制了反电势的干扰。使用时 DW 的工作电压应选择的比外加电源高些。

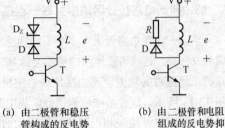

(a) 由二极管和稳压管构成的反电势抑制电路　　(b) 由二极管和电阻组成的反电势抑制电路

图 13-10　反电势干扰的抑制电路图

如果把稳压管换为电阻，同样可以达到抑制反电势的目的，如图 13-10（b）所示，因此也适用于直流驱动线圈的电路。在这个电路中，电阻的阻值范围可以从几欧姆到几十欧姆：阻值太小，反电势衰减得慢；而阻值太大，又会增大反电势的幅值。

（2）反电势抑制电路也可由电阻和电容组成，如图 13-11 所示。适当选择 R、C 的参数，也能获得较好的抑制效果。这种电路不仅适用于交流驱动的线圈，也适用于直流驱动的线圈。

（3）反电势抑制电路不但可以接在线圈的两端，也可以接在开关的两端，如继电器、接触器等部件在操作时，开关会产生较大的火花，必须利用 RC 电路加以吸收，如图 13-12 所示。对于图 13-12（b）所示的电路，一般 R 取 1～2kΩ，C 取 2.2～4.7μF。

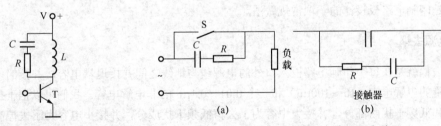

(a)　　　　　　接触器　(b)

图 13-11　由电阻（R）和电容（C）组成的抑制电路图　　　　图 13-12　开关两端的反电势抑制电路图

13.6 印制电路板的抗干扰设计

印制电路板是单片机系统中器件、信号线、电源线的高密度集合体，印制电路板设计的好坏直接影响着其抗干扰能力，故印制电路板的设计绝不单单是器件、线路的简单布局、安排，还必须符合抗干扰的设计原则。

13.6.1　地线与电源线设计

1．地线宽度

加粗地线能降低导线电阻，从而能通过 3 倍于印制电路板上的允许电流。如有可能，地线宽度应在两三毫米以上。

2．接地线构成闭环路

接地线构成闭环路能明显地提高抗干扰能力。闭环形状能显著地缩短线路的环路，降低线路阻抗，从而减少干扰。但要注意环路所包围的面积越小越好。

3．印制电路板分区集中并联一点接地

当同一印制电路板上有多个不同功能的电路时，可将同一功能单元的元器件集中于一点接地，自成独立回路。这就可使地线电流不会流到其他功能单元的回路中去，避免了对其他单元的干扰。与此同时，还应将各功能单元的接地块与主机的电源地相连接，如图 13-13 所示，这种接法称为"分区集中并联一点接地"。为了减小线路阻抗，地线和电源线要采用大面积汇流排。数字地和模拟地分开设计，在电源处两种地线相连，且地线应尽量加粗。

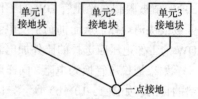

图 13-13　分区集中并联一点接地示意图

4．电源线的布置

电源线除了要根据电流的大小尽量加粗导体宽度外，还应使电源线、地线的走向与数据传递的方向一致，这将有助于增强抗噪声能力。

13.6.2　去耦电容的配置

印制电路板上装有多个集成电路，而当其中有些器件耗电很多时，地线上会出现很大的电位差。抑制电位差的方法是在各器件的电源线和地线间分别接入去耦电容，以缩短开关电流的流通途径，这是印制电路板设计的一项常规做法。

1．电源去耦

电源去耦就是在每个印制电路板入口外的电源线与地线之间并接退耦电容。并接的电容应为一个大容量的电解电容（10～100μF）和一个 0.01～0.1μF 的非电解电容。我们可以把干扰分解成高频干扰和低频干扰两部分，并接大电容为了去掉低频干扰成分，并接小电容为了去掉高频干扰部分。低频去耦电容用铝或钽电解电容，高频去耦电容采用自身电感小的云母或陶瓷电容。

2．集成芯片去耦

每个集成芯片都应安置一个 0.1μF 的陶瓷电容器，安装每个芯片的去耦电容时，必须将去耦电容安装在本集成芯片的 V_{CC} 和 GND 线之间，否则便失去了抗干扰作用。

如遇到印刷电路板空隙小装不下时，可每 4～10 个芯片安置一个 1～10μF 的限噪声用的钽电容器。这种电容器的高频阻抗特别小，在 500Hz～200MHz 范围内阻抗小于 1Ω，而且漏电流很小（0.5μA 以下）。

对于抗干扰能力弱，关断电流大的器件和 ROM、RAM 存储器，应在芯片的电源线 V_{CC} 和地线（GND）间直接接入去耦电容。

13.6.3 印制电路板的布线的抗干扰设计

印制电路板的布线方法对抗干扰性能有直接影响。前面已经间接地介绍了一些布线原则，对于没有介绍到的一些布线原则，下面予以补充说明。

（1）如果印制电路板上逻辑电路的工作速度低于 TTL 的速度，导线条的形状没有什么特别要求；若工作速度较高使用高速逻辑器件，用作导线的铜箔在 90°转弯处的导线阻抗不连续，可能导致反射干扰的发生，所以宜采用图 13-14（b）的形状，把弯成 90°的导线改成 45°，这将有助于减少反射干扰的发生。

（2）不要在印制电路板中留下无用的空白铜箔层，因为它们可以充当发射天线或接收天线，可就近把它们接地。

（3）双面布线的印制电路板，应使双面的线条垂直交叉，以减少磁场耦合，这有利于抑制干扰。

（4）导线间距离要尽量加大。对于信号回路，印制铜箔条的相互距离要有足够的尺寸，而且这个距离要随信号频率的升高而加大，尤其是频率极高或脉冲前沿十分陡峭的情况更要注意，只有这样才能降低导线之间分布电容的影响。

（5）高电压或大电流线路对其他线路更容易形成干扰，低电压或小电流信号线路容易受到感应干扰，布线时尽量使两者相互远离，避免平行铺设，可采取屏蔽等措施。

（6）所有线路尽量沿直流地铺设，尽量避免沿交流地铺设。

（7）电源线的布线除了要尽量加粗导体宽度外，采取使电源线、地线的走向与数据传递的方向一致，将有助于增强抗干扰能力。

（8）走线不要有分支，这可避免在传输高频信号时导致反射干扰或发生谐波干扰，如图 13-15 所示。

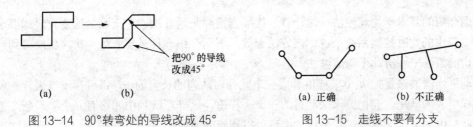

（a）	（b）	（a）正确　　（b）不正确
图 13-14　90°转弯处的导线改成 45°		图 13-15　走线不要有分支

13.7 软件抗干扰措施

单片机系统在干扰环境下运行时，除了前面介绍的各种抗干扰的措施，还可采用软件抗干扰方法来增强系统的抗干扰能力。下面就介绍几种常用软件抗干扰的方法。

13.7.1 软件抗干扰的一般方法

软件抗干扰技术是当系统受干扰后使系统恢复正常运行或输入信号受干扰后去伪求真的一种辅助方法。因此软件抗干扰是被动措施，而硬件抗干扰是主动措施。但由于软件设计灵活、节省硬件资源，所以软件抗干扰技术已得到较为广泛的使用。软件抗干扰技术研究的主要内容如下。

（1）软件滤波。采用软件的方法抑制叠加在输入信号上噪声的影响，可以通过软件滤波剔除虚假信号，求取真值。

（2）开关量的输入/输出抗干扰设计。可采用对开关量输入信号重复检测、对开关量输出口数据刷新的方法。

（3）由于 CPU 受到干扰，程序计数器 PC 的状态被破坏，导致程序从一个区域跳转到另一个区域，或者程序在地址空间内"乱飞"，或者进入"死循环"。因此必须尽可能早地发现并采取措施，使程序纳入正轨。为使"乱飞"的程序被拦截或程序摆脱"死循环"可采用 13.8 节介绍的"看门狗"技术。

下面详细介绍上述的各种软件抗干扰技术。

13.7.2　软件滤波

对于实时数据采集系统，为了消除传感器通道中的干扰信号，常采用硬件滤波器先滤除干扰信号，再进行 A/D 转换的方法。也可采用先 A/D 转换，再对 A/D 转换后的数字量进行软件滤波消除干扰的方法。下面介绍几种软件滤波的方法。

1. 算术平均滤波法

算术平均滤波法就是对一点数据连续取 n 个值进行采样，然后求算术平均。这种方法一般适用于具有随机干扰的信号的滤波。这种信号的特点是有一个平均值，信号在某一数值范围附近上下波动。这种滤波法，当 n 值较大时，信号的平滑度高，但灵敏度低；当 n 值较小时，平滑度低，但灵敏度高。应视具体情况选取 n 值，既要节约时间，又要滤波效果好。对于一般流量测量，通常取经验值 $n = 12$；若为压力测量，则取经验值 $n = 4$。一般情况下，经验值 n 取 3～5 次即可。

读者可根据上述设计思想，设计出算术平均滤波法的子程序 AVGFIL。

2. 滑动平均滤波法

上面介绍的算术平均滤波法，每计算一次数据需要测量 n 次。对于测量速度较慢或要求数据计算速度较快的实时控制系统来说，该方法无效。下面介绍一种只需测量一次，就能得到当前算术平均值的方法——滑动平均滤波法。

滑动平均滤波法是把 n 个采样值看成一个队列，队列的长度为 n，每进行一次采样，就把最新的采样值放入队尾，而扔掉原来队首的一个采样值，这样在队列中始终有 n 个"最新"的采样值。对队列中的 n 个采样值进行平均，就可以得到新的滤波值。

滑动平均滤波法对周期性干扰有良好的抑制作用，平滑度高，灵敏度低；但对偶然出现的脉冲性干扰的抑制作用差，不易消除由此引起的采样值的偏差。因此它不适用于脉冲干扰比较严重的场合。通常，观察不同 n 值下滑动平均的输出响应，据此选取 n 值，以便达到既少占时间，又能最好的滤波效果，其工程经验值参考如下。

参数	温度	压力	流量	液面
n 值	1～4	4	12	4～12

3. 中位值滤波法

中位值滤波法就是对某一被测参数接连采样 n 次（一般 n 取奇数），然后把 n 次采样值按大小排列，取中间值为本次采样值。中位值滤波能有效地克服因偶然因素引起的波动干扰。对温度、液位等变化缓慢的被测参数采用此方法能收到良好的滤波效果。但对于流量、速度等快速变化的参数一般不宜采用中位值滤波法。

4. 去极值平均值滤波法

前面介绍的算术平均与滑动平均滤波法，在脉冲干扰比较严重的场合，则干扰将会被"平均"到结果中去，故上述两种平均值滤波法不易消除由于脉冲干扰而引起的误差。这时可采用去极值平均值滤波法。

去极值平均值滤波法的思想是：连续采样 n 次后累加求和，同时找出其中的最大值与最小值，再从累加和中减去最大值和最小值，按 n-2 个采样值求平均，即可得到有效采样值。这种方法类似于体育比赛中的去掉最高、最低分，再求平均分的评分办法。

为使平均滤波算法简单，n-2 应为 2、4、6、8 或 16，故 n 常取 4、6、8、10 或 18。具体做法有两种：对于快变参数，先连续采样 n 次，然后再处理，但要在 RAM 中开辟 n 个数据的暂存区；对于慢变参数，可一边采样，一边处理，而不必在 RAM 中开辟数据暂存区。实践中，为了加快测量速度，一般 n 取 4。

13.7.3 开关量输入/输出软件抗干扰设计

如果干扰只作用在系统的 I/O 通道上，则可用如下方法减小或消除这种干扰。

1. 开关量输入软件抗干扰措施

干扰信号多呈毛刺状，作用时间短。利用这一特点，在采集某一状态信号时，可多次重复采集，直到连续两次或多次采集结果完全一致时才可视为有效。若相邻的检测内容不一致，或多次检测结果不一致，则是伪输入信号，此时可停止采集，给出报警信号。由于状态信号主要来自各类开关型状态传感器，对这些信号的采集不能用多次平均方法，而必须绝对一致。

在满足实时性要求的前提下，如果在各次采集状态信号之间增加一段延时，效果会更好，以对抗较宽时间范围的干扰，延时时间在 10～100μs。每次采集的最高次数限制和连续相同次数均可按实际情况适当调整。

2. 开关量输出软件抗干扰措施

在单片机系统的输出信号中，有很多是各种警报装置、各种电磁装置的状态驱动信号。这类信号抗干扰的有效输出方法是，重复输出同一个数据，只要有可能，重复周期应尽量短。外部设备接收到一个被干扰的错误信息后，还来不及做出有效的反应，一个正确的输出信息又到来了，这可以及时防止错误动作的产生。

在执行输出功能时，应该将有关输出芯片的状态也一并重复设置。例如，82C55 芯片常用来扩展输入/输出功能，很多外设通过它们获得单片机的控制信息。这类芯片均应进行初始化编程，以明确各端口的功能。由于干扰的作用，有可能无意中将芯片的编程方式改变。为了确保输出功能正确实现，输出功能模块在执行具体的数据输出之前，应该先执行对芯片的初始化编程指令，再输出有关数据。

思考题及习题

一、填空题

1. 环境对单片机控制系统的干扰一般都是以_____形式进入系统的，干扰窜入单片机系统的渠道主要有 3 条，分别是_____，_____和_____。

2. 在每块印制电路板的电源与地之间并接_____。即_____的电解电容和一个_____的电容，以消除_____与_____中的_____所造成的干扰。

3. 采用_____可以将单片机与前向、后向以及其他部分切断电路的联系，这能有效地防止干扰从_____进入单片机。

4. 光电耦合的主要优点是能有效抑制_____以及各种_____，从而使过程通道上的_____大大提高。

5. 常见的软件滤波中的算术平均滤波法：一般适用于具有_____的信号的滤波；滑动平均滤波法：对_____有良好的抑制作用，但对偶然出现的_____的抑制作用差；中位值滤波法：能有效地克服因_____的波动干扰。对_____、_____等变化缓慢的被测参数能收到良好的滤波效果。但对_____、_____等快速变化的参数一般不宜采用此法；去极值平均值滤波法对消除由于_____而引起的误差较为有效。

6. 绘制印制电路板时，所有线路尽量沿_____铺设，尽量避免沿_____铺设。

二、判断题

1. 不要在印制电路板中留下无用的空白铜箔层，因为它们可以充当发射天线或接收天线，可就近把它们接地。

2. 双面布线的印制电路板，应使双面的线条尽量平行，以减少磁场耦合，有利于抑制干扰。

3. 电源线布线除了尽量加粗导体宽度外，采取使电源线、地线的走向与数据传递的方向一致，这将有助于增强抗噪声能力。

4. 指令冗余措施可以减少程序"乱飞"的次数，使其很快纳入程序轨道，可保证程序在失控期间不干坏事，保证程序纳入正常轨道。

三、简答题

1. 为什么要在每块的电源与地之间并接退耦电容？加几个退耦电容？电容量选多大为宜？

2. 在单片机应用系统中，应在什么位置进行光电隔离？

3. 具有较大电感量的器件或设备，诸如继电器、电动机、电磁阀等，在其断电时，应采用什么措施来抑制其反电势？

4. 为什么要将所有的单片机应用系统中的模拟地和数字地分别相连，然后仅在一点上相连接？

5. 如何在单片机应用系统中实现电源去耦和集成芯片去耦？

6. 为什么在印制电路板的设计中，不要在印制电路板中留下无用的空白铜箔层，走线不要有分支？

7. 如何启动看门狗计数器？如何在程序的正常运行中，防止看门狗计数器溢出？

第 14 章 单片机应用系统的设计与调试

【内容概要】本章介绍单片机应用系统的设计,内容主要包括:单片机应用系统的设计步骤和方法,应用系统的硬件设计和应用程序的总体框架设计。此外,还介绍了目前流行的单片机应用系统的仿真开发工具,以及如何利用仿真开发工具对单片机应用系统进行开发调试。

单片机应用系统的设计,要经过深入细致的需求分析,周密而科学的方案论证才能使系统设计工作顺利完成。因此,熟悉了解单片机应用系统的设计步骤是系统设计的首要问题。

14.1 单片机应用系统的设计步骤

一个单片机应用系统设计,一般可分为 4 个阶段。

(1)明确任务、需求分析和拟定设计方案阶段。明确系统所要完成的任务十分重要,它是设计工作的基础,也是设计方案正确性的保证。需求分析的内容主要包括:被测控参数的形式(电量、非电量、模拟量、数字量等)、被测控参数的范围、性能指标、系统功能、工作环境、显示、报警、打印要求等。拟定设计方案是根据任务的需求分析,先确定大致方向和准备采用的手段。注意,在拟定设计方案的时候,简单的方法往往可以解决大问题,切忌"将简单的问题复杂化"。

(2)硬件设计和软件设计阶段。根据拟定的设计方案,设计出相应的系统硬件电路。硬件设计的前提是必须能够完成系统的要求和保证可靠性。在硬件设计时,如果能够将硬件电路设计与软件设计结合起来考虑,效果会更好。因为当有些问题在硬件电路中无法完成时,可直接由软件来完成(如某些软件滤波、校准功能等);当软件编写程序很麻烦的时候,通过稍稍改动硬件电路(或尽可能不改动)可能会使软件设计变得十分简单。另外在一些要求系统实时性强、响应速度快的场合,则往往必须用硬件代替软件来完成某些功能。所以在硬件电路设计时,最好能够与软件的设计结合起来,统一考虑,合理地安排软、硬件的比例,以使系统具有最佳的性/价比。当硬件电路设计完成后,就可进行硬件电路板的绘制和焊接工作了。

接下来的工作就是软件设计。正确的编程方法就是根据需求分析,先绘制出软件的流程图,该环节十分重要。流程图的绘制往往不能一次成功,通常需要进行多次的修改。流程图的绘制可按照由简到繁的方式再逐步细化,先绘制系统大体上需要执行的程序模块,然后将这些模块按照要求组合在一起,在大方向没有问题后,再将每个模块进行细化,最后形成软件流程图,这样程序的编写速度就会很快，同时程序流程图还会为后面的调试工作带来很多方便，如程序调试中某个模块不正常，就可以通过流程图来查找问题的原因。软件设计者一定要克服不绘制流程图直接在计算机上编写程序的习惯。

设计者也可以先使用虚拟仿真开发工具 Proteus 来进行单片机系统的仿真设计。使用 Proteus 完成的单片机系统设计与用户样机在硬件上无任何联系，这是一种完全用软件手段对单片机硬件电路和软件来进行设计、开发与仿真调试的开发工具。如果一个单片机的软硬件系统使用软件虚拟仿真工具进行系统设计并仿真调试通过，虽然还不能完全说明实际系统就完全通过，但至少在逻辑上是行得通的。系统虚拟仿真通过后，再进行实际的软硬件设计与实现，可大大减少设计上所走的弯路。软件编写调试可与硬件设计同步进行，可大大提高设计效率，这也是目前世界上广泛流行的一种开发设计方法。

（3）硬件与软件联合调试阶段。上述的软硬件系统虚拟设计仿真调试通过后，再使用硬件仿真开发工具（在线仿真器）与用户样机来进行实际调试，具体的调试方法和过程，将在本章的后面进行介绍。

所有的软件和硬件电路全部调试通过，并不意味着单片机系统的设计成功，还需要通过实际运行来调整系统的运行状态，如系统中的 A/D 转换结果是否正确，如果不正确，是否要调零和调整基准电压等。

（4）资料与文件整理编制阶段。当系统全部调试通过后，就进入资料与文件整理编制阶段。资料与文件包括：任务描述、设计的指导思想及设计方案论证、性能测定及现场试用报告与说明、使用指南、软件资料（流程图、子程序使用说明、地址分配、程序清单）、硬件资料（电路原理图、器件布置图及接线图、接插件引脚图、线路板图、注意事项）。文件不仅是设计工作的结果，而且是以后使用、维修以及进一步再设计的依据。因此，一定要精心编写，描述清楚，使数据及资料齐全。

14.2　单片机应用系统设计

本节介绍如何进行单片机应用系统的设计，主要从硬件设计和软件设计两个方面考虑。

14.2.1　硬件设计应考虑的问题

在硬件设计时，首先应重点考虑以下几个问题。

1．尽可能采用高集成度、功能强的芯片

（1）单片机的选型。随着集成电路技术的飞速发展，单片机的集成度越来越高，许多外围部件都已集成在芯片内，有许多单片机本身就是一个系统，这样可以省去许多外围部件的扩展工作，使设计工作大大简化。在第 1 章中，已经介绍了目前较为流行的各种单片机机型，用户可根据任务的需求选择合适的机型。例如，目前市场上较为流行的美国 Cygnal 公司的 C8051F020 8 位单片机，片内集成有 8 通道 A/D、两路 D/A、两路电压比较器，内置温度传感器、定时器、可编程数字交叉开关和 64 个通用 I/O 口、电源监测、看门狗、多种类型的串行总线（两个 UART、SPI）等。使用 1 片 C8051F020 8 位单片机，就构成了一个应用系统。另外，如果系统需要较大的 I/O 驱动能力和较强的抗干扰能力，可考虑选用 PIC 单片机或 AVR 单片机。

（2）优先选用片内带有较大容量 Flash 存储器的产品。例如，使用 ATMEL 公司的 AT89S52/

AT89S53/AT89S54/AT89S55 系列产品，PHILIPS 公司的 89C58（内有 32KB 的 Flash 存储器）等，这样可省去扩展片外程序存储器的工作，减少芯片数量，缩小系统的体积。

（3）RAM 容量的考虑。大多数单片机片内的 RAM 容量有限，当需增强软件数据处理功能时，往往觉得不足，这时可选用片内具有较大 RAM 容量的单片机，例如 PIC18F452。

（4）对 I/O 端口留有余地。在用户样机研制出来进行现场试用时，往往会发现一些被忽视的问题，而这些问题是不能单靠软件措施来解决的。如有些新的信号需要采集，就必须增加输入检测端；有些物理量需要控制，就必须增加输出端。如果在硬件设计之初就多设计留有一些 I/O 端口，这些问题就会迎刃而解了。

（5）预留 A/D 和 D/A 通道。与上述的 I/O 端口同样的原因，预先留出一些 A/D 和 D/A 通道将来可能会解决大问题。

2．以软代硬

原则上，只要软件能做到且能满足性能要求，就不用硬件。硬件多了不但增加成本，而且系统故障率也会提高。以软件代硬件的实质，就是以时间换空间，软件执行过程需要消耗时间，因此这种替代带来的问题是实时性下降。在实时性满足要求的场合，以软代硬是合算的。

3．工艺设计

工艺设计包括机箱、面板、配线、接插件等，因此必须考虑到安装、调试、维修的方便。另外，硬件抗干扰措施（将在本章的后面介绍）也必须在硬件设计时一并考虑进去。

14.2.2 典型的单片机应用系统

典型的单片机应用系统框图如图 14-1 所示。

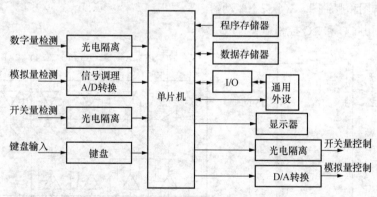

图 14-1 单片机典型应用系统框图

典型的单片机应用系统主要由单片机基本部分、输入部分和输出部分组成。

（1）单片机基本部分。基本部分由单片机及其扩展的外设及芯片，如键盘、显示器、打印机、数据存储器、程序存储器以及数字 I/O 等组成。

（2）输入部分。这是"测"的部分，被"测"的信号类型有：数字量、模拟量和开关量。模拟量输入检测的主要包括信号调理电路以及 A/D 转换器。A/D 转换器中都集成了包括多路切换、采样保持、A/D 转换等电路；有的 A/D 转换器直接集成在单片机片内。

连接传感器与 A/D 转换器之间的桥梁是信号调理电路，传感器输出的模拟信号要经过信号调理电路对信号进行放大、滤波、隔离、量程调整等，转换成适合 A/D 转换的电压信号。信号放大通常由单片式仪表放大器承担。仪表放大器对信号进行放大比普通运算放大器具有更优异的性能。如何根据不同的传感器正确地选择仪表放大器来进行信号调理电路的设计，请读者参阅有关资料和文献。

（3）输出部分。这部分是应用系统"控"的部分，包括数字量、开关量控制信号的输出和模拟量控制信号（常用于伺服控制）的输出。

14.2.3 系统设计中的总线驱动

一个 AT89S51 单片机应用系统往往是多芯片系统，如何实现 AT89S51 单片机对多片芯片的驱动的问题是设计关键。

在对 AT89S51 单片机扩展多片芯片时，要注意 AT89S51 单片机 4 个并行双向口的 P0～P3 口的驱动能力。下面首先讨论这个问题。

AT89S51 单片机的 P0、P2 口通常作为总线端口，当系统扩展的芯片较多时，可能造成负载过重，致使驱动能力不够，系统不能可靠地工作，所以通常要附加总线驱动器或其他驱动电路。因此在多芯片应用系统设计中首先要估计总线的负载情况，以确定是否需要对总线的驱动能力进行扩展。

AT89S51 单片机总线驱动扩展原理图，如图 14-2 所示。P2 口需要单向驱动，常见的单向总线驱动器为 74LS244。图 14-3 所示为 74LS244 的引脚图和逻辑图。8 个三态驱动器分成两组，分别由 1$\overline{\text{G}}$ 和 2$\overline{\text{G}}$ 控制。

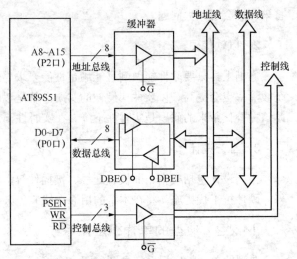

图 14-2　AT89S51 单片机总线驱动扩展原理图

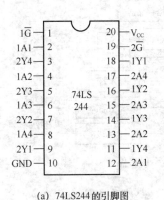

(a) 74LS244 的引脚图

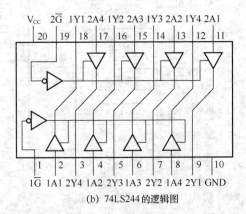

(b) 74LS244 的逻辑图

图 14-3　单向总线驱动器 74LS244 的引脚图和逻辑图

P0 口作为数据总线，由于是双向传输，其驱动器应为双向驱动、三态输出，并由两个控制端来控制数据传送方向。如图 14-2 所示，数据输出允许控制端 DBEO 有效时，数据总线输入为高阻态，输出为开通状态；数据输入允许控制端 DBEI 有效时，则状态与上相反。常见的双向驱动器为 74LS245，图 14-4 所示为其引脚和逻辑图。16 个三态门中每两个三态门组成一路双向驱动。

驱动方向由 $\overline{G}$、DIR 两个控制端控制，$\overline{G}$ 控制端控制驱动器有效或高阻态，在 $\overline{G}$ 控制端有效（$\overline{G}$=0）时，DIR 控制端控制驱动器的驱动方向，DIR=0 时驱动方向为从 B 至 A，DIR=1 时则相反。AT89S51 单片机应用系统中的总线驱动扩展电路图，如图 14-5 所示。P0 口的双向驱动扩展采用 74LS245，如图 14-5（a）所示；P2 口的单向驱动扩展采用 74LS244，如图 14-5（b）所示。

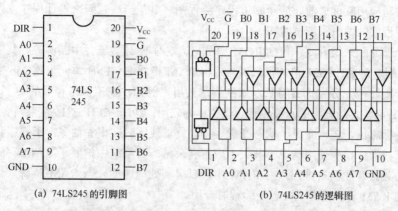

(a) 74LS245 的引脚图　　　　　(b) 74LS245 的逻辑图

图 14-4　双向总线驱动器 74LS245 的引脚图和逻辑图

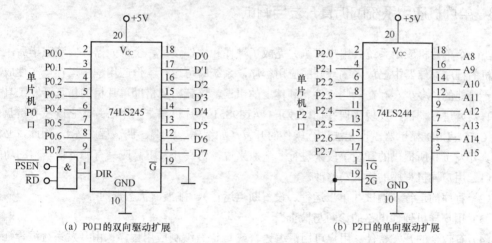

(a) P0 口的双向驱动扩展　　　　　(b) P2 口的单向驱动扩展

图 14-5　AT89S51 单片机应用系统中的总线驱动扩展电路图

P0 口的双向驱动器 74LS245 的 $\overline{G}$ 接地，保证芯片一直处于工作状态，而输入/输出的方向控制由单片机的数据存储器的"读"控制引脚（$\overline{RD}$）和程序存储器的取指控制引脚（$\overline{PSEN}$）通过与门控制 DIR 引脚实现。这种连接方法无论是"读"数据存储器中数据（$\overline{RD}$ 有效）还是从程序存储器中取指令（$\overline{PSEN}$ 有效），都能保证对 P0 口的输入驱动；除此以外的时间（$\overline{RD}$ 及 $\overline{PSEN}$ 均无效），保证对 P0 口的输出驱动。对于 P2 口，因为只用做单向的地址输出，故 74LS244 的驱动门控制端 $\overline{1G}$、$\overline{2G}$ 接地。

14.2.4　软件设计考虑的问题

在进行应用系统的总体设计时，软件设计和硬件设计应统一考虑，相互结合进行。当系统的硬件电路设计定型后，软件的任务也就明确了。

一般来说，软件的功能分为两大类。一类是执行软件，它能完成各种实质性的功能，如测量、计算、显示、打印、输出控制等；另一类是监控软件，它是专门用来协调各执行模块和操作者的关系，在系统软件中充当组织、调度的角色。设计人员在进行程序设计时应从以下几个方面加以考虑。

（1）根据软件功能要求，将系统软件分成若干相对独立的部分，设计出合理的软件总体结构，使其清晰、简洁、流程合理。

（2）各功能程序实行模块化、子程序化，这样既便于调试、链接，又便于移植、修改。

（3）在编写应用软件之前，应绘制出程序流程图。多花一些时间来设计程序流程图，就可以节约几倍于源程序的编辑和调试时间。

（4）要合理分配系统资源，包括 ROM、RAM、定时器/计数器、中断源等。其中最关键的是片内 RAM 分配。对 AT89S51 单片机来讲，片内 RAM 指 00H～FFH 单元，这 256 字节的功能不完全相同，分配时应充分发挥其特长，做到物尽其用。例如，在工作寄存器的 8 个单元中，R0 和 R1 具有指针功能，是编程的重要角色，避免作为它用；20H～2FH 这 16 字节具有位寻址功能，用来存放各种标志位、逻辑变量、状态变量等；设置堆栈区时应事先估算出子程序和中断嵌套深度及程序中堆栈操作指令使用情况，其大小应留有余量。若系统中扩展了 RAM 存储器，应把使用频率最高的数据缓冲器安排在片内 RAM 中，以提高处理速度。当 RAM 资源规划好后，应列出一张详细的 RAM 资源分配表，以便编程时查用。

14.3 单片机应用系统的仿真开发与调试

当一个单片机应用系统（用户样机）完成了硬件和软件设计，全部元器件安装完毕后，在用户样机的程序存储器中已放入编写好的应用程序，系统即可运行。但应用程序运行一次性成功几乎是不可能的，多少会存在一些软件、硬件上的错误，这就需要借助单片机的仿真开发工具（在线仿真器）进行调试，发现错误并加以改正。AT89S51 单片机只是一个芯片，它既没有键盘，又没有 CRT、LED 显示器，也无法进行软件的开发（如编辑、汇编、调试程序等），因此，必须借助仿真开发工具所提供的开发手段来进行。一般来说，仿真开发工具应具有如下最基本的功能。

（1）用户样机程序的输入与修改。

（2）程序的运行、调试（单步运行、设置断点运行）、排错、状态查询等。

（3）用户样机硬件电路的诊断与检查。

（4）有较全的开发软件。用户可用汇编语言或 C 语言编制应用程序；由开发系统编译连接生成目标文件、可执行文件。配有反汇编软件，能将目标程序转换成汇编语言程序；有丰富的子程序可供用户选择调用。

（5）将调试正确的程序写入到程序存储器中。

下面首先介绍常用的仿真开发工具。

1. 仿真开发系统简介

通用机仿真开发系统是目前设计者使用最多的一类开发装置，它由在线仿真器与 PC 上运行的仿真开发软件两部分组成。这是一种通过 PC 的 USB 口，外加在线仿真器的在线仿真开发系统，如图 14-6 所示。

在调试用户程序时，在线仿真器一侧与 PC 的 USB 口相连，另一侧的仿真插头插入

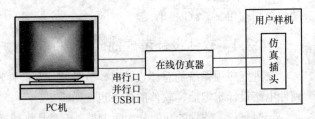

图 14-6 通用机仿真开发系统示意图

到用户样机的单片机插座上，以此来对样机上的单片机进行"仿真"。从仿真插头向在线仿真器看去，看到的就是一个"单片机"。这个"单片机"是"出借"给用户样机的，暂时代替用户样机上的单片机。仿真开发系统除了"出借"单片机外，还"出借"仿真用的 RAM，来暂时代替用户样机上的程序存储器，存放待调试的用户程序。但是这个"单片机"片内程序的运行是可以跟踪、修改和调试的。由于 PC 有强大的仿真开发软件支持，因此可在 PC 的屏幕上观察用户程序的运行情况。

当按照图 14-6 所示将仿真开发系统与 PC 联机后，用户可利用 PC 上的仿真开发软件，在 PC 上编辑、修改源程序，然后通过翻译软件（汇编语言编程翻译软件为汇编程序，C51 语言编程翻译软件为相应的编译程序）将其汇编成机器代码，传送到在线仿真器中的"仿真 RAM"中，这时用户可使用在线仿真器，采用单步、断点、跟踪、全速等手段调试用户程序，查找和修改软、硬件故障，并将系统状态实时地显示在屏幕上。待程序调试通过后，再使用仿真开发系统提供的编程器或专用编程器，把调试完毕的程序写入到单片机片内的 Flash 程序存储器中。此类仿真开发系统配置不同的在线仿真器，可仿真开发各种单片机。

但是随着 ISP 技术的普及，AT89S5x 单片机也可不使用在线仿真器、编程器，用户只需要在 PC 上修改程序，然后将修改的程序直接写入用户样机的单片机的 Flash 存储器中，运行程序、观察运行结果，如有问题可在 PC 上修改程序，再重新在线写入，直至运行结果满意为止。这样可省去在线仿真器和编程器，但不足的是，不能对用户程序进行硬件单步、断点、跟踪、全速等手段来调试。

在工业现场，往往没有 PC 的支持，可使用独立型仿真器。该类仿真器采用模块化结构，配有不同外设，如外存板、打印机、键盘/显示器等，用户可根据需要选用。由于没有 PC，这时使用独立型仿真器来进行的仿真调试工作，要输入机器码，稍显麻烦一些。

2. 软件仿真开发工具 Proteus

用户使用软件虚拟仿真开发工具 Proteus 进行单片机系统的设计与仿真，不需要在线仿真器，也不需要用户样机，而是直接在 PC 上进行。调试完毕的软件可将其机器代码写入到片内 Flash 程序存储器中，一般能直接投入运行。

但 Proteus 是软件模拟器，它使用纯软件来对用户系统仿真，不能进行用户样机硬件部分的诊断与实时在线仿真。因此在系统的开发中，一般是先用 Proteus 仿真软件设计出系统虚拟的硬件原理电路，编写程序，在 Proteus 环境下仿真调试通过；然后再依照仿真的结果，完成实际的硬件设计，再将仿真调试通过的程序写入到用户样机的 Flash 存储器中，观察运行结果，如果有问题，再连接硬件仿真器去分析、调试。

3. 用户样机的源程序调试

下面介绍如何使用仿真开发工具进行汇编语言源程序（C51 源程序）编写、调试以及与用户样机硬件联调工作。

用户源程序调试过程如图 14-7 所示，它可分为以下 4 个步骤。

（1）输入用户源程序。用户使用编辑软件，按照汇编语言源程序（C51 源程序）要求的格式、语法规定，把源程序输入到 PC 中，并保存在磁盘上。

（2）在 PC 上，利用汇编（编译）程序对用户

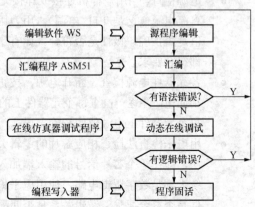

图 14-7　用户样机软件设计、调试的过程图

源程序进行汇编，直至语法错误全部纠正为止。如无语法错误，则进入下一个步骤。

（3）动态在线调试。这一步是对用户的源程序进行调试。上述的步骤（1）、步骤（2）是一个纯粹的软件运行过程，而这一步必须要有在线仿真器配合，才能对用户源程序进行调试。用户程序中分为与用户样机硬件无关的程序和与用户样机紧密相关的程序。

① 对于与用户样机硬件无关的程序，如计算程序，虽然已经没有语法错误，但可能存在逻辑错误，使计算结果不正确，此时必须借助于在线仿真器的动态在线调试手段，如单步运行、设置断点等，发现逻辑错误，然后返回到步骤（1）修改，直至逻辑错误纠正为止。

② 对于与用户样机硬件紧密相关的程序（如接口驱动程序），一定要先把在线仿真器的仿真插头插入用户样机的单片机插座中（见图 14-6），进行在线仿真调试，利用仿真开发系统提供单步、设置断点等调试手段，来进行系统的调试。

若与用户样机硬件紧密相关的部分程序段运行不正常，可能是软件逻辑上有问题，也可能是硬件有故障，必须先通过在线仿真调试程序提供的调试手段把硬件故障排除以后，再与硬件配合，对用户程序进行动态在线调试。对于软件的逻辑错误，则返回到步骤（1）进行修改，直至逻辑错误消除为止。在调试这类程序时，硬件调试与软件调试是不能完全分开的。许多硬件错误是通过软件的调试被发现和纠正的。

（4）将调试完毕的用户程序通过编程器或 ISP 写入，固化在程序存储器中。

4．用户样机的硬件调试

当用户样机全部焊接完毕后，就可对用户样机的硬件进行调试。首先进行静态调试，静态调试的目的是排除明显的硬件故障。

（1）用户样机的静态调试。静态调试工作分为两步。

第 1 步是在用户样机加电之前，根据硬件逻辑设计图，先用万用表等工具仔细检查样机线路是否连接正确，并核对元器件的型号、规格和安装是否符合要求，应特别注意电源系统的检查，以防止电源的短路和极性错误，并重点检查系统总线（地址总线、数据总线、控制总线）是否存在相互之间短路或与其他信号线的短路。

第 2 步是加电后检查各芯片插座上有关引脚的电位，仔细测量各点电平是否正常，尤其应注意 AT89S51 单片机插座的各点电位，若有高压，与在线仿真器联机调试时，将会损坏在线仿真器。

具体步骤如下。

- 电源检查。当用户样机连接或焊接完成之后，先不插主要元器件，通上电源。通常用+5V直流电源（这是 TTL 电源），用万用表电压挡测试各元器件插座上相应电源引脚电压数值是否正确，极性是否符合。如有错误，要及时检查、排除，以使每个电源引脚的数值都符合要求。
- 各元器件电源检查。断开电源，按正确的元器件方向插上元器件。最好是分别插入，分别通电，并逐一检查每个元器件上的电源是否正确，直到最后全部插上元器件。通电后，每个元器件上电源值应正确无误。
- 用电平检查法检查相应芯片的逻辑关系。检查相应芯片逻辑关系通常采用静态电平检查法，即在一个芯片信号的输入端加入一个相应电平，检查输出电平是否正确。单片机系统大都是数字逻辑电路，使用电平检查法可首先检查出逻辑设计是否正确，选用的元器件是否符合要求，逻辑关系是否匹配，元器件连接关系是否符合要求等。

（2）用户样机的在线仿真调试。在静态调试中，对用户样机硬件进行初步调试，只能排除一些明显的静态故障。用户样机中的硬件故障（如各个部件内部存在的故障和部件之间连接的逻辑错误）主要是靠联机在线仿真来排除的。

在断电情况下，除 AT89S51 单片机外，插上所有的元器件，并把在线仿真器的仿真插头插入样机上 AT89S51 单片机的插座（见图 14-6），然后分别打开用户样机和仿真器电源后便可开始联机在线仿真调试。

前面已经介绍，硬件调试和软件调试是不能完全分开的，许多硬件错误是在软件调试中被发现和被纠正的。所以，在之前介绍的有关用户样机软件调试的步骤（3）的动态在线调试中，即包括联机仿真、硬件在线动态调试和硬件故障的排除。

思考题及习题

一、填空题

1. 在单片机系统的设计中，只要软件能做到且能满足性能要求，就不用硬件。硬件多了不但增加＿＿＿＿＿＿，而且系统＿＿＿＿＿＿也会提高。以软件代硬件的实质，就是以＿＿＿＿＿＿，这种替代带来的问题是＿＿＿＿＿＿下降。

2. AT89S51 单片机扩展的外围芯片较多时，需加总线驱动器，P2 口应加＿＿＿＿＿＿驱动器，P0 口应加＿＿＿＿＿＿驱动器。

3. 单片机开发工具的性能优劣，主要取决于＿＿＿＿＿＿的性能优劣。

二、判断题

1. AT89S51 单片机 P0～P3 口的驱动能力是相同的。

2. AT89S51 单片机 P0～P3 口口线输出为低电平的驱动能力要比输出高电平的驱动能力强。

三、简答题

1. 为什么单片机应用系统的开发与调试离不开仿真开发系统？

2. 仿真开发系统由哪几部分组成？

3. 利用仿真开发系统对用户样机软件调试，需经哪几个步骤？各个步骤的作用是什么？

4. 用软件仿真开发工具能否对用户样机中硬件部分进行调试与实时在线仿真？

附录 A 基础实验题目

基础实验用于巩固课程的基本内容、基本概念、知识点与基本编程训练。附录 A 中列出了基础实验题目及其要求。实验可先在 Proteus 环境下虚拟仿真通过，以达到硬件电路设计与软件编程训练的基本目的，如有条件，可在相应的硬件实验系统上验证通过。

实验 1　单片机 I/O 口实验——LED 流水灯

一、实验要求

利用单片机及 8 个 LED 发光二极管，制作一个单片机控制的流水灯。单片机的 P2.0～P2.7 引脚接有 8 个发光二极管。运行程序，单片机控制 8 个发光二极管依次流水逐个点亮，反复循环。可对本实验进行改进，增加一个按键接到某 I/O 口线，按一下即可实现流水灯的停止，再按一下又可实现流水灯的重新显示。

二、实验目的

（1）掌握单片机最小系统的构成。
（2）掌握单片机如何控制 I/O 口来驱动 LED 发光二极管。
（3）掌握移位和软件延时程序的编写。

实验 2　单个外部中断实验

一、实验要求

在单片机的外部中断输入引脚 $\overline{INT0}$（或 $\overline{INT1}$）接一个按键开关来产生外部中断请求，通过 P1 口连接的 8 个 LED 发光二极管的状态，来反映外部中断的作用。

中断未发生时，P1 口连接的 8 个 LED 为闪烁状态，当按键开关按下，即外部中断请求产生时，8 个 LED 呈现流水灯操作。按键开关松开，8 个 LED 又为闪烁状态。

二、实验目的

（1）理解掌握外部中断源、中断请求、中断标志、中断入口等概念。

（2）掌握中断程序的设计方法。

实验 3　中断嵌套实验

一、实验要求

使用一个外部中断和定时器中断，通过 P1 口连接的 8 个发光二极管来显示中断的作用。外部中断未发生时，即引脚 $\overline{\text{INT0}}$ 的按键开关没有被按下时，系统通过定时器定时中断的方法，使 LED 呈流水灯显示，当 $\overline{\text{INT0}}$ 引脚的按键开关按下，即产生外部中断，外部中断 $\overline{\text{INT0}}$ 打断定时器的定时中断，从而控制 8 个 LED 闪烁显示。当按键开关被松开，继续呈流水灯显示。本实验中外部中断 0 设置为高优先级中断，定时器中断设置为低优先级中断。

二、实验目的

了解各中断源的中断优先级与中断嵌套的概念，中断嵌套的发生，只能发生在高优先级打断低优先级的情况。掌握同时使用定时器中断与外部中断的编程方法。

实验 4　定时器/计数器的定时实验

一、实验要求

利用片内定时器/计数器来进行定时，定时间隔 1s。单片机的 P1.0 引脚接 1 个发光二极管，控制发光二极管闪烁，时间间隔 1s。

当按下某一 I/O 口线上的按键操作时，发光二极管按设定的时间，进行 1s 定时闪烁。

二、实验目的

掌握单片机定时器/计数器的初始化编程，定时模式的使用及编程。

实验 5　定时器/计数器的计数器实验

一、实验要求

利用单片机内定时器/计数器 T0 的计数器模式，对 T0 引脚（P3.4 引脚）上的按键开关按下的次数进行计数。

按一下按键开关产生一个计数脉冲，将脉冲个数在 P1 口驱动的单个 LED 数码管上显示出来。LED 数码管显示的数字为 0～9，如按第 1 下，LED 数码管显示 1，按第 2 下，显示 2，……，按第 10 下显示 0。

二、实验目的

掌握单片机定时器/计数器的计数模式的使用及编程，以及如何编程控制单个数码管的数字显示。

实验 6　串行口方式 0 扩展并行输出口实验

一、实验要求

利用单片机的串行口的方式 0 外接移位寄存器 74LS164，利用串行口方式 0 来扩展一个并行输出口。74LS164 的输出控制 8 个 LED，利用它串行移位输入/并行输出的功能，先进行向上流水灯操作 2 次，再实现向下流水灯操作 2 次，最后实现跑马灯闪烁（齐亮齐灭）2 次，然后再重复刚才过程，如此循环。

二、实验目的

（1）了解并掌握串行口方式 0 的工作原理。

（2）了解 74LS164 的工作原理和串行转并行的工作原理。

（3）掌握单片机串行口扩展并行输出口的工作原理。

实验 7　串行口方式 0 扩展并行输入口实验

一、实验要求

使用 74LS165、8 个按键和 8 个 LED 发光二级管，利用单片机串行口方式 0 输入，控制 74LS165 实现并行输入转串行输入。本实验是利用单片机串行口方式 0 输入扩展一个 8 位并行输入的 I/O 口。

74LS165 的并行输入端接 8 个按键，单片机的 P1 口输出控制 8 个 LED 的亮灭。当按下 8 个按键开关中的任意一个，就可以控制点亮或熄灭 8 个 LED 发光二极管。

本实验通过单片机串行口方式 0 输入扩展 74LS165，使得单片机与 74LS165 之间只用 3 条线，就可实现扩展一个 8 位并行输入 I/O 口的目的。

二、实验目的

（1）理解并掌握 74LS165 的工作原理。

（2）掌握串行口用于并行口扩展的输入的编程。

（3）掌握单片机串行口扩展并行输入口的工作原理。

实验 8　双单片机串行通信

一、实验要求

双单片机（甲机与乙机）利用串行口进行全双工串行通信。每一单片机都接有 1 个 12 键的键盘、2 个 LED 数码管。使用键盘输入要发送的数据，并在本机的 LED 数码管上显示；利用外部中断使两片单片机同时发送，即全双工方式；单片机接收到的 2 位数据在对方的 LED 数码管上显示，以上说明对两个单片机都有效。

键盘 KEYPAD1 输入甲机 U1 要串行发送的数字信息，并在 LED2 上显示该数字信息，单击开关按键 SW1，在 LED4 上显示该字符，表示乙机 U2 收到并显示。

键盘 KEYPAD2 输入乙机 U2 要串行发送的数字信息，并在 LED3 上显示该数字信息，单击按键 SW1，在 LED1 上显示该字符，表示甲机 U1 收到并显示。

可分别从两个键盘输入要发送的数字信息，然后单击开关按键 SW1，在 LED4 与 LED1 上显示出双方各自收到的对方发出的数字信息。

二、实验目的

掌握双机全双工串行通信的工作原理，同时涉及如何来编程处理单片机的监测键盘输入和 LED 数码管的显示编程。

实验 9　扩展 82C55 并行 I/O 实验

一、实验要求

单片机扩展一片 82C55 可编程并行口芯片，进行数字量的输入/输出实验，设置 82C55 的 PA 口用作方式 0 输出，控制 8 个 LED 指示灯 LED0～LED7，PB 口用作方式 0 输入，接 8 个按键开关 KEY0～KEY7。

8 个按键开关分别对应 8 个 LED 指示灯，按下按键 KEY0，指示灯 LED0 亮；按下按键 KEY1，指示灯 LED1 亮，……，按下按键 KEY7，指示灯 LED7 亮。

二、实验目的

（1）了解并掌握 82C55 芯片的 3 种工作方式和编程设置方法。
（2）完成单片机扩展 82C55 的接口设计。
（3）单片机控制 82C55 输入/输出的编程设计。

实验 10　独立式键盘实验

一、实验要求

使用单片机、8 个按键和 8 个 LED 指示灯构成独立式键盘系统。
单片机接有 8 个按键与 8 个 LED 指示灯，按下 8 个按键中的任意一个，即可点亮对应的指示灯。

二、实验目的

掌握独立式键盘的基本概念以及独立式键盘的编程。

实验 11　矩阵式键盘扫描实验

一、实验要求

利用 4×4 矩阵键盘和一个 LED 数码管构成简单的按键输入显示系统，实现对键盘的扫描并用 LED 数码管显示键盘按下键的键号。16 个按键的键号分别对应 1 个 16 进制数字：0～F。单击相应按键，则在数码管上显示相应的键号 0～F。

二、实验目的

（1）理解并掌握矩阵键盘扫描的工作原理。

（2）掌握矩阵键盘与单片机接口的编程方法。

实验 12　单片机控制 1602 液晶显示器显示字符

一、实验要求

编写程序控制液晶显示屏模块 1602 显示字符，接口电路设计有两种方式：总线方式与 I/O 方式。液晶显示屏模块 1602 内置控制器 44780，可显示 2 行，每行 16 个字符，要求单片机控制 1602 液晶显示模块分两行显示"Hello Welcome To Heilongjiang"，第 1 行显示"Hello Welcome"，第 2 行显示"To HeiLongJiang"，

二、实验目的

（1）了解单片机控制字符型的工作原理和方法。

（2）掌握单片机如何来控制液晶显示屏模块 1602。

（3）接口电路设计完毕后，编写程序控制字符型液晶显示屏模块 1602 的字符显示。

实验 13　DAC0832 的 D/A 转换实验

一、实验要求

单片机输出的数字量 D0～D7 加到 DAC0832 的输入端，用虚拟直流电压表测量 DAC0832 的输出电流经运放 LM358N 的 I/V 转换后的电压值，并使用虚拟直流电压表查看输出电压的变化。仿真运行，可看到虚拟直流电压表测量的电压在 0～-2.5V 范围内变化。如果由于电压表图标太小，显示的电压值不清楚，可用鼠标滚轮放大整个电路原理图。

二、实验目的

掌握单片机与 DAC0832 的接口设计和软件编程。

实验 14　ADC0809 的 A/D 转换实验

一、实验要求

利用 A/D 转换器 ADC0809（Proteus 器件库中没有 ADC0809，可用库中与其兼容的 ADC0808 替代），由输入模拟电压通过调整电位器阻值的大小提供给 ADC0809 模拟量输入，编写程序控制 ADC0809 将模拟量转换成二进制数字量，并送 P1 口输出来控制发光二极管亮或灭，来表示转换

结果的二进制代码显示转换完毕的数字量。

二、实验目的

（1）掌握 ADC0809 的工作原理及基本性能。
（2）掌握单片机与 ADC0809 的接口设计。
（3）掌握软件编程控制单片机进行数据采集。

实验 15　I^2C 总线串行扩展——AT24C02 存储器读写

一、实验要求

利用 AT24C02、Proteus 的 I^2C 调试器，实现单片机读写存储器 AT24C02 的实验。

KEY1 充当外部中断 0 中断源，当按下 KEY1 时，单片机通过 I^2C 总线发送数据 0xAA 给 AT24C02，等发送数据完毕后，将数据 0xAA 送 P2 口通过 LED 显示出来。

KEY2 充当外部中断 1 中断源，当按下 KEY2 时，单片机通过 I^2C 总线读 AT24C02，等读数据完毕后，将读出的最后一个数据 0x55 送 P2 口通过 LED 显示出来。相关内容可用观测窗口查看。

最终显示的效果是，按下 KEY1，标号为 D1~D8 的 8 个 LED 中 D2、D4、D6、D8 灯亮。按下 KEY2，D1、D3、D5、D7 灯亮。由于 Proteus 器件库中没有 AT24C0x 系列存储器，可采用 FM24C02F 来代替 AT24C02。

为了把 I^2C 总线上的数据看得清楚，可把总线上的数据经 I^2C 调试器显示出来。具体操作：鼠标右键单击 I^2C 调试器符号，出现下拉菜单，单击"Terminal"选项即可。

二、实验目的

（1）了解 I^2C 器件 AT24C02 的原理。
（2）掌握 AT89S51 单片机 I/O 口线模拟 I^2C 总线的方法。
（3）了解并掌握 Proteus 平台下的 I^2C 调试器的使用。

课程设计环节是增强综合设计能力的必要训练。建议读者完成的题目设计最好首先在 Proteus 环境下仿真通过，再在相应的硬件实验开发系统上验证通过，效果将会更好。

题目 1 节日彩灯控制器的设计

一、设计要求

制作一个节日彩灯控制器，通过按下不同的按键来控制 LED 发光二极管（由上到下排列）的点亮规律，在 P1.0～P1.3 引脚上接有 4 个按键 k0～k3，各按键的功能如下。

（1）k0：开始，按此键彩灯开始由上向下流动显示。

（2）k1：停止，按此键彩灯停止流动显示，所有灯为暗。

（3）k2：由上向下，按此键则彩灯由上向下流动显示。

（4）k3：由下向上，按此键则彩灯由下向上流动显示。

彩灯运行的初始状态是彩灯由上向下流动显示。

二、原理说明

本题目是由按下不同的按键来控制流水灯的不同显示。通过单片机的输入口对键盘扫描，识别出按下的键，再由单片机的输出口控制 LED 显示。通过依次向连接 LED 的 I/O 口送出低电平，即可点亮对应的 LED，从而实现设计要求的功能。

题目 2 单一外中断的应用

一、设计要求

AT89C51 单片机的 P1 口接有 8 只 LED，单片机的外部中断 0 输入引脚 P3.2（$\overline{INT0}$）接有一只按钮开关 K1。程序启动运行时，控制 P1 口上的 8 只 LED 全亮。按下开关 K1，低 4 位与高 4 位交替闪烁 1 次；然后 P1 口上的 8 只 LED 再次全亮。

二、原理说明

按一次按钮开关 K1，引脚 $\overline{INT0}$ 接地，产生一个外部中断 0 的中断请求，在中断服务程序中，让 P1 口低 4 位的 LED 和高 4 位的 LED 交替闪烁 1 次。

题目 3　LED 数码管秒表的制作

一、设计要求

制作一个 LED 数码管显示的秒表，用 2 位数码管显示计时时间，最小计时单位为"百毫秒"，计时范围 $0.1\sim9.9s$。当第 1 次按下并松开计时功能键时，秒表开始计时并显示时间；第 2 次按下并松开计时功能键时，停止计时，计算两次按下计时功能键的时间，并把时间值送入数码管显示；第 3 次按下计时功能键，秒表清零，等待下一次按下计时功能键。如果计时到 9.9s 时，将停止计时，按下计时功能键，秒表清零，再按下重新开始计时。

二、原理说明

本秒表应用 AT89C51 的定时器的定时器工作模式，计时范围 $0.1\sim9.9s$。此外还涉及如何控制 LED 数码管显示数字的问题，即数码管显示程序的编写。具体见第 5 章。

题目 4　音乐音符发生器的制作

一、设计要求

设计一个音乐音符发生器。利用键盘的 1、2、3、4、5、6、7、8 的 8 个键，能够发出 8 个不同的音乐音符声音，即"哆""唻""咪""发""嗽""拉""西""哆"（高音）的音符声音，并且要求按下按键发出一种音符的声音，松开后延时一段时间停止，如果再按别的按键则发出另一音符的声音。

二、原理说明

当系统扫描到键盘上有键被按下，则快速检测出是哪一个键被按下，然后单片机的定时器被启动，发出一定频率的脉冲，该频率的脉冲输入到蜂鸣器后，就会发出相应的音符。如果在前一个按下的键发声的同时有另一个键被按下，则启用中断系统，前面键的发音停止，转到后按的键的发音程序，发出后一个按键的音符。

题目 5　用定时器设计的门铃

一、设计要求

用定时器控制蜂鸣器模拟发出叮咚的门铃声，"叮"的声音用较短定时形成较高频率，"咚"的声音用较长定时形成较低频率，仿真电路可加入虚拟示波器，按下按键时除听到门铃声，还会从虚拟示波器的屏幕上观察到两种声响的不同脉宽。

二、原理说明

本题目设计需要一个蜂鸣器和一个开关，再配合相应的软件就可以实现。软件设计时，采用定时器中断来控制响铃。

当按下开关时，开启中断，定时器溢出进入中断后，在软件中以标志位 i 来判断门铃的声音，开始响铃。先是"叮"，标志位 i 加 1，延时后接着是"咚"标志位 i 加 1，然后是关中断。测铃响脉宽是也是以标志位 i 来识别"叮咚"。当 i 为 0 时给示波器 A 通道输出高电平，i 为 2 时，给示波器 B 通道输出高电平。

题目 6　控制数码管循环显示单个数字

一、设计要求

利用单片机控制一个 8 段 LED 数码管，构成一个 LED 显示系统，循环显示数字 0～9。

二、原理说明

了解 LED 数码管显示原理，掌握字型码查表程序的编写。

题目 7　基于 DS18B20 的数字温度计设计

一、设计要求

利用数字温度传感器 DS18B20 与 AT89C51 单片机结合来测量温度，并在 LED 数码管上显示相应的温度值。温度测量范围为-55℃～125℃，精确到 0.5℃。测量的温度采用数字显示，用 3 位共阳极 LED 数码管来实现温度显示。

二、原理说明

DS18B20 温度传感器是美国 DALLAS 半导体公司最新推出的一种改进型具有单总线接口的智能温度传感器，与传统的热敏电阻等测温器件相比，它能直接读出被测温度，并且可根据实际要求通过简单的编程实现 9～12 位的数字读数方式。DS18B20 的基本性能和详细资料请见 10.1.1 节。

题目 8　利用定时器在 P1.0 上产生周期为 2ms 的方波

一、设计要求

假设系统时钟为 12MHz，利用定时器的定时，实现从 P1.0 引脚上输出一个周期为 2ms 的方波，并采用虚拟示波器来观察。

二、原理说明

T0 初值计算过程如下。

设定时时间 1ms（即 1000μs），设定时器 T0 的计数初值为 X，根据题目晶体振荡器的频率为 12MHz，则定时时间为：定时时间=（2^{16}−X）*12/晶体振荡器频率，则 1000 =（2^{16}−X）*12/12，得 X=64 536，化为 16 进制就是 FC18，将高 8 位 FC 装入 TH0，低 8 位 18 装入 TL0。

然后通过查询 TF0 的方式来判断是否到达 1ms 的半周期，到达 1ms 的半周期后对 P1.0 的输出求反，即达到从 P1.0 引脚上输出一个周期为 2ms 方波的目的。定时器工作方式为方式 1。

题目 9 电话键盘及拨号的模拟

一、设计要求

设计一个模拟电话拨号的显示装置，即把电话键盘中拨出的某一电话号码，显示在 LCD 显示屏上。电话键盘共有 12 个键，除了 0～9 的 10 个数字键，还有"*"键，用于实现删除功能，即删除一位最后输入的号码；"#"键，用于清除显示屏上所有的数字显示。还要求每按下一个键要发出声响，以表示该键被按下。

二、原理说明

本题目涉及单片机与 4×3 矩阵式键盘的接口设计和单片机与 16×2 的液晶显示屏的接口设计，以及如何驱动蜂鸣器。液晶显示屏采用 LM016L(LCD1602) LCD，显示共 2 行，每行 16 个字符。第 1 行为设计者信息，第 2 行开始显示所拨的电话号码，最多为 16 位（因为 LCD 的一行能显示 16 个字符）。

题目 10 双机串行口方式 1 单工通信

一、设计要求

单片机甲、乙双机进行单工串行通信，双机的 RXD 和 TXD 相互交叉相连，甲机的 P1 口接有 8 个开关，乙机的 P1 口接有 8 个发光二极管。甲机设置为只发送不接收的单工方式。要求：甲机读入 P1 口的 8 个开关的状态后，通过串行口发送到乙机，乙机将接收到的甲机的 8 个开关的状态数据输出给乙机 P1 口，控制 P1 口的 8 个发光二极管来显示 8 个开关的状态。双方晶体振荡器均采用 11.0592MHz。

二、原理说明

甲、乙双机采用串行口方式 1 进行单工串行通信。

题目 11 数码管显示 4×4 矩阵键盘的键号

一、设计要求

单片机的 P1 口的 P1.0～P1.7 连接 4×4 矩阵键盘，P0 口控制一只数码管，当 4×4 矩阵键盘中的某一按键按下时，数码管上显示对应的键号。例如，1 号键按下时，数码管显示"1"，……，

"9" 号键按下时，数码管显示 "9" 等。

二、原理说明

本题目的关键是如何进行键盘扫描（可采用行扫描法，也可采用线反转法），并计算出键号，然后把键号送数码管显示。

题目 12　波形发生器的制作

一、设计要求

设计一个能产生正弦波、三角波的波形发生器，设置 2 个开关 k1、k2，分别对应正弦波、三角波，按一下其中一个开关，则在虚拟示波器上显示出所要产生的波形。

二、原理说明

波形的产生可通过单片机控制 D/A 转换来实现，不同波形的产生实质上是对输出的二进制数字量进行相应的改变来实现。在本题目中，正弦波信号是利用 MATLAB 将正弦曲线均匀取样后，得到等间隔时刻的 y 方向上的二进制数值，然后依次输出经 D/A 转换得到的。三角波信号是将输出的二进制数字信号依次加 1，达到 0xff 时依次减 1，并实时将数字信号进行 D/A 转换得到，可采用虚拟示波器来观察 D/A 转换器输出的波形。

题目 13　频率计的制作

一、设计要求

设计一个以单片机为核心的频率测量装置。使用 AT89C51 单片机的定时器/计数器的定时和计数功能，外部扩展 6 位 LED 数码管，要求累计每秒进入单片机的外部脉冲个数，用 LED 数码管显示出来。技术要求如下：Proteus 环境下频率计测量的信号源采用的是 "Digital Clock Generator"，右键单击该图标，出现 "Digital Clock Generator" 的属性设置窗口，在该窗口中选择输出信号的频率。

（1）被测频率 $f_x < 110Hz$，采用测周法，显示频率×××.×××；$f_x > 110Hz$，采用测频法，显示频率××××××。

（2）利用键盘分段测量和自动分段测量。

（3）完成单脉冲测量，输入脉冲宽度范围是 $100\mu s \sim 0.1s$。

（4）显示脉冲宽度要求如下。

① $T_x < 1000\mu s$，显示脉冲宽度××××。

② $T_x > 1000\mu s$，显示脉冲宽度××××。

二、原理说明

单片机对频率的测量有测频法和测周法两种。测频法，利用外部电平变化引发的外部中断，测算 1s 内的出现的次数，从而实现对频率的测定；测周法，通过测算某两次电平变化引发的中断之间的时间，再求倒数，从而实现对频率的测定。简言之，测频法是直接根据定义测定频率，测周法是通过测定周期间接测定频率。理论上，测频法适用于较高频率的测量，测周法适用于较低频率的测量。

题目 14 数字电压表设计

一、设计要求

以单片机为核心，设计一个数字电压表。单片机采用中断方式，对两路 0～5V 的模拟电压进行循环采集，采集的数据送 LED 交替显示，并存入内存。超过界限时指示灯闪烁。

二、原理说明

本题目采用单片机控制 ADC0809（实际采用的是 ADC0808）对分别加到 IN0 和 IN1 通道的两路 0～5V 的模拟电压进行 A/D 转换，并显示电压值。本题目中 ADC0809 的参考电压为+5V，根据定义，采集所得的二进制数字量 addata 所指代的电压值为(addata÷256)×5V，而若将其显示到小数点后两位，不考虑小数点的存在（将其乘以 100），其计算的数值为：(addata×100÷256)×5V≈addata×1.96 V。将小数点显示在第 2 位数码管上，即为实际测量的电压。

本题目将 1.25V 和 2.5V 作为两路输入的报警值，反映在二进制数字上，分别为 0x40 和 0x80。当 A/D 转换结果超过这一数值时，将会出现二极管闪烁和蜂鸣器发声。

题目 15 单片机控制串行 DAC——TLC5615 的调压器

一、设计要求

利用带有串行接口 TLC5615 D/A 转换电路，调节可变电阻器，使输出电压可在 0～5V 内调节。调整电位计上的值，用虚拟电压表测量 DAC 转换输出的电压值。

二、原理说明

了解 TLC5615 转换性能及单片机与串行 D/A 转换器的接口设计和编程方法。TLC5615 为 TI 公司的带有串行接口的 DAC，最大输出电压是基准电压值的两倍。带有上电复位功能，即把 DAC 寄存器复位至全零。单片机通过 3 根串行总线就可完成向 TLC5615 的 10 位数据串行输入，非常适用于电池供电的测试仪表、移动电话，也适用于数字失调、增益调整和工业控制场合。有关 TLC5615 的性能见第 11 章。

题目 16 单片机控制 16×16LED 点阵的显示

一、设计要求

利用单片机及 74LS154（4-16 译码器）、74LS07 控制 16×16LED 点阵，来显示字符。编写程序控制显示汉字"风电技术公司"，也可显示其他汉字。

二、原理说明

需要了解 LED 点阵阵列的扫描显示原理以及如何编程控制 16×16LED 点阵来显示点阵字符。组成 16×16 点阵需要 256 个发光二极管，且每个发光二极管是放置在行线和列线的交叉点上，当对应的某一列置 0 电平，某一行置 1 电平时，对应行列交叉点位置的发光二极管点亮，16×16LED 点阵的显示原理见第 5 章。

题目 17 直流电机控制实验

一、设计要求

使用单片机的 2 个 I/O 引脚来控制直流电机，编写程序，其中一个 I/O 引脚（P3.7 引脚）输出脉宽调制（PWM）信号来控制直流电机的转速，另一 I/O 引脚（P3.6 引脚）控制直流电机的旋转方向。

虚拟仿真时，当 P3.6 为高电平，P3.7 发送 PWM 信号，将看到直流电机正转。并且可以通过"INC"和"DEC"两个按键来增大和减少直流电机的转速；反之，P3.6 为低电平，P3.7 发送 PWM 信号，将看到直流电机反转。

电路中"INC"和"DEC"两个按键用来增大和减少直流电机的转速，实际上是通过改变单片机输出的 PWM 信号的占空比来控制电机的转速。

二、原理说明

了解脉宽调制（PWM）控制直流电机的基本原理，掌握控制直流电机旋转的编程方法，以及如何实现直流电机旋转方向和转速的控制，可通过改变 PWM 的占空比查看对直流电机转速的影响。

题目 18 步进电机控制实验

一、设计要求

利用单片机实现对步进电机的控制，编写程序，用 4 路 I/O 口实现环形脉冲的分配，控制步进电机按固定方向连续转动。同时，要求按下"Positive（正转）"按键时，控制步进电机正转；按下"Negitive（反转）"按键时，控制步进电机反转；松开按键时，电机停止转动。通过"正转"和"反转"两个按键控制电机的正转与反转。

二、原理说明

对步进电机的驱动，是通过对步进电机每组线圈中的电流的顺序切换来使电机作步进式旋转。切换是通过单片机输出脉冲信号来实现的。所以调节脉冲信号的频率就可以改变步进电机的转速，改变各相脉冲的先后顺序，就可改变电机的转向。步进电机的转速应由慢到快。

```c
#ifndef LCD_CHAR_1602_2005_4_9
#define LCD_CHAR_1602_2005_4_9
#define uchar unsigned char
#define uint unsigned int

sbit lcdrs = P2^0;
sbit lcdrw = P2^1;
sbit lcden = P2^2;

void delay(uint z)                      //延时函数,此处使用晶体振荡器为11.0592MHz
{
    uint x,y;
    for(x=z;x>0;x--)
    for(y=110;y>0;y--);
}

void write_com(uchar com)               //写入命令数据到LCD
{
    lcdrw=0;
    lcdrs=0;
    P0=com;
    delay(5);
    lcden=1;
    delay(5);
    lcden=0;
}

void write_data(uchar date)             //写入字符显示数据到LCD
{
    lcdrw=0;
    lcdrs=1;
    P0=date;
    delay(5);
    lcden=1;
    delay(5);
    lcden=0;
```

```
    }

    void init1602()                          //LCD1602 初始化设定
    {
        lcdrw=0;
        lcden=0;
        write_com(0x3C);
        write_com(0x0c);
        write_com(0x06);
        write_com(0x01);
        write_com(0x80);
    }

    void write_string(uchar *pp,uint n)      //采用指针的方法输入字符，n 为字符数目
    {
      int i;
      for(i=0;i<n;i++)
      write_data(pp[i]);
    }

    void write_sfm(uchar add,uchar date)     //向指定地址写入数据
    {
        uchar shi,ge;
        shi=date/10;
        ge=date%10;
        write_com(0x80+add);
        write_data(0x30+shi);
        write_data(0x30+ge);
    }
    #endif
```

```c
#ifndef TIMER_DS1302
#define TIMER_DS1302

sbit  DS1302_CLK = P2^6;                //实时时钟时钟线引脚
sbit  DS1302_IO = P2^7;                 //实时时钟数据线引脚
sbit  DS1302_RST = P2^5;                //实时时钟复位线引脚
sbit  ACC0 = ACC^0;          //定义 ACC 的最低位和最高位,在对 ACC 移位操作后,用于传输数据
sbit  ACC7 = ACC^7;

typedef struct  SYSTEM_TIME
{
unsigned char Second;
unsigned char Minute;
unsigned char Hour;
unsigned char Week;
unsigned char Day;
unsigned char Month;
unsigned char Year;
unsigned char DateString[9];            //用这两个字符串来放置读取的时间
unsigned char TimeString[9];
}SYSTEMTIME;                             //定义的时间类型结构体

#define AM(X)     X
#define PM(X)     (X+12)                 //转成 24 小时制
#define DS1302_SECOND         0x80      //片内各位数据的地址
#define DS1302_MINUTE         0x82
#define DS1302_HOUR       0x84
#define DS1302_WEEK       0x8A
#define DS1302_DAY        0x86
#define DS1302_MONTH      0x88
#define DS1302_YEAR       0x8C
#define DS1302_RAM(X)     (0xC0+(X)*2)   //用于计算 DS1302_RAM 地址的宏

/******内部指令***************/
void DS1302InputByte(unsigned char d)    //实时时钟写入 1B(内部函数)
{
```

```
        unsigned char i;
        ACC=d;
        for(i=8;i>0;i--)
        {
            DS1302_IO=ACC0;                    //相当于汇编中的 RRC
            DS1302_CLK=1;
            DS1302_CLK=0;                      //写数据在上升沿，且先写低位再写高位
            ACC=ACC>>1;                        //因为在前面已定义 ACC0=ACC^0；以便再次利用
        }
    }

    unsigned char DS1302OutputByte(void)       //函数功能：实时时钟读取 1B(内部函数)
    {
        unsigned char i;
        for(i=8; i>0; i--)
        {
            ACC=ACC >>1;                       //相当于汇编中的 RRC
            ACC7=DS1302_IO;                    //由低位到高位传播 ACC7 中的信息
            DS1302_CLK=1;                      //读信息是在下降沿
            DS1302_CLK=0;
        }
        return(ACC);
    }

    void Write1302(unsigned char ucAddr, unsigned char ucDa)  //ucAddr：DS1302 地址，
                                                              //ucData：要写的数据
    {
        DS1302_RST = 0;
        DS1302_CLK = 0;
        DS1302_RST = 1;
        DS1302InputByte(ucAddr);               // 地址，命令
        DS1302InputByte(ucDa);                 // 写 1B 数据
        DS1302_CLK = 1;
        DS1302_RST = 0;
    }

    unsigned char Read1302(unsigned char ucAddr)  //读取 DS1302 某地址的数据
    {
        unsigned char ucData;
        DS1302_RST = 0;
        DS1302_CLK = 0;
        DS1302_RST = 1;
        DS1302InputByte(ucAddr|0x01);          // 上升沿，写地址，命令
        ucData = DS1302OutputByte();           // 下降沿，读 1B 数据
        DS1302_CLK = 1;
        DS1302_RST = 0;
        return(ucData);                        //在上升沿之后进行写操作，在下降沿之前进行读操作
    }

    void DS1302_SetProtect(bit flag)           //是否写保护
    {
```

```
    if(flag)
        Write1302(0x8E,0x80);
    else
        Write1302(0x8E,0x00);
}


void DS1302_SetTime(unsigned char Address, unsigned char Value) // 函数功能: 设置时间
{
    DS1302_SetProtect(0);
    Write1302(Address, ((Value/10)<<4 | (Value%10)));        //将十进制数转换为BCD码
}                        //在DS1302中的与日历、时钟相关的寄存器存放的数据必须为 BCD 码形式

void DS1302_GetTime(SYSTEMTIME *Time)
{
    unsigned char ReadValue;
    ReadValue = Read1302(DS1302_SECOND);
    Time->Second = ((ReadValue&0x70)>>4)*10 + (ReadValue&0x0F); //将 BCD 码转换为十进制
                                                            //数,此处为结构体操作

    ReadValue = Read1302(DS1302_MINUTE);
    Time->Minute = ((ReadValue&0x70)>>4)*10 + (ReadValue&0x0F);

    ReadValue = Read1302(DS1302_HOUR);
    Time->Hour = ((ReadValue&0x70)>>4)*10 + (ReadValue&0x0F);

    ReadValue = Read1302(DS1302_DAY);
    Time->Day = ((ReadValue&0x70)>>4)*10 + (ReadValue&0x0F);

    ReadValue = Read1302(DS1302_WEEK);
    Time->Week = ((ReadValue&0x70)>>4)*10 + (ReadValue&0x0F);

    ReadValue = Read1302(DS1302_MONTH);
    Time->Month = ((ReadValue&0x70)>>4)*10 + (ReadValue&0x0F);

    ReadValue = Read1302(DS1302_YEAR);
    Time->Year = ((ReadValue&0x70)>>4)*10 + (ReadValue&0x0F);
}
unsigned char *DataToBCD(SYSTEMTIME *Time)
{
    unsigned char  D[8];

    D[0]=Time->Second/10<<4+Time->Second%10;//将时间信息转换成二进制码后存入数组 D[]
    D[1]=Time->Minute/10<<4+Time->Minute%10;
    D[2]=Time->Hour/10<<4+Time->Hour%10;
    D[3]=Time->Day/10<<4+Time->Day%10;
    D[4]=Time->Month/10<<4+Time->Month%10;
    D[5]=Time->Week/10<<4+Time->Week%10;
    D[6]=Time->Year/10<<4+Time->Year%10;
    return D;
}
void DateToStr(SYSTEMTIME*Time)
{
```

```
    //将十进制数转换为液晶显示的 ASCII 值，即变为字符型，此函数为年月日信息
    Time->DateString[0] = Time->Year/10 + '0';
    Time->DateString[1] = Time->Year%10 + '0';
    Time->DateString[2] = '-';
    Time->DateString[3] = Time->Month/10 + '0';
    Time->DateString[4] = Time->Month%10 + '0';
    Time->DateString[5] = '-';
    ime->DateString[6] = Time->Day/10 + '0';
    Time->DateString[7] = Time->Day%10 + '0';
    Time->DateString[8] = '\0';
}

void TimeToStr(SYSTEMTIME *Time)
{
//将十进制数转换为液晶显示的 ASCII 值，此处为时间信息
    Time->TimeString[0] = Time->Hour/10 + '0';
    Time->TimeString[1] = Time->Hour%10 + '0';
    Time->TimeString[2] = ':';
    Time->TimeString[3] = Time->Minute/10 + '0';
    Time->TimeString[4] = Time->Minute%10 + '0';
    Time->TimeString[5] = ':';
    Time->TimeString[6] = Time->Second/10 + '0';
    Time->TimeString[7] = Time->Second%10 + '0';
    Time->DateString[8] = '\0';
//还未实现星期的显示转换，改为使用数值显示
}

/*uchar *WeekToStr(SYSTEMTIME Time)
{
    uint i;
    uchar *z;
    i=Time.Week ;
    switch(i)
    {
        case 1:z="sun";break;
        case 2:z="mon";break;
        case 3:z="tue";break;
        case 4:z="wen";break;
        case 5:z="thu";break;
        case 6:z="fri";break;
        case 7:z="sat";break;
    }

        return z;
}

void Initial_DS1302(void)
{
    unsigned char Second;
    Second=Read1302(DS1302_SECOND);
    if(Second&0x80)    //初始化时间
```

```
    {
        DS1302_SetTime(DS1302_SECOND,0);
    }
}

void DS1302_TimeStop(bit flag)                          // 是否将时钟停止
{
    unsigned char Data;
    Data=Read1302(DS1302_SECOND);
    DS1302_SetProtect(0);
    if(flag)
        Write1302(DS1302_SECOND, Data|0x80);
    else
        Write1302(DS1302_SECOND, Data&0x7F);
}
#endif
```

参 考 文 献

［1］ 8-bit Microcontroller With 4K Bytes Flash AT89C51. ATMEL，2000.

［2］ 8-bit Microcontroller With 8K Bytes In-System Programble Flash AT89S52. ATMEL，2001.

［3］ 8-bit Microcontroller With 20K Bytes Flash AT89C55WD. ATMEL，2000.

［4］ 张毅刚. 单片机原理与应用设计[M]. 北京：电子工业出版社，2008.

［5］ 张毅刚. 单片机原理及接口技术（C51 编程）[M]. 北京：人民邮电出版社，2011.

［6］ 朱清慧，等. Proteus 教程[M]. 北京：清华大学出版社，2008.

［7］ 张毅刚. 单片机原理及应用——基于 C51 编程的 Proteus 仿真案例[M]. 北京：高等教育出版社，2013.

［8］ 张毅刚. 单片机原理及应用[M]. 北京：高等教育出版社，2010.

［9］ 张毅刚. 新编 MCS-51 单片机应用设计[M]. 哈尔滨：哈尔滨工业大学出版社，2003.

［10］ 张毅刚. 基于 proteus 的单片机课程的基础实验与课程设计[M]. 北京：人民邮电出版社，2012.

［11］ 王幸之. AT89 系列单片机原理与接口技术[M]. 北京：北京航空航天大学出版社，2004.

［12］ http//www.windway.cn.